CAXA CAM
数控车削加工自动编程经典实例

CAXA CAM SHUKONG CHEXIAO
JIAGONG ZIDONG BIANCHENG JINGDIAN SHILI

刘玉春　刘海涛　编著

化学工业出版社
·北京·

内容简介

《CAXA CAM 数控车削加工自动编程经典实例》在介绍 CAXA CAM 数控车 2020 软件和自动数控编程技术的基础上，通过对 22 个典型 CAXA 数控车削编程实例的详细讲解，向读者清晰地展示了 CAXA CAM 数控车软件数控绘图及加工模块的主要功能和操作技巧。全书内容包括：阶梯轴类零件的设计与车削加工，阶梯孔套类零件的设计与车削加工，车削端面零件的设计与加工，典型零件的设计与车削加工，特殊零件的设计与车削加工，组合件的设计与车削加工，数控大赛零件的设计与车削加工，各章实例均配以大量图片详细演示了其自动编程的步骤和技巧。

本书结构紧凑，实例丰富而经典，讲解详细且通俗易懂，能帮助 CAXA CAM 数控车用户迅速掌握和全面提高 CAXA CAM 数控车 2020 软件编程的操作技能，对具有一定数控编程基础的用户也有参考价值。免费赠送全书实例源文件。

《CAXA CAM 数控车削加工自动编程经典实例》可作为机械制造类工程技术人员的参考书、全国数控车技能大赛软件应用辅导书，也可以作为高等学校、职业院校等相关专业学生的教材。

图书在版编目（CIP）数据

CAXA CAM 数控车削加工自动编程经典实例/刘玉春，刘海涛编著. —北京：化学工业出版社，2020.10（2022.10重印）

ISBN 978-7-122-37532-2

Ⅰ.①C… Ⅱ.①刘… ②刘… Ⅲ.①数控机床-车削-计算机辅助设计-应用软件 Ⅳ.①TG519.1-39

中国版本图书馆 CIP 数据核字（2020）第 149692 号

责任编辑：高　钰　　　　文字编辑：陈　喆
责任校对：边　涛　　　　装帧设计：刘丽华

出版发行：化学工业出版社（北京市东城区青年湖南街 13 号　邮政编码 100011）

印　　装：北京印刷集团有限责任公司

787mm×1092mm　1/16　印张 13¾　字数 342 千字　2022 年10月北京第 1 版第 2 次印刷

购书咨询：010-64518888　　售后服务：010-64518899

网　　址：http://www.cip.com.cn

凡购买本书，如有缺损质量问题，本社销售中心负责调换。

定　　价：58.00 元

前言

CAXA CAM 数控车 2020 软件是北航海尔有限公司在 CAM 领域经过多年的深入研究和总结，并对中国数控加工技术和国际先进技术完全消化和吸收的基础上，推出的在操作上“贴近中国用户”、在技术上符合“国际技术水准”的最新 CAM 操作软件，在机械、电子、航空、航天、汽车、船舶、军工、建筑、轻工及纺织等领域得到广泛的应用，以高速度、高精度、高效率等优越性获得一致的好评。CAXA CAM 数控车 2020 软件主要面向 2 轴数控车床和数控车床加工中心，具有优越的工艺性能。与以往版本相比，CAXA CAM 数控车 2020 新增加了部分加工功能，对原有功能也进行了增强和优化。

为了帮助机械制造人员提高对该软件的应用水平，本书以 CAXA CAM 数控车 2020 软件知识为基础，通过大量数控大赛软件应用的具体造型及加工实例，系统地讲解了数控加工自动编程的知识，着重介绍具体实例的编程技术和操作技巧，使读者能更好地理解并巩固所学的知识内容，提高综合的实体造型和数控加工能力。本书结构紧凑，实例丰富而经典，讲解详细且通俗易懂，能帮助 CAXA 用户迅速掌握和全面提高 CAXA 软件数控编程的操作技能，对具有一定数控编程基础的用户也有参考价值。

本书集成了 CAXA 数控车 2020 软件的主要内容，坚持以“够用为度、工学结合”为原则，突出“实用性”、“综合性”和“可读性”，引导读者通过具体操作实例，快速学习 CAXA 数控车 2020 软件的造型理论及加工编程知识，使学习自动编程技术更为简单。

本书的内容已制作成用于多媒体教学的 PPT 课件，并将免费提供给采用本书作为教材的院校使用。如有需要，请发电子邮件至 cipedu@163. com 获取，或登录 www. cipedu. com. cn 免费下载。

为便于读者学习，我们将免费赠送全书实例源文件，可通过联系 QQ：1741886042 获取。

本书可作为机械制造类工程技术人员的参考书、全国数控车技能大赛软件应用辅导书，也可作为高等学校、职业院校等相关专业学生的教材。

本书由甘肃畜牧工程职业技术学院刘玉春和甘肃农业大学刘海涛编著。在本书的编写过程中，得到了甘肃畜牧工程职业技术学院张毅教授、甘肃农业大学张炜教授的大力支持，在此对所有提供帮助和支持本书编写的人员表示衷心的感谢！

由于编著者水平有限，书中难免有不足之处，敬请读者批评指正。

编著者

2020 年 8 月

目 录

第一章

阶梯轴类零件的设计与车削加工

CAXA 数控车 2020 软件是我国自主研发的一款集计算机辅助设计（CAD）和计算机辅助制造（CAM）于一体的数控车床专用软件，具有零件二维轮廓建模、刀具路径模拟、切削验证加工和后置代码生成等功能。在该软件的支持下，我们可以较好地解决曲线零件的计算机辅助设计与制造问题。

本章主要通过阶梯轴类零件的设计与加工、含圆弧要素阶梯轴类零件加工、含沟槽要素阶梯轴类零件加工和含螺纹要素阶梯轴类零件加工实例来学习 CAXA 数控车软件对轴类零件进行编程与仿真加工的方法。

【技能目标】

- 了解数控车床编程基础知识。
- 掌握 CAXA 数控车粗加工方法。
- 掌握 CAXA 数控车精加工方法。
- 掌握 CAXA 数控车螺纹编程与加工方法。

[实例 1-1] 阶梯轴类零件的设计与加工

完成图 1-1 所示阶梯轴零件的轮廓设计及粗精加工程序编制。零件材料为 45 钢，毛坯为 ϕ80mm 的棒料。

该零件为简单的阶梯轴零件。经过分析，先建立工件坐标系，设 *A* 点为下刀点，用加工轮廓和毛坯轮廓确定加工区域。用车削粗加工功能，做轮廓粗车加工，确定被加工轮廓和毛坯轮廓，被加工轮廓就是加工结束后的工件表面轮廓，毛坯轮廓就是加工前毛坯的表面轮廓。用车削精车加工功能，做外轮廓精车加工。

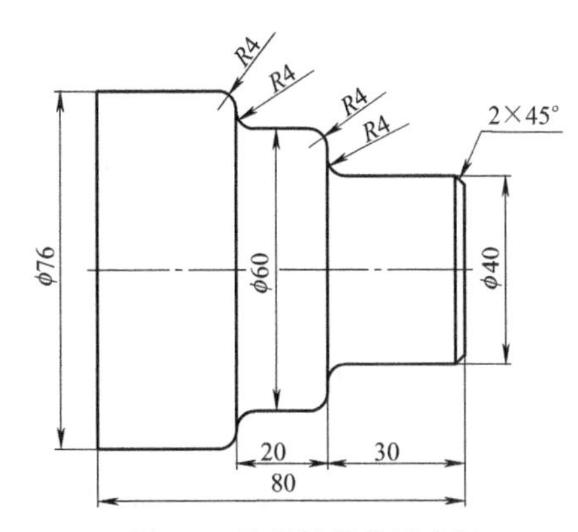

图 1-1 阶梯轴零件尺寸图

一、绘制零件轮廓

① 建立工件坐标系。数控车床的坐标系一般为一个二维的坐标系：*XZ*，其中“*Z*”为水平轴。而一般 CAD/CAM 系统的常用二维坐标系为 *XY*。为便于与 CAD 系统操作统一，又符合数控

车床实际情况，CAXA 数控车在系统坐标系上作了些处理。

首先，在 CAXA 数控车系统中，图形坐标的输入仍然按照一般 CAD 系统的方式输入，使用 XY 坐标系。在轨迹生成代码时自动将 X 坐标转换为 Z 坐标，将 Y 坐标转换为 X 坐标。所以在 CAXA 数控车的界面中显示的坐标系如图 1-2 所示，括号中的坐标为输出代码时的坐标系，括号外的坐标为系统图形绘制时使用的坐标系。

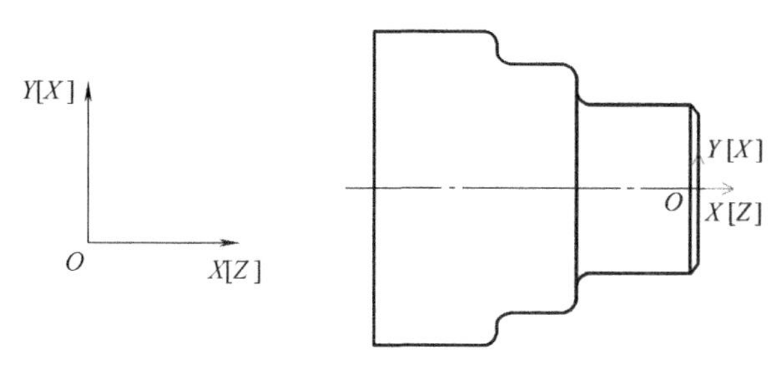

图 1-2 卧式数控车床默认坐标系

② 在常用选项卡中，单击绘图生成栏中的孔/轴按钮，用鼠标捕捉坐标零点为插入点，这时出现新的立即菜单，在“2. 起始直径”和“3. 终止直径”文本框中分别输入轴的直径 40，移动鼠标，则跟随着光标将出现一个长度动态变化的轴，键盘输入轴的长度 30。右击结束命令，即可完成一个带有中心线的轴的绘制。如图 1-3 所示。

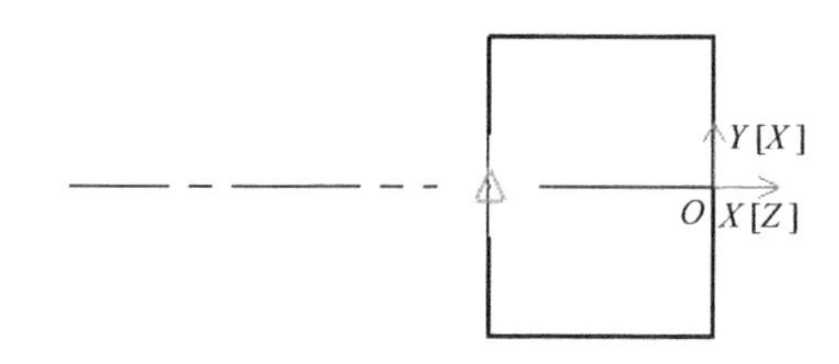

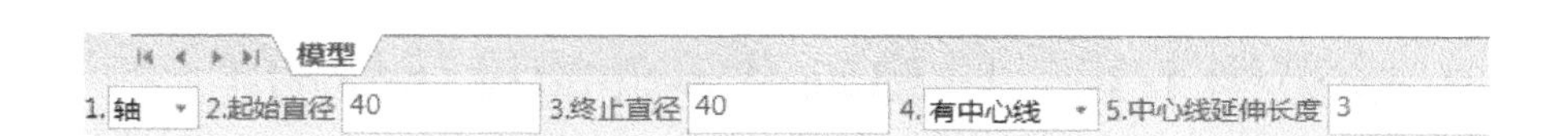

图 1-3 绘制 ϕ40mm 段轮廓

③ 同样用孔/轴命令绘制 ϕ60mm 和 ϕ76mm 的两段圆柱轮廓，如图 1-4 所示。

④ 在常用选项卡中，单击修改生成栏中的过渡按钮，在下面的立即菜单中，选择圆角、裁剪，输入过渡半径 4，拾取要过渡的边线，过渡完成，如图 1-5 所示。

⑤ 在常用选项卡中，单击修改生成栏中的倒角按钮，在下面的立即菜单中，选择长度、裁剪，输入倒角距离 2，角度 45，拾取要倒角的边线，倒角完成，如图 1-5 所示。

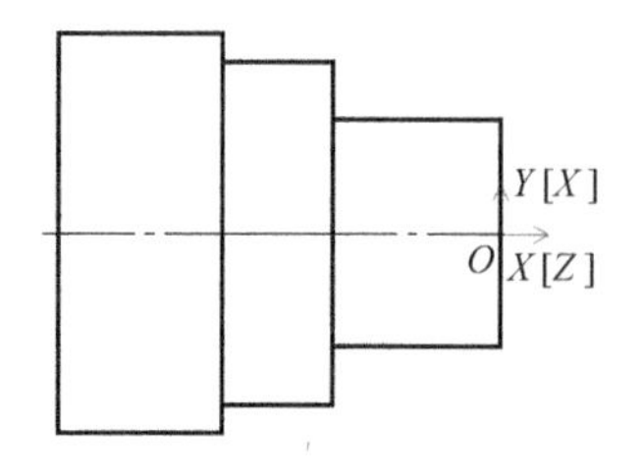

图 1-4 绘制阶梯轴零件轮廓

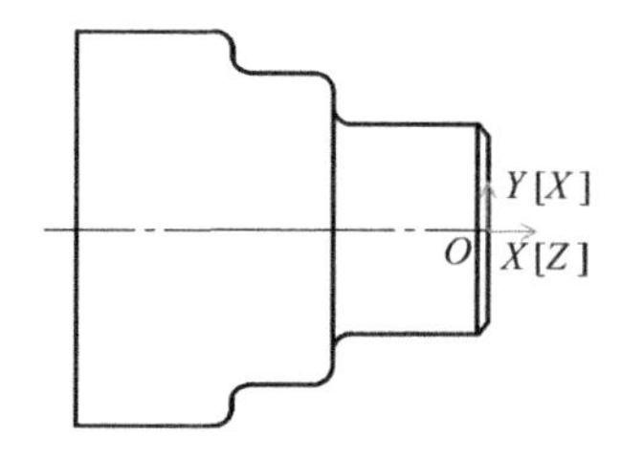

图 1-5 绘制 R4mm 圆弧过渡

二、外轮廓粗加工

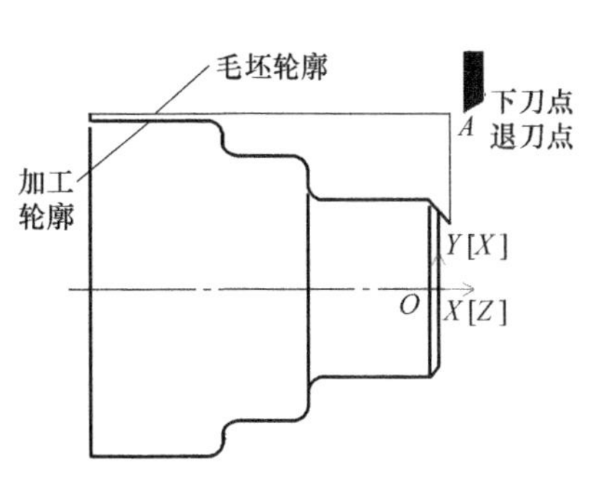

图 1-6　绘制加工轮廓和毛坯轮廓

① 在常用选项卡中，单击绘图生成栏中的直线按钮，在立即菜单中，选择两点线、连续、正交方式，捕捉左角点，向上绘制 2mm，向右绘制 82mm 直线，完成毛坯轮廓线绘制，如图 1-6 所示。

操作技巧及注意事项：

被加工轮廓和毛坯轮廓两端点相连，两轮廓共同构成一个封闭的加工区域，在此区域的材料将被加工去除。被加工轮廓和毛坯轮廓不能单独闭合或自相交。生成粗加工轨迹时，只须绘制要加工部分的外轮廓和毛坯轮廓，组成封闭的区域（须切除部分）即可，其余线条不必画出。

② 在数控车选项卡中，单击二轴加工生成栏中的车削粗加工按钮，弹出车削粗加工对话框，如图 1-7 所示。加工参数设置：加工表面类型选择外轮廓，加工方式选择行切，加工角度 180，切削行距设为 1，主偏干涉角 0，副偏干涉角设为 6，刀尖半径补偿选择编程时考虑半径补偿。

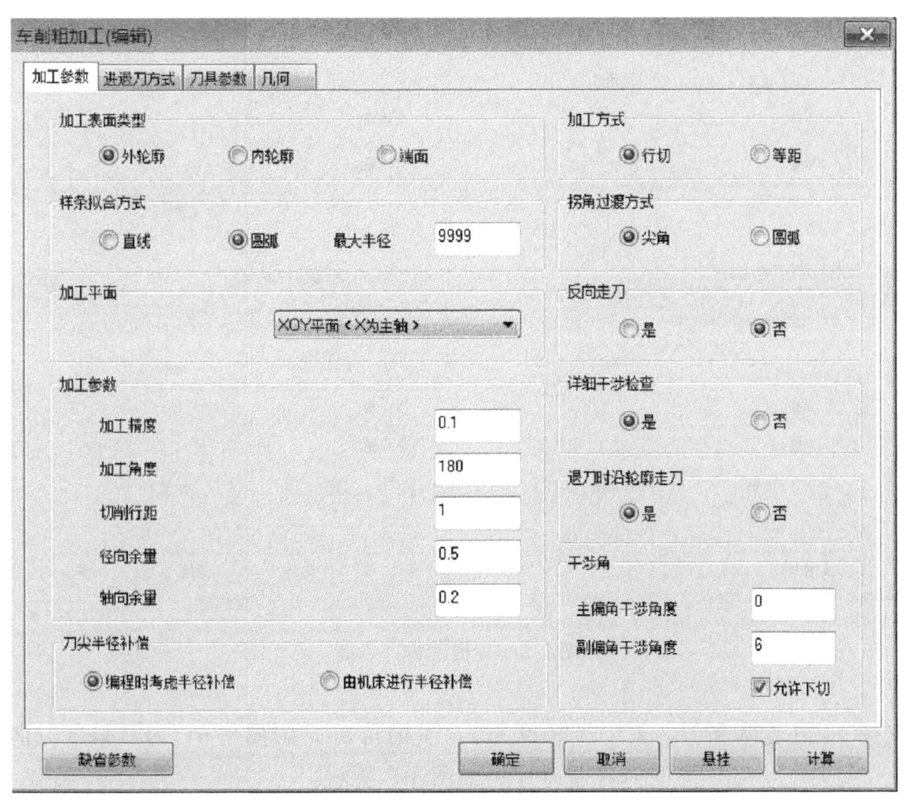

图 1-7　车削粗加工对话框

操作技巧及注意事项：

在软件坐标系中 X 正方向代表机床的 Z 轴正方向，Y 正方向代表机床的 X 正方向。本软件用加工角度将软件的 XY 向转换成机床的 ZX 向，如切外轮廓，刀具由右到左运动，与机床的 Z 正向成 180°，加工角度取 180°。切端面，刀具从上到下运动，与机床的 Z 正向成 −90°或 270°，加工角度取 −90°或 270°。

操作技巧及注意事项：

行切方式相当于 G71 指令，等距方式相当于 G73 指令，自动编程时常用行切方式，等距方式容易造成切削深度不同，对刀具不利。

编程时考虑半径补偿：在生成加工轨迹时，系统根据当前所用刀具的刀尖半径进行补偿计算（按假想刀尖点编程）。所生成代码即为已考虑半径补偿的代码，无须机床再进行刀尖半径补偿。

由机床进行半径补偿：在生成加工轨迹时，假设刀尖半径为 0，按轮廓编程，不进行刀尖半径补偿计算。所生成代码在用于实际加工时应根据实际刀尖半径由机床指定补偿值。

③ 快速退刀距离设置为 5。每行相对毛坯及加工表面的进刀方式设置为长度 1，角度 45，如图 1-8 所示。

图 1-8 进退刀方式设置

④ 选择 90°外轮廓车刀，刀尖半径设为 1，主偏角 90，副偏角 6，刀具偏置方向为左偏，对刀点为刀尖尖点，刀片类型为普通刀片。如图 1-9 所示。

操作技巧及注意事项：

考虑加工工件的几何形状，当加工台阶时，主偏角应取 90°，副偏角根据表面光洁度选择，要求高时偏角较小。考虑加工性质，精加工时，副偏角可取 10°～15°，粗加工时，副偏角可取 5°左右。

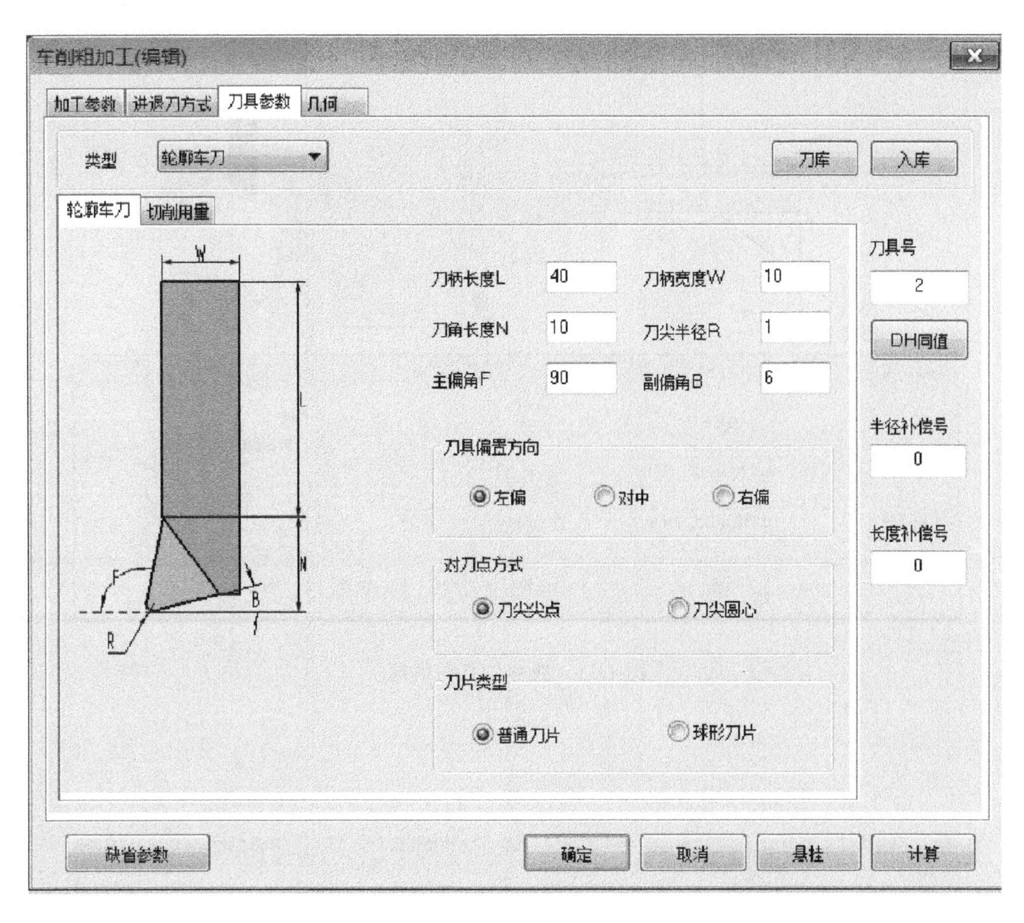

图 1-9　刀具参数设置

⑤ 单击“确定”退出对话框，采用单个拾取方式，拾取被加工轮廓，单击右键，拾取毛坯轮廓，毛坯轮廓拾取完后，单击右键，拾取进退刀点 A，生成阶梯轴零件加工轨迹，如图 1-10 所示。

⑥ 在数控车选项卡中，单击仿真生成栏中的线框仿真按钮，弹出线框仿真对话框，如图 1-11 所示，单击“拾取”按钮，拾取加工轨迹，单击右键结束加工轨迹拾取，单击“前进”按钮，开始仿真加工过程。

⑦ 程序生产是根据当前数控系统的配置要求，把生成的加工轨迹转化成 G 代码数据文件，即生成 CNC 数控程序，具体操作过程如下：

在数控车选项卡中，单击后置处理生成栏中的后置处理按钮 G，弹出后置处理对话框，如图 1-12 所示，选择控制系统文件 Fanuc，单击“拾取”按钮，拾取加工轨迹，然后单击“后置”按钮，弹出编辑代码对话框，如图 1-13 所示，生成阶梯轴零件加工程序，在此也可以编辑修改加工程序。

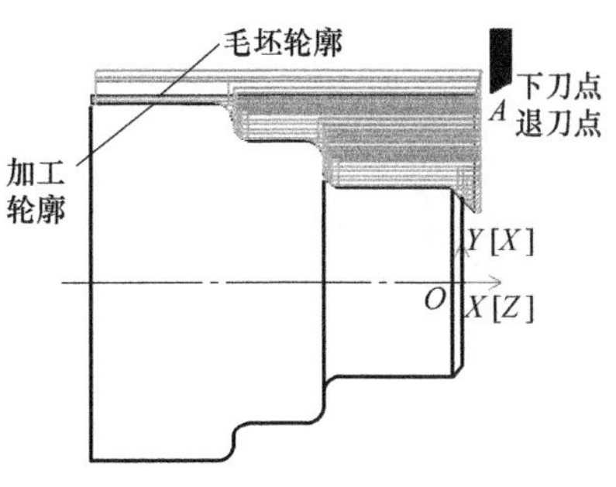

图 1-10　阶梯轴零件加工轨迹

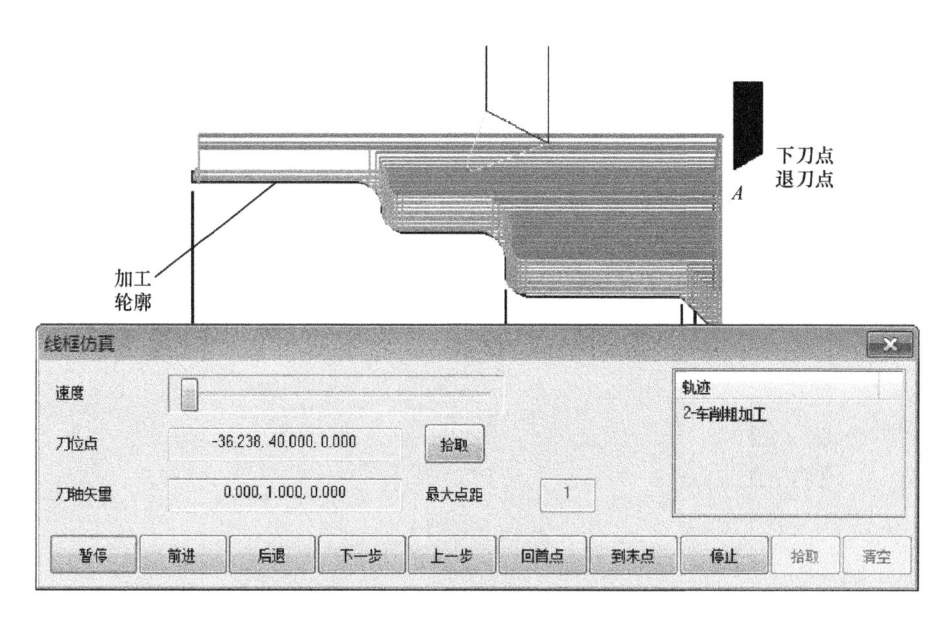

图 1-11 线框仿真对话框

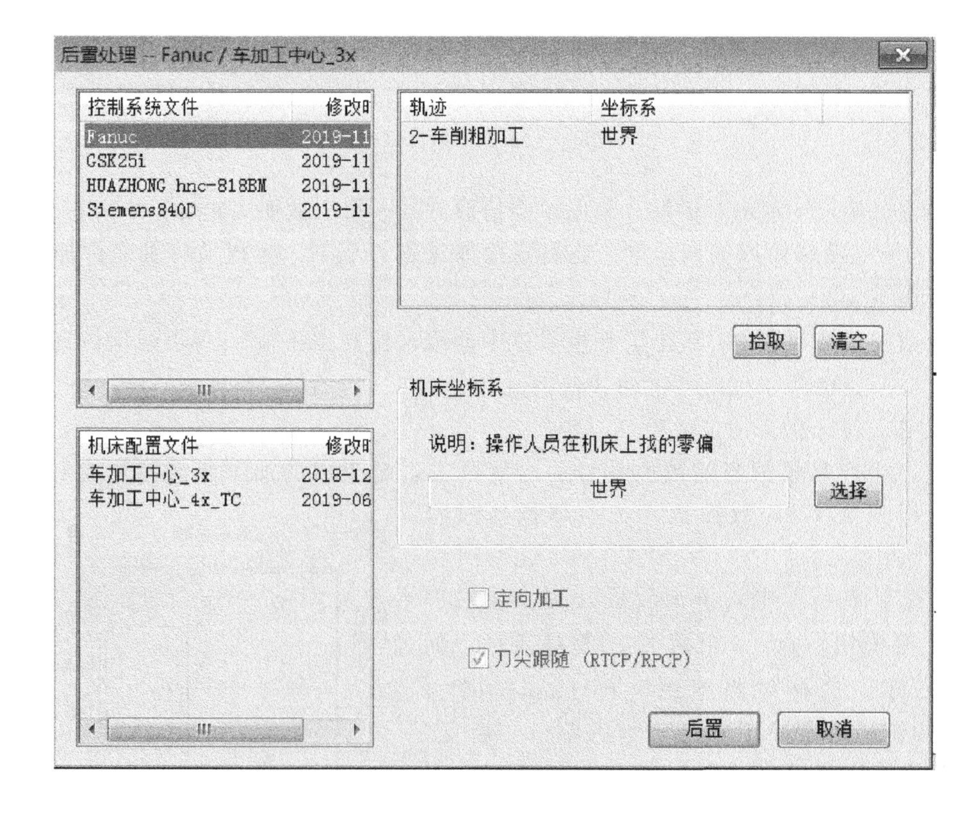

图 1-12 后置处理设置

图 1-13　生成和编辑 G 代码程序

三、外轮廓精加工

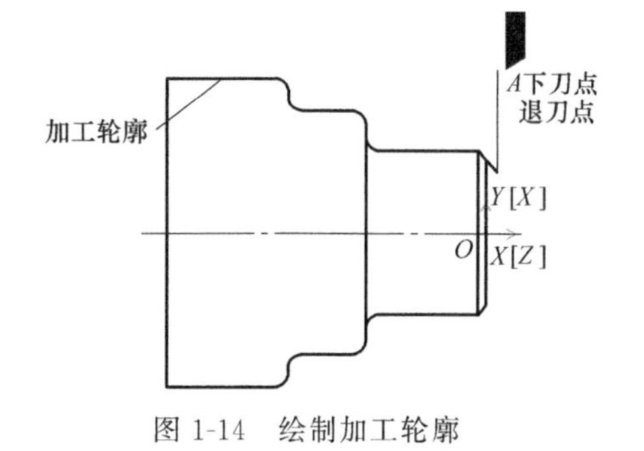

图 1-14　绘制加工轮廓

轮廓车削精加工功能实现对工件外轮廓表面、内轮廓表面和端面的精车加工。做轮廓精车时要确定被加工轮廓，被加工轮廓就是粗车结束后的工件表面轮廓，被加工轮廓不能闭合或自相交。

① 对前面粗加工轮廓和毛坯轮廓作适当修改，只保留加工轮廓。如图 1-14 所示。

② 在数控车选项卡中，单击二轴加工生成栏中的车削精加工按钮，弹出车削精加工对话框，如图 1-15 所示。加工参数设置：加工表面类型选择外轮廓，反向走刀设否，切削行距设为 1，主偏干涉角要求小于 0，副偏干涉角设为 15，刀尖半径补偿选择编程时考虑半径补偿，径向余量和轴向余量都设为 0。

③ 选择轮廓车刀，刀尖半径设为 0.2，主偏角 90，副偏角 15，刀具偏置方向为左偏，对刀点为刀尖尖点，刀片类型为普通刀片。如图 1-16 所示。

④ 单击“确定”退出对话框，采用单个拾取方式，拾取被加工轮廓，单击右键，拾取进退刀点 A，生成阶梯轴零件精加工轨迹，如图 1-17 所示。

⑤ 在数控车选项卡中，单击仿真生成栏中的线框仿真按钮，弹出线框仿真对话框，如图 1-18 所示，单击“拾取”按钮，拾取精加工轨迹，单击右键结束加工轨迹拾取，单击“前进”按钮，开始仿真加工过程。

⑥ 在数控车选项卡中，单击后置处理生成栏中的后置处理按钮 G，弹出后置处理对话框，如图 1-19 所示，选择控制系统文件 Fanuc，单击“拾取”按钮，拾取精加工轨迹，然后单击“后置”按钮，弹出编辑代码对话框，如图 1-20 所示，生成阶梯轴零件精加工程序，在此也可以编辑修改加工程序。

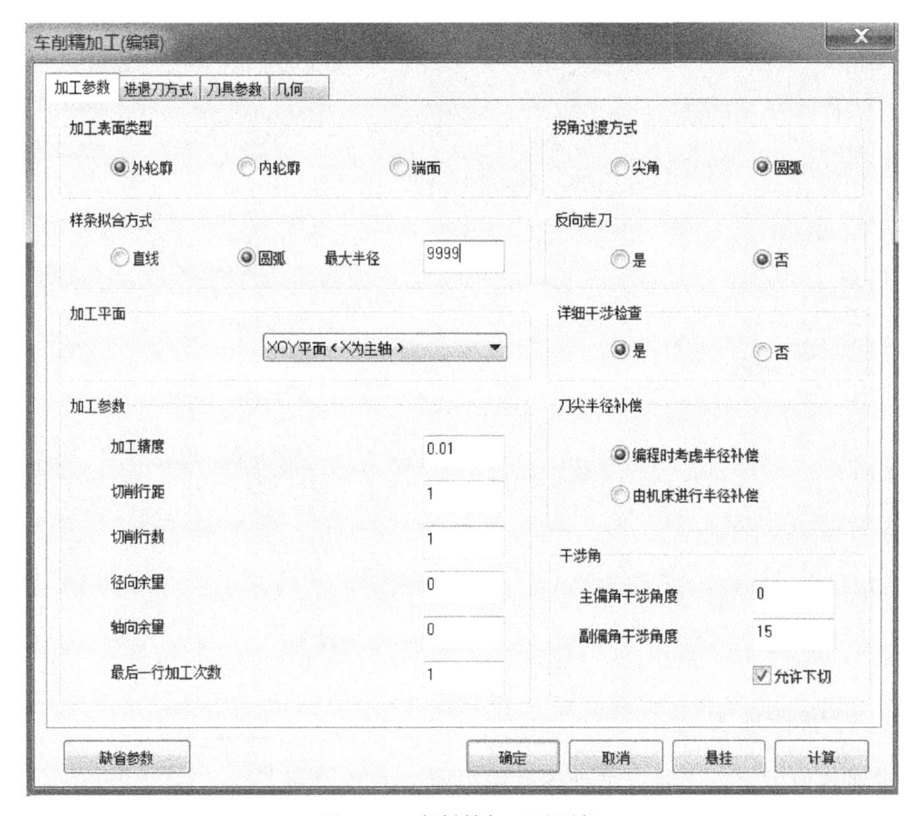

图 1-15　车削精加工对话框

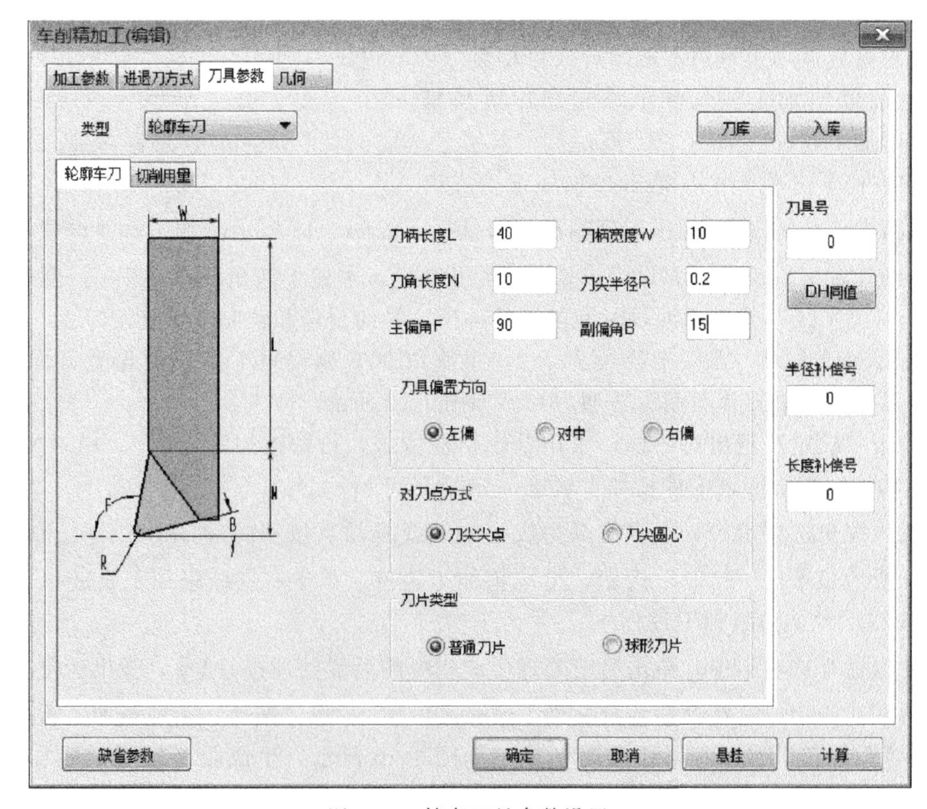

图 1-16　精车刀具参数设置

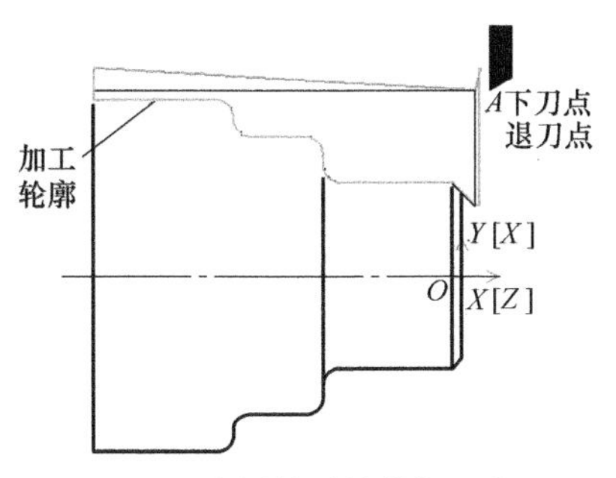

图 1-17　阶梯轴零件精加工轨迹

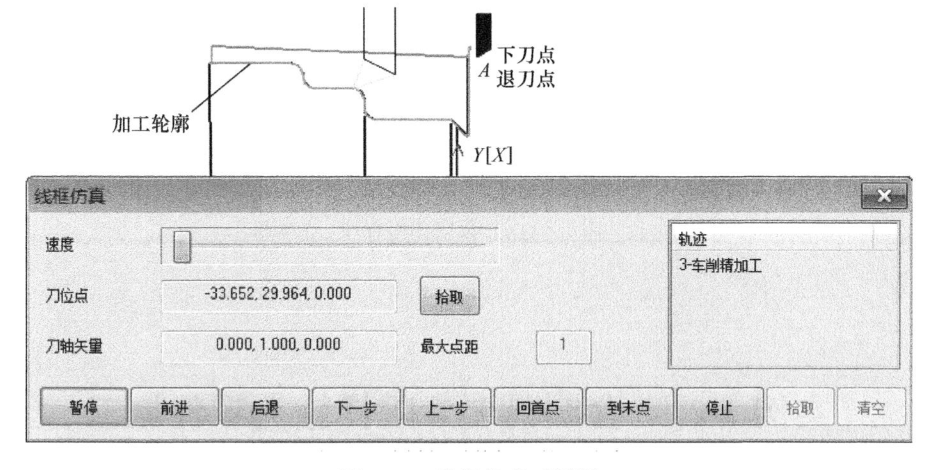

图 1-18　线框仿真对话框

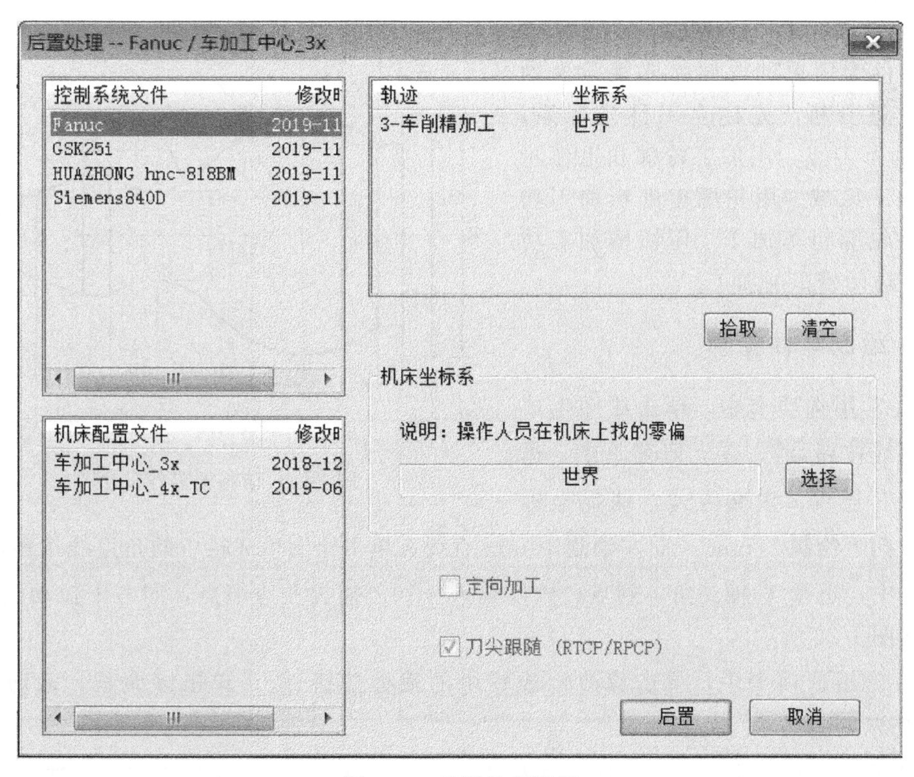

图 1-19　后置处理设置

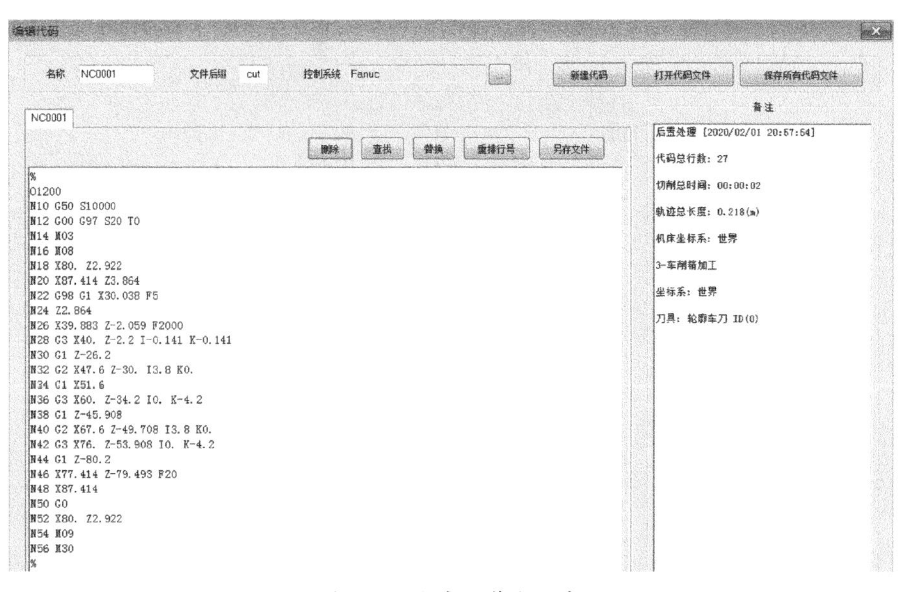

图 1-20　生成 G 代码程序

［实例 1-2］　含圆弧要素阶梯轴类零件加工

完成图 1-21 所示含圆弧要素阶梯轴零件的轮廓设计及粗加工程序编制。零件材料为 45 钢，毛坯为 ϕ52mm 的棒料。

该零件为简单的含圆弧要素阶梯轴零件。经过分析，先建立工件坐标系，设 A 点为下刀点，用加工轮廓和毛坯轮廓确定加工区域。用轮廓车削粗加工功能，做外轮廓粗车加工。用切槽加工功能，做左边凹槽车削加工。

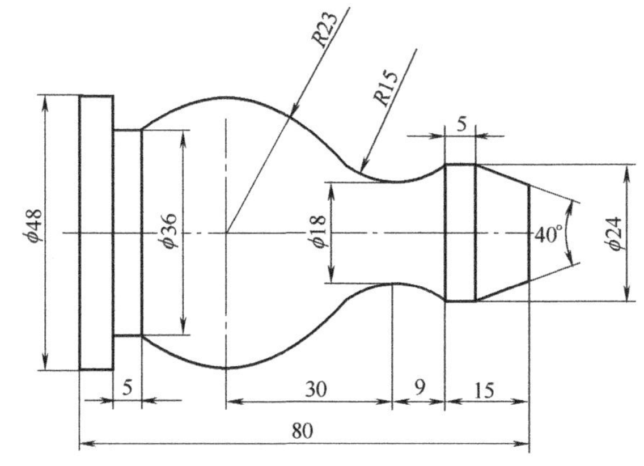

图 1-21　阶梯轴零件尺寸图

一、绘制零件轮廓

① 在常用选项卡中，单击绘图生成栏中的直线按钮，在立即菜单中，选择两点线、连续、正交方式，捕捉坐标原点 O，向上绘制 12mm，向左绘制 10mm 直线；单击绘图生成栏中的角度线按钮，在立即菜单中，选择 X 轴夹角、到点，角度输入－20，捕捉左边端点，向右下拉动绘制一条斜线，如图 1-22 所示。

② 在常用选项卡中，单击修改生成栏中的裁剪按钮，单击多余线，裁剪结果如图 1-23 所示。

③ 在常用选项卡中，单击绘图生成栏中的直线按钮，在立即菜单中，选择两点线、

连续、正交方式，绘制 5mm 水平线，如图 1-24 所示。

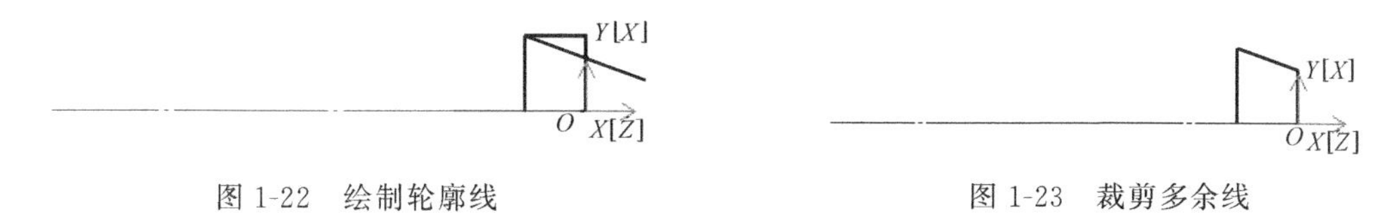

图 1-22　绘制轮廓线　　　图 1-23　裁剪多余线

④ 在常用选项卡中，单击修改生成栏中的等距线按钮，在立即菜单中输入等距距离 24，单击右边等距线，单击向左箭头，完成等距线，同样方法做距离 30 的等距线，如图 1-25 所示。

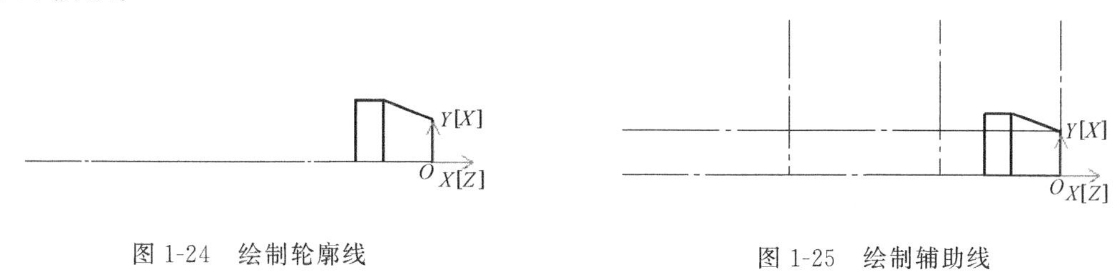

图 1-24　绘制轮廓线　　　图 1-25　绘制辅助线

⑤ 在常用选项卡中，单击绘图生成栏中的圆按钮，选择圆心-半径方式，捕捉圆心，输入半径 23，回车，完成 R23mm 圆绘制。单击绘图生成栏中的圆按钮，选择三点方式，捕捉第一点 A，捕捉第二点 B，捕捉第三点 C 时，按空格键选择切点捕捉方式，捕捉第三点，完成 R15mm 圆绘制，如图 1-26 所示。

⑥ 在常用选项卡中，单击修改生成栏中的裁剪按钮，单击多余线，裁剪结果如图 1-27 所示。

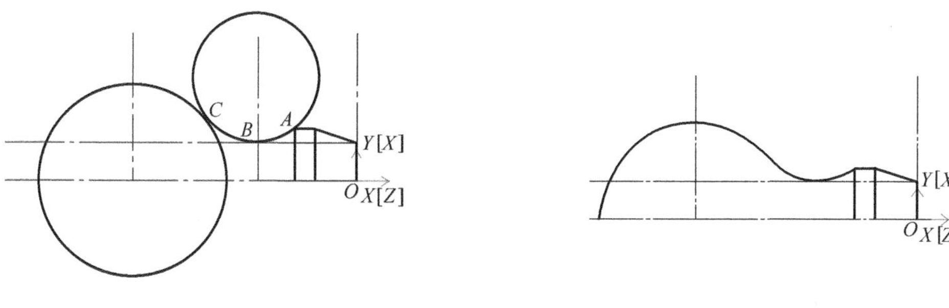

图 1-26　绘制圆　　　图 1-27　裁剪多余线

⑦ 在常用选项卡中，单击修改生成栏中的等距线按钮，在立即菜单中输入等距距离 18，单击轴心线，单击向上箭头，完成等距线，同样方法做距离 80 的等距线，如图 1-28 所示。

⑧ 在常用选项卡中，单击绘图生成栏中的直线按钮，在立即菜单中，选择两点线、连续、正交方式，捕捉 R23mm 圆弧与水平线的交点，向左绘制 5mm 水平线，向上绘制 6mm 竖直线，结果如图 1-28 所示。

⑨ 在常用选项卡中，单击修改生成栏中的裁剪按钮，单击多余线，裁剪多余线。单击修改生成栏中的删除按钮，删除多余辅助线，结果如图 1-29 所示。

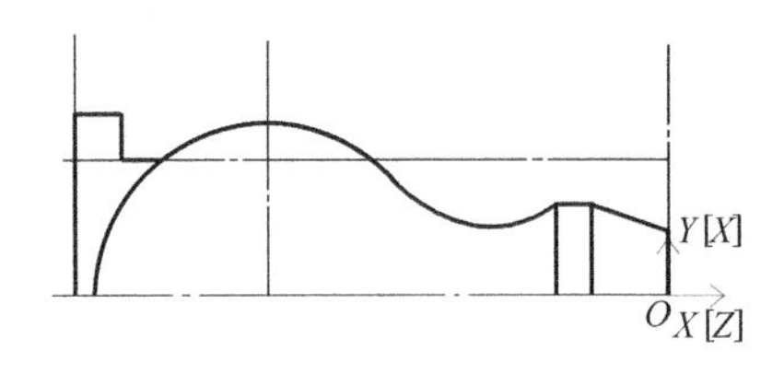

图 1-28 绘制轮廓线

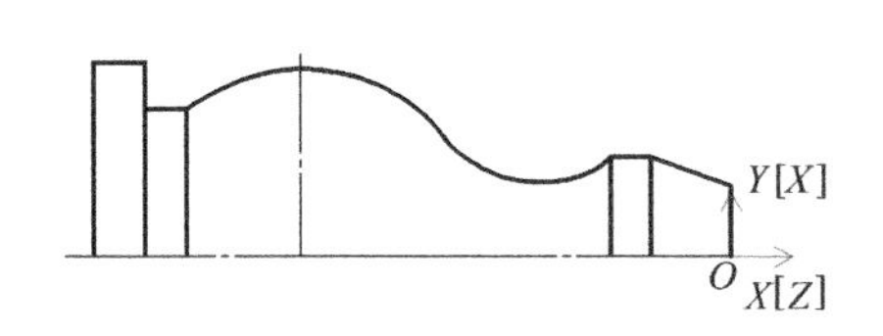

图 1-29 删除多余线

⑩ 在常用选项卡中，单击修改生成栏中的镜像按钮，在立即菜单中，选择拷贝方式，选择要镜像的线，单击镜像轴线，完成镜像操作，结果如图 1-30 所示。

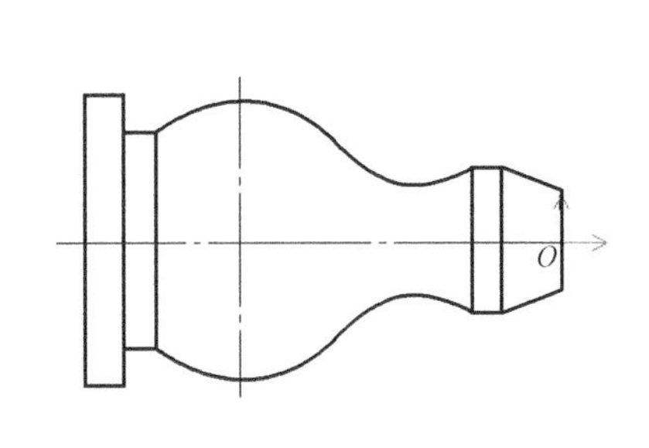

图 1-30 镜像轮廓线

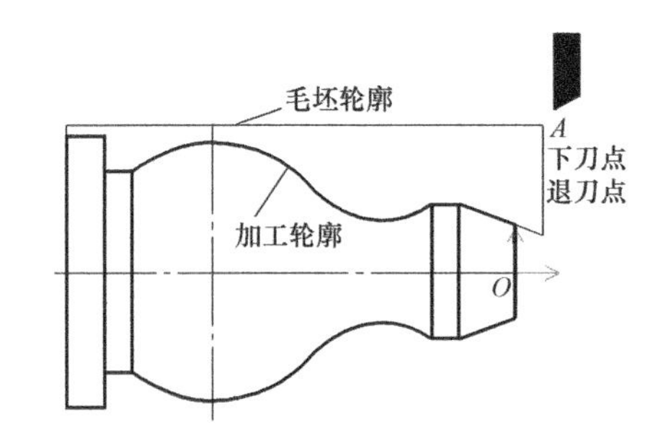

图 1-31 绘制毛坯轮廓线

二、外轮廓粗加工

① 在常用选项卡中，单击绘图生成栏中的直线按钮，在立即菜单中，选择两点线、连续、正交方式，捕捉左交点，向上绘制 2mm 竖直线，向右绘制 85mm 水平线，完成毛坯轮廓绘制，结果如图 1-31 所示。

② 在数控车选项卡中，单击二轴加工生成栏中的车削粗加工按钮，弹出车削粗加工对话框，如图 1-32 所示。加工参数设置：加工表面类型选择外轮廓，加工方式选择行切，加工角度 180，切削行距设为 0.5，主偏干涉角－15，副偏干涉角设为 72.5，刀尖半径补偿选择编程时考虑半径补偿，拐角过渡方式设为圆弧过渡。

③ 选择 35°尖刀，刀尖半径设为 0.8，副偏角 72.5，刀具偏置方向为对中，对刀点为刀尖尖点，刀片类型为普通刀片。如图 1-33 所示。

操作技巧及注意事项：

35°尖刀主要用于外轮廓仿形加工。

④ 单击“确定”退出对话框，采用单个拾取方式，拾取被加工轮廓，单击右键，拾取毛坯轮廓，毛坯轮廓拾取完后，单击右键，拾取进退刀点 A，生成零件外轮廓加工轨迹，如图 1-34 所示。

⑤ 在数控车选项卡中，单击仿真生成栏中的线框仿真按钮，弹出线框仿真对话框，如图 1-35 所示，单击“拾取”按钮，拾取加工轨迹，单击右键结束加工轨迹拾取，单击“前进”按钮，开始仿真加工过程。

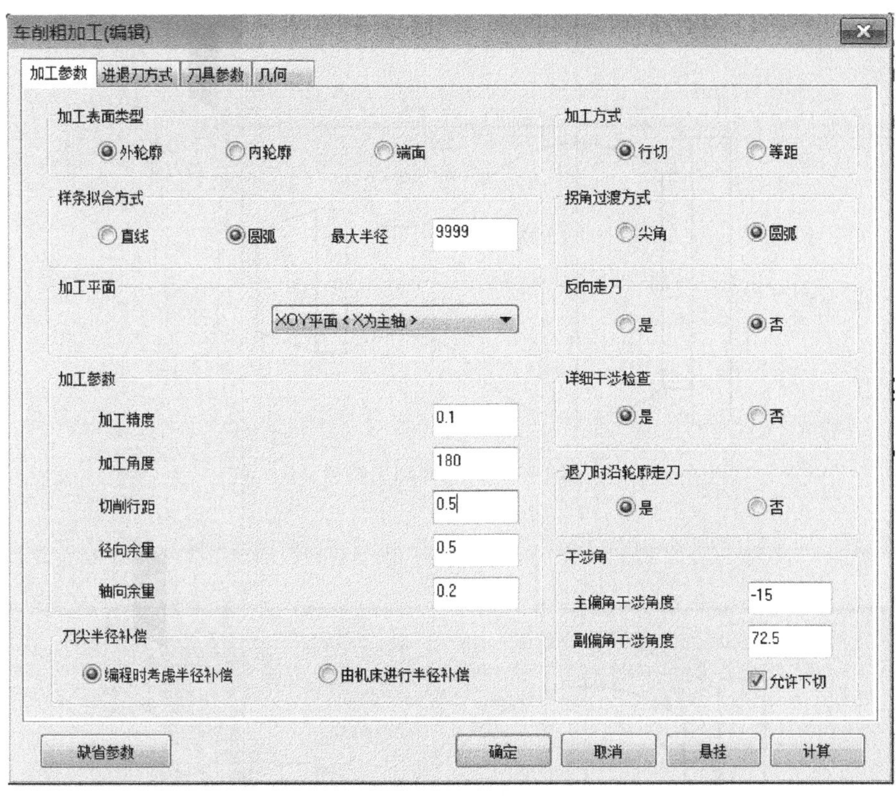

图 1-32　车削粗加工对话框

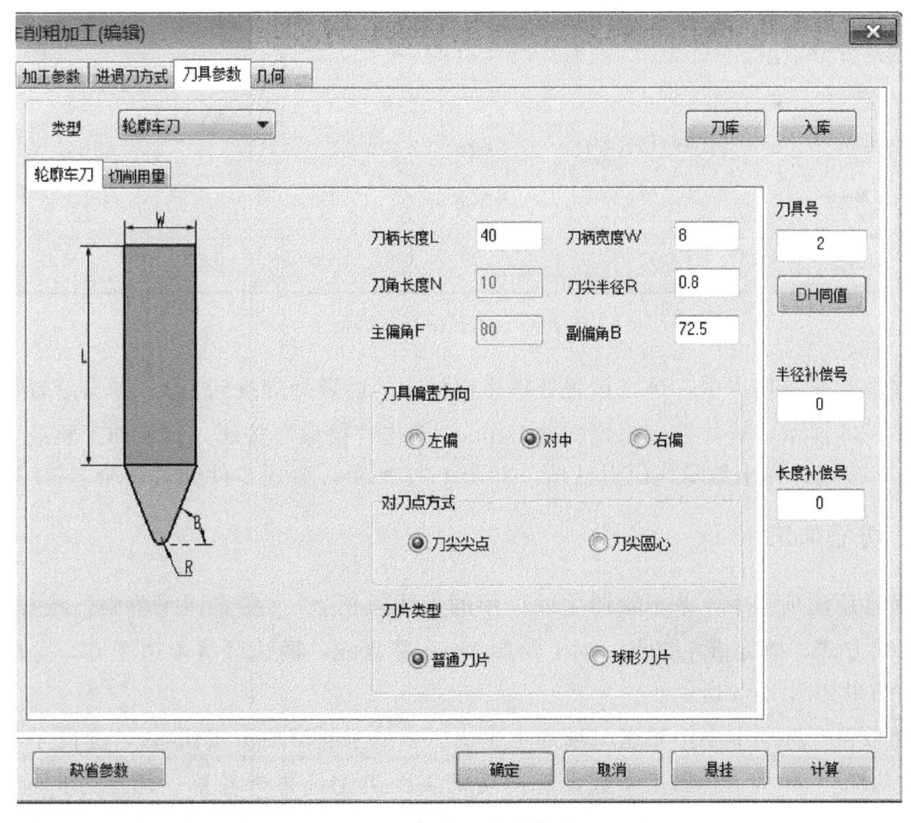

图 1-33　粗车刀具参数设置

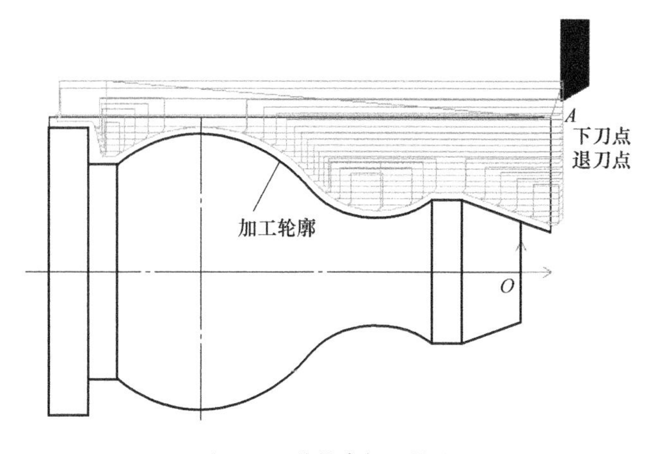

图 1-34 外轮廓加工轨迹

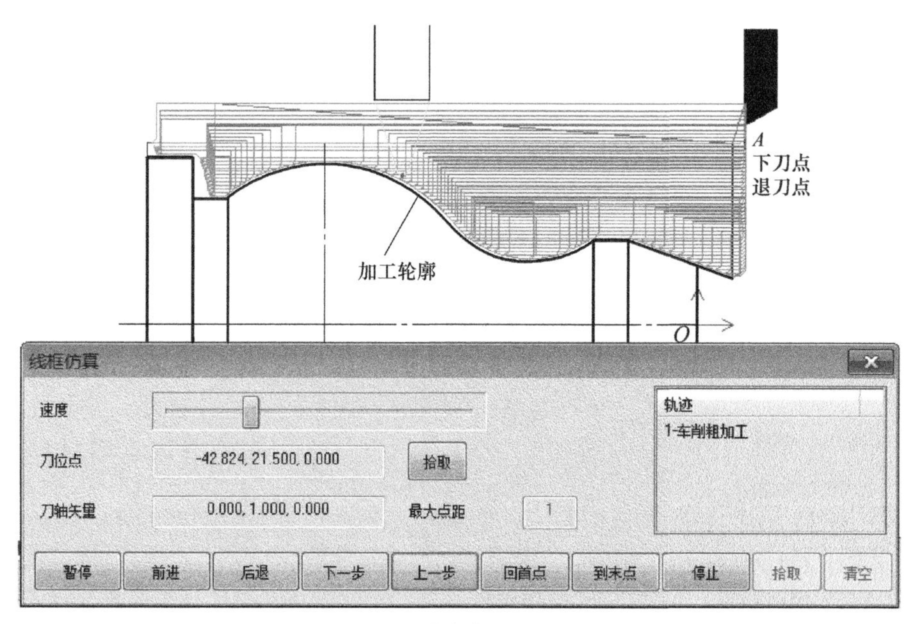

图 1-35 线框仿真对话框

⑥ 在数控车选项卡中，单击后置处理生成栏中的后置处理按钮G，弹出后置处理对话框，如图 1-36 所示，选择控制系统文件 Fanuc，单击“拾取”按钮，拾取加工轨迹，然后单击“后置”按钮，弹出编辑代码对话框，如图 1-37 所示，生成零件外轮廓加工程序。

三、切槽加工

① 在常用选项卡中，单击绘图生成栏中的直线按钮，在立即菜单中，选择两点线、连续、正交方式，捕捉槽左交点，向上绘制 2mm 竖直线，两边竖线上边平齐，完成加工轮廓绘制，结果如图 1-38 所示。

② 在数控车选项卡中，单击二轴加工生成栏中的车削槽加工按钮，弹出车削槽加工对话框，如图 1-39 所示。加工参数设置：切槽表面类型选择外轮廓，加工方向选择横向，加工余量 0.2，切深行距设为 1，退刀距离 2，刀尖半径补偿选择编程时考虑半径补偿。

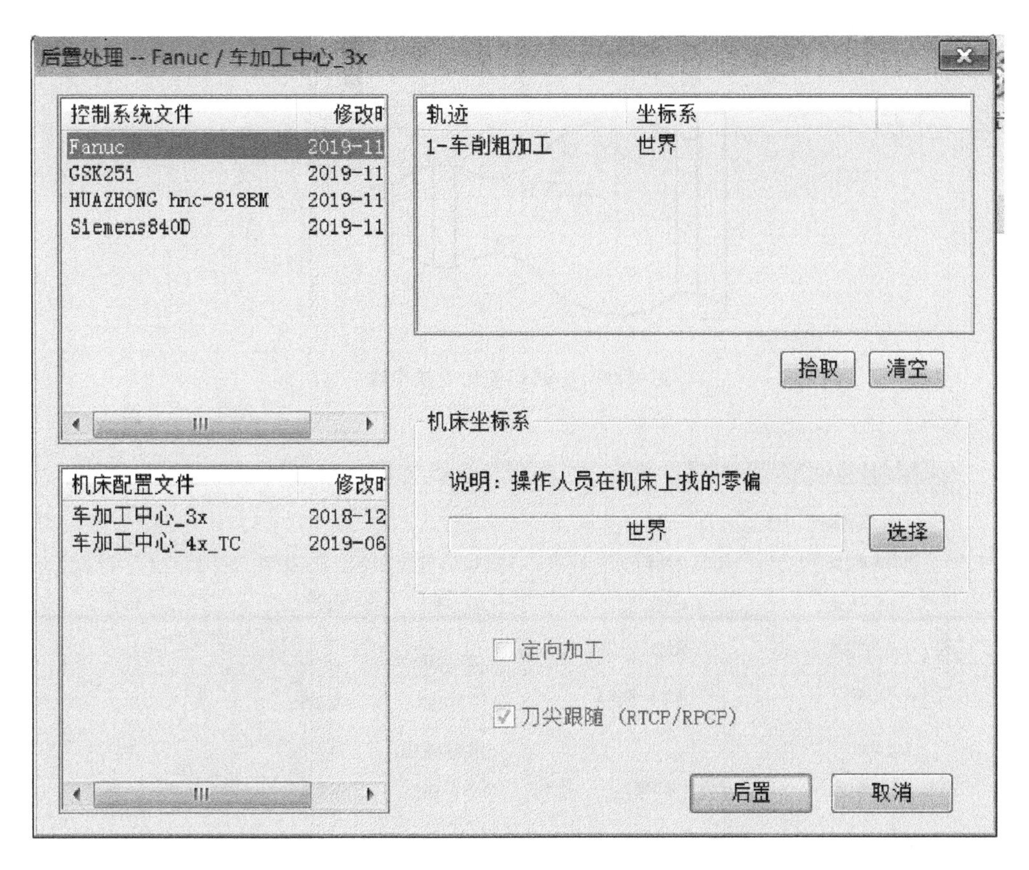

图 1-36　后置处理设置

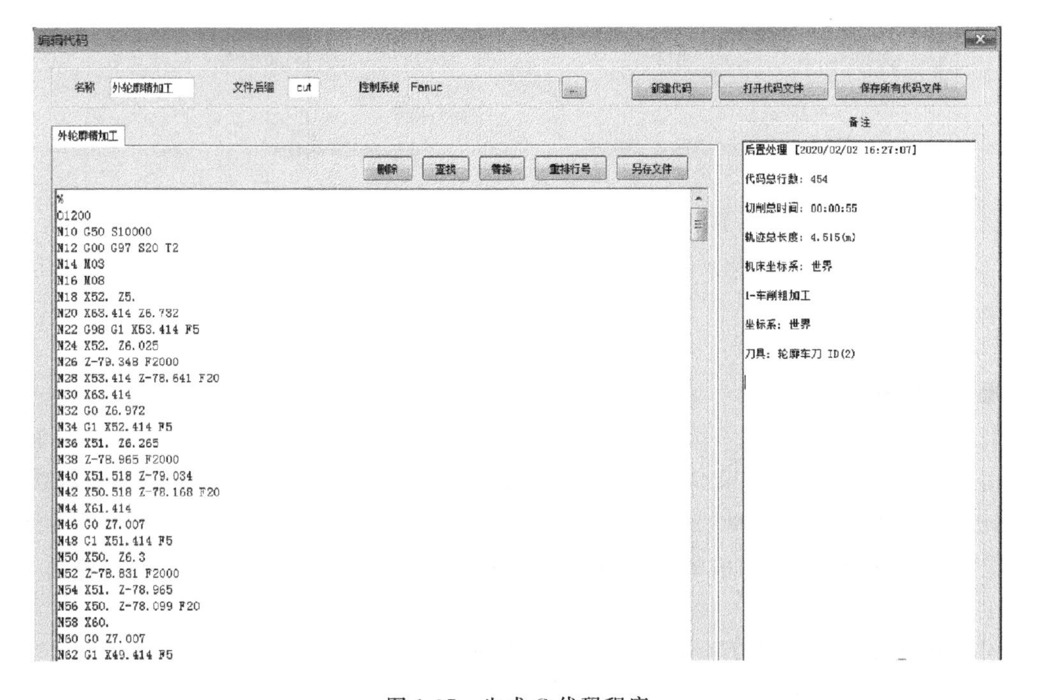

图 1-37　生成 G 代码程序

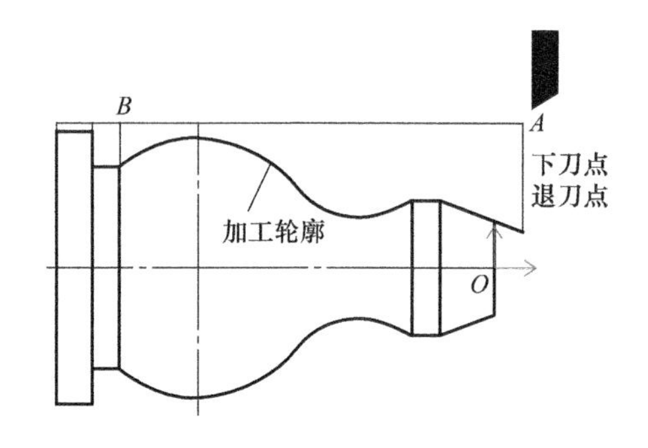

图 1-38 绘制切槽加工轮廓线

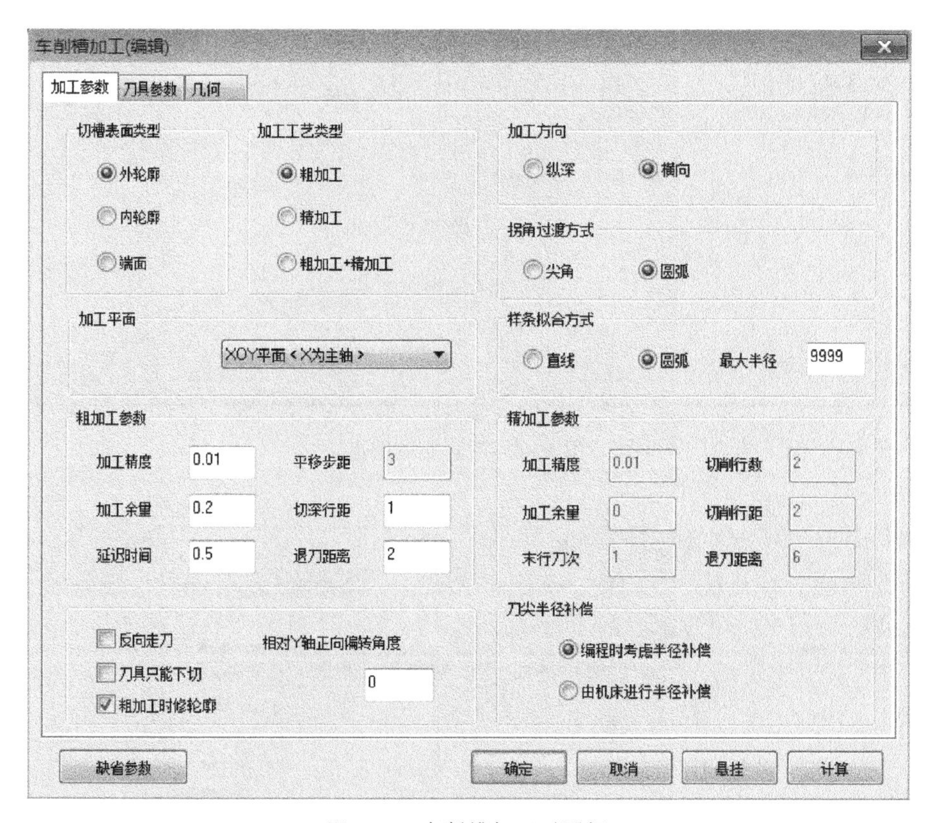

图 1-39 车削槽加工对话框

操作技巧及注意事项：

切槽加工方向的选择，分为纵深和横向两种，纵深是顺着槽深方向加工，横向是垂直槽深方向加工，通常情况下以横向加工方向为主，可以获得较好的工艺效果，但对刀具侧刃磨损较大。

③ 选择宽度 3mm 的切槽车刀，刀尖半径设为 0.2，刀具位置 3.5，编程刀位前刀尖，如图 1-40 所示。

④ 切削用量设置：进刀量 60mm/min ，主轴转速 500r/min，如图 1-41 所示。

⑤ 单击“确定”退出对话框，采用单个拾取方式，拾取被加工轮廓，单击右键，拾取进退刀点 B，生成切槽加工轨迹，如图 1-42 所示。

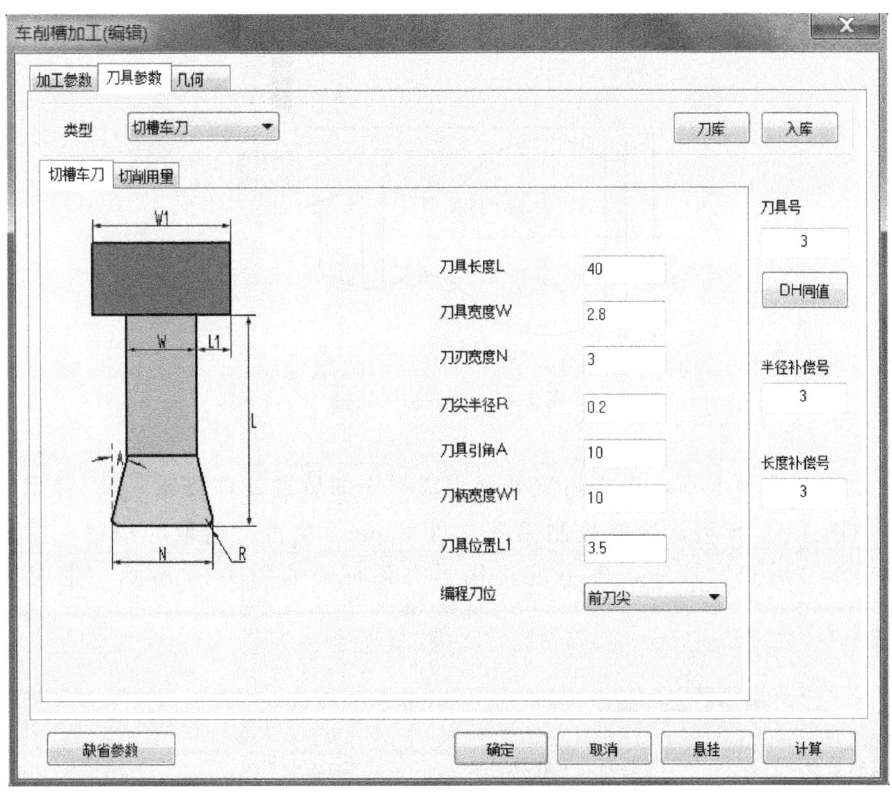

图 1-40 刀具参数设置

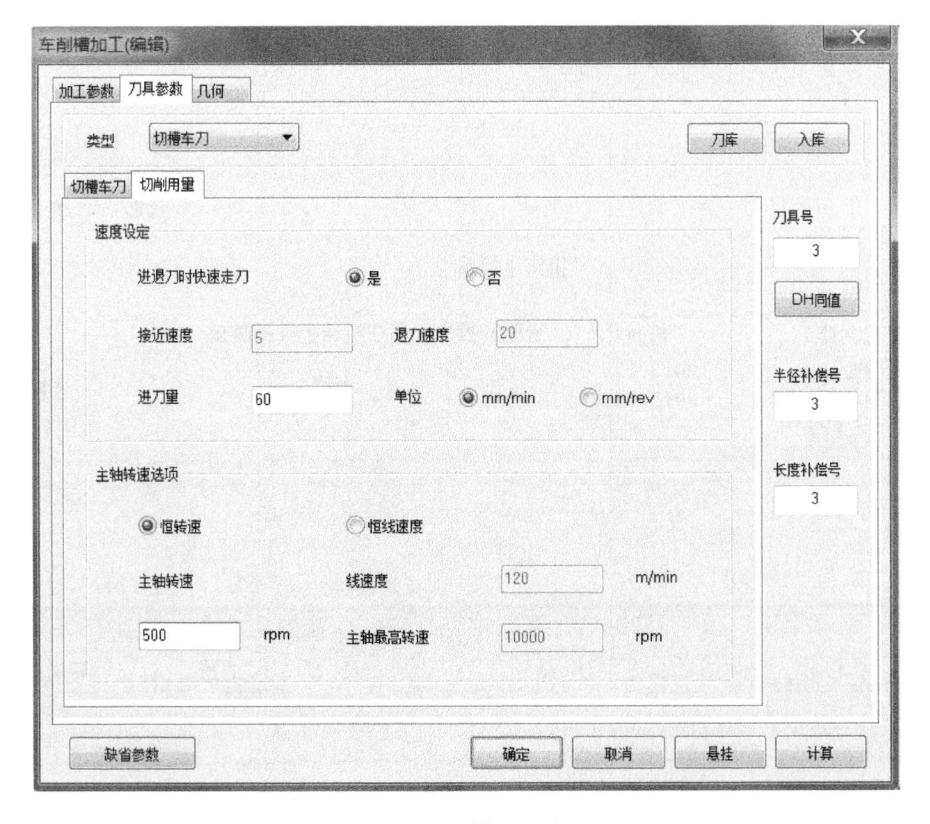

图 1-41 切削用量设置

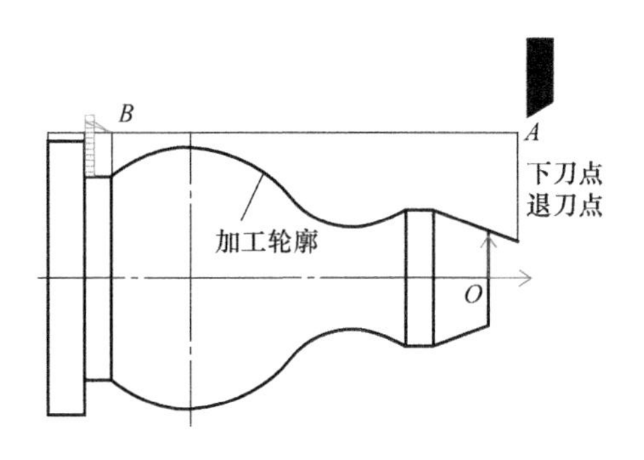

图 1-42 切槽加工轨迹

⑥ 在数控车选项卡中，单击后置处理生成栏中的后置处理按钮 G，弹出后置处理对话框，如图 1-43 所示，选择控制系统文件 Fanuc，单击“拾取”按钮，拾取加工轨迹，然后单击“后置”按钮，弹出编辑代码对话框，如图 1-44 所示，生成切槽加工程序。

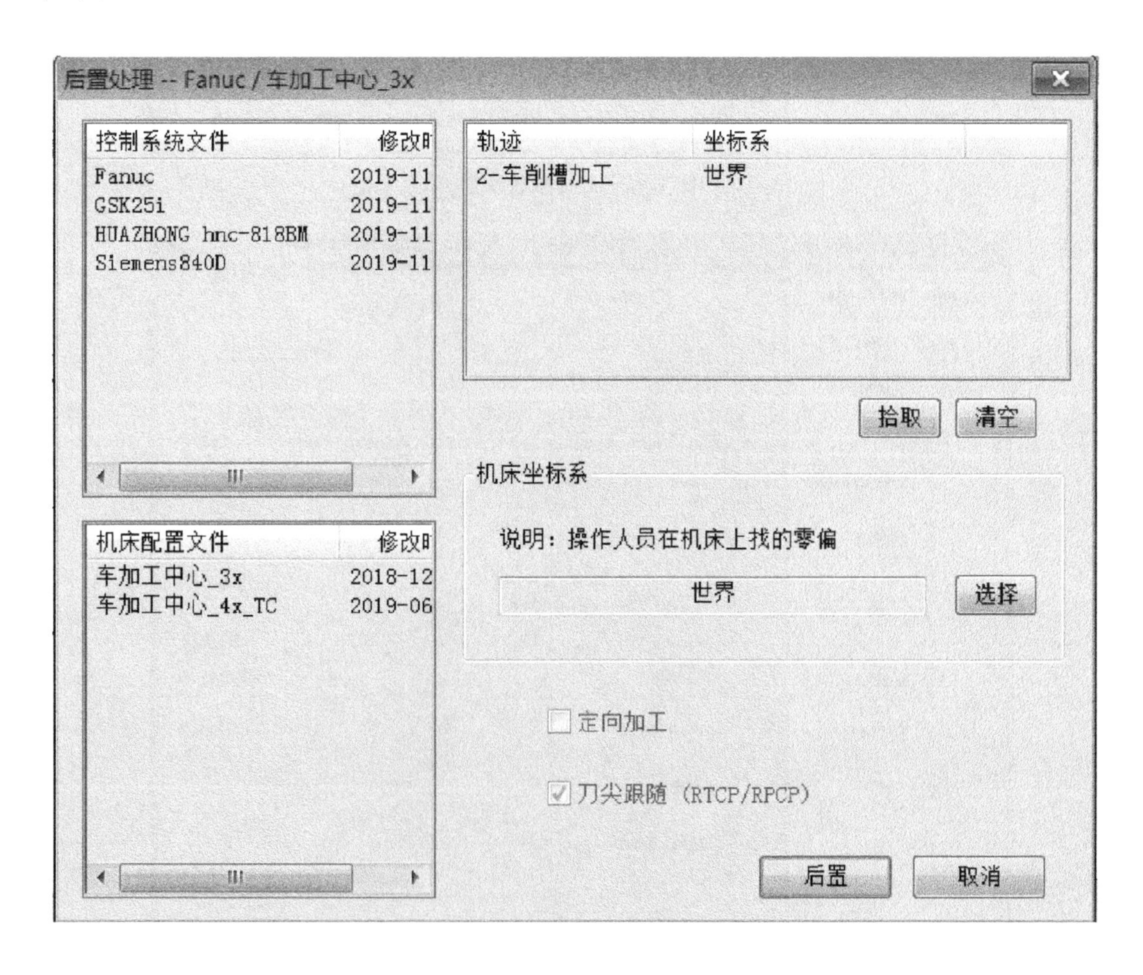

图 1-43 后置处理设置

图 1-44　生成 G 代码程序

［实例 1-3］　含沟槽要素阶梯轴类零件加工

完成图 1-45 所示含沟槽要素阶梯轴类零件的轮廓设计、轮廓粗加工和切槽加工程序编制。零件材料为 45 钢，毛坯为 ϕ34mm 的棒料。

该零件是简单外圆面切槽加工，根据加工要求选择刀具与切前用量，利用轮廓粗加工和轮廓精加工、切槽加工完成。

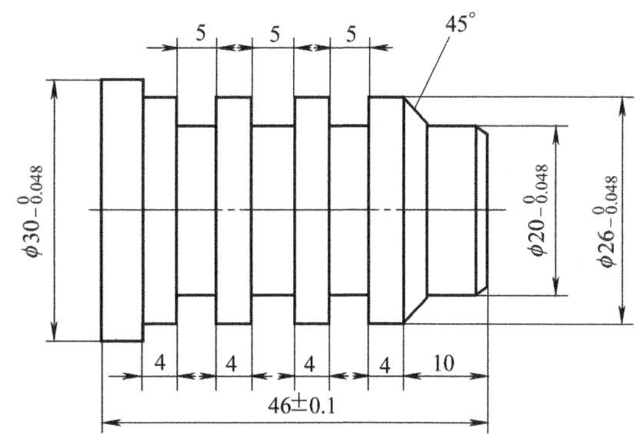

图 1-45　阶梯轴零件尺寸图

一、绘制零件轮廓

① 在常用选项卡中，单击绘图生成栏中的孔/轴按钮，用鼠标捕捉坐标零点为插入点，这时出现新的立即菜单，在“2.起始直径”和“3.终止直径”文本框中分别输入轴的直径 20，移动鼠标，则跟随着光标将出现一个长度动态变化的轴，键盘输入轴的长度 10。继续输入其他轴段的直径和长度，右击结束命令，即可完成一个带有中心线的轴的绘制。如图 1-46 所示。

② 在常用选项卡中，单击修改生成栏中的倒角按钮，在下面的立即菜单中，选择长度、裁剪，输入倒角距离 1，角度 45，拾取要倒角的第一条边线，拾取第二条边线，倒角完成，如图 1-47 所示。

③ 在常用选项卡中，单击绘图生成栏中的角度线按钮，在立即菜单中，选择 X 轴夹

角、到点，角度输入-45，捕捉左边端点，向右下拉动绘制一条斜线，单击修改生成栏中的裁剪按钮，单击多余线，裁剪结果如图 1-47 所示。

④ 在常用选项卡中，单击修改生成栏中的等距线按钮，在立即菜单中输入等距距离 4，单击左边要等距的线，单击向右箭头，完成等距线，同样方法做其他等距辅助线，如图 1-48 所示。

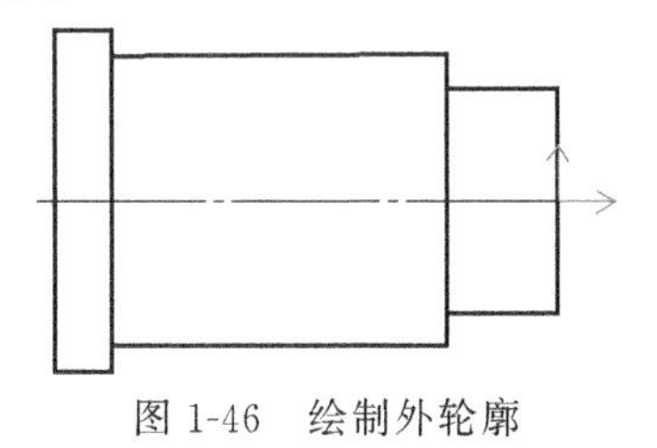

图 1-46 绘制外轮廓

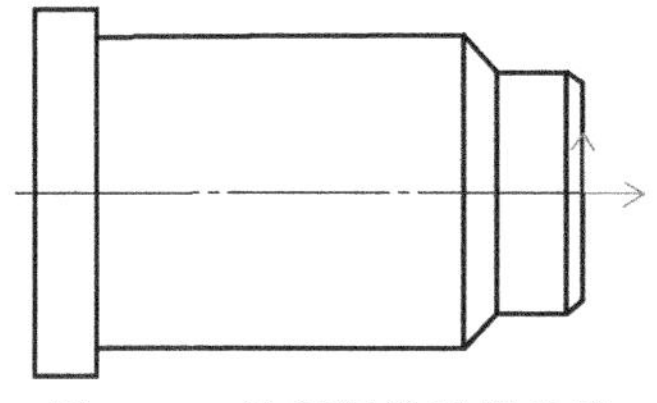

图 1-47 绘制斜线及倒角线

⑤ 在常用选项卡中，单击修改生成栏中的裁剪按钮，单击裁剪多余线，裁剪结果如图 1-49 所示。

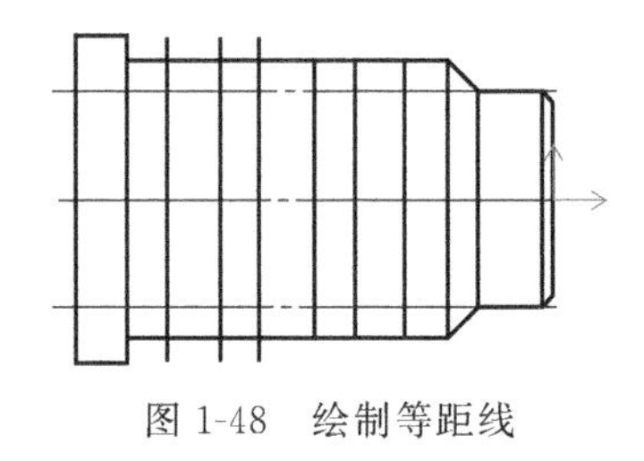

图 1-48 绘制等距线

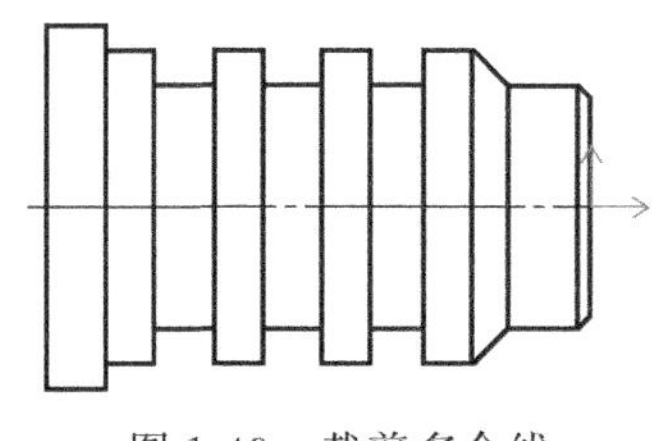

图 1-49 裁剪多余线

二、零件轮廓粗加工

① 在常用选项卡中，单击绘图生成栏中的直线按钮，在立即菜单中，选择两点线、连续、正交方式，捕捉左角点，向上绘制 2mm，向右绘制 49mm 直线，确定进退刀点 A。完成毛坯轮廓线绘制，裁剪与加工轮廓相连的线，如图 1-50 所示。

操作技巧及注意事项：

生成粗加工轨迹时，只须绘制要加工的部分轮廓和毛坯轮廓，组成封闭的区域即可，其余线条不必画出。

② 在数控车选项卡中，单击二轴加工生成栏中的车削粗加工按钮，弹出车削粗加工对话框，如图 1-51 所示。加工参数设置：加工表面类型选择外轮廓，加工方式选择行切，加工角度 180，切削行距设为 0.5，主偏干涉角 0，副偏干涉角设为 6，刀尖半径补偿选择编程时考虑半径补偿。

③ 快速进退刀距离设置为 2。每行相对毛坯及加工表面的速进退刀方式设置为长度 1，夹角 45。选择外轮廓车刀，刀尖半径设为 0.8，主偏角 90，副偏角 6，刀具偏置方向为左偏，对刀点为刀尖尖点，刀片类型为普通刀片。如图 1-52 所示。

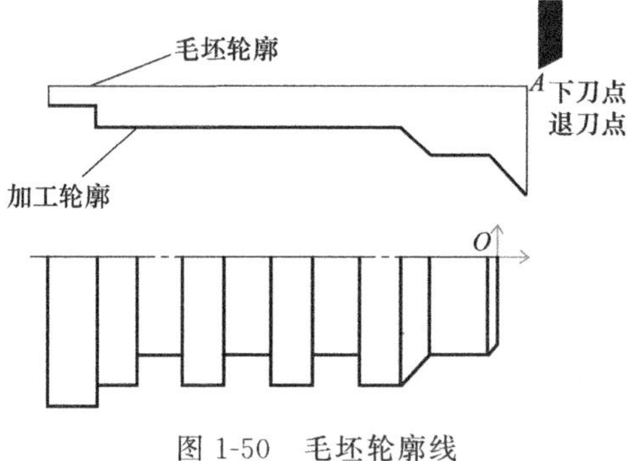

图 1-50 毛坯轮廓线

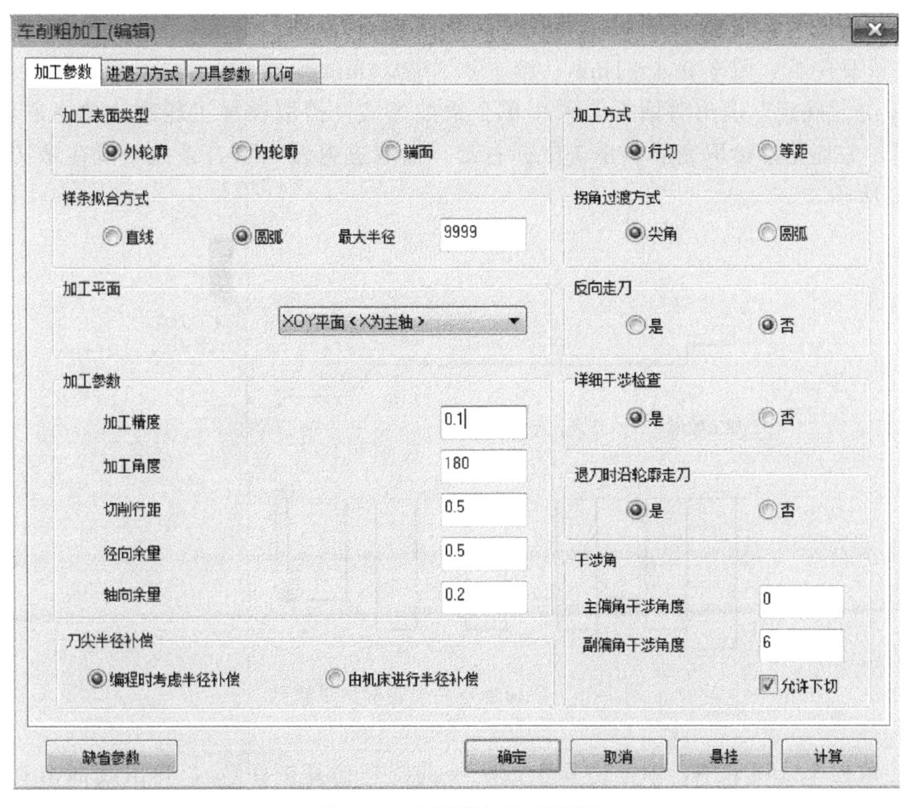

图 1-51　车削粗加工对话框

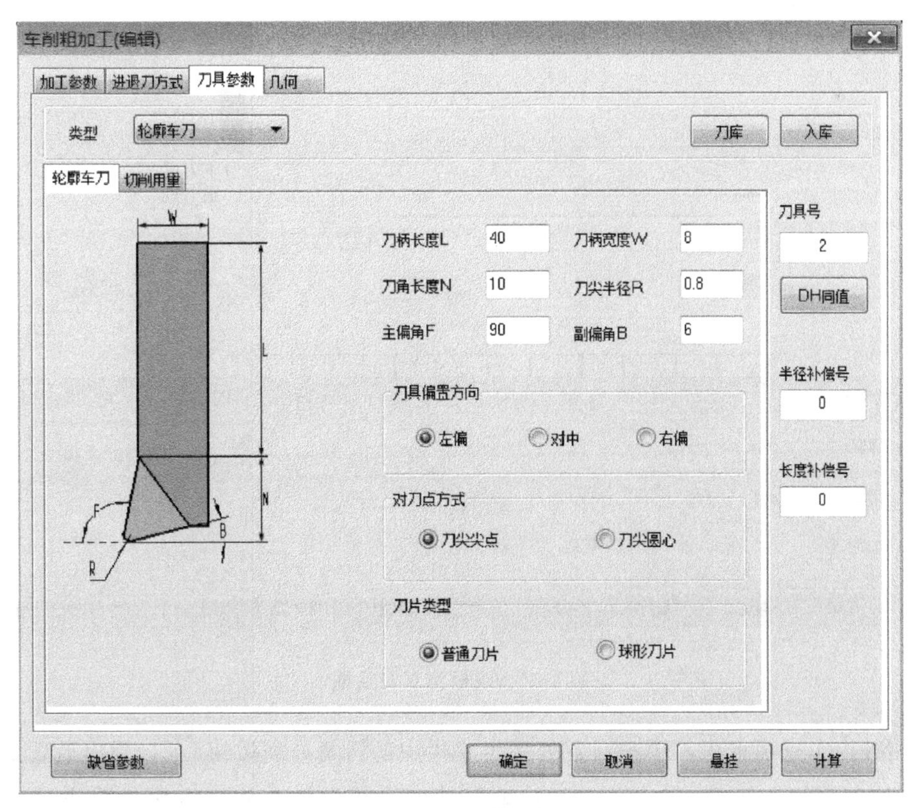

图 1-52　刀具参数设置

操作技巧及注意事项：

刀尖圆弧半径：粗车 0.4～1mm，精车 0.2～0.4mm。

④ 单击“确定”退出对话框，采用单个拾取方式，拾取被加工轮廓，单击右键，拾取毛坯轮廓，毛坯轮廓拾取完后，单击鼠标右键，拾取进退刀点 A，系统自动生成刀具轨迹，如图 1-53 所示。

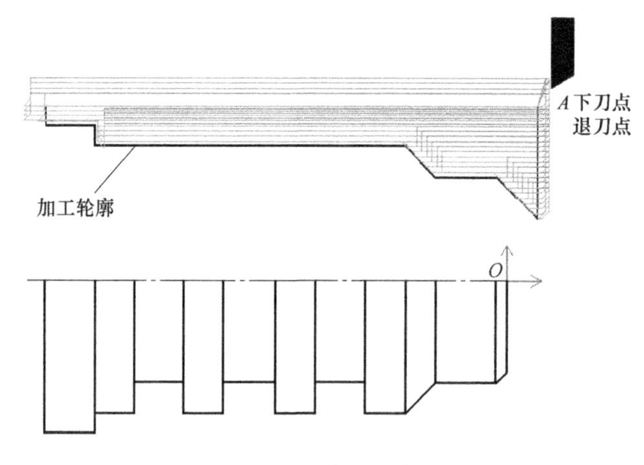

图 1-53 阶梯轴零件外轮廓加工轨迹

⑤ 在数控车选项卡中，单击仿真生成栏中的线框仿真按钮，弹出线框仿真对话框，如图 1-54 所示，单击“拾取”按钮，拾取加工轨迹，单击右键结束加工轨迹拾取，单击“前进”按钮，开始仿真加工过程。

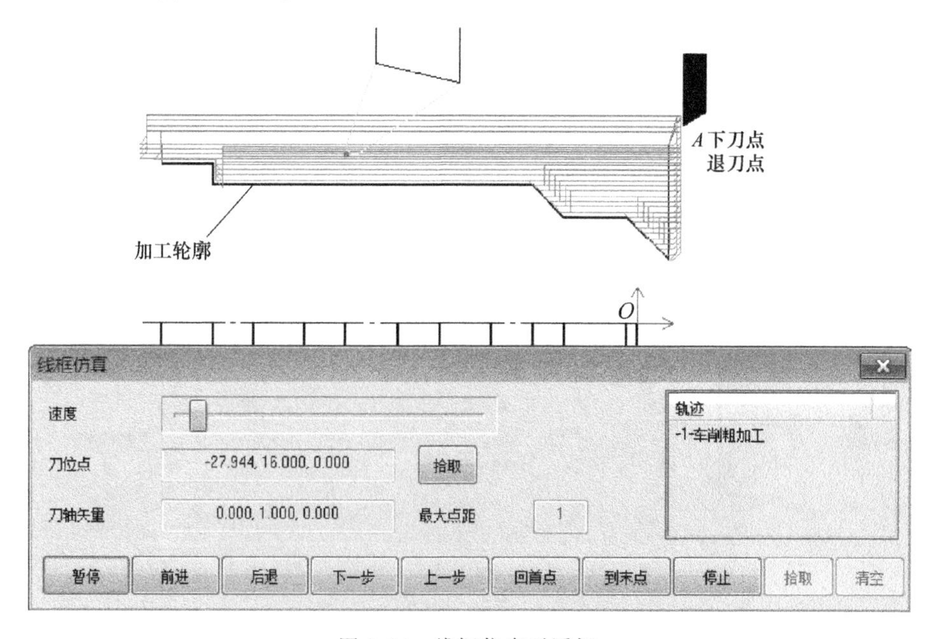

图 1-54 线框仿真对话框

⑥ 在数控车选项卡中，单击后置处理生成栏中的后置处理按钮 G，弹出后置处理对话框，选择控制系统文件 Fanuc，单击“拾取”按钮，拾取加工轨迹，然后单击“后置”按

钮，弹出编辑代码对话框，如图 1-55 所示，生成零件外轮廓加工程序。

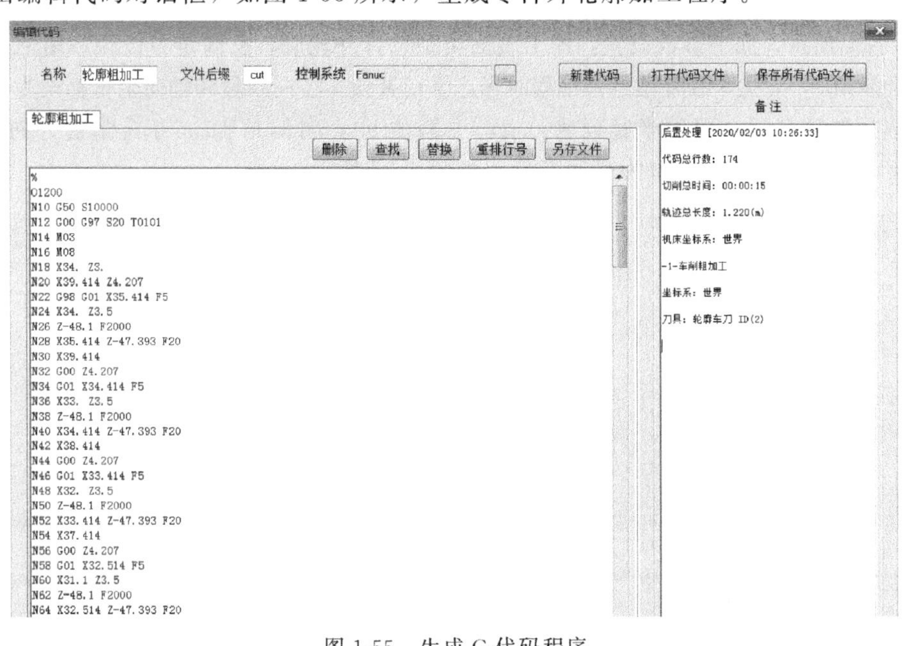

图 1-55　生成 G 代码程序

三、零件轮廓精加工

① 对前面粗加工轮廓和毛坯轮廓作适当修改，只保留加工轮廓。

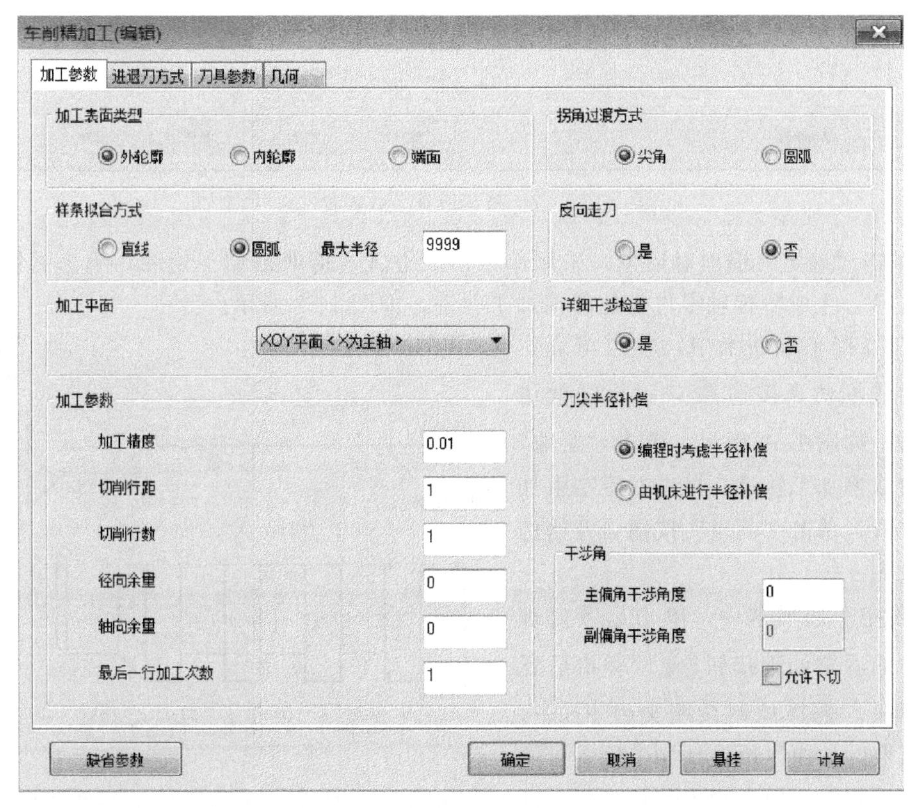

图 1-56　车削精加工对话框

② 在数控车选项卡中，单击二轴加工生成栏中的车削精加工按钮，弹出车削精加工对话框，如图 1-56 所示。加工参数设置：加工表面类型选择外轮廓，反向走刀设否，切削行距设为 1，主偏干涉角 0，刀尖半径补偿选择编程时考虑半径补偿。径向余量和轴向余量都设为 0。

③ 选择轮廓车刀，刀尖半径设为 0.2，主偏角 90，副偏角 15，刀具偏置方向为左偏，对刀点为刀尖尖点，刀片类型为普通刀片。如图 1-57 所示。

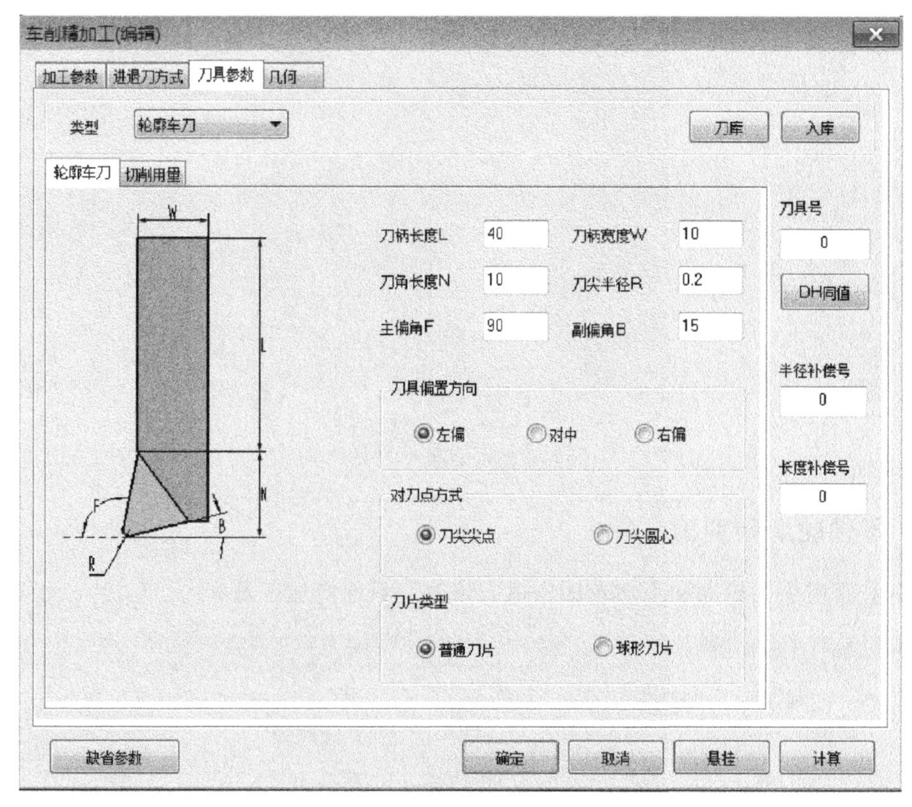

图 1-57　精车刀具参数设置

④ 单击“确定”退出对话框，采用单个拾取方式，拾取被加工轮廓，单击右键，拾取进退刀点 A，生成阶梯轴零件外轮廓精加工轨迹，如图 1-58 所示。

⑤ 在数控车选项卡中，单击仿真生成栏中的线框仿真按钮，弹出线框仿真对话框，如图 1-59 所示，单击“拾取”按钮，拾取精加工轨迹，单击右键结束加工轨迹拾取，单击“前进”按钮，开始仿真加工过程。

⑥ 数控车选项卡中，单击后置处理生成栏中的后置处理按钮 G，弹出后置处理对话框，选择控制系统文件 Fanuc，单击“拾取”按钮，拾取精加工轨迹，然后单击“后置”按钮，弹出编辑代码对话框，如图 1-60 所示，生成阶梯轴零件精加工程序。

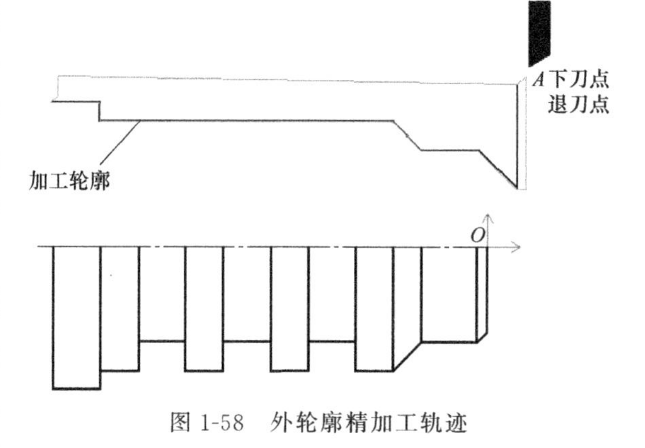

图 1-58　外轮廓精加工轨迹

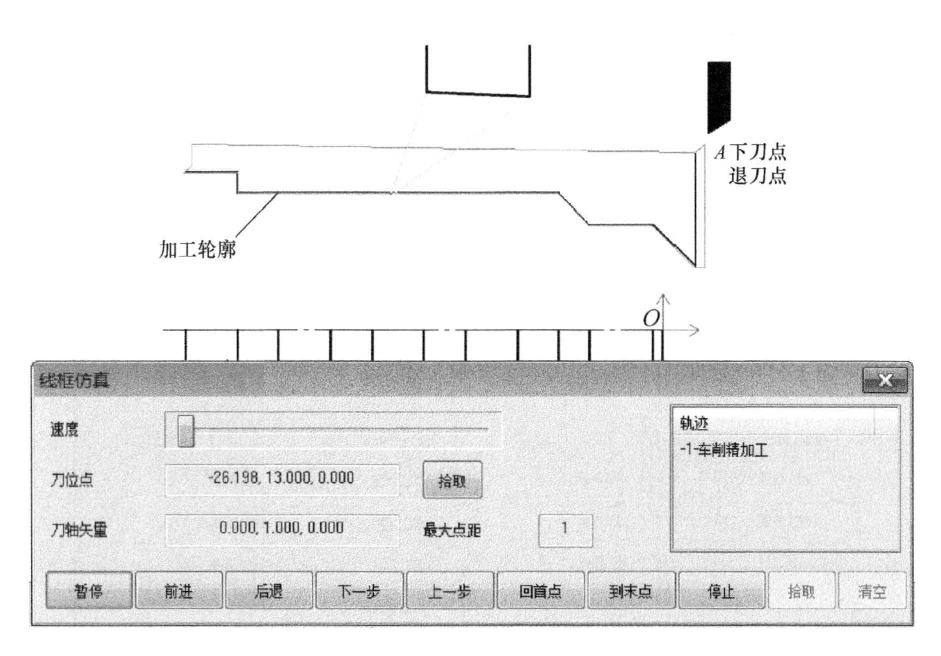

图 1-59　线框仿真对话框

图 1-60　生成 G 代码程序

四、切槽加工

① 对前面粗加工轮廓作适当修改，只保留切槽加工轮廓，确定进退刀点 A。如图 1-61 所示。

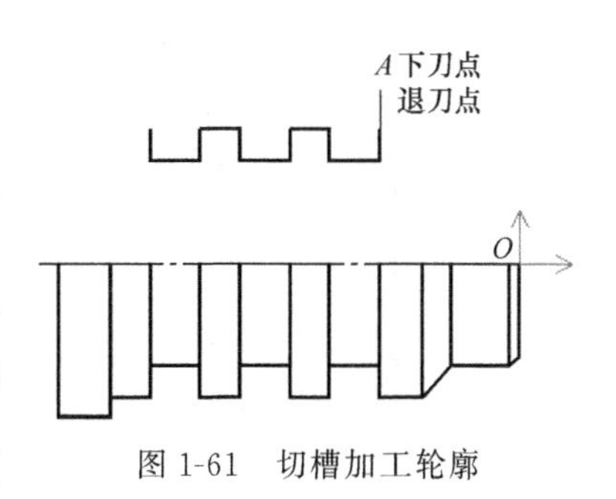

图 1-61　切槽加工轮廓

② 在数控车选项卡中，单击二轴加工生成栏中的车削槽加工按钮，弹出车削槽加工对话框，如图 1-62 所示。加工参数设置：切槽表面类型选择外轮廓，加工方向选择横向，加工余量 0.2，切深行距设为 1，退刀距

离 1，刀尖半径补偿选择编程时考虑半径补偿。

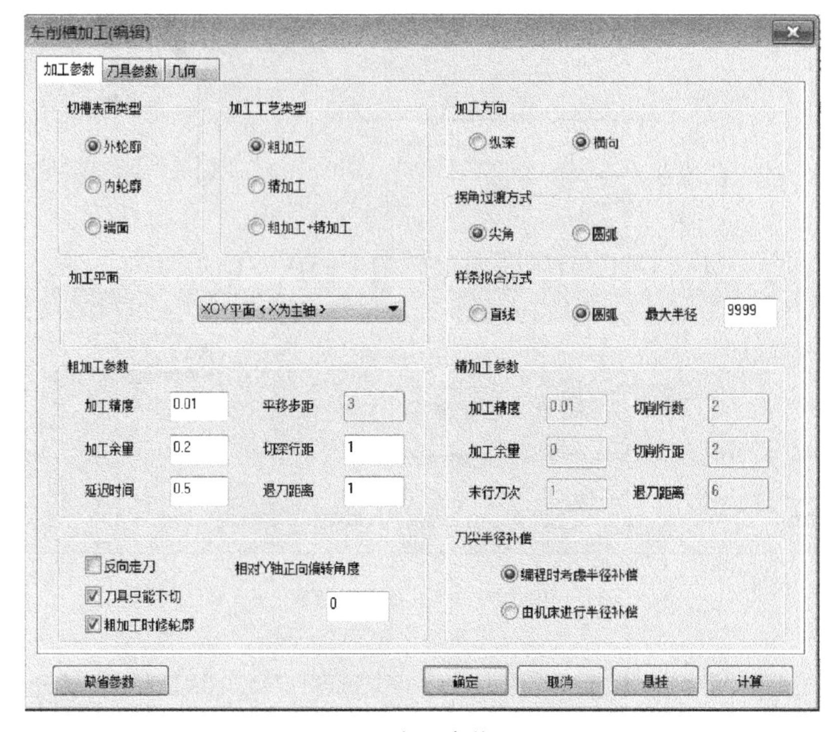

图 1-62　加工参数设置

③ 选择宽度 3mm 的切槽车刀，刀尖半径设为 0.2，刀具位置 3.5，编程刀位前刀尖，如图 1-63 所示。

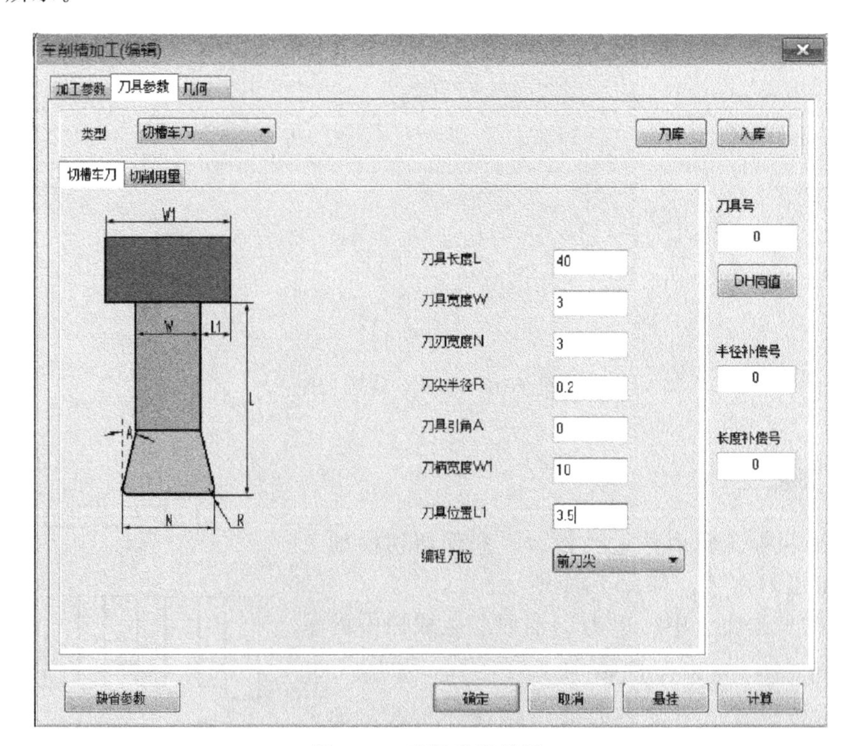

图 1-63　刀具参数设置

④ 切削用量设置：进刀量 60mm/min，主轴转速 520r/min，单击“确定”退出对话框，采用单个拾取方式，拾取被加工轮廓，单击右键，拾取进退刀点 A，生成切槽加工轨迹，如图 1-64 所示。

⑤ 在数控车选项卡中，单击后置处理生成栏中的后置处理按钮 G，弹出后置处理对话框，选择控制系统文件 Fanuc，单击“拾取”按钮，拾取加工轨迹，然后单击“后置”按钮，弹出编辑代码对话框，如图 1-65 所示，系统会自动生成切槽加工程序。

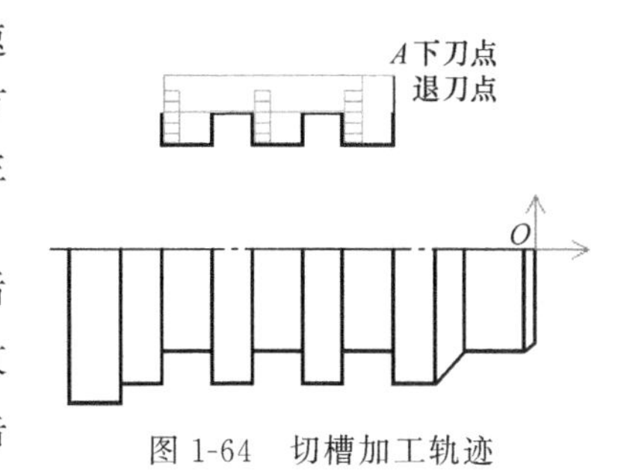

图 1-64　切槽加工轨迹

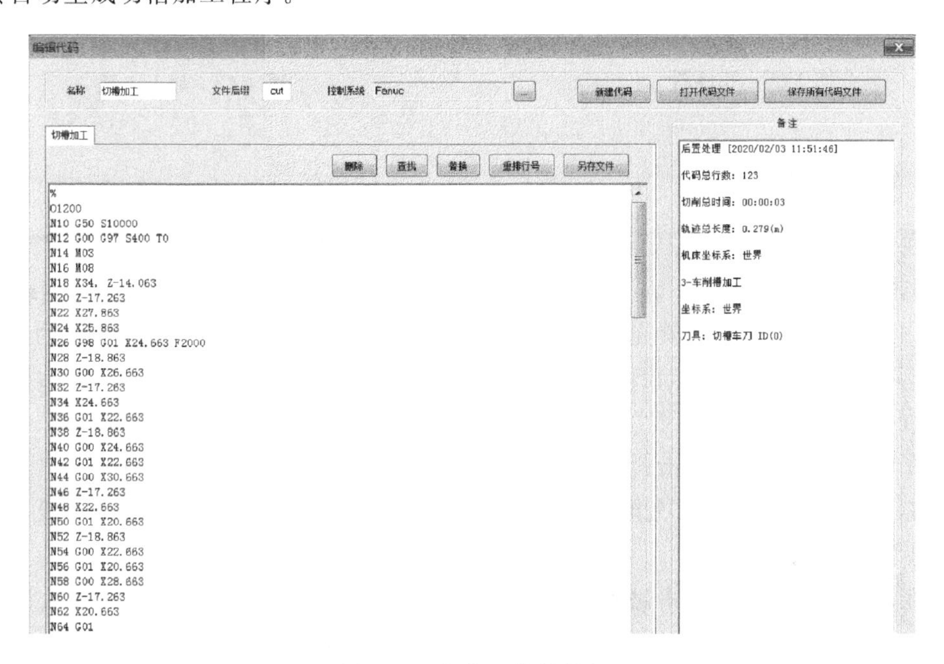

图 1-65　生成 G 代码程序

［实例 1-4］　含螺纹要素阶梯轴类零件加工

编制如图 1-66 所示零件的造型并编写加工程序，设毛坯是 ϕ40mm 的棒料，材料为 45 钢。

这是一个简单阶梯轴带螺纹加工，根据加工要求选择刀具与切削用量，按照普通外螺纹的车加工流程：车端面→粗精车螺纹大径→车退刀槽→倒角→车螺纹，来完成该零件的加工编程。

外轮廓加工选择 90°外圆车刀，切槽刀刀宽 3mm，螺纹加工选择 60°螺纹刀。如图 1-67 所示。

操作技巧及注意事项：

主偏干涉角度应≤主偏角－90°，副偏干涉角度应≤副偏角度。

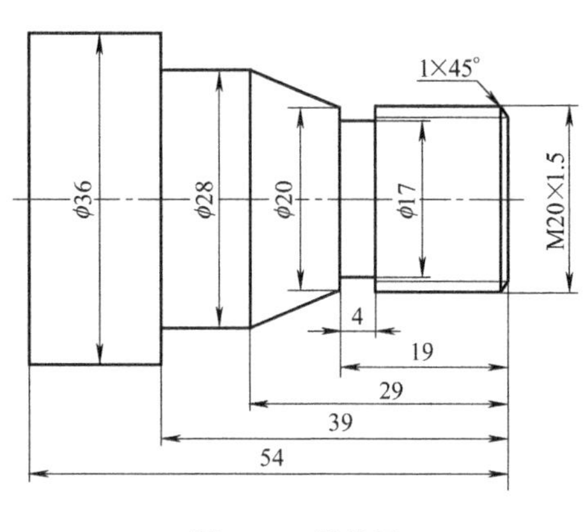

图 1-66 零件图

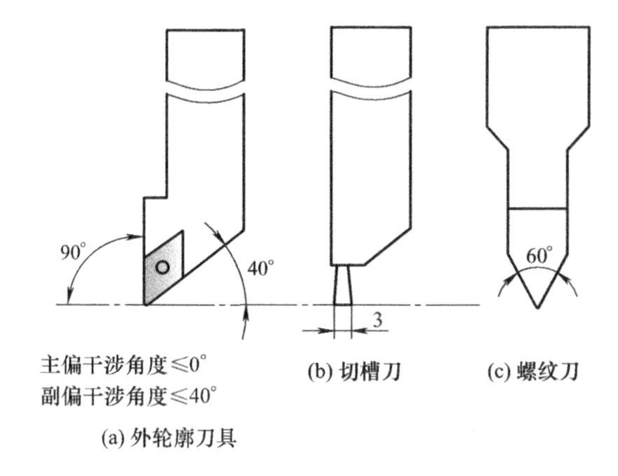

图 1-67 加工刀具

一、绘制零件轮廓

① 在常用选项卡中，单击绘图生成栏中的孔/轴按钮，用鼠标捕捉坐标零点为插入点，这时出现新的立即菜单，在“2. 起始直径”和“3. 终止直径”文本框中分别输入轴的直径 20，移动鼠标，则跟随着光标将出现一个长度动态变化的轴，键盘输入轴的长度 19。继续输入其他轴段的直径和长度，右击结束命令，即可完成一个带有中心线的轴的绘制。如图 1-68 所示。

② 在常用选项卡中，单击修改生成栏中的倒角按钮，在下面的立即菜单中，选择长度、裁剪，输入倒角距离 1、角度 45，拾取要倒角的第一条边线，拾取第二条边线，倒角完成，如图 1-69 所示。

③ 在常用选项卡中，单击修改生成栏中的等距线按钮，在立即菜单中输入等距距离 4，单击左边要等距的线，单击向右箭头，完成等距线，同样方法向上做轴心线等距线，等距距离 8.5，单击修改生成栏中的裁剪按钮，单击裁剪多余线，绘制退刀槽结果如图 1-69 所示。

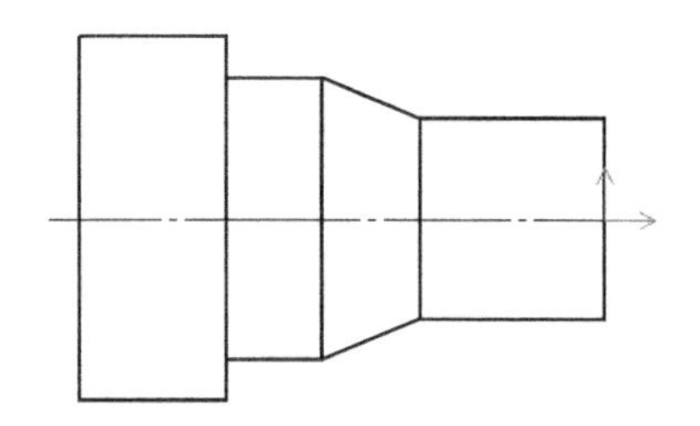
图 1-68 绘制零件轮廓

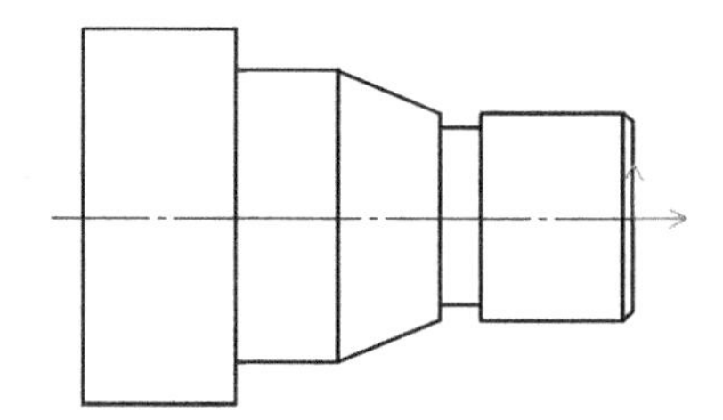
图 1-69 绘制退刀槽及倒角

二、外轮廓粗加工

① 在常用选项卡中，单击绘图生成栏中的直线按钮，在立即菜单中，选择两点线、连续、正交方式，捕捉左角点，向上绘制 2mm，向右绘制 57mm 直线，确定进退刀点 A。使倒角延长线与竖线相交，完成毛坯轮廓线绘制，如图 1-70 所示。

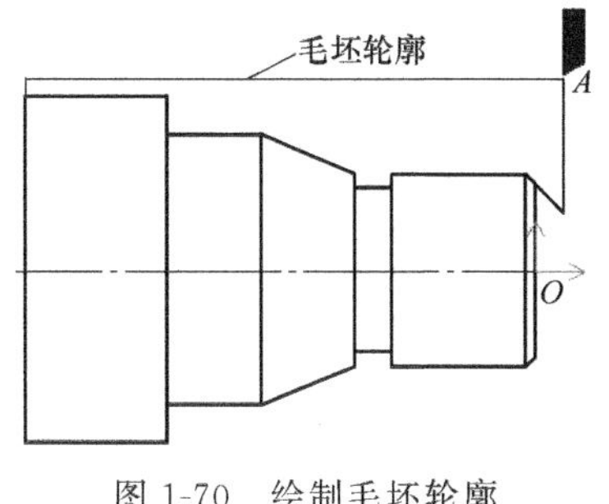

图 1-70　绘制毛坯轮廓

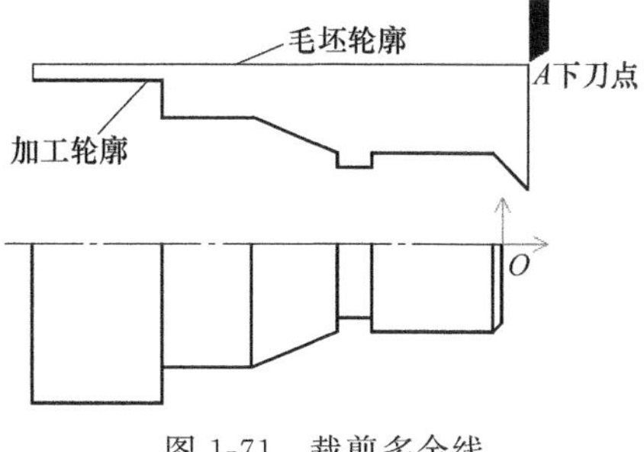

图 1-71　裁剪多余线

② 在常用选项卡中，单击修改生成栏中的裁剪按钮，单击裁剪多余线，裁剪与加工轮廓相连的线，裁剪结果如图 1-71 示。

③ 在数控车选项卡中，单击二轴加工生成栏中的车削粗加工按钮，弹出车削粗加工对话框，如图 1-72 所示。加工参数设置：加工表面类型选择外轮廓，加工方式选择行切，加工角度 180，切削行距设为 1，主偏干涉角 0，副偏干涉角设为 40，刀尖半径补偿选择编程时考虑半径补偿。

④ 快速进退刀距离设置为 2。每行相对毛坯及加工表面的速进退刀方式设置为长度 1、夹角 45。选择轮廓车刀，刀尖半径设为 0.6，主偏角 90，副偏角 40，刀具偏置方向为左偏，对刀点为刀尖尖点，刀片类型为普通刀片。如图 1-73 所示。

图 1-72　车削粗加工对话框

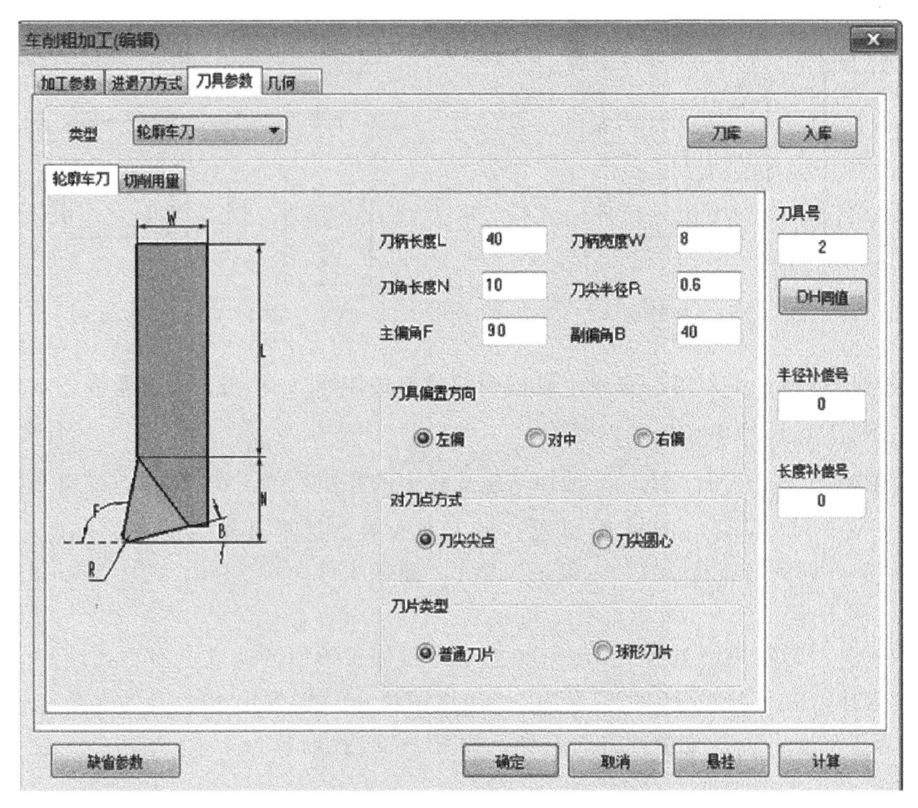

图 1-73 刀具参数设置

⑤ 单击“确定”退出对话框，采用单个拾取方式，拾取被加工轮廓，如图 1-74 所示。

单击右键，拾取毛坯轮廓，毛坯轮廓拾取完后，单击鼠标右键，拾取进退刀点 A，系统自动会生成刀具轨迹，如图 1-75 所示。

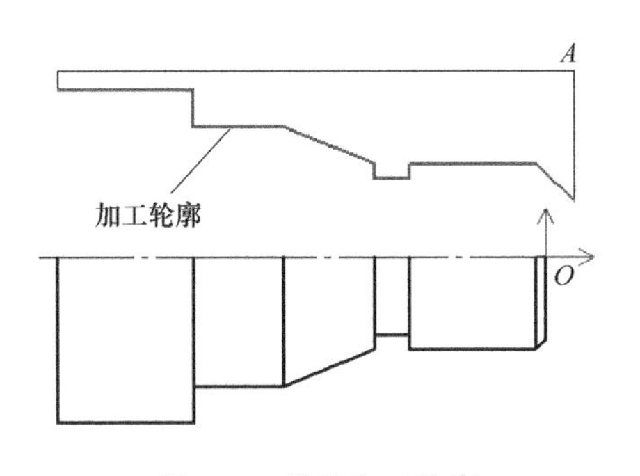

图 1-74 拾取加工轮廓

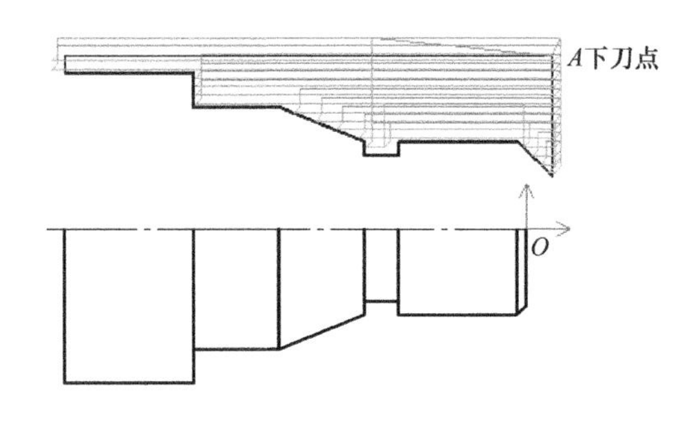

图 1-75 外轮廓粗加工轨迹

⑥ 在数控车选项卡中，单击后置处理生成栏中的后置处理按钮 G，弹出后置处理对话框，选择控制系统文件 Fanuc，单击“拾取”按钮，拾取加工轨迹，然后单击“后置”按钮，弹出编辑代码对话框，如图 1-76 所示，生成零件外轮廓粗加工程序。

三、外轮廓精加工

① 删除毛坯轮廓，只保留加工轮廓。

图 1-76　生成 G 代码程序

② 在数控车选项卡中，单击二轴加工生成栏中的车削精加工按钮，弹出车削精加工对话框，设置加工参数：加工表面类型选择外轮廓，反向走刀设否，切削行距设为 1，主偏干涉角 10，刀尖半径补偿选择编程时考虑半径补偿。径向余量和轴向余量都设为 0。

③ 选择轮廓车刀，刀尖半径设为 0.2，主偏角 90，副偏角 40，刀具偏置方向为左偏，对刀点为刀尖尖点，刀片类型为普通刀片。

④ 单击“确定”退出对话框，采用单个拾取方式，拾取被加工轮廓，单击右键，拾取进退刀点 A，生成零件外轮廓精加工轨迹，如图 1-77 所示。

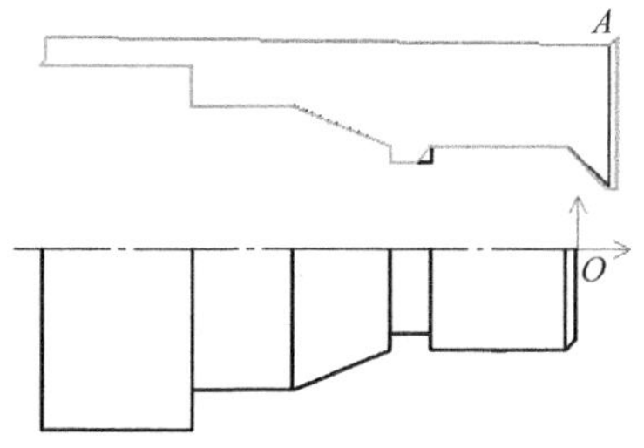

图 1-77　零件外轮廓精加工轨迹

⑤ 数控车选项卡中，单击后置处理生成栏中的后置处理按钮 G，弹出后置处理对话框，选择控制系统文件 Fanuc，单击“拾取”按钮，拾取精加工轨迹，然后单击“后置”按钮，弹出编辑代码对话框，如图 1-78 所示，生成零件精加工程序。

图 1-78　零件精加工程序

四、切槽加工

① 对前面粗加工轮廓作适当修改，只保留切槽加工轮廓，并将槽的左右边向上延长2mm，确定进退刀点 B。如图 1-79 所示。

② 在数控车选项卡中，单击二轴加工生成栏中的车削槽加工按钮，弹出车削槽加工对话框。设置加工参数：切槽表面类型选择外轮廓，加工方向选择横向，加工余量 0.2，切深行距设为 0.5，退刀距离 1，刀尖半径补偿选择编程时考虑半径补偿。

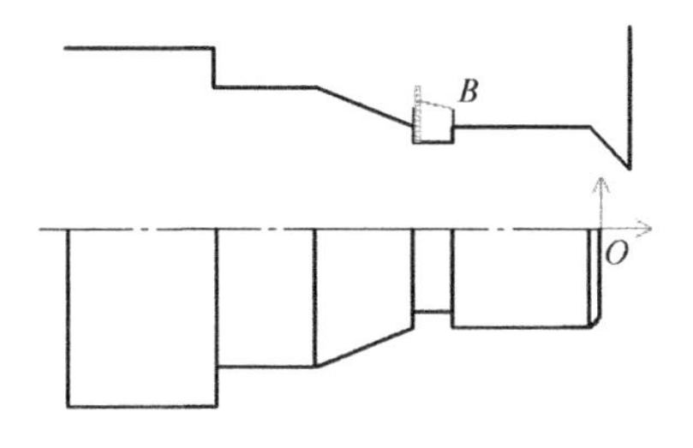

图 1-79 切槽粗加工轨迹

③ 选择宽度 3mm 的切槽刀，刀尖半径设为 0.2，刀具位置 3.5，编程刀位前刀尖。切削用量设置：进刀量 60mm/min，主轴转速 500r/min，单击“确定”退出对话框，采用单个拾取方式，拾取被加工轮廓，单击右键，拾取进退刀点 B，生成切槽加工轨迹，如图 1-79 所示。

④ 在数控车选项卡中，单击后置处理生成栏中的后置处理按钮 G，弹出后置处理对话框，选择控制系统文件 Fanuc，单击“拾取”按钮，拾取加工轨迹，然后单击“后置”按钮，弹出编辑代码对话框，如图 1-80 所示，系统会自动生成切槽加工程序。

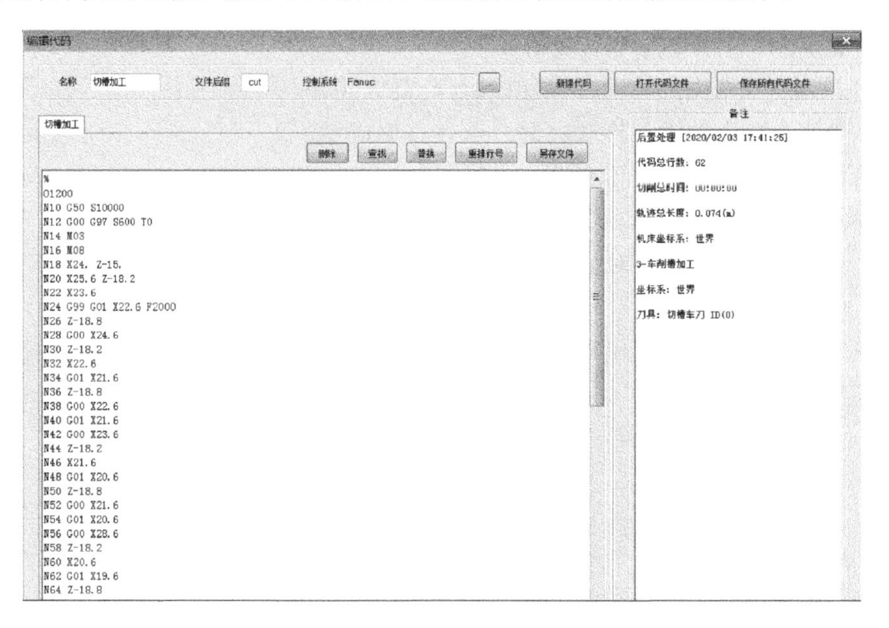

图 1-80 切槽粗加工程序

五、螺纹加工

① 在常用选项卡中，单击绘图生成栏中的直线按钮，在立即菜单中，选择两点线、连续、正交方式，捕捉螺纹线左端点，向左绘制 2mm 到 B 点，捕捉螺纹线右端点，向右绘制 3mm 到 A 点，确定进退刀点 A。如图 1-81 所示。

操作技巧及注意事项：

在数控车床上车螺纹时，沿螺距方向的 Z 向进给应和车床主轴的旋转保持严格的速比关系，因此应避免在进给机构加速或减速的过程中切削螺纹，所以要设切入量和切出量，避免螺纹错牙。车削螺纹时的切入量，一般为 2～5mm，切出量一般为 0.5～2.5mm。

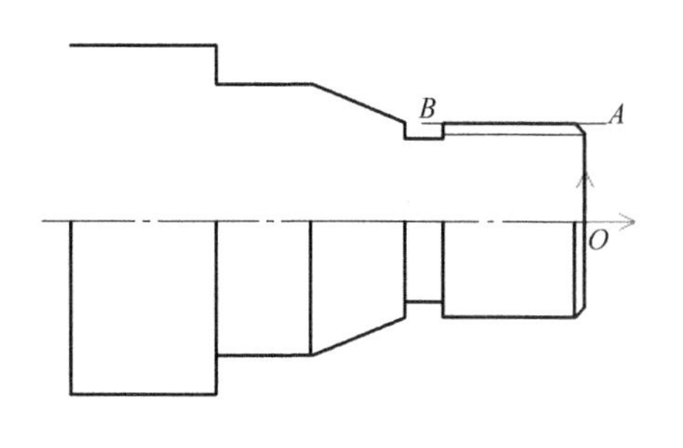

图 1-81　绘制螺纹加工长度线

② 在数控车选项卡中，单击二轴加工生成栏中的车螺纹加工按钮，弹出车螺纹加工对话框，如图 1-82 所示。设置螺纹参数：选择螺纹类型为外螺纹，拾取螺纹加工起点 A，拾取螺纹加工终点 B，拾取螺纹加工进退刀点 A，螺纹节距 1.5，螺纹牙高 0.974，螺纹头数 1。注意：此螺纹加工方式是生成 G32 指令的螺纹加工程序。螺纹小径的计算方式是大径 $D-1.3P$（P 表示螺距），螺纹牙高等于 0.6495×1.5(mm)。

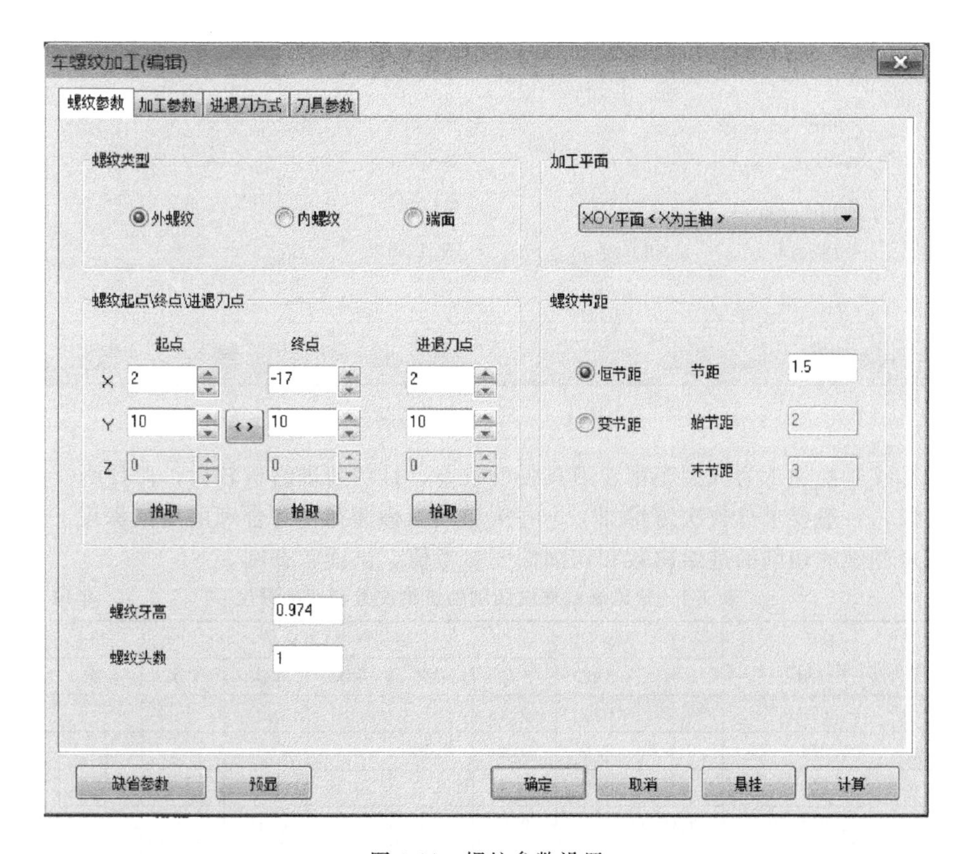

图 1-82　螺纹参数设置

③ 单击"加工参数"，设置螺纹加工参数：选择粗加工，粗加工深度 0.974，每行切削用量选择恒定切削面积，第一刀行距 0.4，最小行距 0.08，每行切入方式选择沿牙槽中心线。如图 1-83 所示。

操作技巧及注意事项：

沿牙槽中心线进刀：垂直进刀，两刀刃同时车削，适用于小螺距螺纹的加工。

左右交替法：垂直进刀＋小刀架，左右移动，只有一条刀刃切削，适用于所有螺距纹的加工。

沿牙槽右侧进刀：垂直进刀＋小刀架，向一个方向移动，适用于较大距螺纹的粗加工。

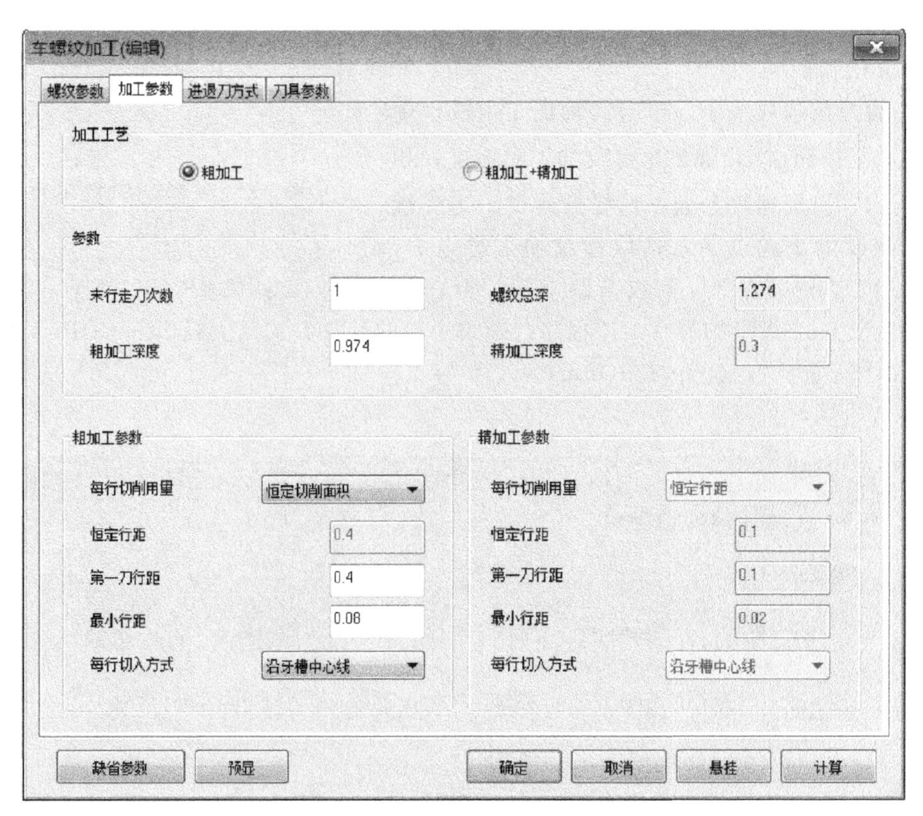

图 1-83　加工参数设置

由于螺纹车削加工为成型车削，刀具强度较差，且切削进给量较大，刀具所受切削力也很大，所以，一般要求分数次进给加工，并按递减趋势选择相对合理的切削深度。表 1-1 列出了常见米制螺纹切削的进给次数和切削深度参考值，供读者查阅。

表 1-1　常见米制螺纹切削的进给次数和切削深度　　单位：mm

螺距	牙深（半径值）	切削深度（直径值）								
		1 次	2 次	3 次	4 次	5 次	6 次	7 次	8 次	9 次
1.0	0.649	0.7	0.4	0.2	—	—	—	—	—	—
1.5	0.974	0.8	0.6	0.4	0.16	—	—	—	—	—
2.0	1.299	0.9	0.6	0.6	0.4	0.1	—	—	—	—
2.5	1.624	1.0	0.7	0.6	0.4	0.4	0.15	—	—	—
3.0	1.949	1.2	0.7	0.6	0.4	0.4	0.4	0.2	—	—
3.5	2.273	1.5	0.7	0.6	0.6	0.4	0.4	0.2	0.15	—
4.0	2.598	1.5	0.8	0.6	0.6	0.4	0.4	0.4	0.3	0.2

④ 单击“刀具参数”，设置螺纹加工刀具参数：刀具角度 60，选择刀具种类米制螺纹。如图 1-84 所示。

⑤ 单击切削用量参数页，设置切削用量：进刀量 0.25mm/r，选择恒转速，主轴转速设为 520r/min。如图 1-85 所示。

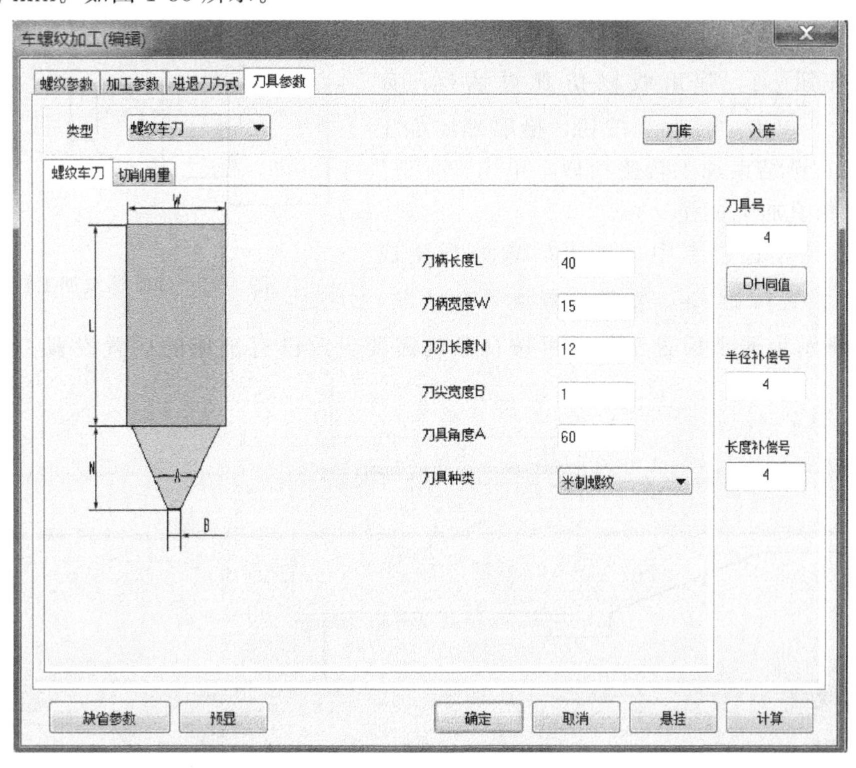

图 1-84 螺纹车刀参数设置

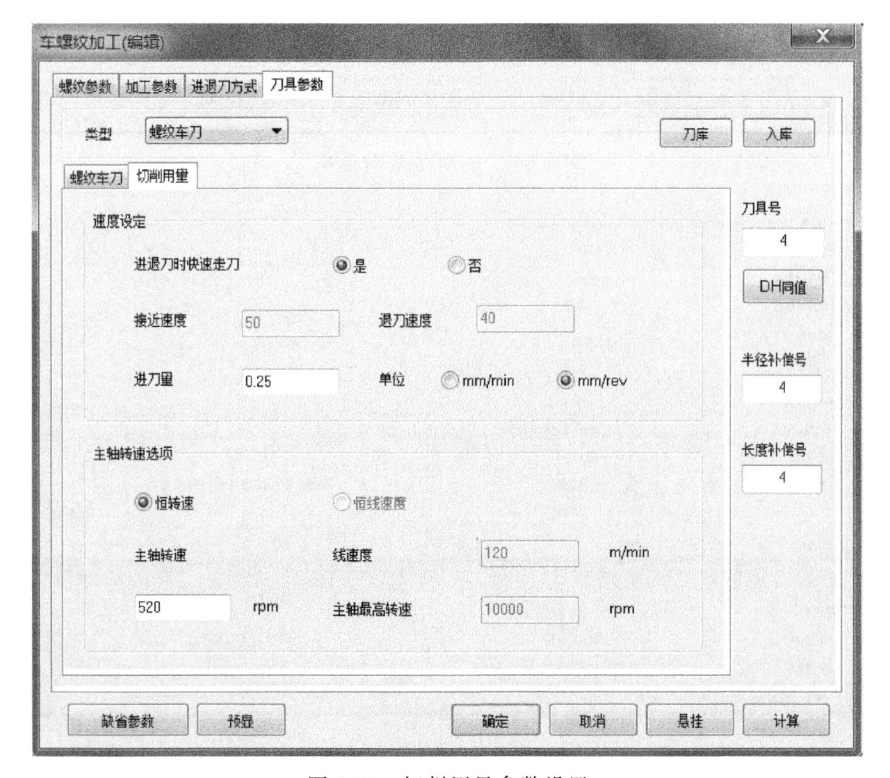

图 1-85 切削用量参数设置

⑥ 单击“确定”退出车螺纹加工对话框，系统自动生成螺纹加工轨迹，如图 1-86 所示。

⑦ 在数控车选项卡中，单击仿真生成栏中的线框仿真按钮，弹出线框仿真对话框，如图 1-87 所示，单击“拾取”按钮，拾取螺纹加工轨迹，单击右键结束加工轨迹拾取，单击“前进”按钮，开始仿真加工过程。

⑧ 在数控车选项卡中，单击后置处理生成栏中的后置设置按钮，弹出后置设置对话框，如图 1-88 所示为通常后置设置。可按自己的需要更改已有机床的后置设置。图 1-89 为

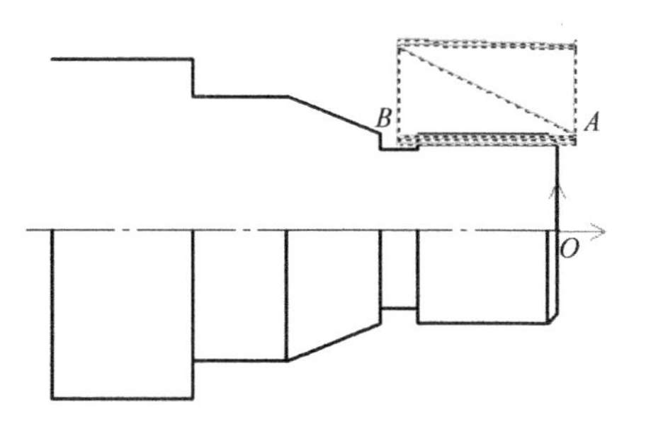

图 1-86 G32 螺纹加工轨迹

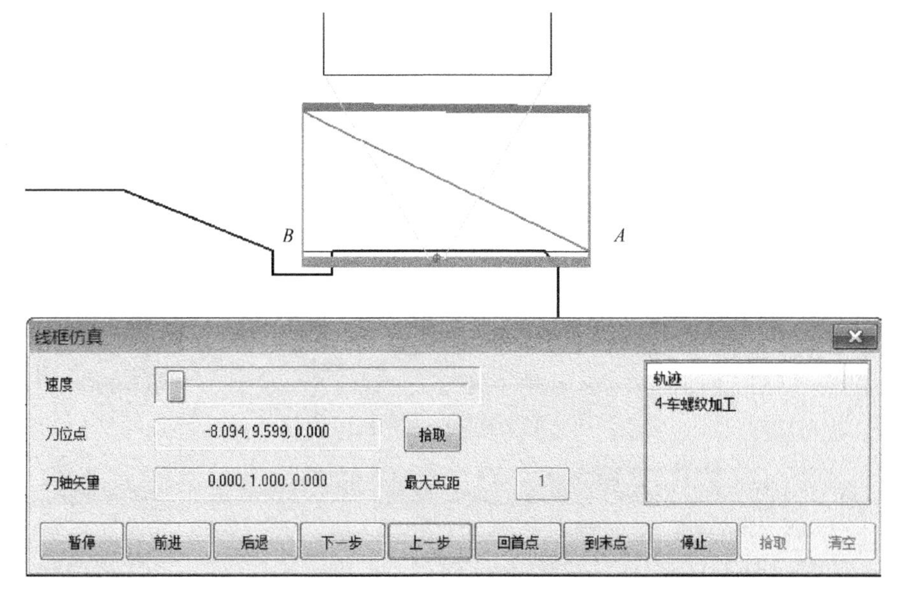

图 1-87 线框仿真对话框

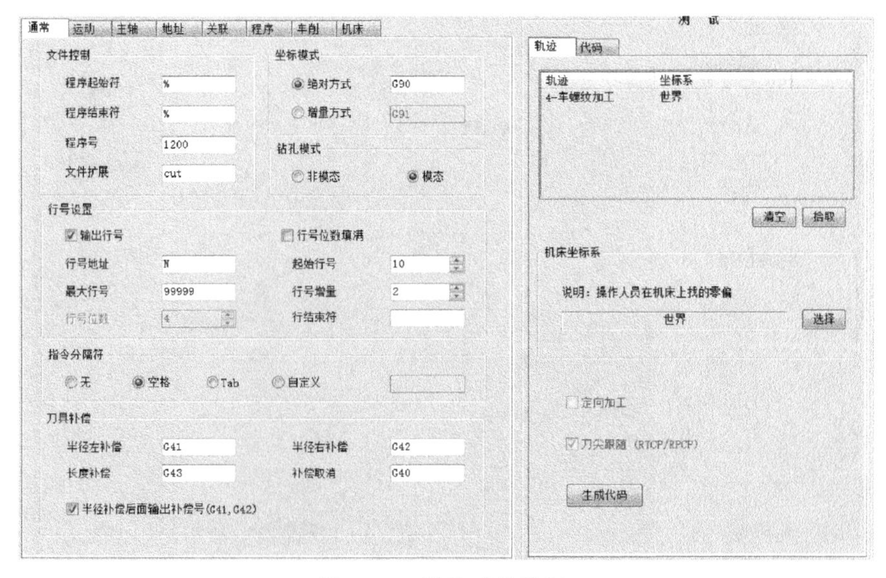

图 1-88 通常后置设置

运动后置设置，图 1-90 为主轴后置设置，图 1-91 为车削后置设置，在这些对话框中可以修改后置输出的数控程序的格式，如程序段行号、程序大小、数据格式、编程方式、圆弧控制方式等。如加工恒螺距螺纹代码原来为 G33，可改为 G32。

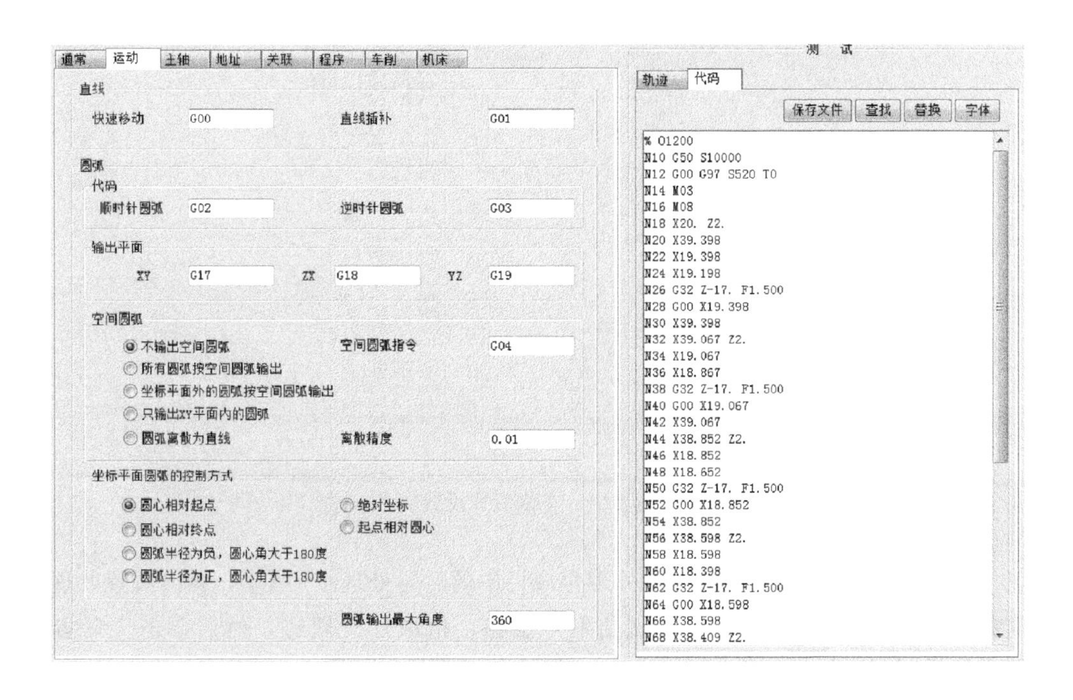

图 1-89　运动后置设置

图 1-90　主轴后置设置

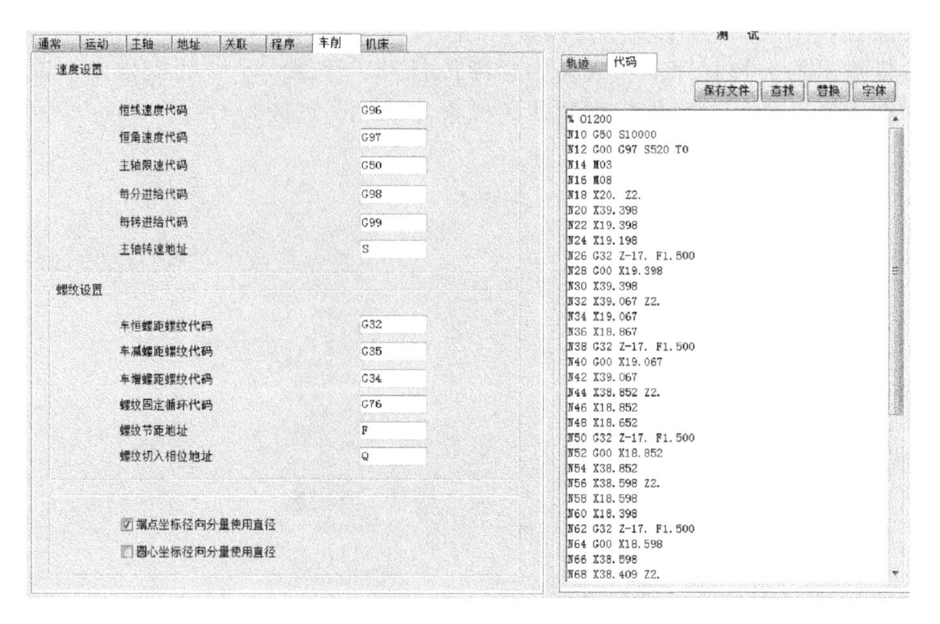

图 1-91 车削后置设置

⑨ 在数控车选项卡中，单击后置处理生成栏中的后置处理按钮 G ，弹出后置处理对话框，选择控制系统文件 Fanuc，单击“拾取”按钮，拾取加工轨迹，然后单击“后置”按钮，弹出编辑代码对话框，系统会自动生成螺纹加工程序。如图 1-92 所示。

```
%
O1200
N10 G50 S10000
N12 G00 G97 S520 T0404
N14 M03
N16 M08
N18 X20. Z2.
N20 X39.398
N22 X19.398
N24 X19.198
N26 G32 Z-17. F1.500
N28 G00 X19.398
N30 X39.398
N32 X39.067 Z2.
N34 X19.067
N36 X18.867
N38 G32 Z-17. F1.500
N40 G00 X19.067
N42 X39.067
N44 X38.852 Z2.
N46 X18.852
N48 X18.652
N50 G32 Z-17. F1.500
N52 G00 X18.852
N54 X38.852
N56 X38.598 Z2.
N58 X18.598
N60 X18.398
N62 G32 Z-17. F1.500
N64 G00 X18.598
N66 X38.598
N68 X38.409 Z2.
N70 X18.409
N72 X18.209
N74 G32 Z-17. F1.500
N76 G00 X18.409
N78 X38.409
N80 X38.25 Z2.
N82 X18.25
N84 X18.05
N86 G32 Z-17. F1.500
N88 G00 X18.25
N90 X38.25
N92 X20. Z2.
N94 M09
N96 M30
```

图 1-92 螺纹加工程序

拓展练习

1. 加工图 1-93 、图 1-94 所示零件。根据图样尺寸及技术要求，完成外轮廓粗精加工程序和螺纹加工程序。

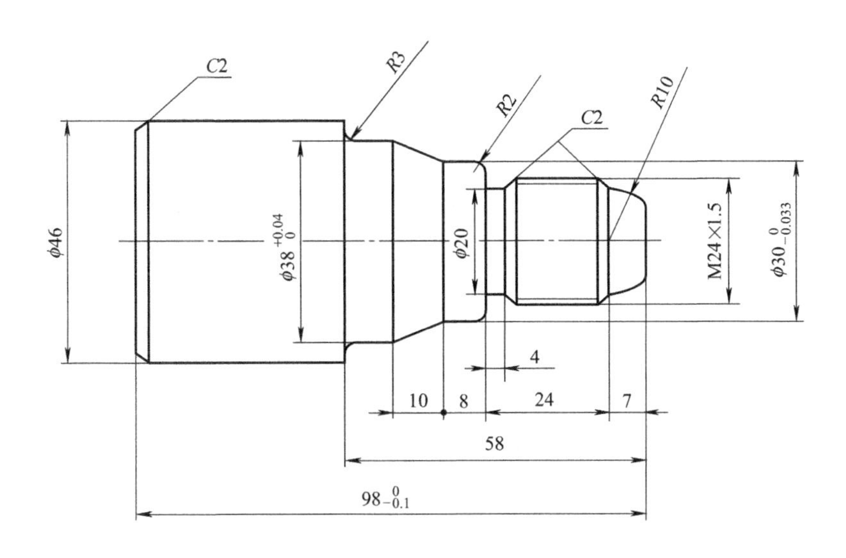

图 1-93　阶梯轴零件图 1

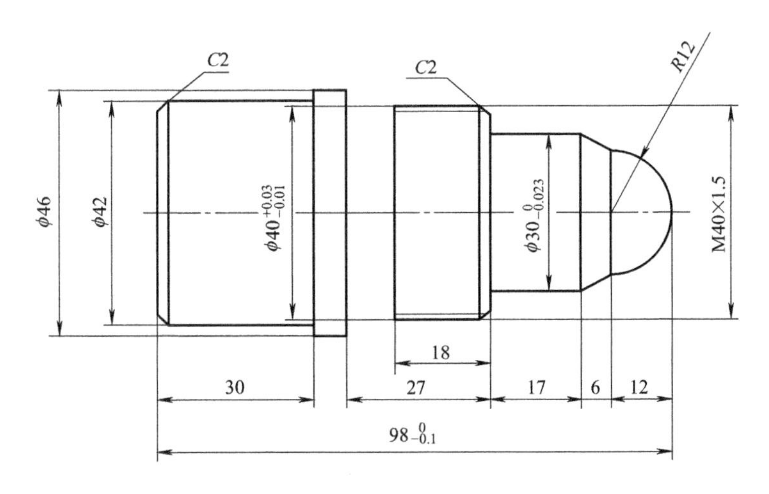

图 1-94　阶梯轴零件图 2

2. 如图 1-95 所示工件，毛坯为 ϕ50mm×100mm 的 45 钢棒料，确定其加工工艺并编写外轮廓加工程序。

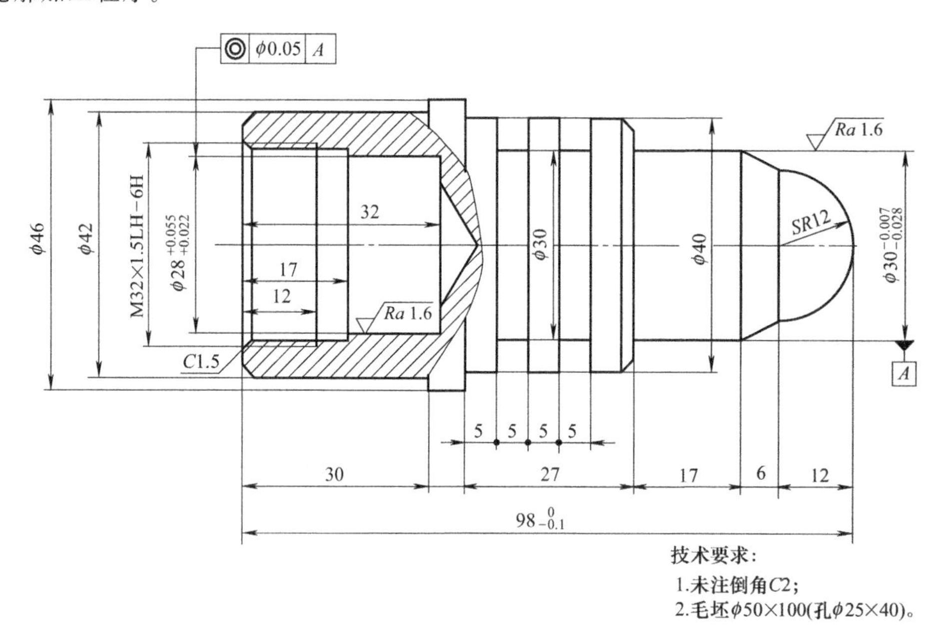

图 1-95 轴槽零件图

第二章

阶梯孔套类零件的设计与车削加工

CAXA 数控车 2020 软件是在全新的数控加工平台上开发的数控车床加工编程和二维图形设计软件。该软件提供了功能强大、使用简洁的轨迹生成手段，可按加工要求生成各种复杂图形的加工轨迹。通用的后置处理模块使 CAXA 数控车可以满足各种机床的代码格式，可输出 G 代码，并对生成的代码进行校验及加工仿真。

本章主要通过含内孔槽要素的圆盘零件加工、含内螺纹要素的阶梯孔套类零件加工和含圆弧要素的套类零件加工实例，学习 CAXA 数控车 2020 软件对零件内部进行编程与仿真加工的方法。

【技能目标】

- 了解数控车床常用绘图及编辑方法。
- 掌握 CAXA 数控车内轮廓粗加工方法。
- 掌握 CAXA 数控车内轮廓精加工方法。
- 掌握 CAXA 数控车内螺纹编程与加工方法。

［实例 2-1］ 含内孔槽要素的圆盘零件加工

完成图 2-1 所示圆盘零件的轮廓设计及粗精加工程序编制。零件材料为 45 钢，毛坯为 ϕ45mm 的棒料。

该零件为简单的圆盘零件。经过分析，先用钻孔功能，钻中心孔，钻 ϕ20mm 孔，然后用内轮廓车削粗加工功能加工，做内轮廓粗车时要保证被加工轮廓和毛坯轮廓形成一个封闭区域，两端都要加工，必须学会掉头加工方法。

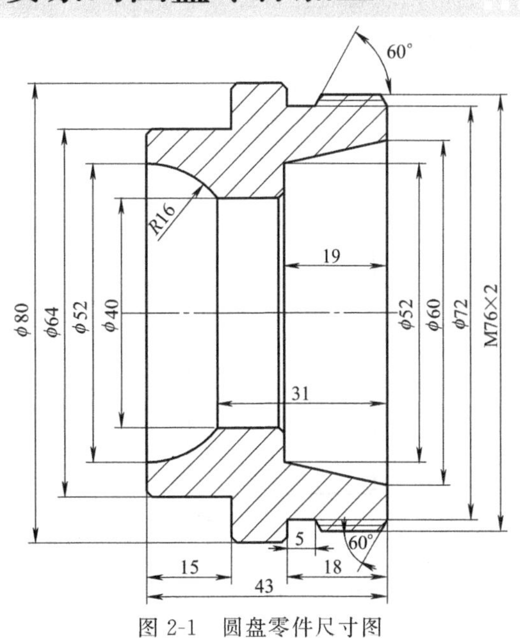

图 2-1 圆盘零件尺寸图

一、绘制零件轮廓

① 在常用选项卡中，单击绘图生成栏中的孔/轴按钮，用鼠标捕捉坐标零点为插入点，这时出现新的立即菜单，在“2. 起始

直径”和“3. 终止直径”文本框中分别输入轴的直径 76，移动鼠标，则跟随着光标将出现一个长度动态变化的轴，键盘输入轴的长度 13，按回车键。继续修改其他段直径，输入长度值回车，右击结束命令，即可完成圆盘的外轮廓绘制。如图 2-2 所示。

② 在常用选项卡中，单击修改生成栏中的倒角按钮，在下面的立即菜单中，选择长度、裁剪，输入倒角距离 1，角度 45，拾取要倒角的第一条边线，拾取第二条边线，倒角完成，如图 2-3 所示。

③ 在常用选项卡中，单击绘图生成栏中直线菜单下的角度线按钮，在立即菜单中输入 60，用鼠标捕捉 A 点为第一点，拉动鼠标绘制一条任意长的斜线。在常用选项卡中，单击修改生成栏中的裁剪按钮，单击裁剪多余线，裁剪结果如图 2-3 所示。

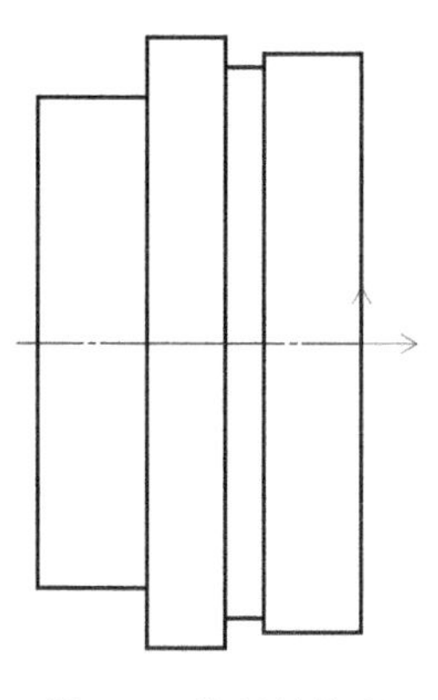

图 2-2 绘制外轮廓

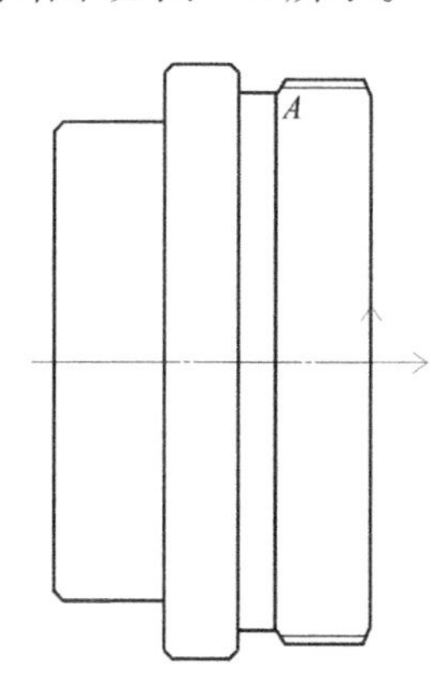

图 2-3 绘制倒角和斜线

④ 在常用选项卡中，单击修改生成栏中的裁剪按钮，单击裁剪中间的多余线，裁剪结果如图 2-4 所示。

⑤ 在常用选项卡中，单击绘图生成栏中的孔/轴按钮，用鼠标捕捉坐标零点为插入点，这时出现新的立即菜单，在“2. 起始直径”和“3. 终止直径”文本框中分别输入轴的起始直径 60，终止直径 52，移动鼠标，则跟随着光标将出现一个长度动态变化的轴，键盘输入轴的长度 19，按回车键。继续修改其他段直径，输入长度值回车，右击结束命令，即可完成轴的内轮廓绘制。如图 2-5 所示。

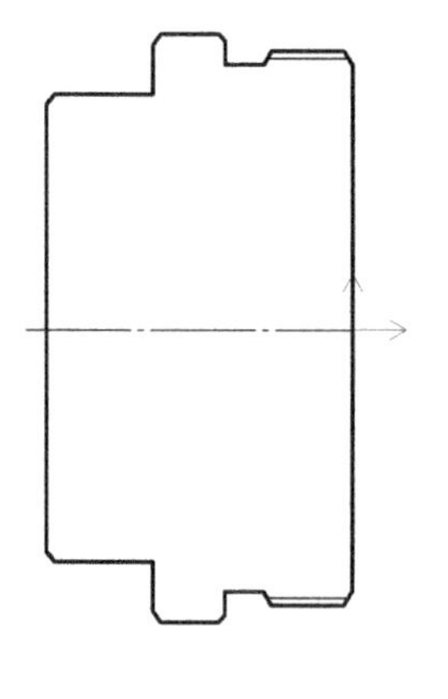

图 2-4 删除内部线

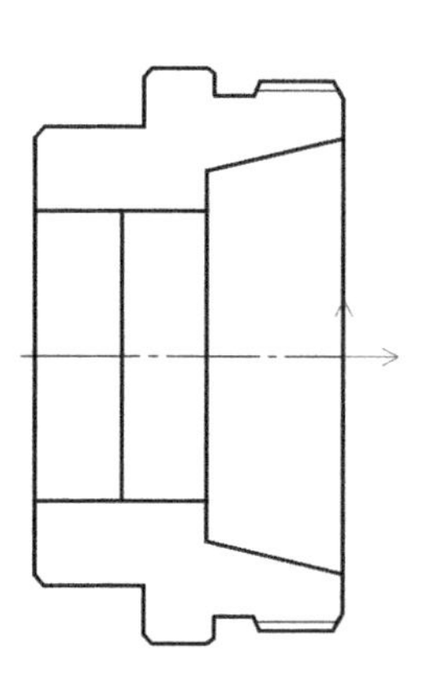

图 2-5 绘制内轮廓

⑥ 在常用选项卡中，单击修改生成栏中的等距线按钮，在立即菜单中输入等距距离 26，单击中心线，单击向上箭头，完成等距线，如图 2-6 所示。

⑦ 在常用选项卡中，单击绘图生成栏中圆菜单下的两点-半径按钮，用鼠标捕捉 A 点作为第一点，捕捉 B 点作为第二点，输入半径 16，回车后完成 R16mm 圆的绘制，单击修改生成栏中的裁剪按钮，单击裁剪中间的多余线。单击修改生成栏中的镜像按钮，拾取圆弧线，单击镜像中心线，完成下面圆弧绘制。绘制完圆弧后绘制内倒角，如图 2-7 所示。

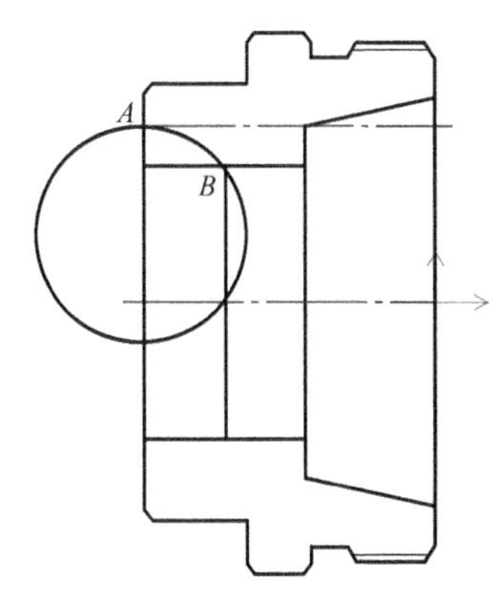

图 2-6　绘制圆弧和等距线

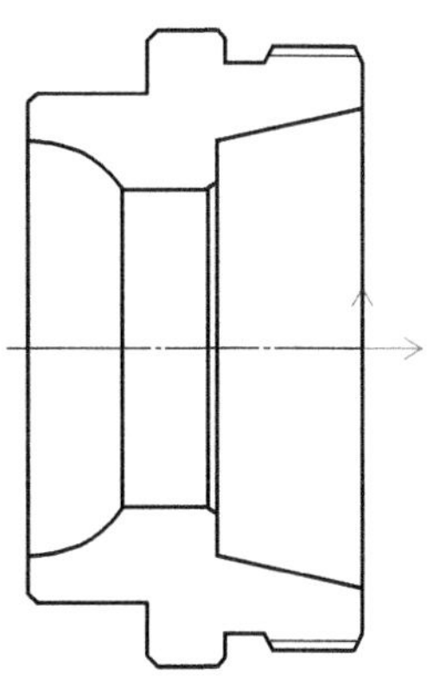

图 2-7　绘制内倒角

二、钻孔加工

① 在数控车选项卡中，单击 C 轴加工生成栏中的端面 G01 钻孔按钮，弹出端面 G01 钻孔对话框，设置加工参数：钻孔方式，下刀次数 2，钻孔深度 5。如图 2-8 所示。

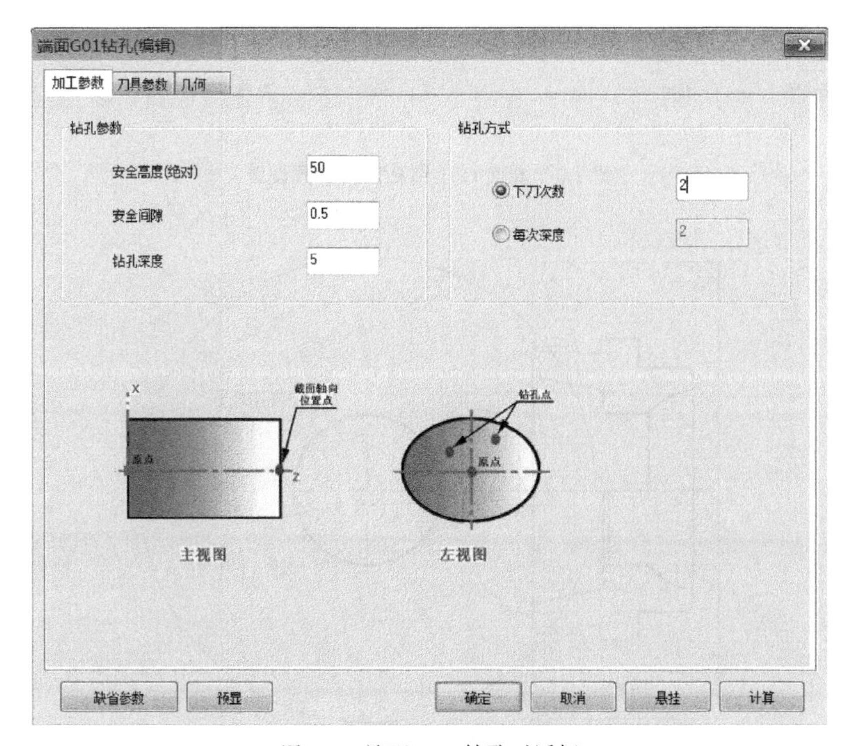

图 2-8　端面 G01 钻孔对话框

② 选择直径为3mm的中心钻，主轴转速3000r/min，单击“几何”，如图2-9所示，单击轴位点拾取，拾取图2-10中的A点，然后单击左视图原点拾取，拾取图2-10中的B点，单击“确定”退出对话框，完成钻中心孔，系统自动生成钻中心孔轨迹。

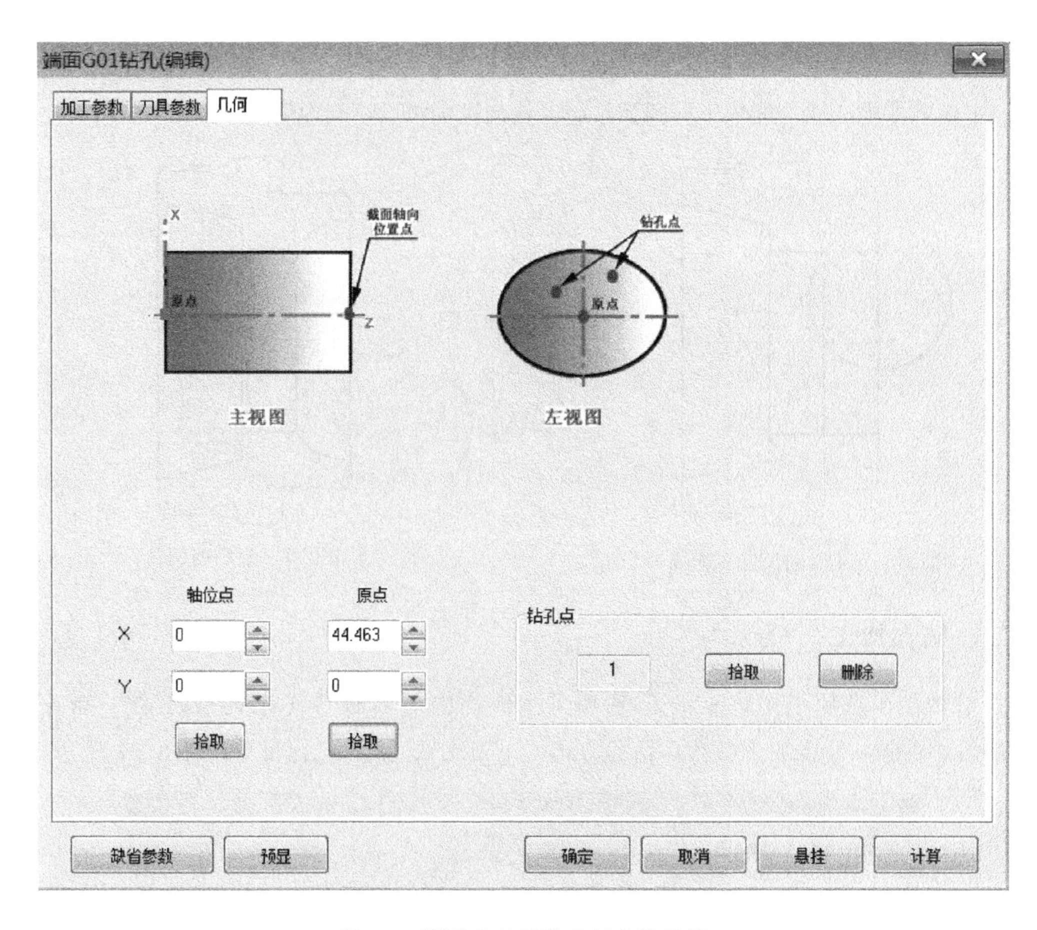

图2-9 端面G01钻孔几何参数设置

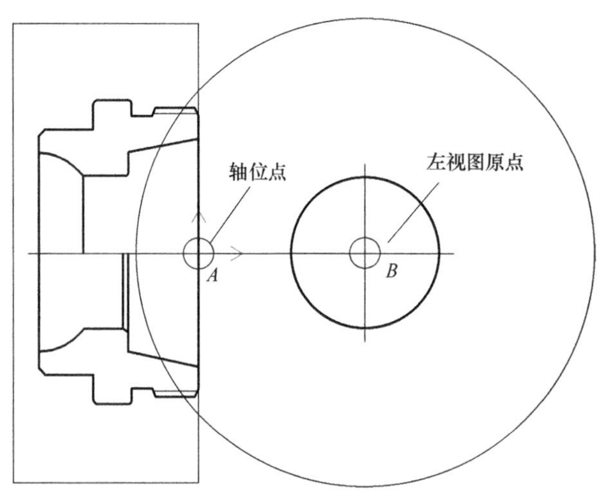

图2-10 端面G01钻孔轴位点及原点

③ 在数控车选项卡中，单击仿真生成栏中的线框仿真按钮，弹出线框仿真对话框，如图 2-11 所示，单击“拾取”按钮，拾取加工轨迹，单击右键结束加工轨迹拾取，单击“前进”按钮，开始仿真加工过程。

④ 在数控车选项卡中，单击后置处理生成栏中的后置处理按钮G，弹出后置处理对话框，选择控制系统文件 Fanuc，单击“拾取”按钮，拾取加工轨迹，然后单击“后置”按钮，弹出编辑代码对话框，生成钻中心孔程序。如图 2-12 所示。

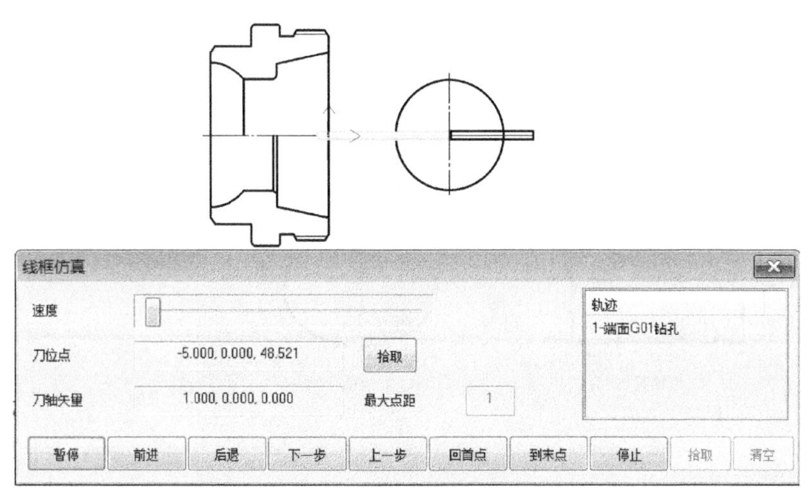

图 2-11　线框仿真对话框

```
%
O1200
N10 G50 S3000
N12 G00 S3000 T0505
N14 M03
N16 M08
N18 X0. Z50.
N20 Z0.5
N22 G01 Z-2.5 F2000
N24 G00 Z0.5
N26 Z-2.
N28 G01 Z-5.
N30 G00 Z50.
N32 M09
N34 M30
%
```

图 2-12　端面 G01 钻孔加工程序

⑤ 同样方法，在数控车选项卡中，单击 C 轴加工生成栏中的端面 G01 钻孔按钮，弹出端面 G01 钻孔对话框，设置加工参数：钻孔方式下刀次数 5，钻孔深度 48。如图 2-13 所示。选择直径为 20mm 的麻花钻，主轴转速 600r/min，生成钻孔加工程序，如图 2-14 所示。

三、右端内轮廓粗加工

① 在常用选项卡中，单击修改生成栏中的等距线按钮，在立即菜单中输入等距距离 10，单击中心线，单击向上箭头，完成等距线绘制。单击绘图生成栏中的直线按钮，在立即菜单中，选择两点线、连续、正交方式，捕捉左交点，向右绘制 31mm 水平线，完成毛坯轮廓绘制，结果如图 2-15 所示。

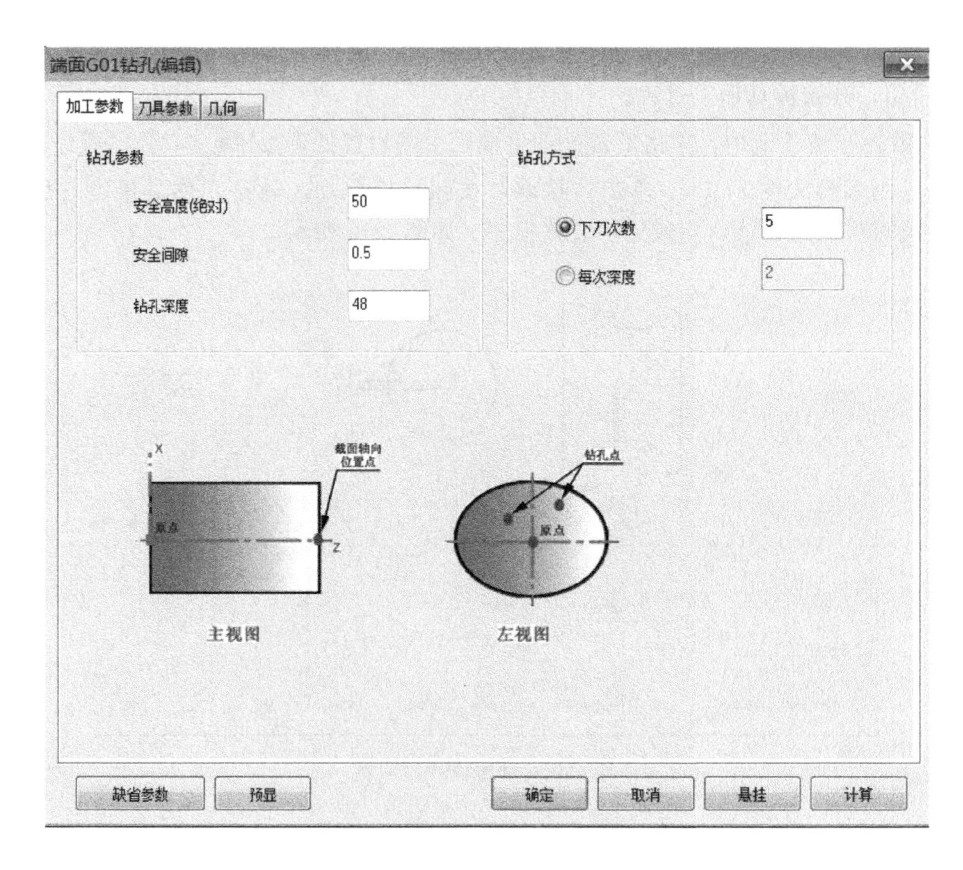

图 2-13　端面 G01 钻孔加工参数设置

```
%
O1200
N12 G00 S600 T0303
N14 M03
N16 M08
N18 X0. Z50.
N20 Z0.5
N22 G01 Z-9.6 F1000
N24 G00 Z0.5
N26 Z-9.1
N28 G01 Z-19.2
N30 G00 Z0.5
N32 Z-18.7
N34 G01 Z-28.8
N36 G00 Z0.5
N38 Z-28.3
N40 G01 Z-38.4
N42 G00 Z0.5
N44 Z-37.9
N46 G01 Z-48.
N48 G00 Z50.
N50 M09
N52 M30
%
```

图 2-14　端面 G01 钻孔加工程序

② 在数控车选项卡中，单击二轴加工生成栏中的车削粗加工按钮，弹出车削粗加工对话框，如图 2-16 所示。加工参数设置：加工表面类型选择内轮廓，加工方式选择行切，加工角度 180，切削行距设为 1，主偏干涉角 10，副偏干涉角设为 45，刀尖半径补偿选择编程时考虑半径补偿，拐角过渡方式设为尖角过渡。

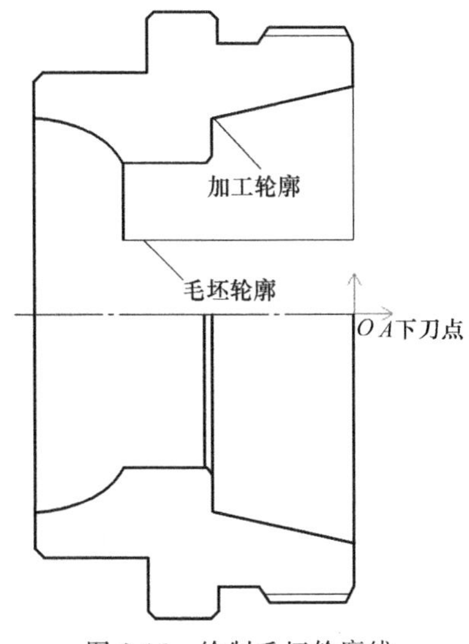

图 2-15　绘制毛坯轮廓线

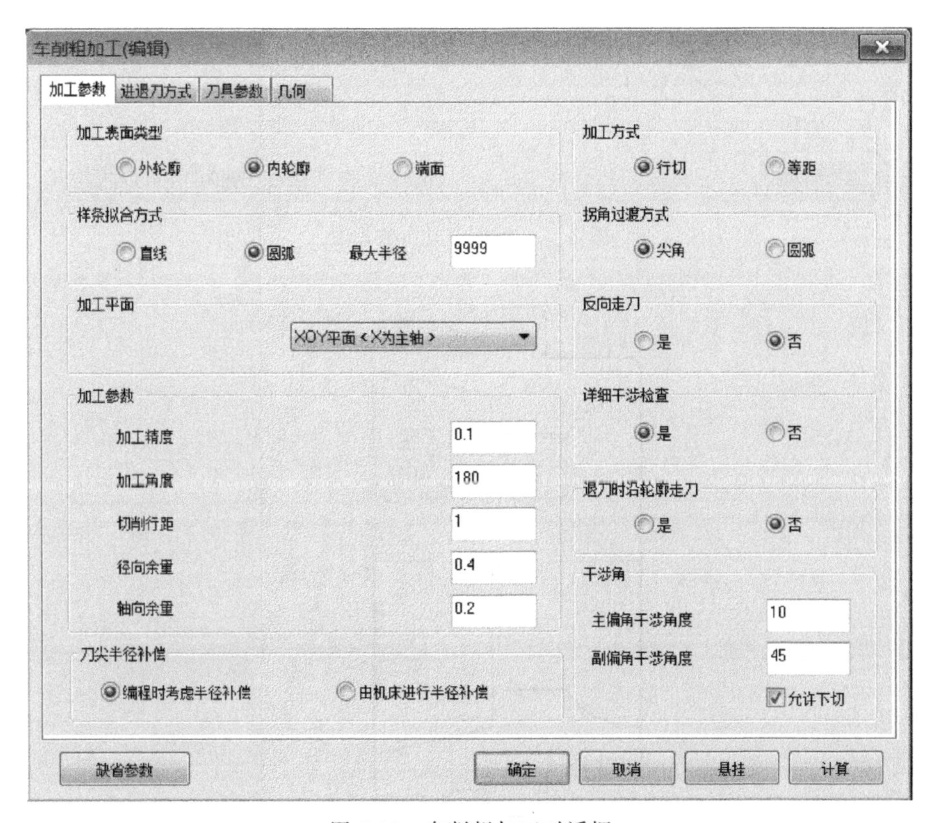

图 2-16　车削粗加工对话框

③ 选择35°尖刀，刀尖半径设为0.6，主偏角100，副偏角45，刀具偏置方向为左偏，对刀点为刀尖尖点，刀片类型为普通刀片。如图2-17所示。

④ 单击“确定”退出对话框，采用单个拾取方式，拾取被加工轮廓，单击右键，拾取毛坯轮廓，毛坯轮廓拾取完后，单击右键，拾取进退刀点 A，生成零件内轮廓加工轨迹，如图2-18所示。

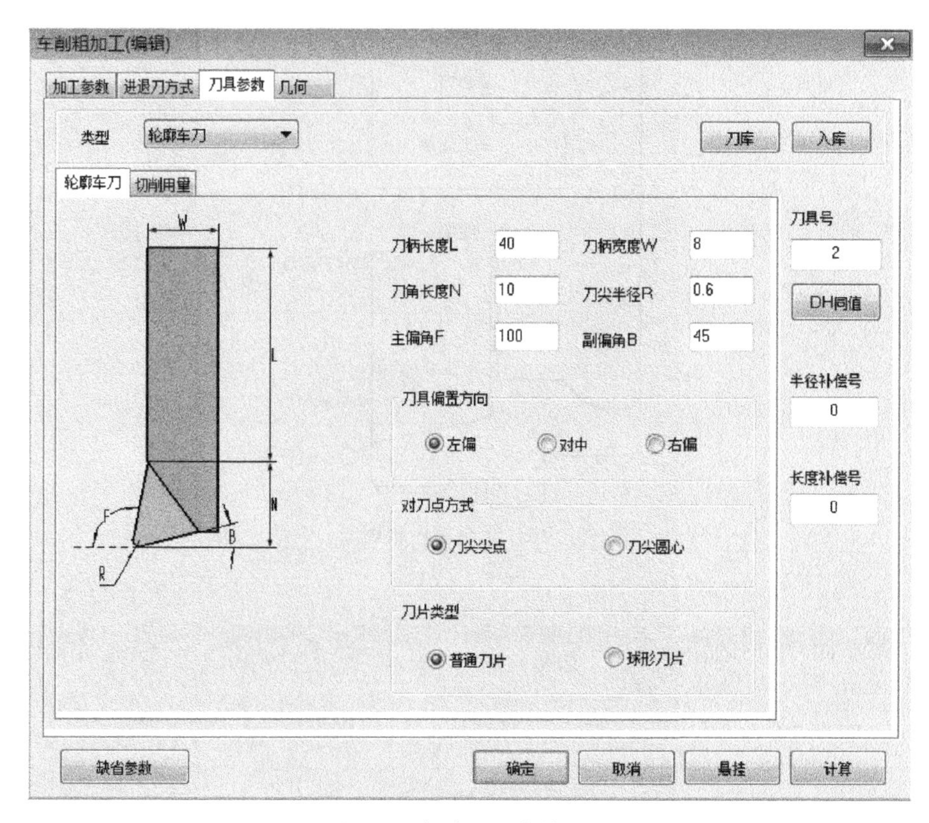

图2-17 粗车刀具参数设置

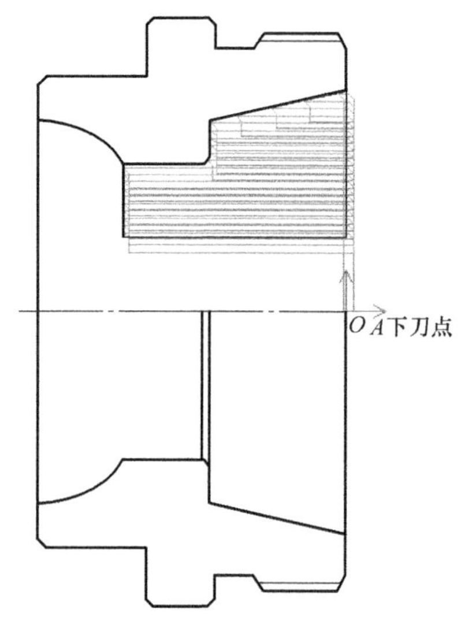

图2-18 内轮廓加工轨迹

⑤ 在数控车选项卡中，单击仿真生成栏中的线框仿真按钮，弹出线框仿真对话框，如图 2-19 所示，单击“拾取”按钮，拾取加工轨迹，单击右键结束加工轨迹拾取，单击“前进”按钮，开始仿真加工过程。

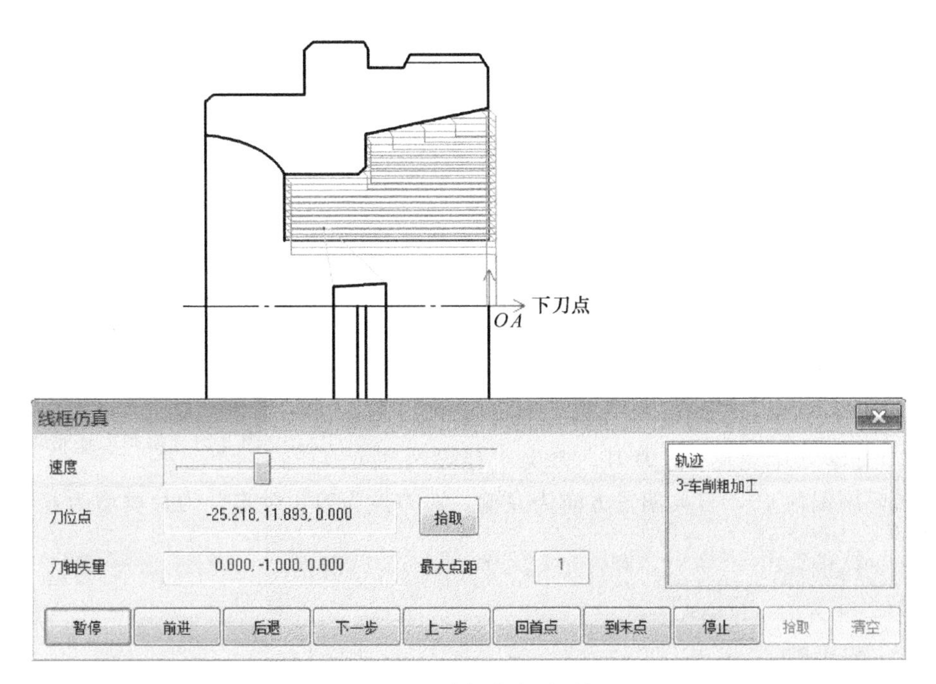

图 2-19　线框仿真对话框

⑥ 在数控车选项卡中，单击后置处理生成栏中的后置处理按钮 G，弹出后置处理对话框，选择控制系统文件 Fanuc，单击“拾取”按钮，拾取加工轨迹，然后单击“后置”按钮，弹出编辑代码对话框，生成零件右端内轮廓加工程序。如图 2-20 所示，

图 2-20　右端内轮廓加工程序

四、左端内轮廓粗加工

① 在常用选项卡中，单击修改生成栏中的镜像按钮，在立即菜单中选择镜像方式，拾取圆盘零件轮廓线，单击右边镜像轴线，完成移动反转图形。单击修改生成栏中的平移按钮，选择给定两点方式，拾取所有轮廓线，捕捉图形右边中心点，然后捕捉坐标中心点 O，完成移动图形，如图 2-21 所示。

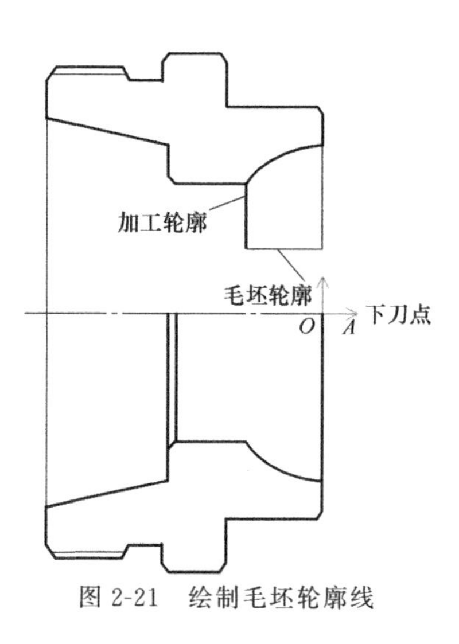

图 2-21　绘制毛坯轮廓线

② 在数控车选项卡中，单击二轴加工生成栏中的车削粗加工按钮，弹出车削粗加工对话框，如图 2-22 所示。加工参数设置：加工表面类型选择内轮廓，加工方式选择行切，加工角度 180，切削行距设为 1，主偏干涉角 10，副偏干涉角设为 45，刀尖半径补偿选择编程时考虑半径补偿。选择刀片菱形 35°尖刀，刀尖半径设为 0.6，主偏角 100，副偏角 45，刀具偏置方向为左偏，对刀点为刀尖尖点，刀片类型为普通刀片。

图 2-22　车削粗加工对话框

③ 单击“确定”退出对话框，采用单个拾取方式，拾取被加工轮廓，单击右键，拾取毛坯轮廓，毛坯轮廓拾取完后，单击右键，拾取进退刀点 A，结果生成零件内轮廓加工轨迹，如图 2-23 所示。

④ 在数控车选项卡中，单击后置处理生成栏中的后置处理按钮 G，弹出后置处理对话框，选择控制系统文件 Fanuc，单击“拾取”按钮，拾取加工轨迹，然后单击“后置”按钮，弹出编辑代码对话框，生成零件左端内轮廓加工程序。如图 2-24 所示。

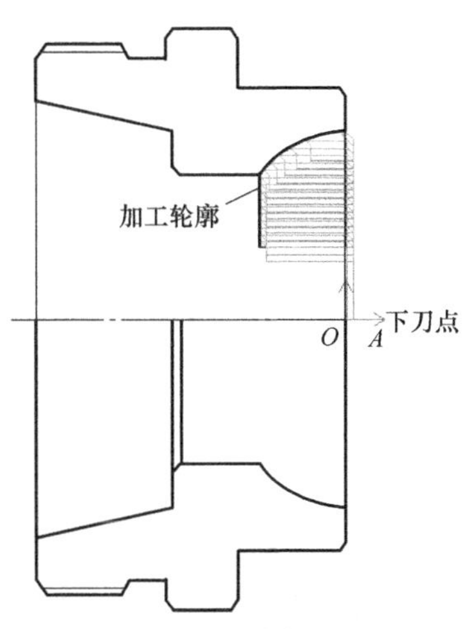

图 2-23　内轮廓加工轨迹

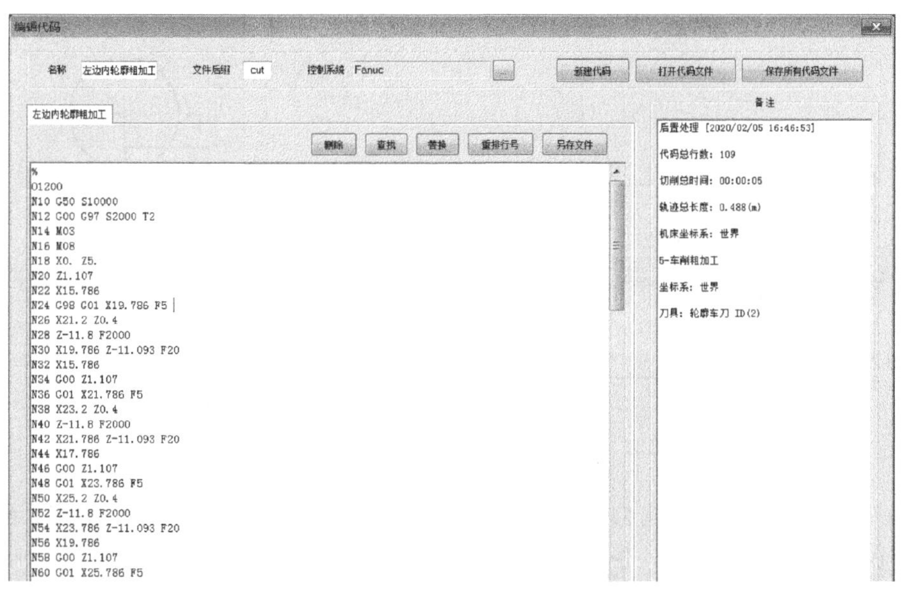

图 2-24　左端内轮廓加工程序

[实例 2-2]　含内螺纹要素阶梯孔套类零件加工

完成如图 2-25 所示工件内轮廓及内螺纹的加工。毛坯为 ϕ60mm，长 53mm 的棒料。

该零件为含内螺纹要素的套筒类零件。经过分析，先用钻孔功能，钻 ϕ20mm 的孔，然后用到内轮廓车削粗加工功能加工左端内孔，掉头加工 M24mm 的内螺纹。必须学会螺纹加工参数的计算和设置。

一、绘制零件轮廓

① 在常用选项卡中，单击绘图生成栏中的孔/轴按钮，用鼠标捕捉坐标零点为插入点，这时出现新的立即菜单，在“2. 起始直径”和“3. 终止直径”文本框中分别输入轴的直径34，移动鼠标，则跟随着光标将出现一个长度动态变化的轴，键盘输入轴的长度14，按回车键。继续修改其他段直径，输入长度值回车，右击结束命令，即可完成轴的外轮廓绘制。如图2-26所示。

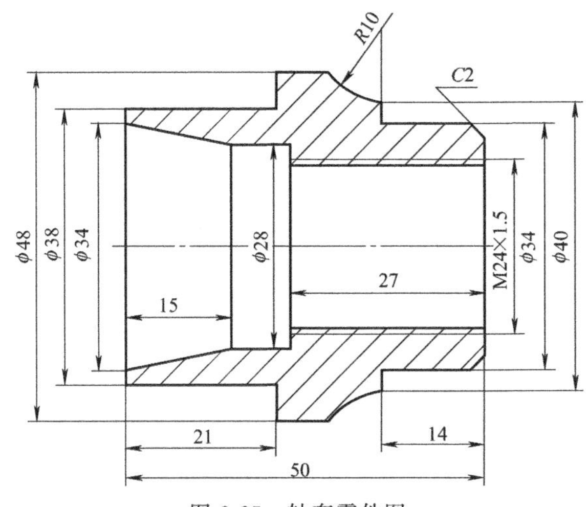

图2-25 轴套零件图

② 在常用选项卡中，单击修改生成栏中的等距线按钮，在立即菜单中输入等距距离13，单击右上边轮廓线，单击向上箭头，完成等距线。单击绘图生成栏中圆菜单下的圆心_半径按钮，用鼠标捕捉等距线左端点作为圆心，输入半径10，回车后完成R10mm圆的绘制，如图2-27所示。

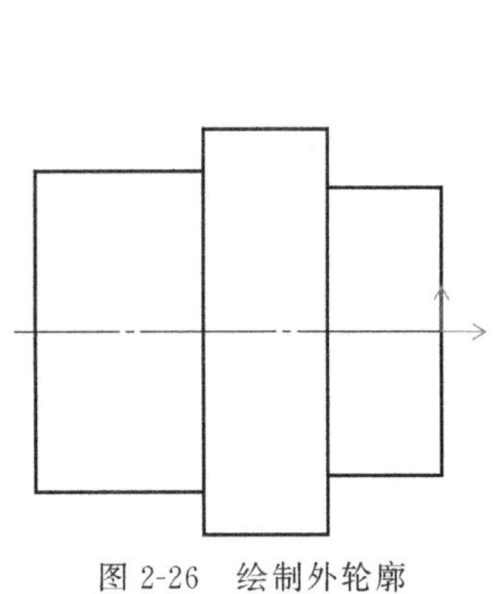
图2-26 绘制外轮廓

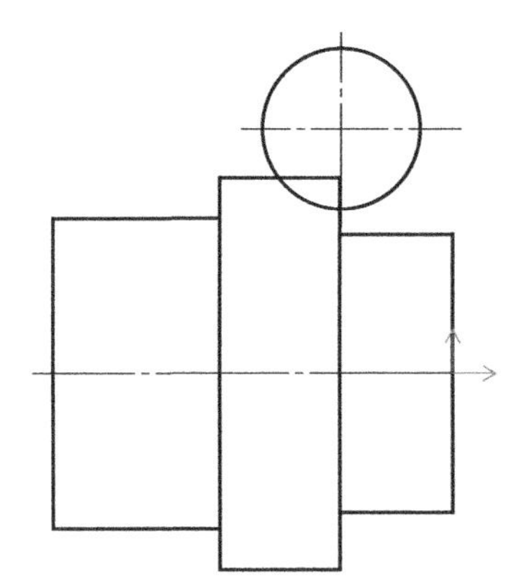
图2-27 绘制R10mm圆

③ 在常用选项卡中，单击修改生成栏中的裁剪按钮，单击裁剪中间的多余线。单击修改生成栏中的镜像按钮，拾取圆弧线，单击镜像中心线，完成下面R10mm圆弧绘制。如图2-28所示。

④ 在常用选项卡中，单击绘图生成栏中的孔/轴按钮，用鼠标捕捉坐标零点为插入点，这时出现新的立即菜单，在“2. 起始直径”和“3. 终止直径”文本框中分别输入轴的直径22，移动鼠标，则跟随着光标将出现一个长度动态变化的轴，键盘输入轴的长度27，按回车键。继续修改其他段直径，输入长度值回车，右击结束命令，即可完成轴的内轮廓绘制。如图2-29所示。

⑤ 在常用选项卡中，单击绘图生成栏中的剖面线按钮，单击拾取上边环内一点，单击拾取下边环内一点，单击右键结束，完成剖面线填充，如图2-29所示。

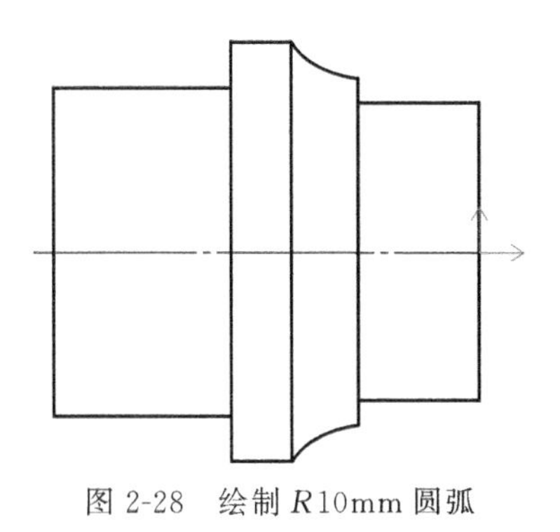

图 2-28　绘制 $R10$mm 圆弧

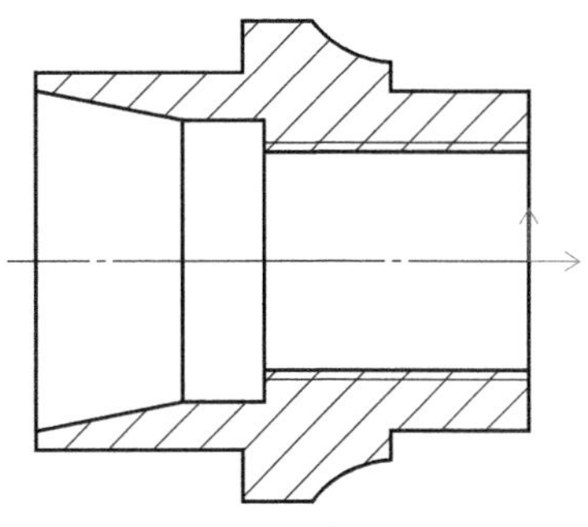

图 2-29　绘制内轮廓、填充剖面线

二、钻孔加工

① 在数控车选项卡中，单击 C 轴加工生成栏中的端面 G01 钻孔按钮，弹出端面 G01 钻孔对话框，设置加工参数：钻孔方式下刀次数 6，钻孔深度 53。如图 2-30 所示。

② 选择直径为 20mm 的钻头，主轴转速 3000r/min，单击“几何”页，如图 2-31 所示，单击轴位点拾取，拾取图 2-32 中的 A 点，然后单击左视图原点拾取，拾取图 2-32 中的 B 点，单击确定退出对话框，完成钻中心孔，系统自动生成钻孔加工轨迹。

③ 在数控车选项卡中，单击仿真生成栏中的线框仿真按钮，弹出线框仿真对话框，如图 2-33 所示，单击“拾取”按钮，拾取加工轨迹，单击右键结束加工轨迹拾取，单击“前进”按钮，开始仿真加工过程。

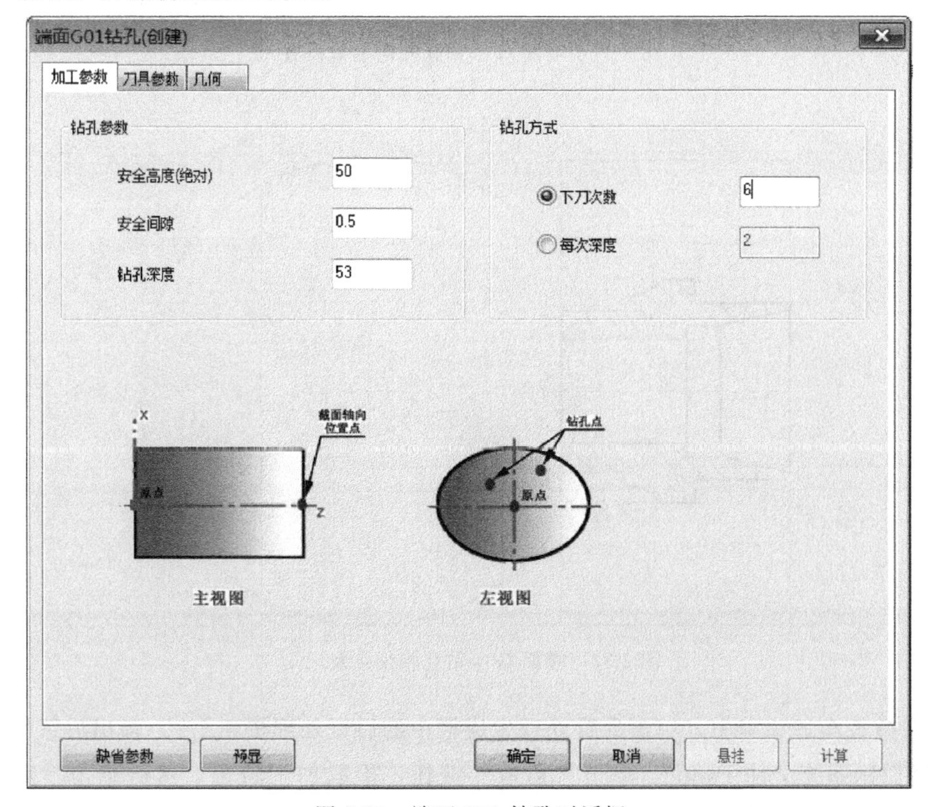

图 2-30　端面 G01 钻孔对话框

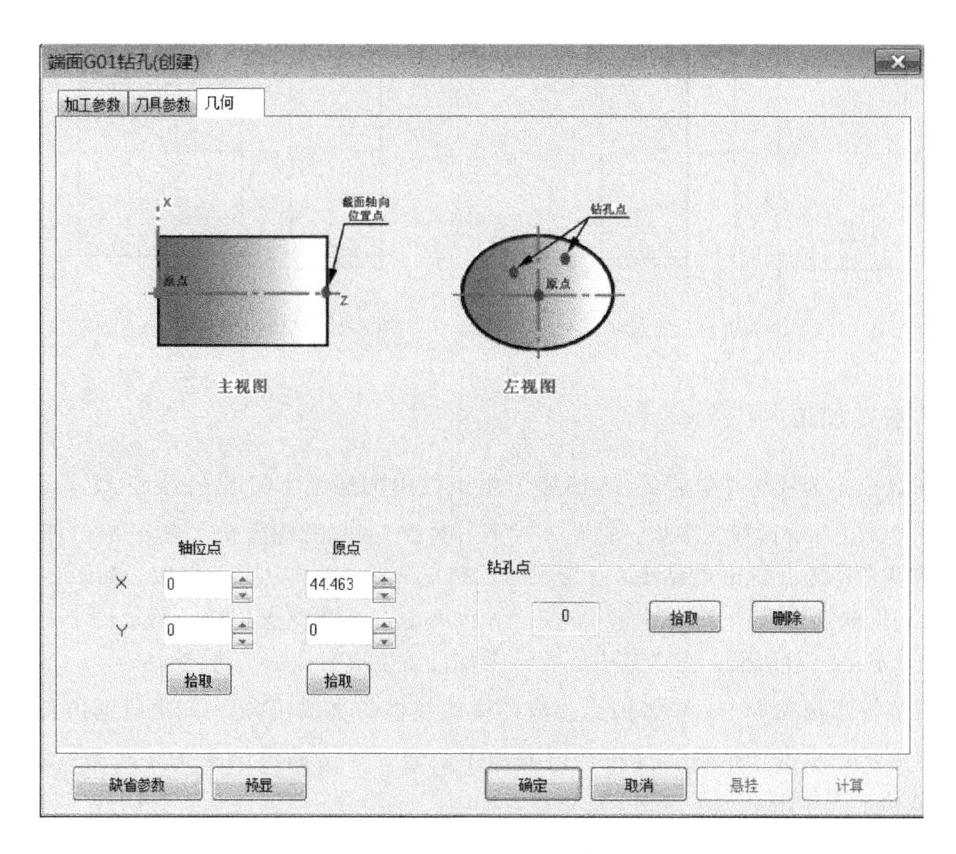

图 2-31 端面 G01 钻孔几何参数设置

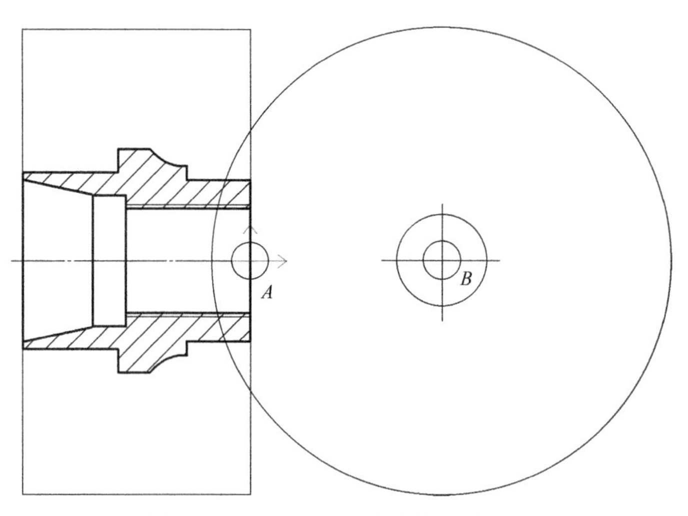

图 2-32 端面 G01 钻孔轴位点及原点

④ 在数控车选项卡中，单击后置处理生成栏中的后置处理按钮 G，弹出后置处理对话框，选择控制系统文件 Fanuc，单击“拾取”按钮，拾取加工轨迹，然后单击“后置”按钮，弹出编辑代码对话框，生成钻孔加工程序。如图 2-34 所示。

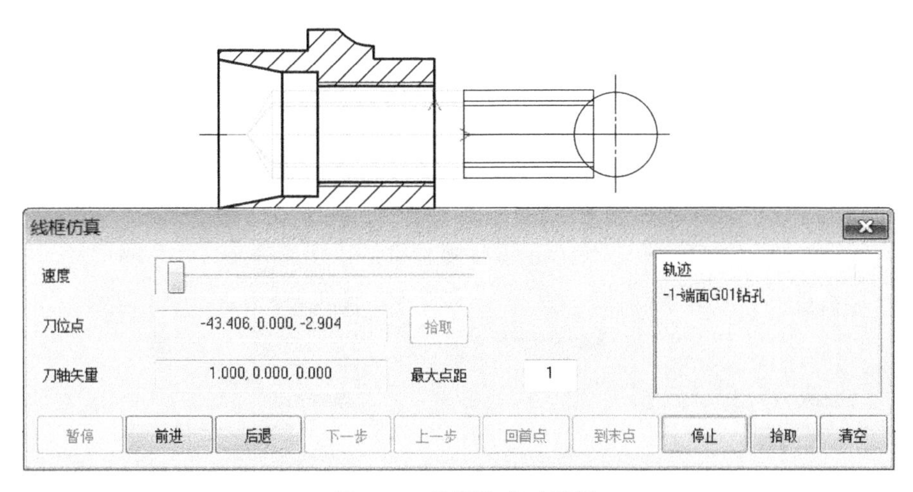

图 2-33　线框仿真对话框

三、左侧内轮廓粗加工

① 在常用选项卡中，单击修改生成栏中的镜像按钮，在立即菜单中选择镜像方式，拾取轴套零件轮廓线，单击右边镜像轴线，完成移动反转图形。单击修改生成栏中的平移按钮，选择给定两点方式，拾取所有轮廓线，捕捉图形右边中心点，然后捕捉坐标中心点 O，完成移动图形，如图 2-35 所示。

② 单击绘图生成栏中的直线按钮，绘制毛坯轮廓，确定下刀点 A，如图 2-36 所示。

③ 在数控车选项卡中，单击二轴加工生成栏中的车削粗加工按钮，弹出车削粗加工对话框，如图 2-37 所示。加工参数设置：加工表面类型选择内轮廓，加工方式选择行切，加工角度 180，切削行距设为 1，主偏干涉角 10，副偏干涉角设为 45，刀尖半径补偿选择编程时考虑半径补偿。选择刀片菱形 35°尖刀，刀尖半径设为 0.6，主偏角 100，副偏角 45，刀具偏置方向为左偏，对刀点为刀尖尖点，刀片类型为普通刀片。

```
% O1200
N12 G00 S1000 T0303
N14 M03
N16 M08
N18 X0.  Z50.
N20 Z0.5
N22 G01 Z-9.6 F800
N24 G00 Z0.5
N26 Z-9.1
N28 G01 Z-19.2
N30 G00 Z0.5
N32 Z-18.7
N34 G01 Z-28.8
N36 G00 Z0.5
N38 Z-28.3
N40 G01 Z-38.4
N42 G00 Z0.5
N44 Z-37.9
N46 G01 Z-48.
N48 G00 Z50.
N50 M09
N52 M30
%
```

图 2-34　端面 G01 钻孔加工程序

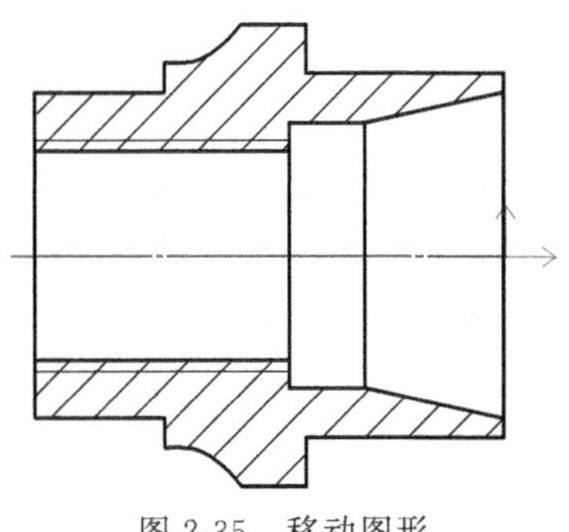

图 2-35　移动图形

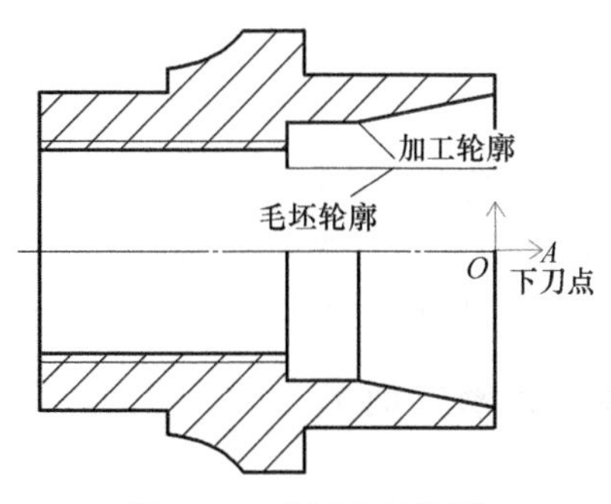

图 2-36　绘制毛坯轮廓

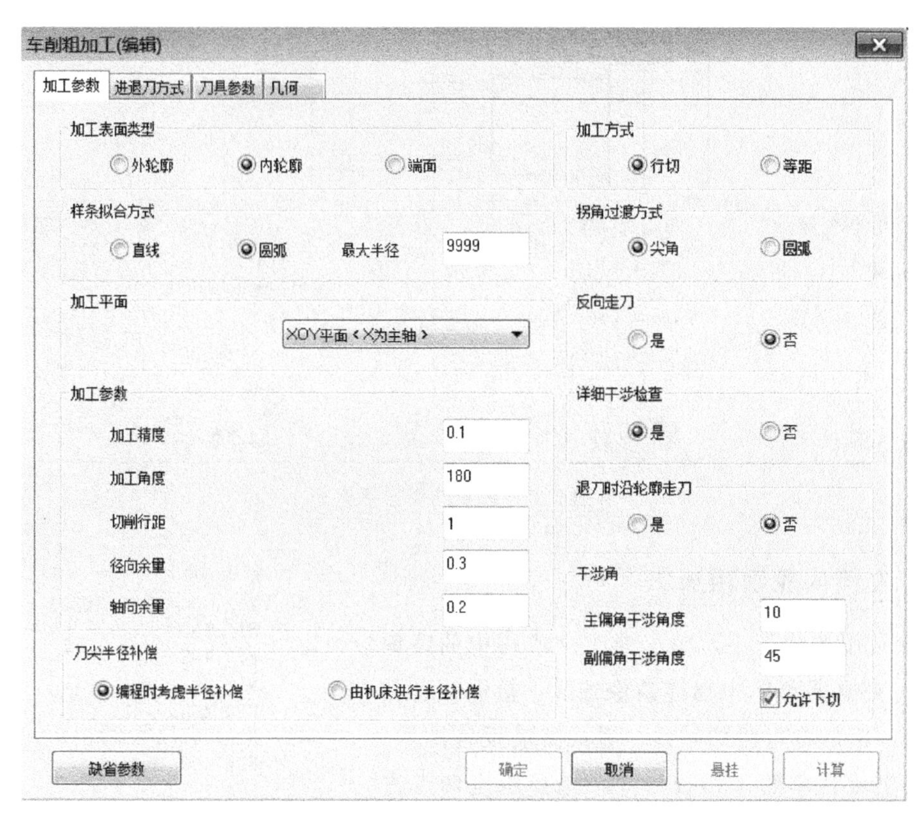

图 2-37 内轮廓车削粗加工对话框

④ 单击“确定”退出对话框，采用单个拾取方式，拾取被加工轮廓，单击右键，拾取毛坯轮廓，毛坯轮廓拾取完后，单击右键，拾取进退刀点 A，生成零件内轮廓加工轨迹，如图 2-38 所示。

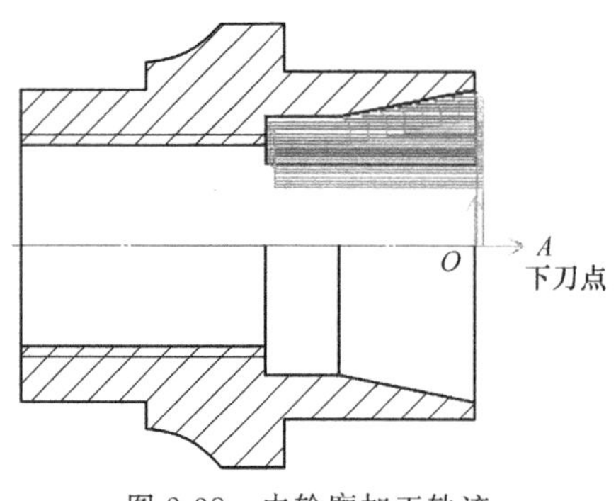

图 2-38 内轮廓加工轨迹

⑤ 在数控车选项卡中，单击后置处理生成栏中的后置处理按钮 G，弹出后置处理对话框，选择控制系统文件 Fanuc，单击“拾取”按钮，拾取加工轨迹，然后单击“后置”按钮，弹出编辑代码对话框，生成零件左端内轮廓加工程序。如图 2-39 所示。

四、内螺纹加工

① 在常用选项卡中，单击绘图生成栏中的直线按钮 ╱，在立即菜单中，选择两点线、

图 2-39　左端内轮廓加工程序

连续、正交方式，捕捉螺纹线左端点，向左绘制 2mm 到 C 点，捕捉螺纹线右端点，向右绘制 3mm 到 B 点，确定进退刀点 B。如图 2-40 所示。

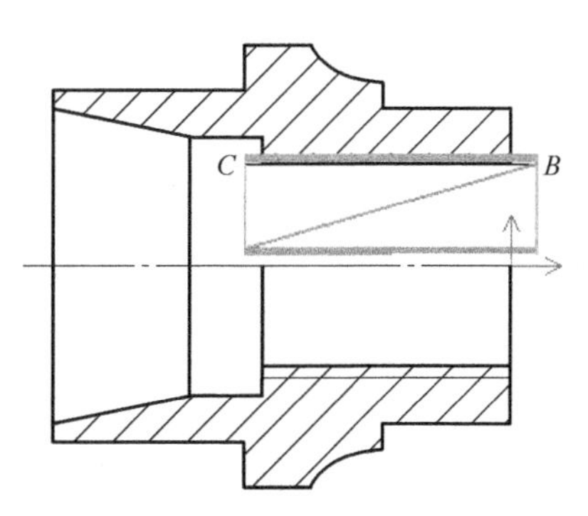

图 2-40　内螺纹加工轨迹

操作技巧及注意事项：

在数控车床上车内螺纹时，沿螺距方向的 Z 向进给应和车床主轴的旋转保持严格的速比关系，因此应避免在进给机构加速或减速的过程中切削螺纹，所以要设切入量和切出量，车削螺纹时的切入量，一般为 2～5mm，切出量一般为 0.5～2.5mm。

② 在数控车选项卡中，单击二轴加工生成栏中的车螺纹加工按钮，弹出车螺纹加工对话框。如图 2-41 所示。设置螺纹参数：选择螺纹类型为内螺纹，拾取螺纹加工起点 B，拾取螺纹加工终点 C，拾取螺纹加工进退刀点 B，螺纹节距 1.5，螺纹牙高 0.975，螺纹头数 1。

③ 设置螺纹加工参数：选择粗加工，粗加工深度 0.974，每行切削用量选择恒定切削面积，第一刀行距 0.4，最小行距 0.08，每行切入方式选择沿牙槽中心线。选择刀具角度 60°的螺纹刀具，选择刀具种类米制螺纹。设置切削用量：进刀量 0.25mm/r，选择恒转速，主轴转速设为 600r/min。

④ 单击“确定”退出车螺纹加工对话框，系统自动生成内螺纹加工轨迹，如图 2-40 所示。

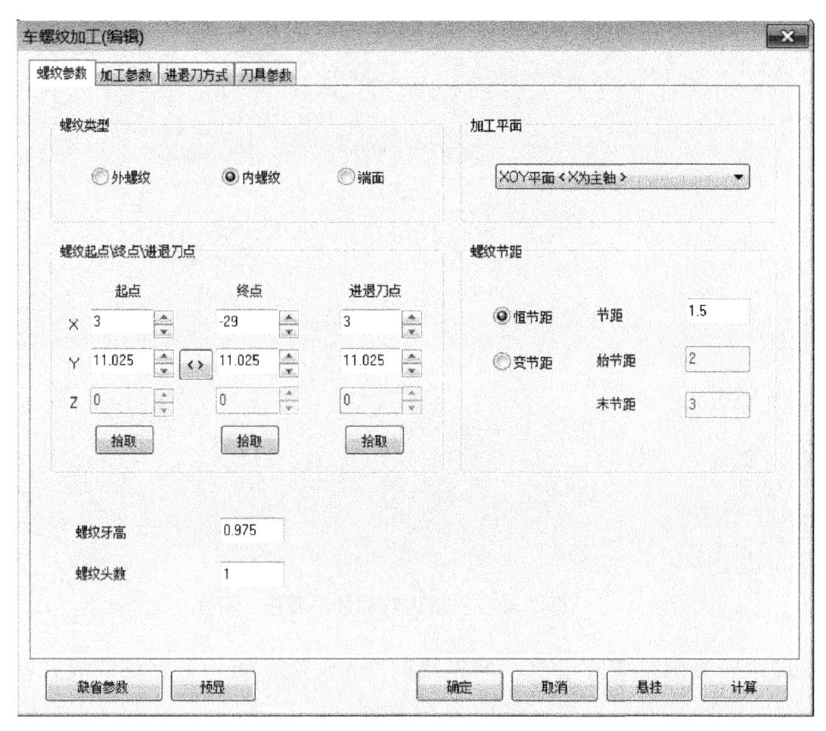

图 2-41　车螺纹加工对话框

⑤ 在数控车选项卡中，单击后置处理生成栏中的后置处理按钮G，弹出后置处理对话框，选择控制系统文件 Fanuc，单击“拾取”按钮，拾取加工轨迹，然后单击“后置”按钮，弹出编辑代码对话框，系统自动会生成螺纹加工程序。如图 2-42 所示。

```
%
O1200
N12 G00 G97 S600 T0404
N14 M03
N16 M08
N18 X22.05 Z3.
N20 X2.652
N22 X22.652
N24 X22.852
N26 G32 Z-29. F1.500
N28 G00 X22.652
N30 X2.652
N32 X2.983 Z3.
N34 X22.983
N36 X23.183
N38 G32 Z-29. F1.500
N40 G00 X22.983
N42 X2.983
N44 X3.198 Z3.
N46 X23.198
N48 X23.398
N50 G32 Z-29. F1.500
N52 G00 X23.198
N54 X3.198
N56 X3.452 Z3.
N58 X23.452
N60 X23.652
N62 G32 Z-29. F1.500
N64 G00 X23.452
N66 X3.452
N68 X3.641 Z3.
N70 X23.641
N72 X23.841
N74 G32 Z-29. F1.500
N76 G00 X23.641
N78 X3.641
N80 X3.8 Z3.
N82 X23.8
N84 X24.
N86 G32 Z-29. F1.500
N88 G00 X23.8
N90 X3.8
N92 X22.05 Z3.
N94 M09
N96 M30
```

图 2-42　内螺纹加工程序

[实例2-3]　含圆弧要素的套类零件加工

完成如图2-43所示套类零件的造型、右端外轮廓粗精加工和右端内轮廓粗精加工。

该零件为套筒类零件，孔和左端内螺纹已经加工完成，只需要加工右端外轮廓和内轮廓，主要用外轮廓粗精加工和内轮廓粗精加工，由于内外轮廓都有圆弧面，所以采用35°的尖刀对中等距加工。

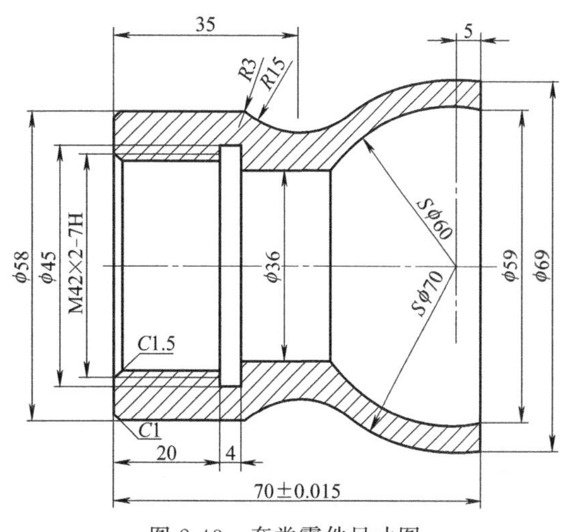

图2-43　套类零件尺寸图

一、绘制零件轮廓

① 在常用选项卡中，单击绘图生成栏中的直线按钮，在立即菜单中，选择两点线、连续、正交方式，捕捉坐标中心点，向上绘制34.5mm。单击修改生成栏中的等距线按钮，在立即菜单中输入等距距离70，单击左边等距线，单击向左箭头，完成等距线，同样方法做距离5的等距线。单击绘图生成栏中的圆按钮，选择圆心_半径方式，捕捉圆心，输入半径35，回车，完成R35mm圆绘制，同理完成R30mm圆绘制。如图2-44所示。

② 在常用选项卡中，单击绘图生成栏中的孔/轴按钮，用鼠标捕捉左边中心点，这时出现新的立即菜单，在“2. 起始直径”和“3. 终止直径”文本框中分别输入轴的直径58，移动鼠标，则跟随着光标将出现一个长度动态变化的轴，键盘输入轴的长度35，右击结束命令。同理绘制左端内轮廓线。如图2-45所示。

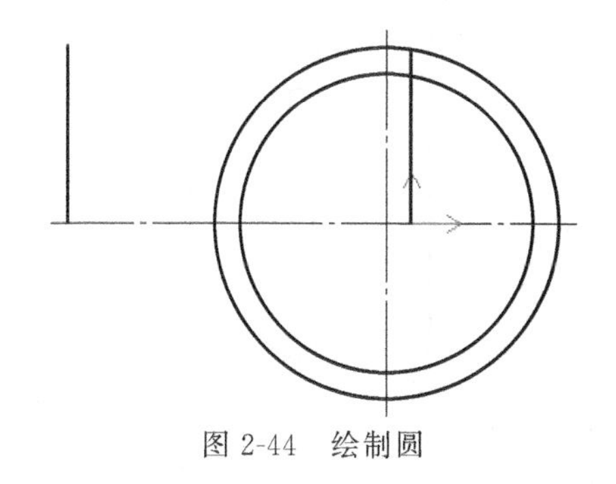

图2-44　绘制圆

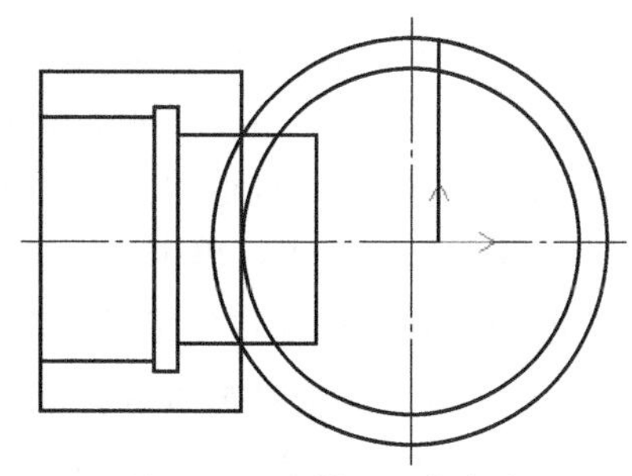

图2-45　绘制左边轮廓线

③ 在常用选项卡中，单击修改生成栏中的裁剪按钮，单击多余线，裁剪结果如图2-46所示。

④ 单击绘图生成栏中的圆按钮，选择圆心_半径方式，捕捉R35mm圆心，输入半径50，回车，完成R50mm圆绘制，R50mm圆与距离左端35的竖线相交，交点为R15mm圆的圆心，以此为圆心绘制R15mm圆。如图2-47所示。

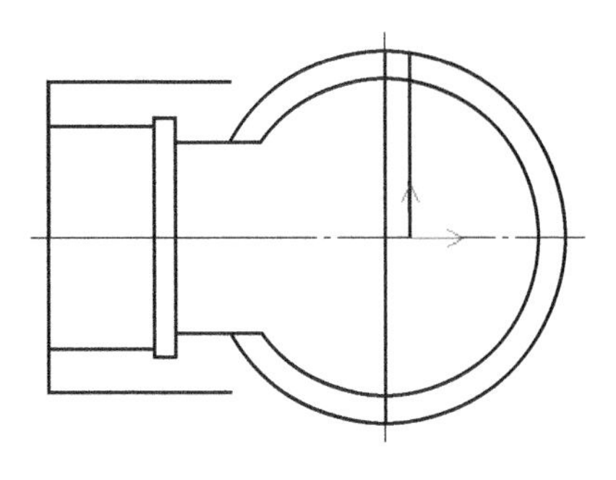

图 2-46 裁剪多余线

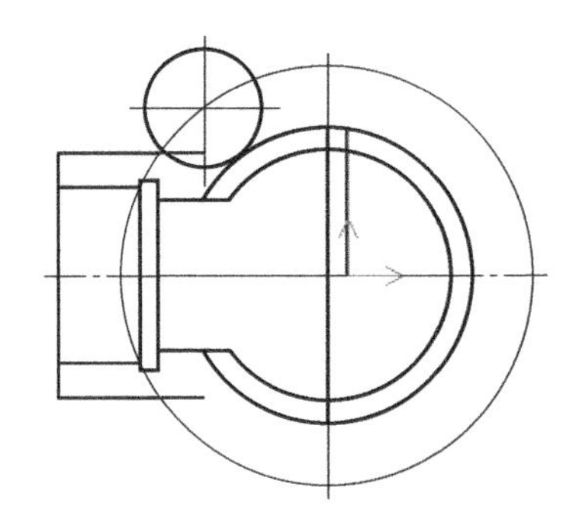

图 2-47 绘制 R15mm 圆

⑤ 在常用选项卡中，单击修改生成栏中的裁剪按钮，单击多余线，裁剪结果如图 2-48 所示。

⑥ 在常用选项卡中，单击绘图生成栏中的剖面线按钮，单击拾取上边环内一点，单击拾取下边环内一点，单击右键结束，完成剖面线填充，如图 2-49 所示。

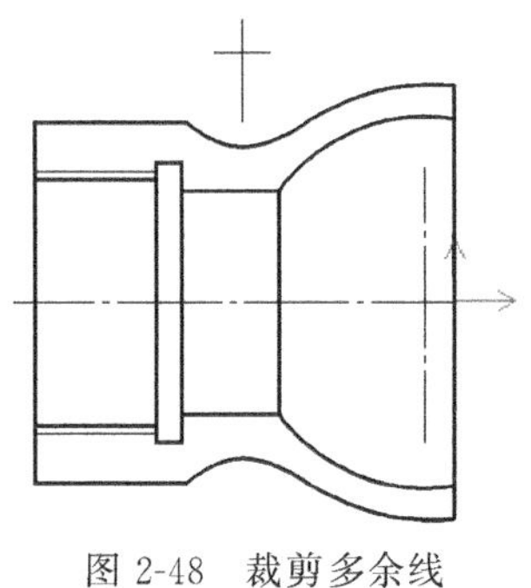

图 2-48 裁剪多余线

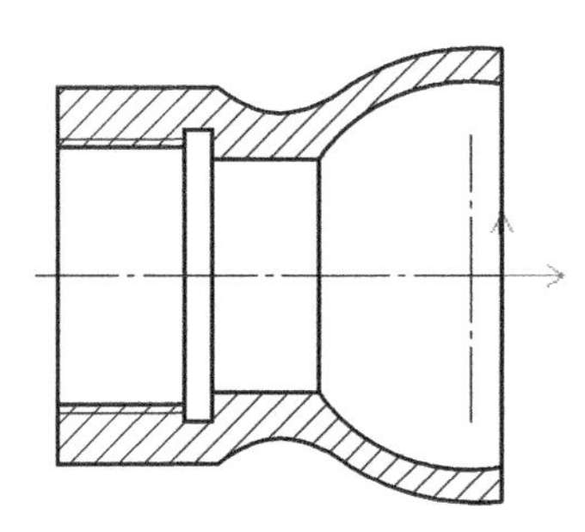

图 2-49 绘制剖面线

二、粗车右端外轮廓

① 在常用选项卡中，单击绘图生成栏中的直线按钮，在立即菜单中，选择两点线、连续、正交方式，捕捉右上端点，向上绘制 2mm，向左绘制 45mm 直线，完成毛坯轮廓线绘制，确定进退刀点 A。如图 2-50 所示。

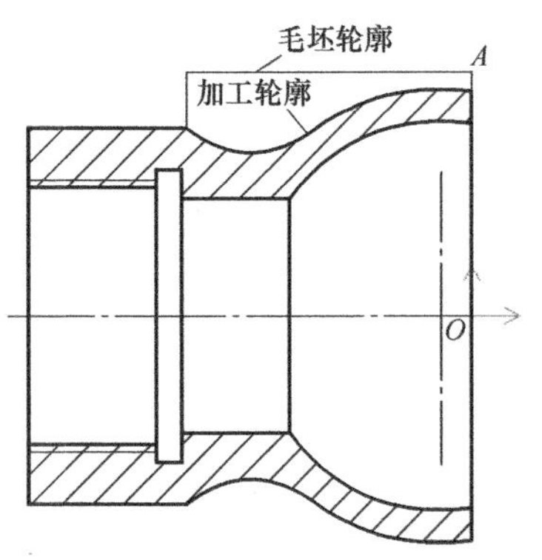

图 2-50 绘制毛坯轮廓线

② 在数控车选项卡中，单击二轴加工生成栏中的车削粗加工按钮，弹出车削粗加工对话框，如图 2-51 所示。加工参数设置：加工表面类型选择外轮廓，加工方式选择等距，加工角度 180，切削行距设为 0.4，加工余量 0.2，主偏干涉角 0，副偏干涉角设为 72.5，刀尖半径补偿选择编程时考虑半径补偿。

注意：行切方式相当于 G71 指令，等距方式相当于 G73 指令，自动编程时常用行切方式。

③ 选择轮廓车刀，刀尖半径设为 0.4，副偏角 72.5，刀具偏置方向为对中，对刀点为刀尖圆心，刀片类型为球形刀片。如图 2-52 所示。

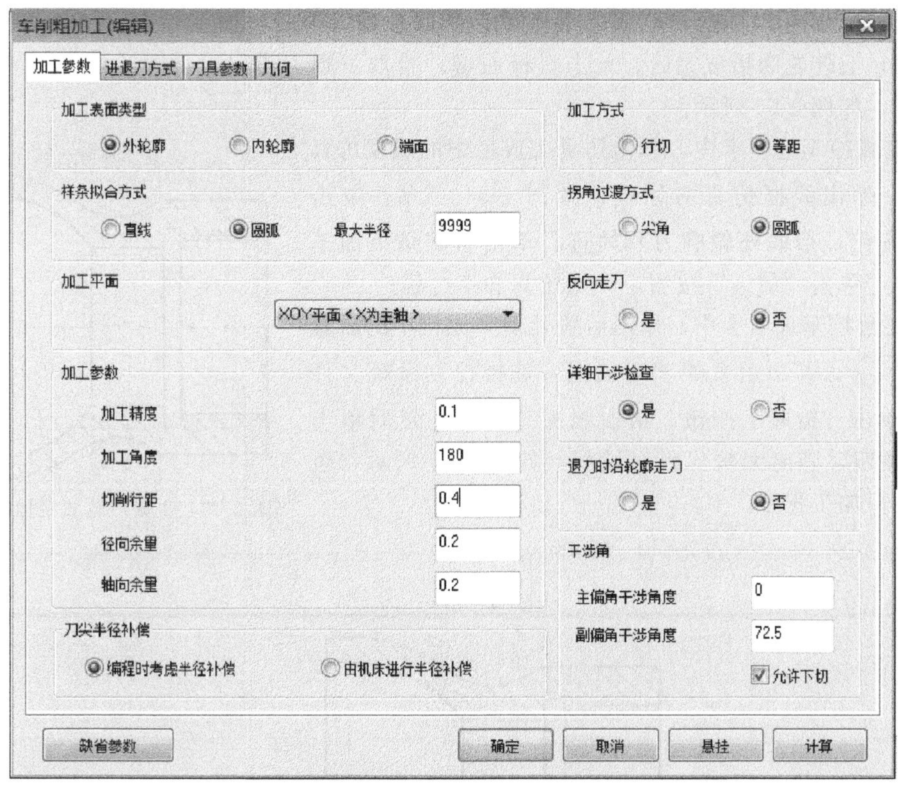

图 2-51 车削粗加工对话框

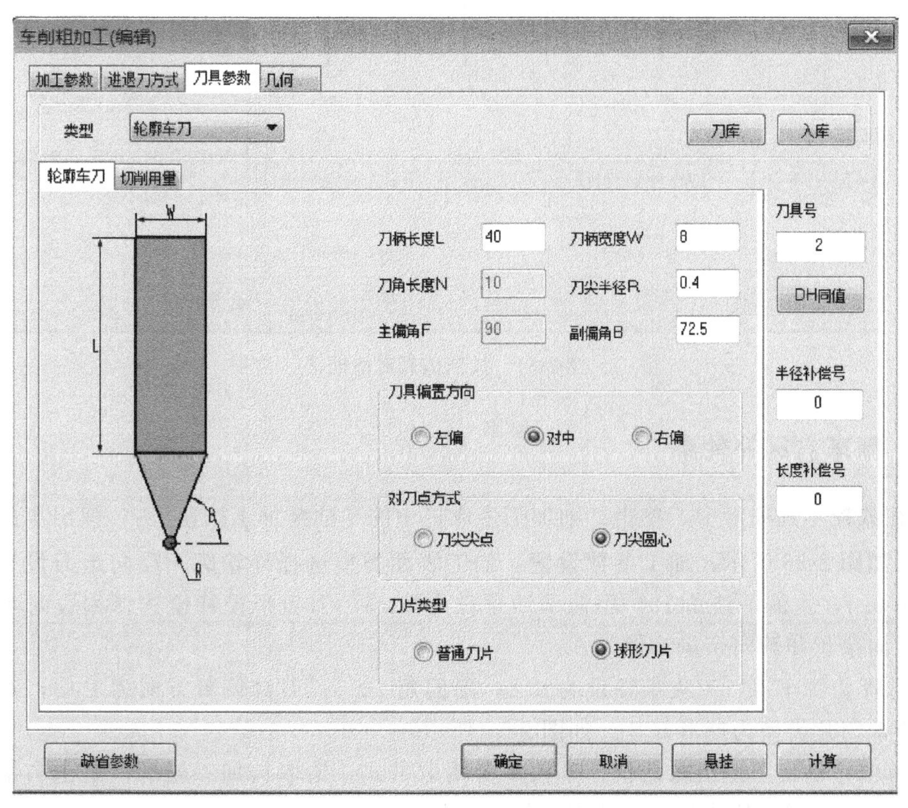

图 2-52 刀具参数设置

④ 单击“确定”退出对话框，采用单个拾取方式，拾取被加工轮廓，单击右键，拾取毛坯轮廓，毛坯轮廓拾取完后，单击鼠标右键，拾取进退刀点 A，系统会自动生成外轮廓刀具轨迹，如图 2-53 所示。

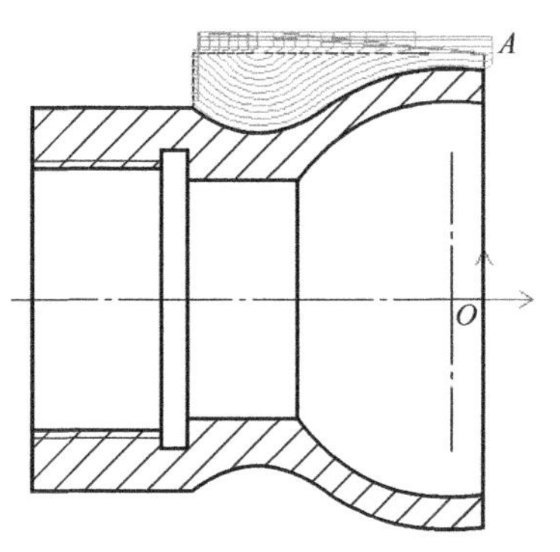

图 2-53 生成外轮廓粗加工轨迹

⑤ 在数控车选项卡中，单击仿真生成栏中的线框仿真按钮，弹出线框仿真对话框，如图 2-54 所示，单击“拾取”按钮，拾取外轮廓刀具轨迹，单击右键结束加工轨迹拾取，单击“前进”按钮，开始仿真加工过程。

⑥ 在数控车选项卡中，单击后置处理生成栏中的后置处理按钮 G，弹出后置处理对话框，选择控制系统文件 Fanuc，单击“拾取”按钮，拾取粗加工轨迹，然后单击“后置”按钮，弹出编辑代码对话框，如图 2-55 所示，生成外轮廓粗加工程序。

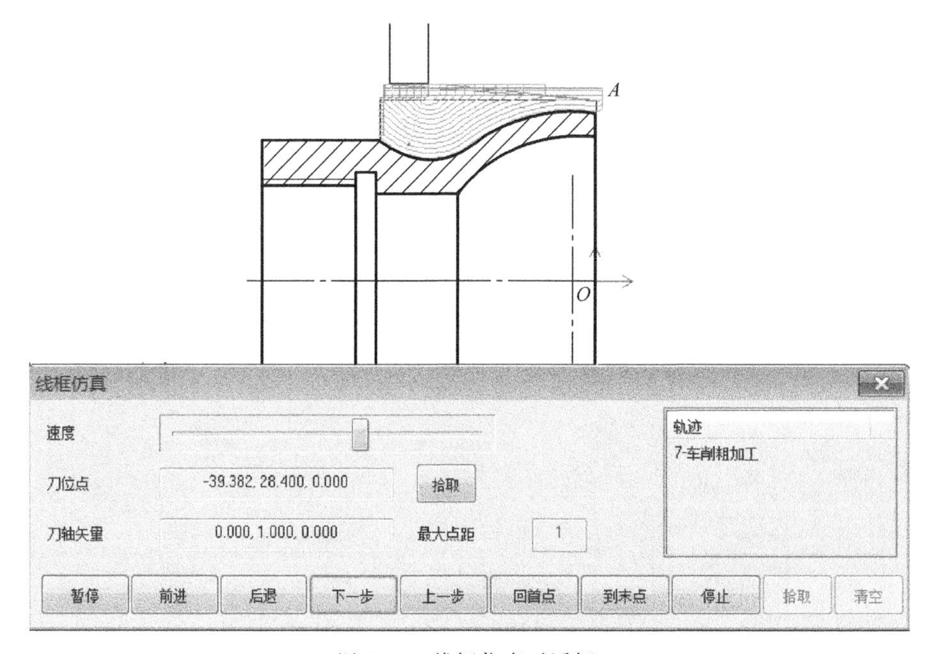

图 2-54 线框仿真对话框

三、精车右端外轮廓

① 在数控车选项卡中，单击二轴加工生成栏中的车削精加工按钮，弹出车削精加工对话框，如图 2-56 所示。加工参数设置：加工表面类型选择外轮廓，反向走刀设否，切削行距设为 0.4，主偏干涉角 10，副偏干涉角设为 72.5，刀尖半径补偿选择编程时考虑半径补偿。径向余量和轴向余量都设为 0。

② 选择轮廓车刀，刀尖半径设为 0.2，副偏角 72.5，刀具偏置方向为对中，对刀点为刀尖圆心，刀片类型为球形刀片。如图 2-57 所示。

③ 单击“确定”退出对话框，采用单个拾取方式，拾取被加工轮廓，单击右键，拾取进退刀点 A，生成外轮廓精加工轨迹，如图 2-58 所示。

```
%
O1200
N12 G00 G97 S1000 T0202
N14 M03
N16 M08
N18 X75.282 Z0.
N20 X81.496 Z-33.89
N22 G98 G01 X77.496 F50
N24 X76.082 Z-34.597
N26 G02 Z-35.403 I1.959 K-0.403 F200
N28 G01 X77.182 Z-34.568 F200
N30 X81.496
N32 G00 Z-32.906
N34 G01 X77.496 F50
N36 X76.082 Z-33.613
N38 G02 Z-36.387 I1.959 K-1.387 F200
N40 G01 X76.419 Z-35.401 F200
N42 X81.496
N44 G00 Z-32.234
N46 G01 X77.496 F50
N48 X76.082 Z-32.941
N50 G03 X75.52 Z-33.32 I-38.041 K27.941 F200
N52 G02 X75.893 Z-36.904 I2.24 K-1.68
N54 G01 X76.082 Z-37.005
N56 X76.158 Z-36.006 F200
N58 X81.496
N60 G00 Z-31.553
N62 G01 X77.496 F50
N64 X76.082 Z-32.26
N66 G03 X74.88 Z-33.08 I-38.041 K27.26 F200
```

图 2-55　外轮廓粗加工程序

图 2-56　外轮廓精加工参数设置

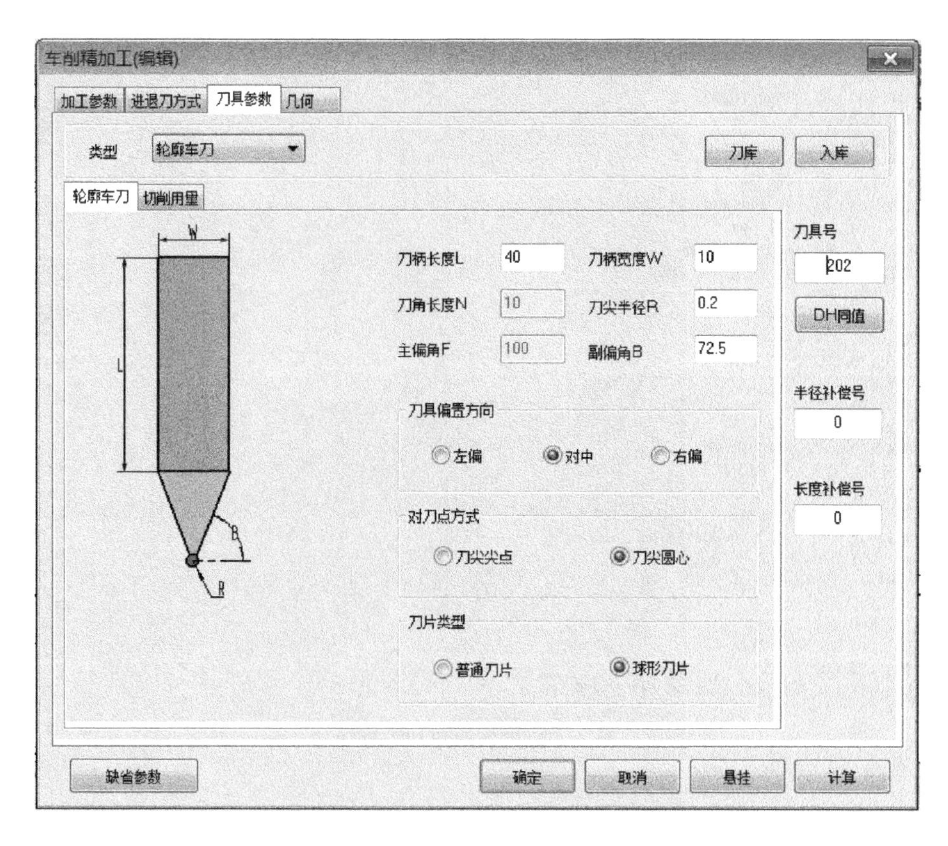

图 2-57 外轮廓精加工刀具参数设置

④ 在数控车选项卡中，单击仿真生成栏中的线框仿真按钮，弹出线框仿真对话框，如图 2-59 所示，单击“拾取”按钮，拾取精加工轨迹，单击右键结束加工轨迹拾取，单击“前进”按钮，开始仿真加工过程。

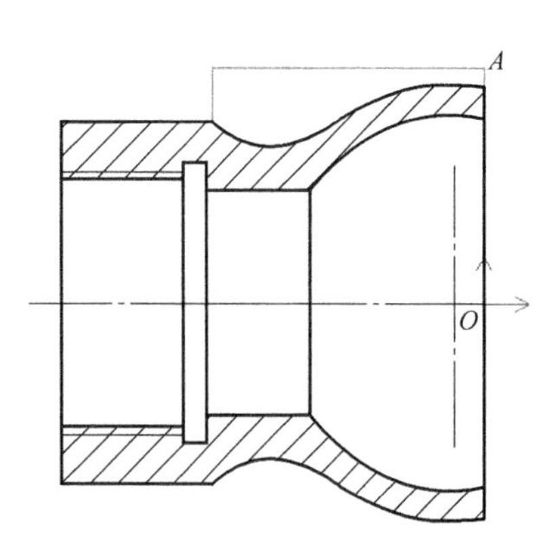

图 2-58 外轮廓精加工轨迹

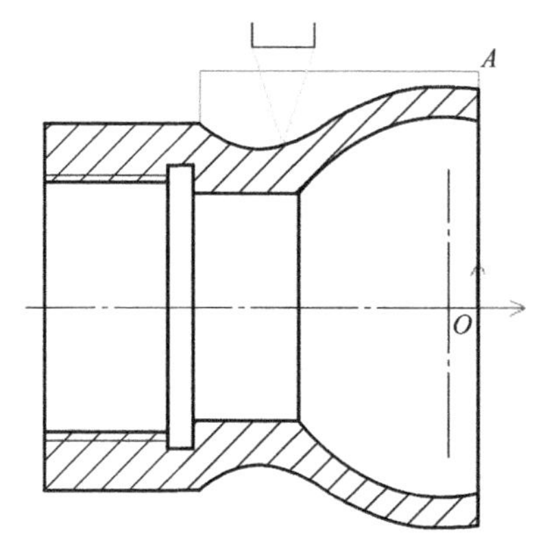

图 2-59 外轮廓精加工轨迹仿真

⑤ 在数控车选项卡中，单击后置处理生成栏中的后置处理按钮，弹出后置处理对话框，选择控制系统文件 Fanuc，单击“拾取”按钮，拾取精加工轨迹，然后单击“后置”按钮，弹出编辑代码对话框，如图 2-60 所示，生成外轮廓精加工程序。

```
%
N12 G00 G97 S1000 T0202
N14 M03
N16 M08
N18 X75.282 Z0.
N20 Z0.029
N22 X74.4
N24 G98 G01 X69.678 F50
N26 G03 X56.32 Z-26.12 I-34.839 K-5.029 F200
N28 G02 X58.293 Z-45.062 I11.84 K-8.88
N30 G01 X74.4 F200
N32 G00 X75.282
N34 Z0.
N36 M09
N38 M30
%
```

图 2-60　外轮廓精加工程序

四、粗车右端内轮廓

① 在常用选项卡中，单击绘图生成栏中的直线按钮，在立即菜单中，选择两点线、连续、正交方式，捕捉左下端点，向下绘制 2mm，向右绘制 32mm 直线，完成毛坯轮廓线绘制，确定进退刀点 A。如图 2-61 所示。

② 在数控车选项卡中，单击二轴加工生成栏中的车削粗加工按钮，弹出车削粗加工对话框，如图 2-62 所示。加工参数设置：加工表面类型选择内轮廓，加工方式选择等距，加工角度 180，切削行距设为 0.4，加工余量 0.2，主偏干涉角 0，副偏干涉角设为 72.5，刀尖半径补偿选择编程时考虑半径补偿。

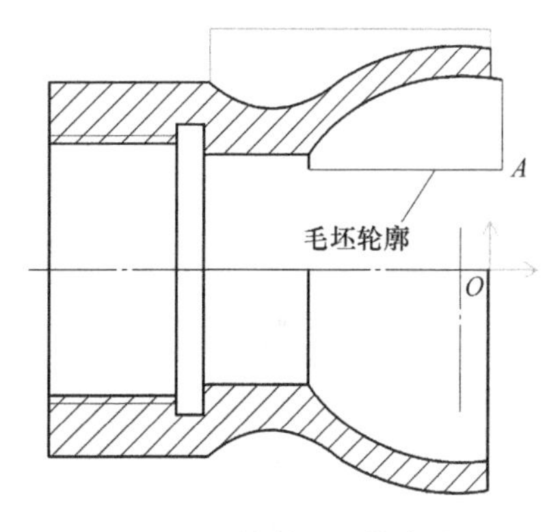

图 2-61　绘制毛坯轮廓线

③ 选择轮廓车刀，刀尖半径设为 0.4，副偏角 72.5，刀具偏置方向为对中，对刀点为刀尖圆心，刀片类型为球形刀片。如图 2-63 所示。

④ 单击“确定”退出对话框，采用单个拾取方式，拾取被加工轮廓，单击右键，拾取毛坯轮廓，毛坯轮廓拾取完后，单击鼠标右键，拾取进退刀点 A，系统会自动生成内轮廓刀具轨迹，如图 2-64 所示。

⑤ 在数控车选项卡中，单击后置处理生成栏中的后置处理按钮，弹出后置处理对话框，选择控制系统文件 Fanuc，单击“拾取”按钮，拾取粗加工轨迹，然后单击“后置”按钮，弹出编辑代码对话框，如图 2-65 所示，生成内轮廓粗加工程序。

五、精车右端内轮廓

① 在数控车选项卡中，单击二轴加工生成栏中的车削精加工按钮，弹出车削精加工对话框，如图 2-66 所示。加工参数设置：加工表面类型选择内轮廓，反向走刀设否，切削行距设为 0.4，主偏干涉角 10，副偏干涉角设为 72.5，刀尖半径补偿选择编程时考虑半径补偿。径向余量和轴向余量都设为 0。

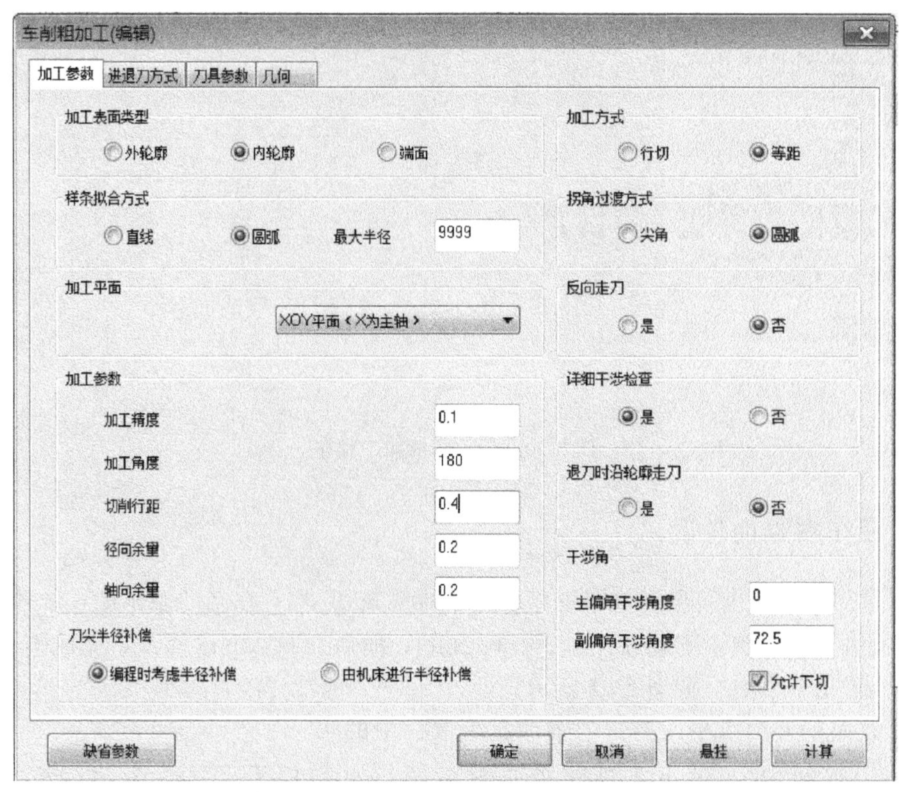

图 2-62 车削粗加工对话框

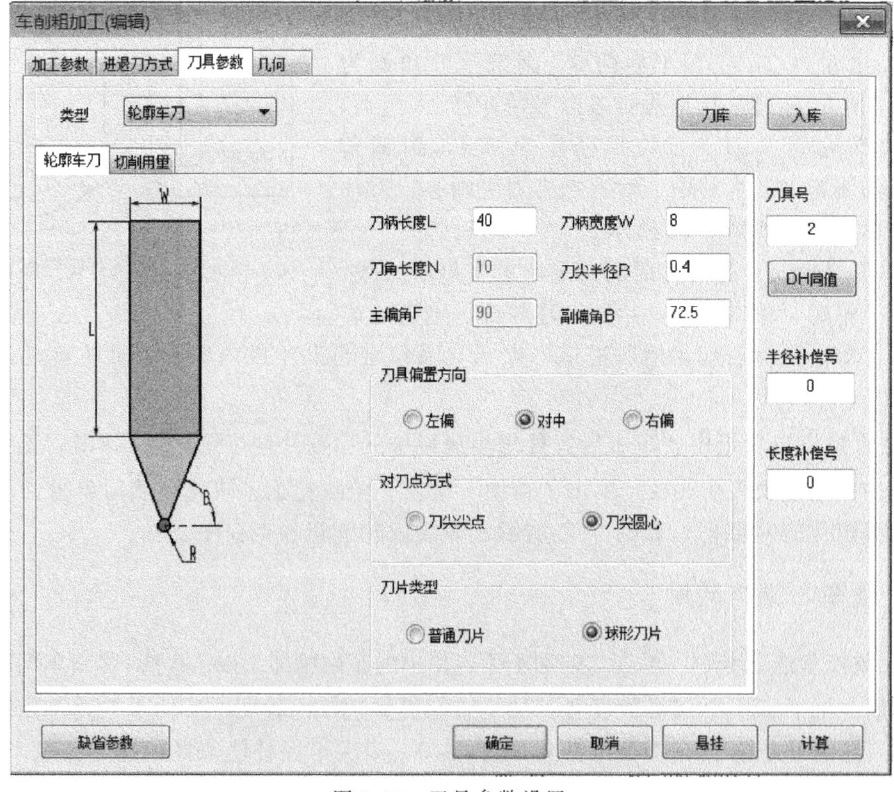

图 2-63 刀具参数设置

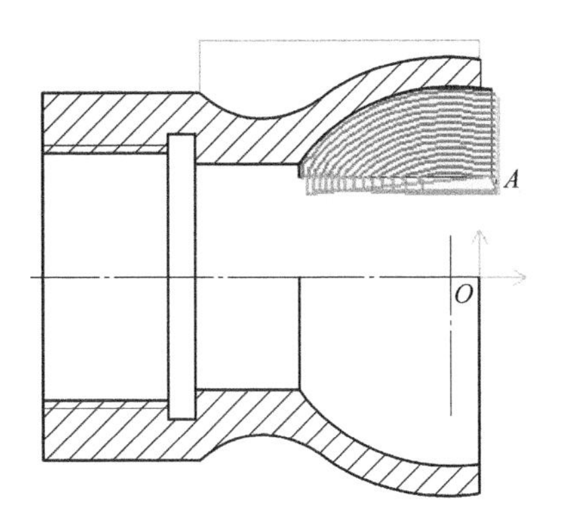

图 2-64　生成内轮廓粗加工轨迹

```
%
O1200
N12 G00 G97 S1000 T0303
N14 M03
N16 M08
N18 X32. Z2.
N20 X25.579 Z-1.908
N22 G98 G01 X29.579 F50
N24 X31.2 Z-2.494
N26 G03 Z-7.506 I-15.6 K-2.506 F200
N28 G01 X30.028 Z-6.696 F200
N30 X26.028
N32 G00 Z3.041
N34 G01 X30.147 F50
N36 X31.561 Z2.334
N38 Z2. F2000
N40 Z0.
N42 G02 X31.947 Z-2.3 I13.8 K0.
N44 G03 X31.2 Z-9.368 I-15.973 K-2.7
N46 G01 X30.219 Z-8.496 F200
N48 X26.219
N50 G00 Z3.107
N52 G01 X30.947 F50
N54 X32.361 Z2.4
N56 Z2. F2000
N58 Z0.
N60 G02 X32.736 Z-2.233 I13.4 K0.
N62 G03 X31.2 Z-10.675 I-16.368 K-2.767
N64 G01 X30.354 Z-9.768 F200
N66 X26.354
```

图 2-65　内轮廓粗加工程序

② 选择内轮廓车刀，刀尖半径设为 0.2，副偏角 72.5，刀具偏置方向为对中，对刀点为刀尖圆心，刀片类型为球形刀片。如图 2-67 所示。

③ 单击“确定”退出对话框，采用单个拾取方式，拾取被加工轮廓，单击右键，拾取进退刀点 A，生成内轮廓精加工轨迹，如图 2-68 所示。

④ 在数控车选项卡中，单击仿真生成栏中的线框仿真按钮，弹出线框仿真对话框，如图 2-69 所示，单击“拾取”按钮，拾取精加工轨迹，单击右键结束加工轨迹拾取，单击“前进”按钮，开始仿真加工过程。

⑤ 在数控车选项卡中，单击后置处理生成栏中的后置处理按钮 G，弹出后置处理对话框，选择控制系统文件 Fanuc，单击“拾取”按钮，拾取精加工轨迹，然后单击“后置”按钮，弹出编辑代码对话框，如图 2-70 所示，生成内轮廓精加工程序。

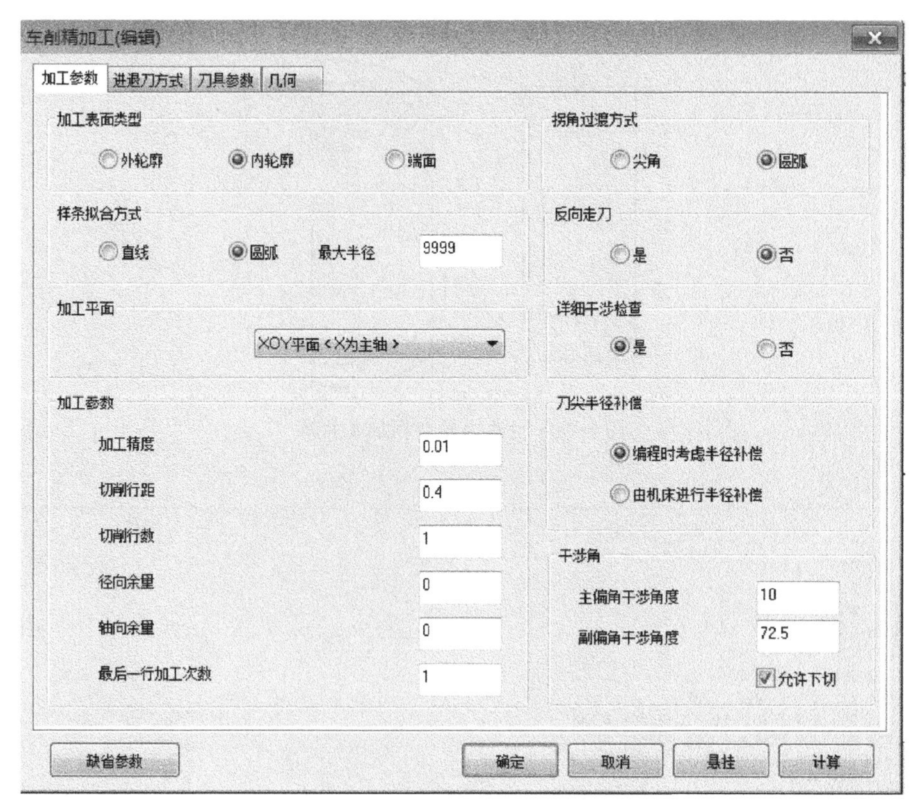

图 2-66 内轮廓精加工参数设置

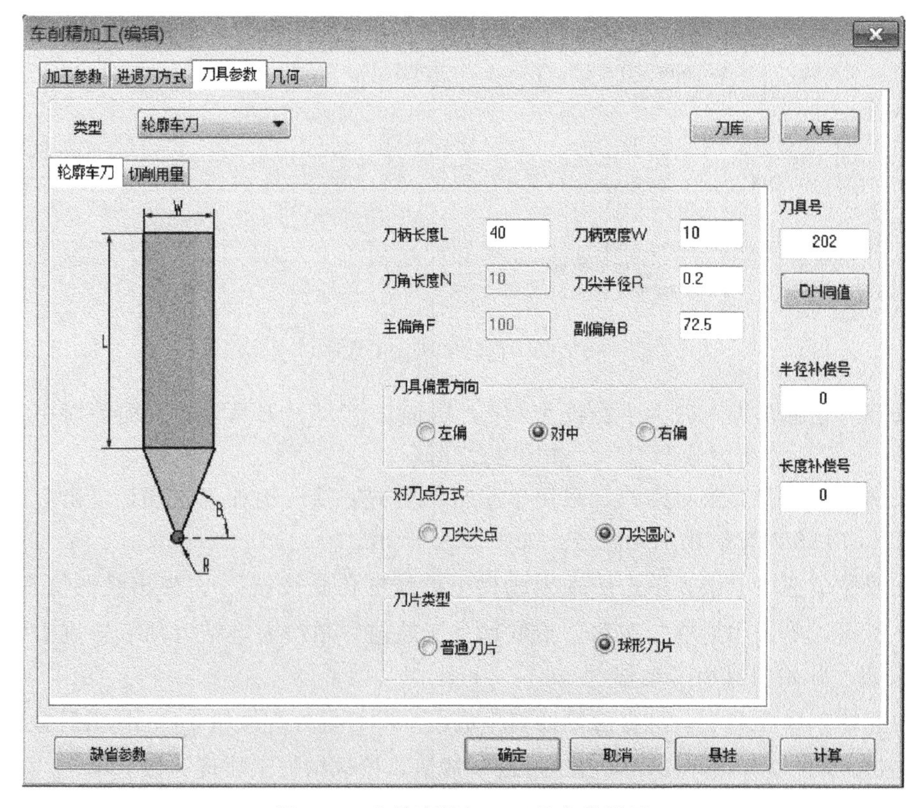

图 2-67 内轮廓精加工刀具参数设置

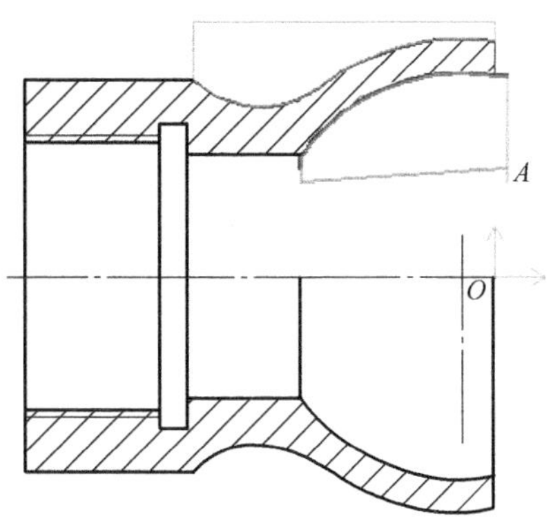

图 2-68　内轮廓精加工轨迹

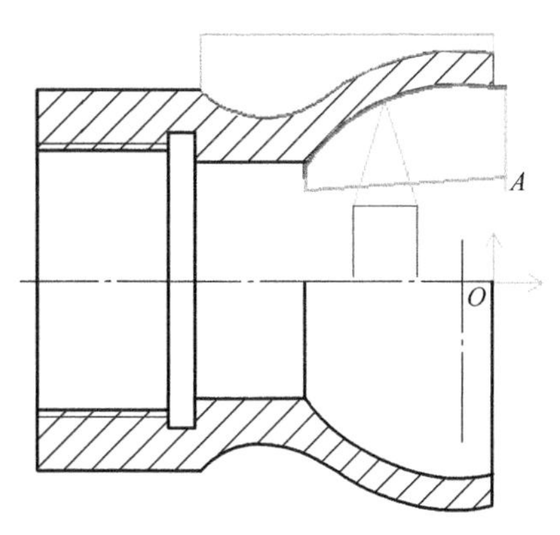

图 2-69　内轮廓精加工轨迹仿真

```
%
O1200
N12 G00 G97 S1000 T202
N14 M03
N16 M08
N18 X32.  Z2.
N20 X28.
N22 G98 G01 X58.761 F50
N24 Z0.  F2000
N26 G02 X58.766 Z-0.033 I0.2 K0.
N28 G03 X35.866 Z-28.8 I-29.383 K-4.967
N30 G01 X32.
N32 X28.  F200
N34 G00
N36 X32.  Z2.
N38 M09
N40 M30
%
```

图 2-70　内轮廓精加工程序

拓展练习

1. 根据图样 2-71 所示的盘盖零件图，完成零件造型、内轮廓粗精加工程序和内螺纹加工。

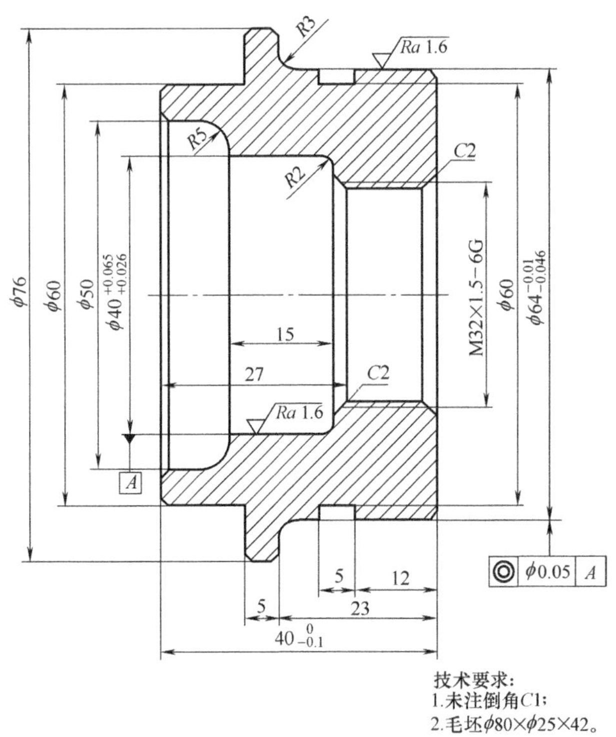

图 2-71 盘盖零件图

2. 根据图样 2-72 所示的圆盖零件图，完成零件造型、内外轮廓粗精加工程序和内螺纹加工。

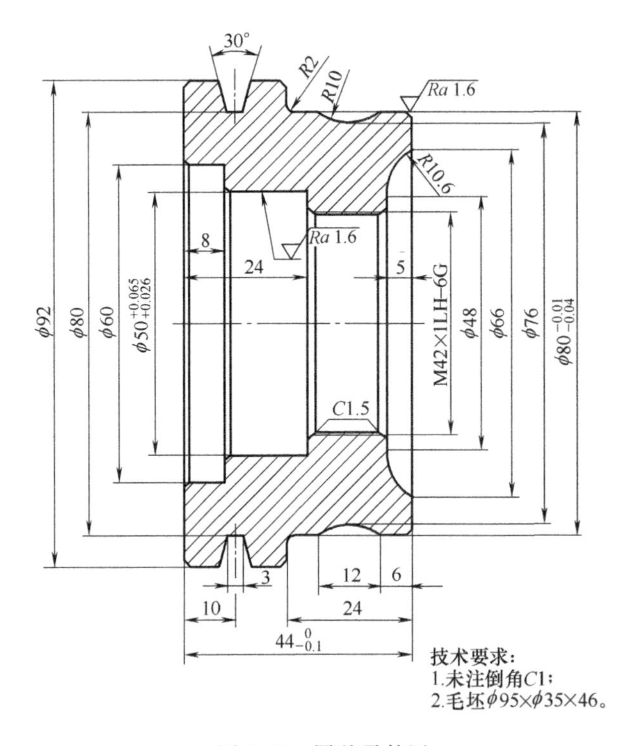

图 2-72 圆盖零件图

3. 根据图样 2-73 所示的轴类零件图，完成该零件的造型、内外轮廓粗精加工程序和内螺纹加工。

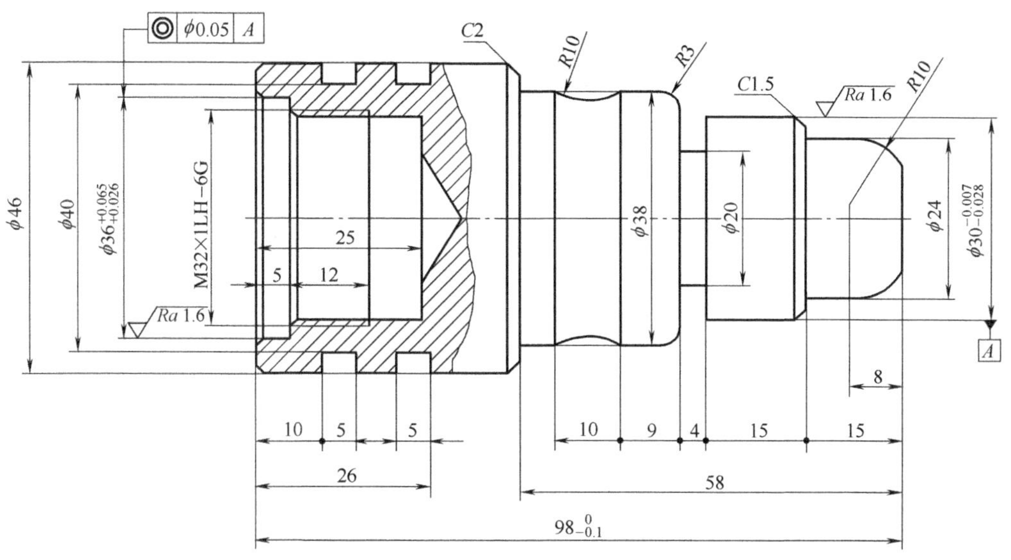

图 2-73　轴类零件图 1

4. 根据图样 2-74 所示的轴类零件图，完成该零件的造型、外轮廓粗精加工程序和槽的加工。

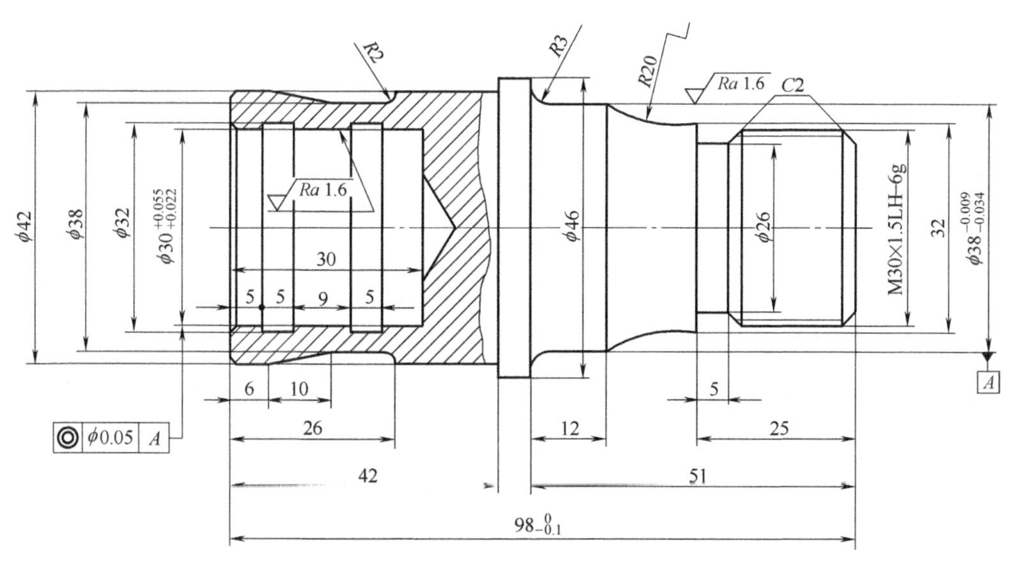

图 2-74　轴类零件图 2

第三章

车削端面零件的设计与加工

CAXA 数控车 2020 软件是在全新的数控加工平台上开发的数控车床加工编程和二维图形设计软件。不光能加工常用轴类零件内外轮廓，同时还能加工端面切槽及平端面。

本章主要通过盘类零件端面槽的设计与加工、滚轮零件端面槽的设计与加工实例学习 CAXA 数控车 2020 软件对零件端面槽进行编程与加工的方法。

【技能目标】

- 了解数控车床常用绘图及编辑方法。
- 掌握 CAXA 数控车端面轮廓粗加工方法。
- 掌握 CAXA 数控车端面轮廓精加工方法。
- 掌握 CAXA 数控车端面槽编程与加工方法。

［实例 3-1］ 盘类零件端面槽的设计与加工

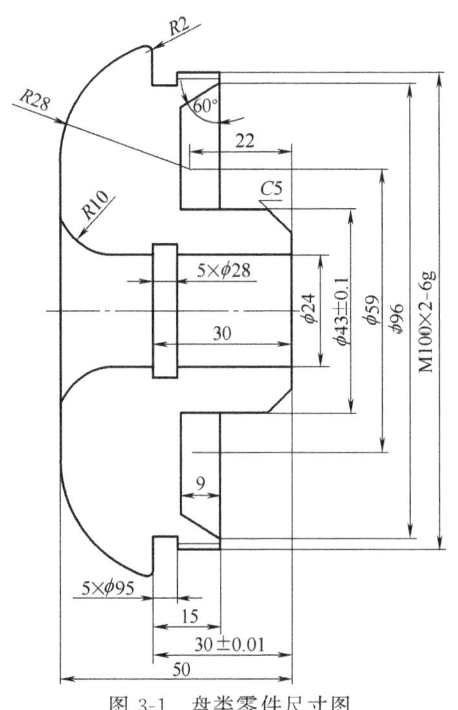

图 3-1　盘类零件尺寸图

完成图 3-1 所示盘类零件的轮廓设计及右端面槽的粗精加工程序编制。零件材料为 45 钢，毛坯为 ϕ115mm 的棒料。

该零件为圆盘零件。通过本案例，主要学习右端面轮廓车削粗加工方法及右端面切槽加工方法，外轮廓车削退刀槽及端面切槽粗精加工，采用切槽刀进行加工。

一、绘制零件轮廓

① 在常用选项卡中，单击绘图生成栏中的孔/轴按钮，用鼠标捕捉坐标零点为插入点，这时出现新的立即菜单，在“2. 起始直径”和“3. 终止直径”文本框中分别输入轴的直径 33 和 43，移动鼠标，则跟随着光标将出现一个长度动态变化的轴，键盘输入轴的长度 5，按回车键。继续修改其他段直径，输入长度值回车，右击结束命令，即可完成零件的外轮廓绘制。如图 3-2 所示。

② 在常用选项卡中，单击绘图生成栏中直线菜单下的角度线按钮，在立即菜单中输入 30，用鼠标捕捉直径 96 处的交点为第一点，拉动鼠标绘制一条任意长的斜线。在常用选项卡中，单击修改生成栏中的裁剪按钮，单击裁剪多余线，裁剪结果如图 3-3 所示。

③ 在常用选项卡中，单击绘图生成栏中的孔/轴按钮，用鼠标捕捉坐标零点为插入点，这时出现新的立即菜单，在“2. 起始直径”和“3. 终止直径”文本框中分别输入轴的直径 24，移动鼠标，则跟随着光标将出现一个长度动态变化的轴，键盘输入轴的长度 25，按回车键。继续修改其他段直径，输入长度值回车，右击结束命令，即可完成零件的内轮廓绘制。如图 3-4 所示。

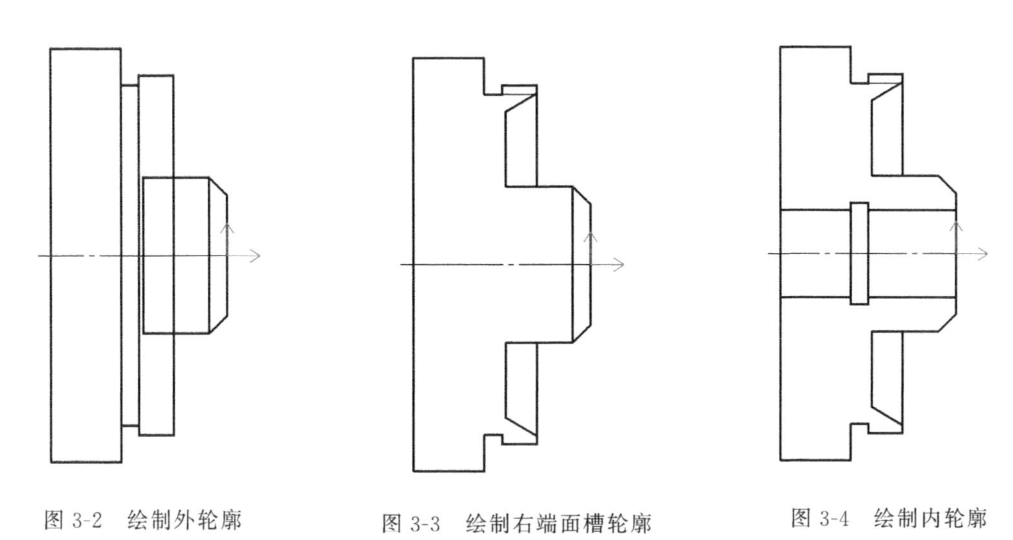

图 3-2　绘制外轮廓　　图 3-3　绘制右端面槽轮廓　　图 3-4　绘制内轮廓

④ 在常用选项卡中，单击修改生成栏中的圆角过渡按钮，在下面的立即菜单中，输入半径 10，拾取要圆角的第一条边线，拾取第二条边线，圆角过渡完成，同样方法作下边圆角过渡，如图 3-5 所示。

⑤ 在常用选项卡中，单击绘图生成栏中圆菜单下的圆心_半径按钮，输入圆心坐标（−22，29.5），回车，输入半径 28，回车后完成 R28mm 圆的绘制。单击绘图生成栏中圆菜单下的两点_半径按钮，按空格键选择切点捕捉方式，用鼠标捕捉切点作为第一点，捕捉另一切点作为第二点，输入半径 2，回车后完成 R2mm 圆的绘制。如图 3-6 所示。

⑥ 单击修改生成栏中的裁剪按钮，单击裁剪中间的多余线。单击修改生成栏中的镜像按钮，拾取圆弧线，单击镜像中心线，完成下面圆弧绘制。如图 3-7 所示。

⑦ 在常用选项卡中，单击绘图生成栏中的剖面线按钮，单击拾取上边环内一点，单击拾取下边环内一点，单击右键结束，完成剖面线填充，如图 3-8 所示。

二、车右端外形轮廓

① 在常用选项卡中，单击绘图生成栏中的直线按钮，在立即菜单中，选择两点线、连续、正交方式，捕捉右上端点，向上绘制 3mm，向右绘制 35mm 直线，延长倒角线，完成毛坯轮廓线绘制，确定进退刀点 A。如图 3-9 所示。

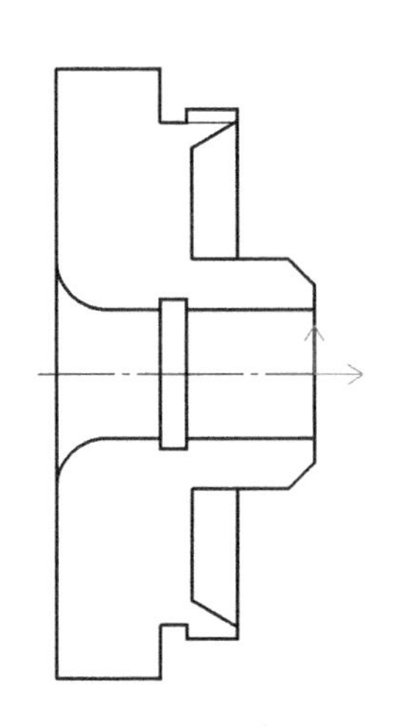

图 3-5 绘制 R10mm 圆弧

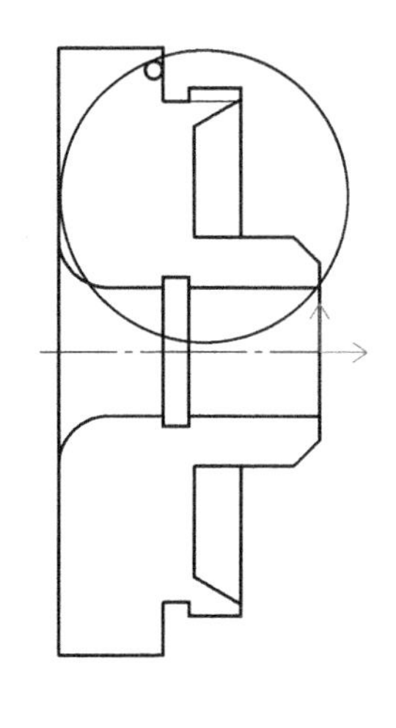

图 3-6 绘制 R28mm 圆和 R2mm 圆

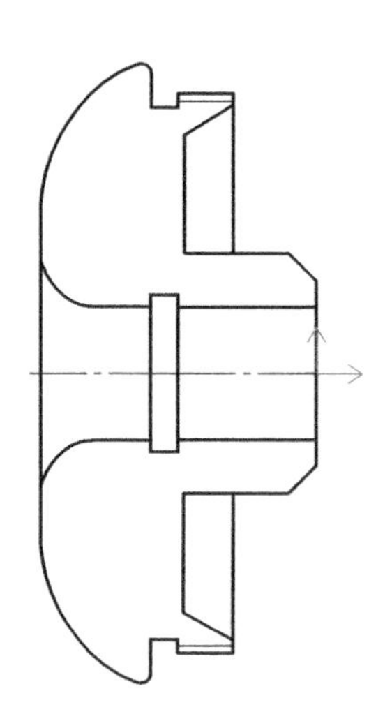

图 3-7 裁剪和镜像

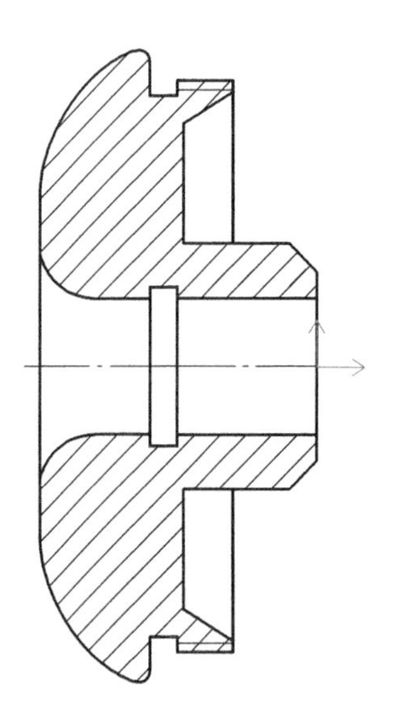

图 3-8 填充剖面线

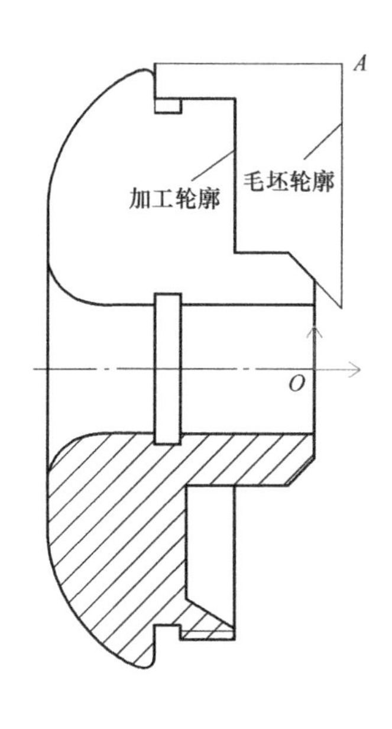

图 3-9 绘制毛坯轮廓

② 在数控车选项卡中，单击二轴加工生成栏中的车削粗加工按钮，弹出车削粗加工对话框，如图 3-10 所示。加工参数设置：加工表面类型选择外轮廓，加工方式选择行切，加工角度 180，切削行距设为 1，加工余量 0.2，主偏干涉角 10，副偏干涉角设为 45，刀尖半径补偿选择编程时考虑半径补偿。

③ 选择轮廓车刀，刀尖半径设为 0.4，主偏角 100，副偏角 45，刀具偏置方向为左偏，对刀点为刀尖尖点，刀片类型为普通刀片。如图 3-11 所示。

④ 单击“确定”退出对话框，采用单个拾取方式，拾取被加工轮廓，单击右键，拾取毛坯轮廓，毛坯轮廓拾取完后，单击鼠标右键，拾取进退刀点 A，系统会自动生成外轮廓刀具轨迹，如图 3-12 所示。

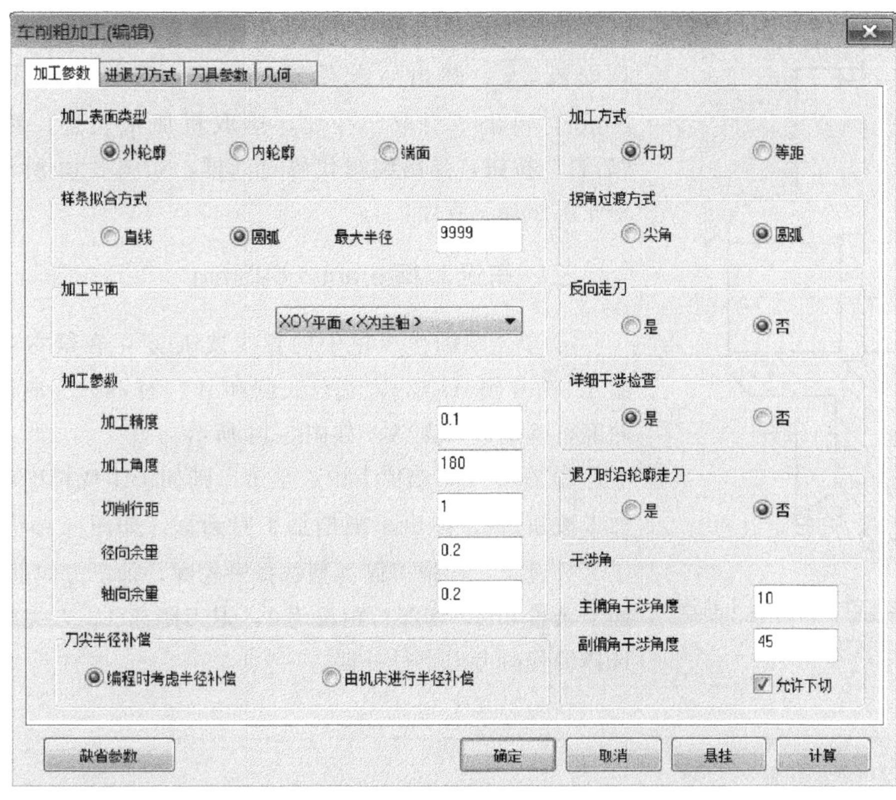

图 3-10　车削粗加工对话框

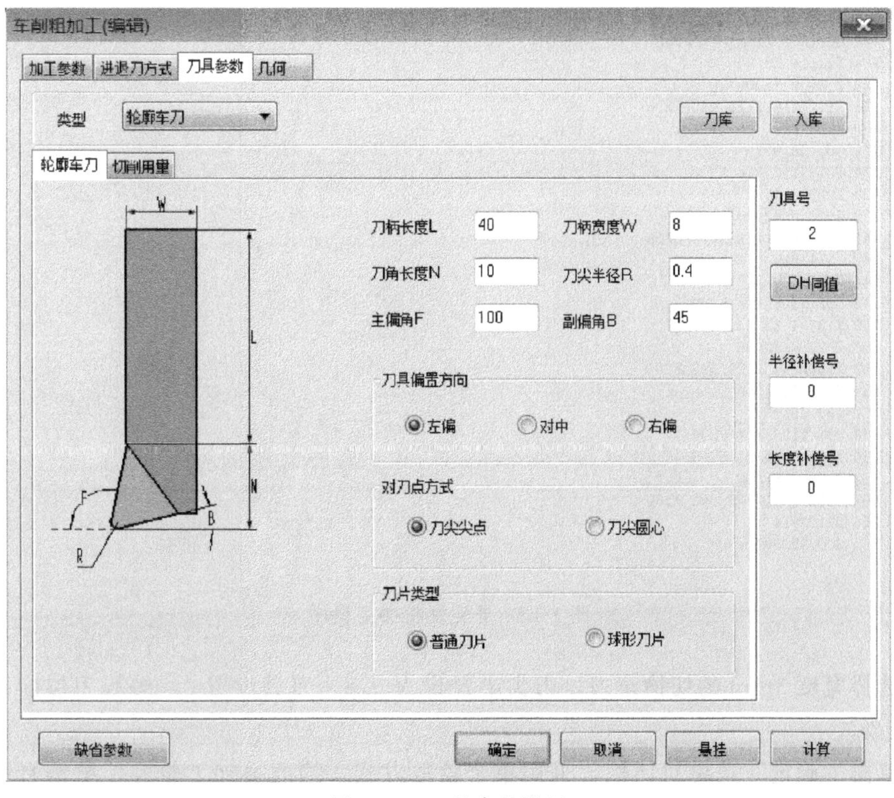

图 3-11　刀具参数设置

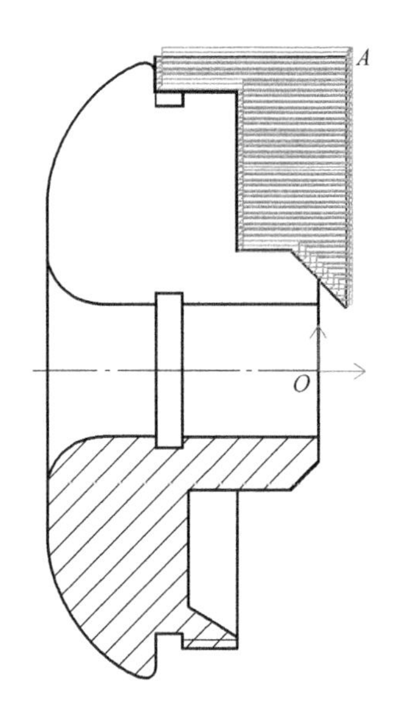

图 3-12 外轮廓粗加工轨迹

⑤ 在数控车选项卡中，单击后置处理生成栏中的后置处理按钮 G，弹出后置处理对话框，选择控制系统文件 Fanuc，单击“拾取”按钮，拾取粗加工轨迹，然后单击“后置”按钮，弹出编辑代码对话框，如图 3-13 所示，生成外轮廓粗加工程序。

三、车退刀槽 5mm×ϕ95mm

① 单击绘图生成栏中的直线按钮，在槽右边向上绘制 6.5mm 到 *A* 点，左边延长到和 *A* 一样高，完成切槽加工轮廓，确定进刀点 *A*。如图 3-14 所示。

② 在数控车选项卡中，单击二轴加工生成栏中的车削槽加工按钮，弹出车削槽加工对话框，如图 3-15 所示。加工参数设置：切槽表面类型选择外轮廓，加工方向选择横向，加工余量 0.2，切深行距设为 1，退刀距离 1，刀尖半径补偿选择编程时考虑半径补偿。

```
% O1200
N12 G00 G97 S1200 T0202
N14 M03
N16 M08
N18 X113. Z5.
N20 X116.814 Z5.907
N22 G98 G01 X112.814 F200
N24 X111.4 Z5.2
N26 Z-29.8 F2000
N28 X112.814 Z-29.093 F200
N30 X116.814
N32 G00 Z5.907
N34 G01 X110.814 F200
N36 X109.4 Z5.2
N38 Z-29.8 F2000
N40 X110.814 Z-29.093 F200
N42 X114.814
N44 G00 Z5.907
N46 G01 X108.814 F200
N48 X107.4 Z5.2
N50 Z-29.8 F2000
N52 X108.814 Z-29.093 F200
N54 X112.814
N56 G00 Z5.907
N50 G01 X106.814 F200
N60 X105.4 Z5.2
N62 Z-29.8 F2000
N64 X106.814 Z-29.093 F200
N66 X110.814
N68 G00 Z5.907
```

图 3-13 外轮廓粗加工程序

③ 选择宽度 3mm 的切槽车刀，刀尖半径设为 0.2，刀具位置 0，编程刀位前刀尖，如图 3-16 所示。

④ 单击“确定”退出对话框，采用单个拾取方式，拾取被加工轮廓，单击右键，拾取进退刀点 *A*，生成切槽加工轨迹，如图 3-17 所示。

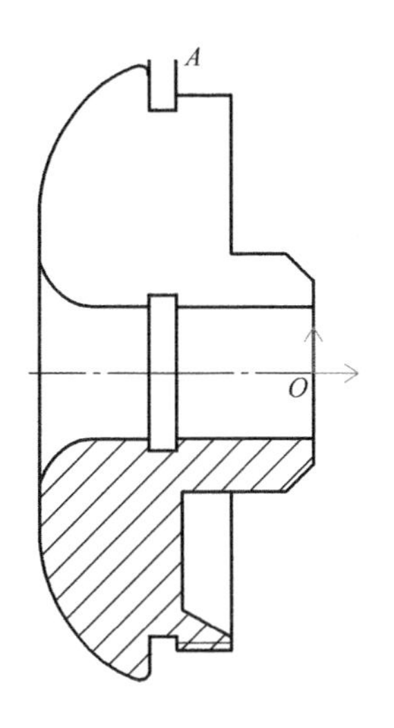

图 3-14　绘制切槽加工轮廓

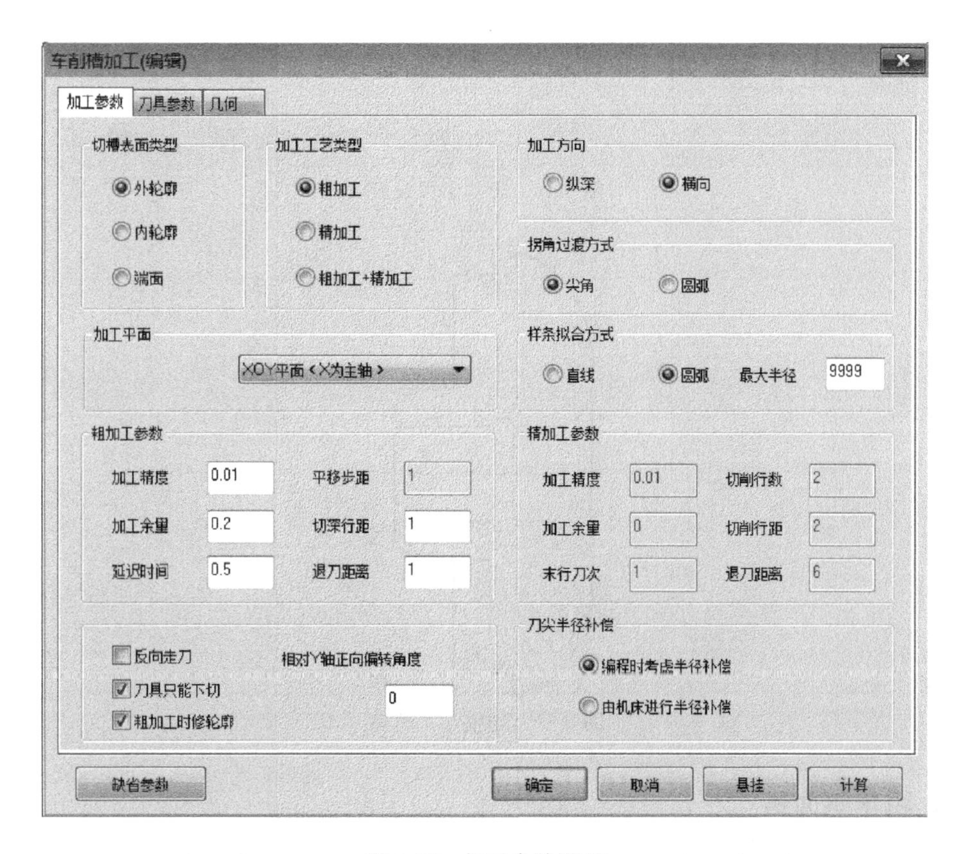

图 3-15　加工参数设置

⑤ 在数控车选项卡中，单击后置处理生成栏中的后置处理按钮 G，弹出后置处理对话框，选择控制系统文件 Fanuc，单击“拾取”按钮，拾取加工轨迹，然后单击“后置”按钮，弹出编辑代码对话框，如图 3-18 所示，系统会自动生成切槽加工程序。

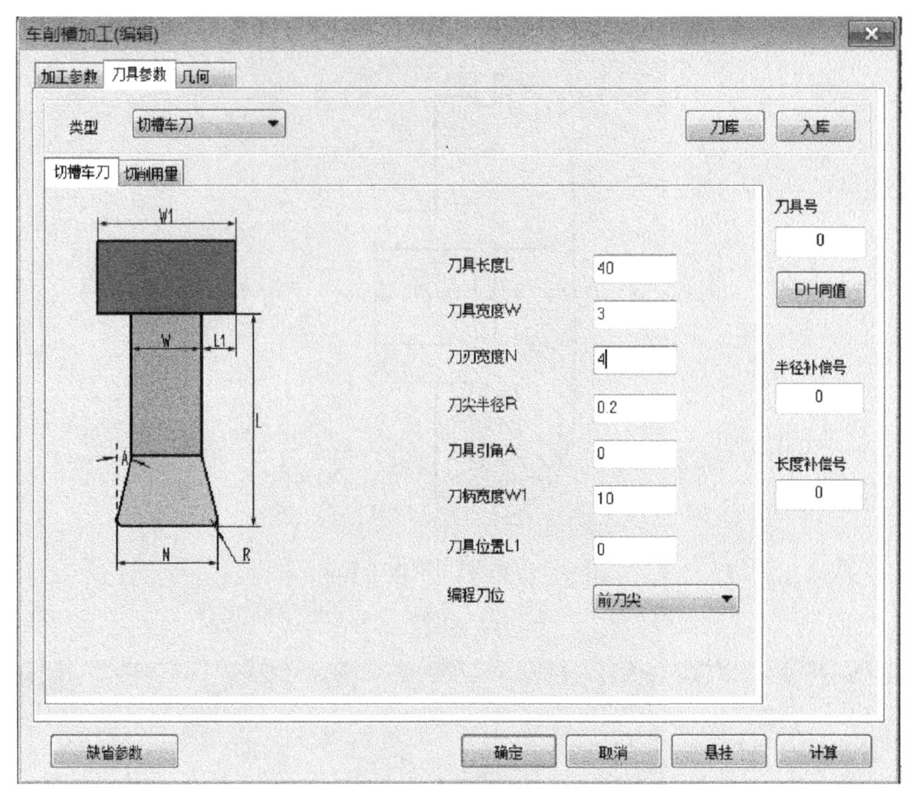

图 3-16 刀具参数设置

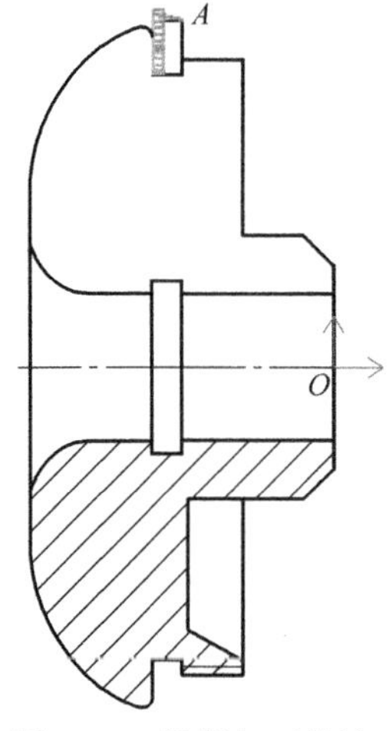

图 3-17 切槽加工轨迹

四、粗车端面槽

① 利用绘制直线和延伸命令，绘制如图 3-19 所示的切槽加工轮廓线。

② 在数控车选项卡中，单击二轴加工生成栏中的车削槽加工按钮，弹出车削槽加工对话框，如图 3-20 所示。加工参数设置：切槽表面类型选择端面，加工工艺类型选择粗加工，加工方向选择横向，加工余量 0.2，切深行距设为 0.4，退刀距离 4，刀尖半径补偿选择编程时考虑半径补偿。

```
% O1200
N12 G00 G97 S600 T0404
N14 M03
N16 M08
N18 X113. Z-25.
N20 X114.6 Z-29.2
N22 X112.6
N24 G99 G01 X110.6 F2000
N26 Z-29.8
N28 G00 X112.6
N30 Z-29.2
N32 X110.6
N34 G01 X108.6
N36 Z-29.8
N38 G00 X110.6
N40 G01 X108.6
N42 G00 X112.6
N44 Z-29.2
N46 X108.6
N48 G01 X106.6
N50 Z-29.8
N52 G00 X108.6
N54 G01 X106.6
N56 G00 X110.6
N58 Z-29.2
N60 X106.6
N62 G01 X104.6
N64 Z-29.8
N66 G00 X106.6
N68 G01 X104.6
```

图 3-18　生成 G 代码程序

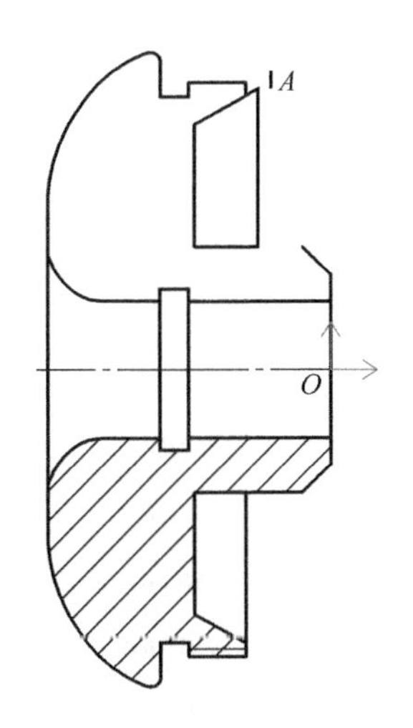

图 3-19　绘制轮廓线

③ 选择宽度 3mm 的切槽车刀，刀尖半径设为 0.1，刀具位置 5，编程刀位前刀尖，如图 3-21 所示，单击“确定”退出对话框，采用单个拾取方式，拾取被加工轮廓，单击右键，拾取进退刀点 A，生成切槽加工轨迹，如图 3-22 所示。

④ 在数控车选项卡中，单击后置处理生成栏中的后置处理按钮 G，弹出后置处理对话框，选择控制系统文件 Fanuc，单击“拾取”按钮，拾取加工轨迹，然后单击“后置”按钮，弹出编辑代码对话框，如图 3-23 所示，生成端面切槽粗加工程序。

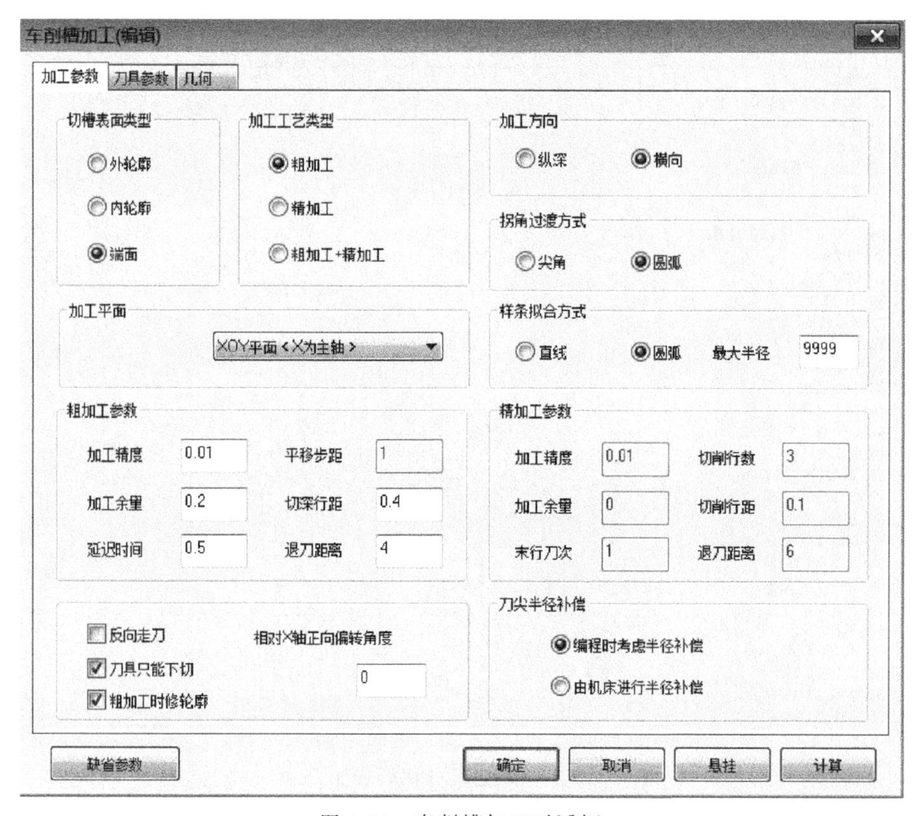

图 3-20 车削槽加工对话框

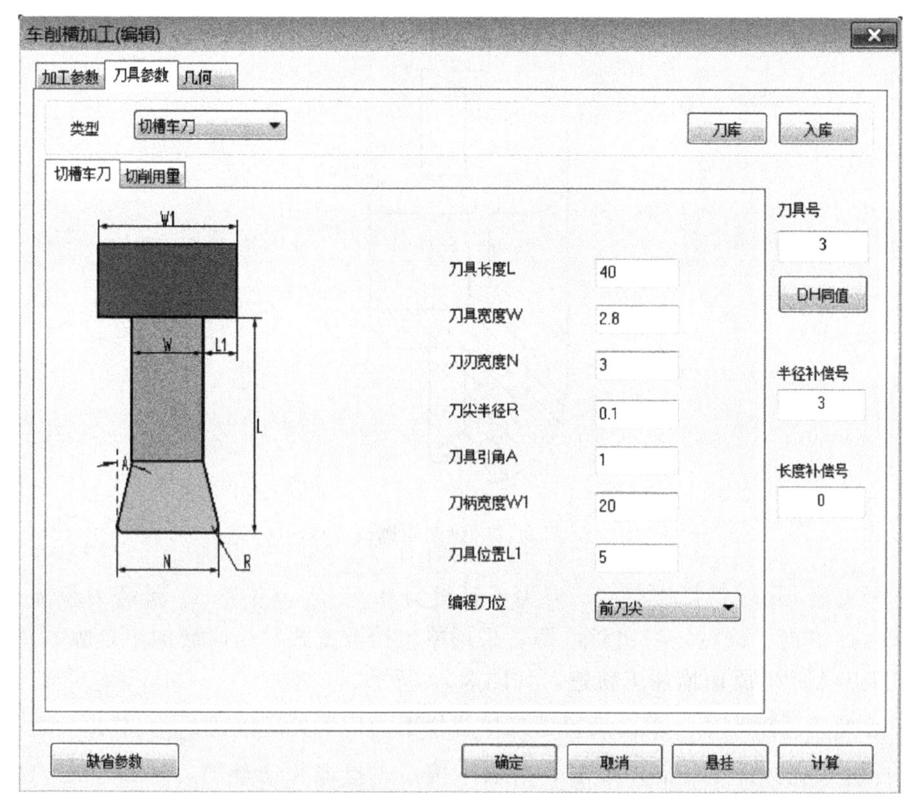

图 3-21 刀具参数设置

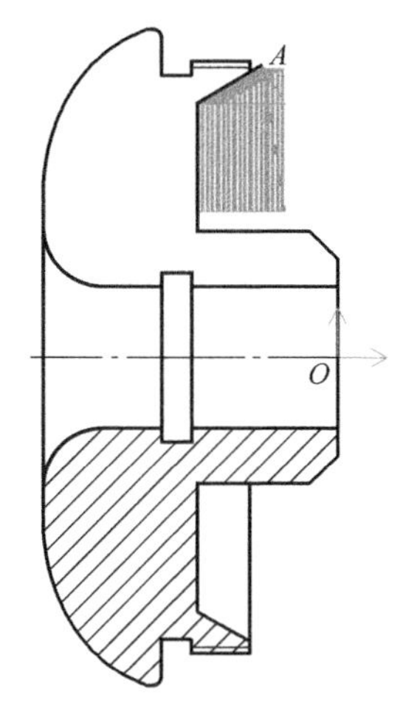

图 3-22　端面切槽粗加工轨迹

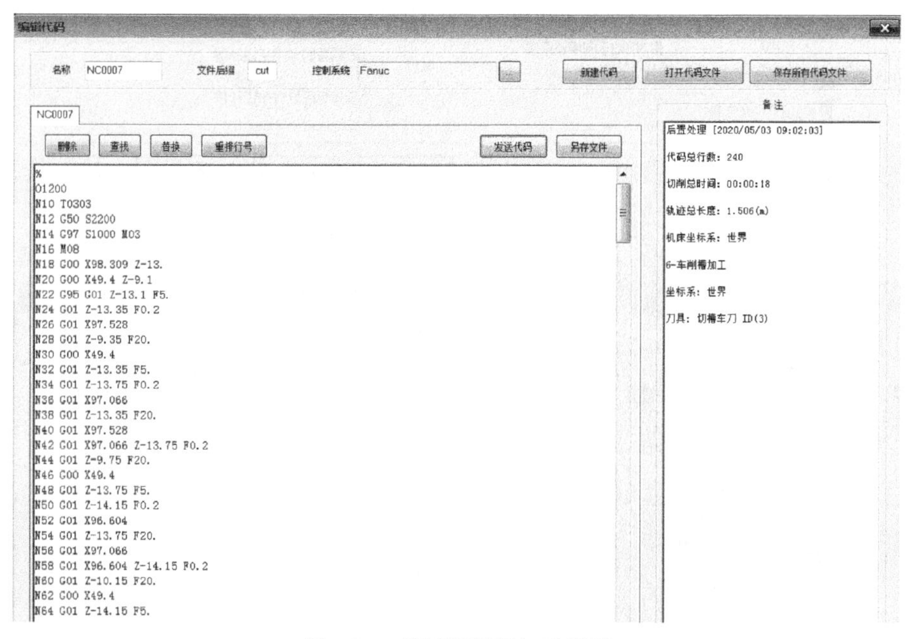

图 3-23　端面切槽粗加工程序

五、精车端面槽

① 在数控车选项卡中，单击二轴加工生成栏中的车削槽加工按钮，弹出车削槽加工对话框，如图 3-24 所示。加工参数设置：切槽表面类型选择端面，加工工艺类型选择精加工，加工方向选择横向，加工余量 0，切削行距设为 0.1，退刀距离 6，刀尖半径补偿选择编程时考虑半径补偿。

② 选择宽度 3mm 的切槽车刀，刀尖半径设为 0.1，刀具位置 5，编程刀位前刀尖，如图 3-25 所示。单击“确定”退出对话框，采用单个拾取方式，拾取被加工轮廓，单击右键，拾取进退刀点 A，结果生成切槽加工轨迹，如图 3-26 所示。

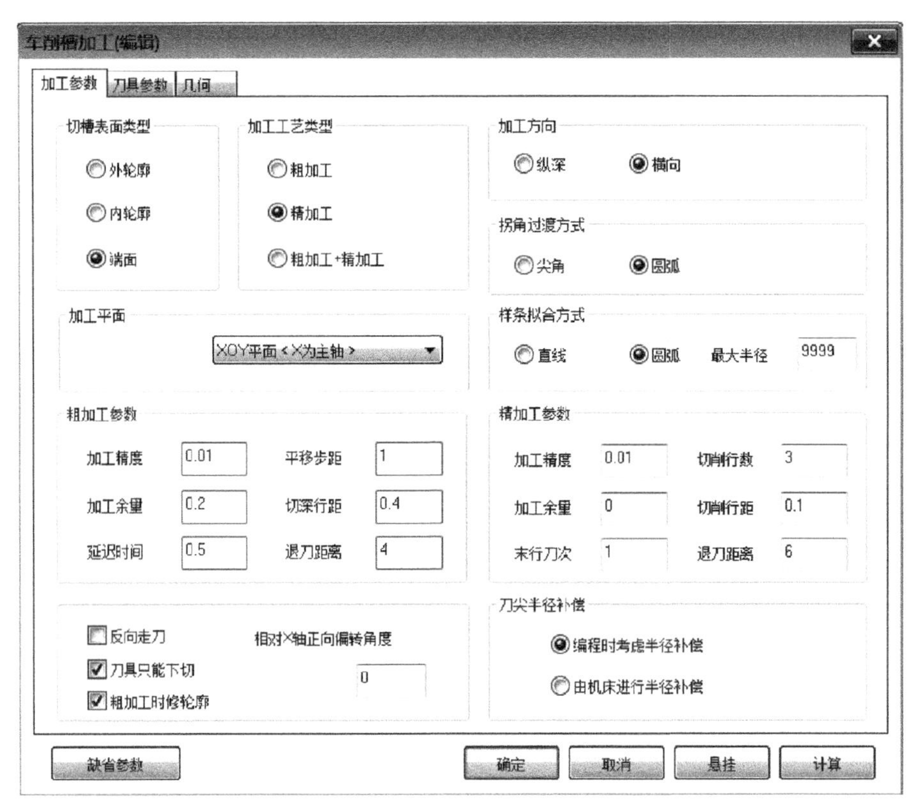

图 3-24 端面切槽精加工参数对话框

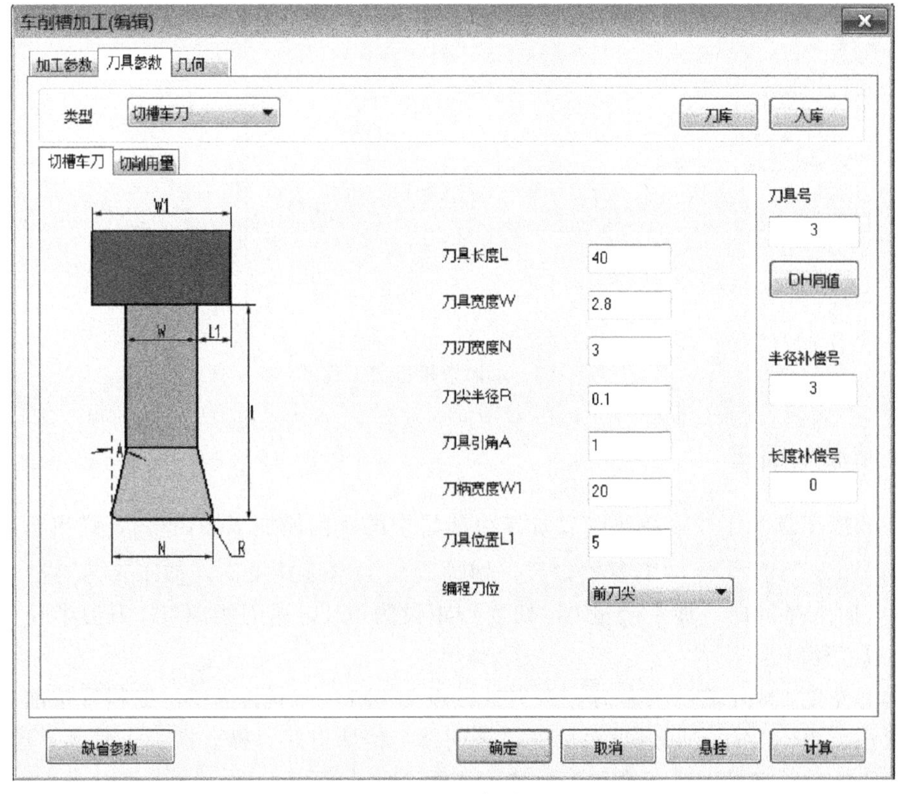

图 3-25 刀具参数设置

③ 在数控车选项卡中，单击后置处理生成栏中的后置处理按钮G，弹出后置处理对话框，选择控制系统文件 Fanuc，单击“拾取”按钮，拾取加工轨迹，然后单击“后置”按钮，弹出编辑代码对话框，如图 3-27 所示，生成切槽精加工程序。

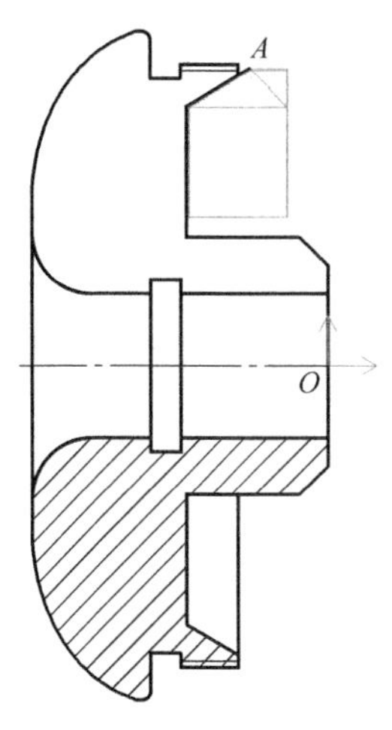

图 3-26　端面切槽精加工轨迹

六、车 M100×2 外螺纹

① 在常用选项卡中，单击绘图生成栏中的直线按钮╱，在立即菜单中，选择两点线、连续、正交方式，捕捉螺纹线左端点，向左绘制 2mm 到 B 点，捕捉螺纹线右端点，向右绘制 3mm 到 A 点，确定进退刀点 A。如图 3-28 所示。

图 3-27　切槽精加工程序

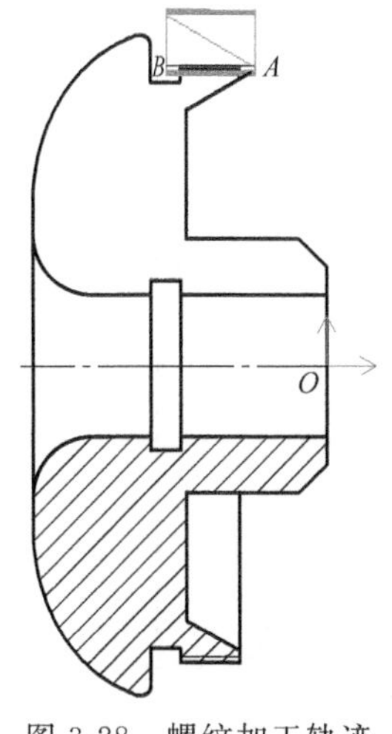

图 3-28　螺纹加工轨迹

② 在数控车选项卡中，单击二轴加工生成栏中的车螺纹加工按钮，弹出车螺纹加工对话框。如图 3-29 所示。设置螺纹参数：选择螺纹类型为外螺纹，拾取螺纹加工起点 A，拾取螺纹加工终点 B，拾取螺纹加工进退刀点 A，螺纹节距 2，螺纹牙高 1.299，螺纹头数 1。

③ 设置螺纹加工参数：选择粗加工，粗加工深度 1.299，每行切削用量选择恒定切削面积，第一刀行距 0.45，最小行距 0.08，每行切入方式选择沿牙槽中心线。如图 3-30 所示。

④ 单击“确定”退出车螺纹加工对话框，系统自动生成螺纹加工轨迹，如图 3-28 所示。

⑤ 在数控车选项卡中，单击后置处理生成栏中的后置处理按钮G，弹出后置处理对话框，选择控制系统文件 Fanuc，单击

“拾取”按钮，拾取加工轨迹，然后单击“后置”按钮，弹出编辑代码对话框，系统会自动生成螺纹加工程序。如图 3-31 所示。

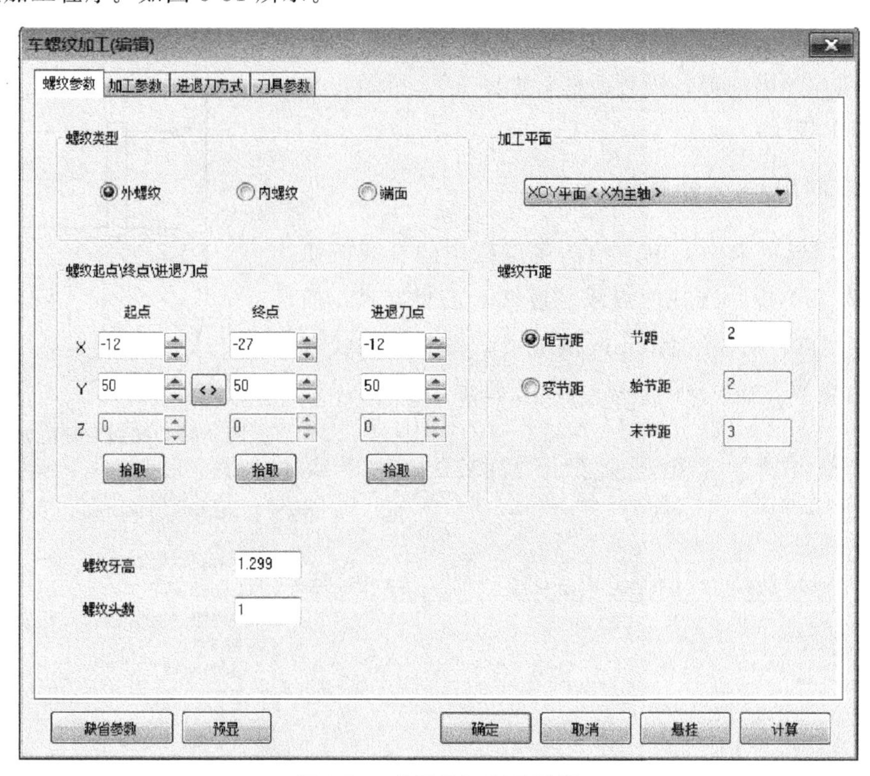

图 3-29 外螺纹加工对话框

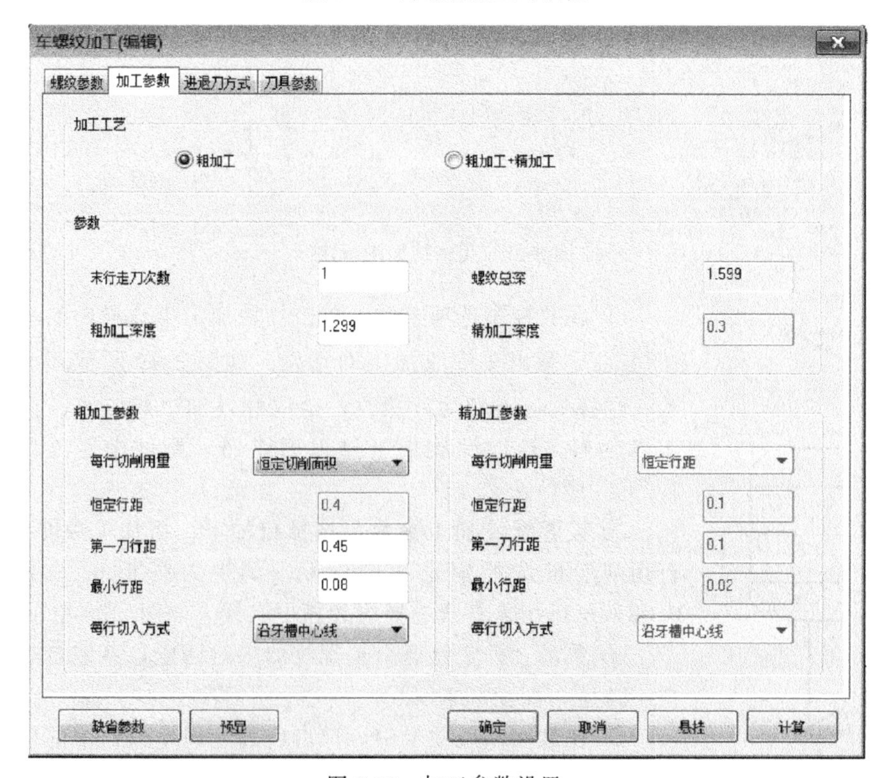

图 3-30 加工参数设置

```
%
O1200
N12 G00 G97 S600 T0505
N14 M03
N16 M08
N18 X100. Z-12.
N20 X119.3
N22 X99.3
N24 X99.1
N26 G32 Z-27. F2.000
N28 G00 X99.3
N30 X119.3
N32 X118.927 Z-12.
N34 X98.927
N36 X98.727
N38 G32 Z-27. F2.000
N40 G00 X98.927
N42 X118.927
N44 X118.641 Z-12.
N46 X98.641
N48 X98.441
N50 G32 Z-27. F2.000
N52 G00 X98.641
N54 X118.641
N56 X118.4 Z-12.
N58 X98.4
N60 X98.2
N62 G32 Z-27. F2.000
N64 G00 X98.4
N66 X118.4
```

图 3-31 螺纹加工程序

[实例 3-2] 滚轮零件端面槽的设计与加工

完成图 3-32 所示滚轮零件的轮廓设计及端面槽的粗精加工程序编制。零件材料为 45 钢，毛坯为 ϕ130mm 的棒料。

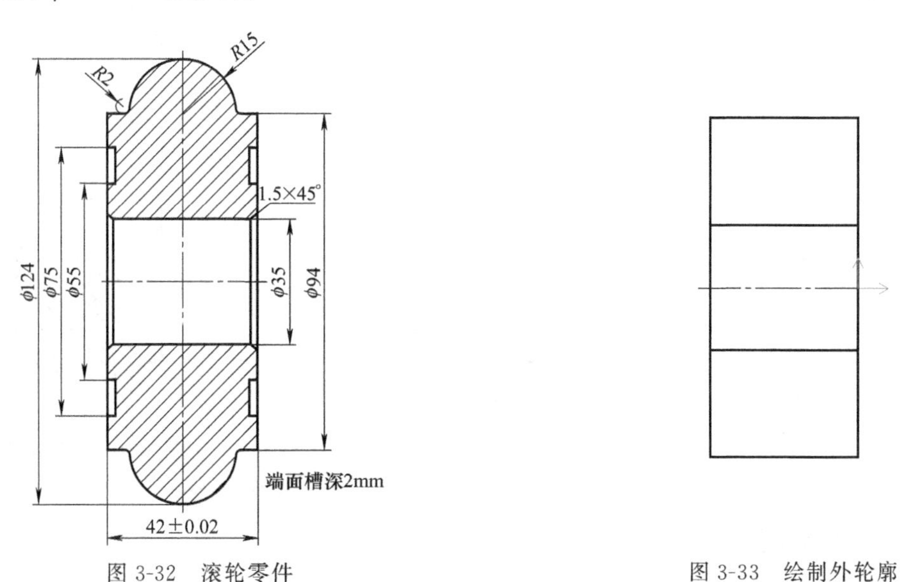

图 3-32 滚轮零件

图 3-33 绘制外轮廓

该零件为滚轮零件，在这主要学习端面轮廓车削粗加工方法及端面切槽加工方法，端面轮廓加工及平端面时要把加工角度设置成 270°，端面切槽加工采用端面槽刀进行加工。平端面时，要保证被加工轮廓和毛坯轮廓形成一个封闭区域。若两端都要加工，必须学会掉头加工方法。

一、绘制零件轮廓

① 在常用选项卡中，单击绘图生成栏中的孔/轴按钮，用鼠标捕捉坐标零点为插入点，这时出现新的立即菜单，在“2. 起始直径”和“3. 终止直径”文本框中分别输入轴的直径 94，移动鼠标，则跟随着光标将出现一个长度动态变化的轴，键盘输入轴的长度 42，按回车键。继续修改其他段直径，输入长度值回车，右击结束命令，即可完成滚轮的外轮廓绘制。如图 3-33 所示。

② 在常用选项卡中，单击绘图生成栏中圆菜单下的圆心_半径按钮，用鼠标捕捉上面轮廓线的中点，输入半径 15，回车后完成 *R*15mm 圆的绘制；单击修改生成栏中的圆角按钮，在下面的立即菜单中，输入圆角半径 2，拾取要圆角的第一条边线，拾取第二条边线，圆角完成；单击修改生成栏中的裁剪按钮，单击裁剪中间的多余线。单击修改生成栏中的镜像按钮，拾取圆弧线，单击镜像中心线，完成下面圆弧绘制。如图 3-34 所示。

③ 在常用选项卡中，单击修改生成栏中的等距线按钮，在立即菜单中输入等距距离 2，单击中心线，单击向左箭头，完成等距线，同理完成其他辅助线绘制，如图 3-35 所示。

④ 单击修改生成栏中的裁剪按钮，单击裁剪多余线。

⑤ 在常用选项卡中，单击绘图生成栏中的剖面线按钮，单击拾取上边环内一点，单击拾取下边环内一点，单击右键结束，完成剖面线填充，如图 3-36 所示。

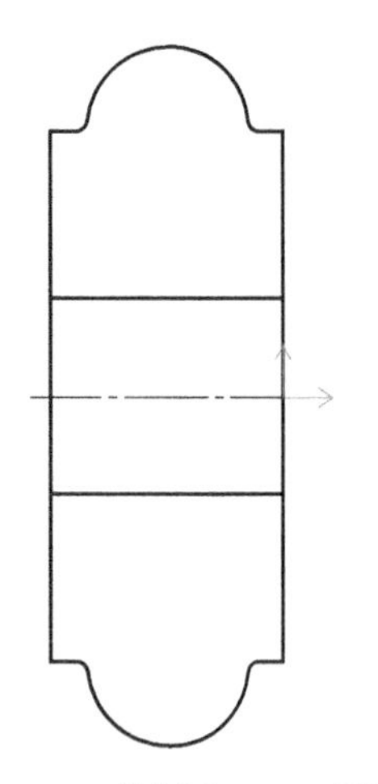

图 3-34 绘制 *R*15mm 圆弧

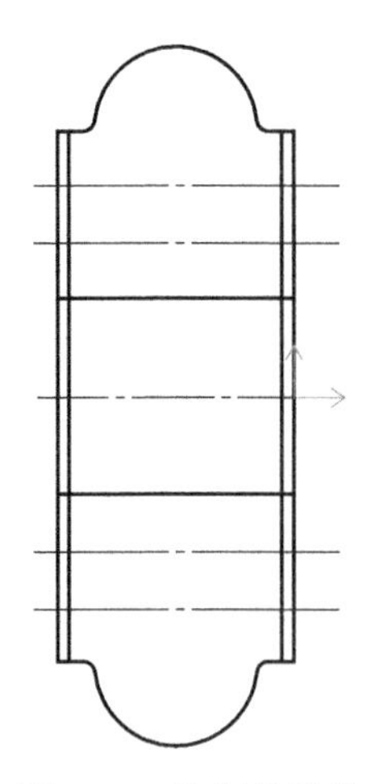

图 3-35 绘制辅助线

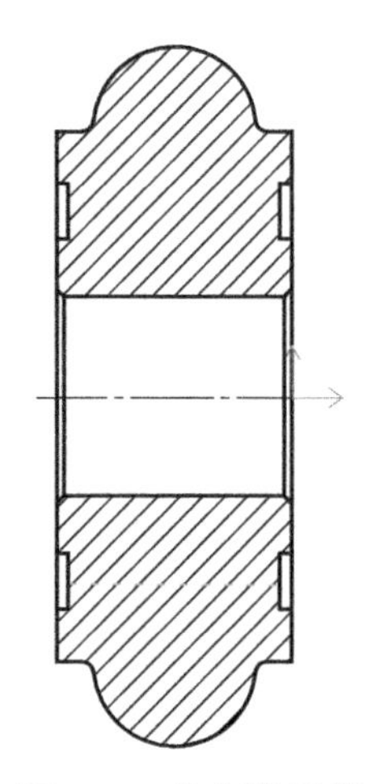

图 3-36 绘制端面槽

二、平右端面

① 单击绘图生成栏中的直线按钮，在立即菜单中，选择两点线、连续、正交方式，捕捉右交点，向上绘制 17mm 竖直线，向右绘制 2mm 水平线，完成加工轮廓和毛坯轮廓绘制，结果如图 3-37 所示。

操作技巧及注意事项：

平右端面时，右边一条竖线为加工轮廓线，其他线为毛坯轮廓线，加工轮廓线和毛坯轮廓线形成封闭环。

② 在数控车选项卡中，单击二轴加工生成栏中的车削粗加工按钮，弹出车削粗加工对话框，如图 3-38 所示。加工参数设置：加工表面类型选择端面，加工方式选择行切，加工角度 270，切削行距设为 0.6，主偏干涉角 0，副偏干涉角设为 55，刀尖半径补偿选择编程时考虑半径补偿。

③ 每行相对毛坯及加工表面的速进退刀方式设置为长度 1、夹角 45。选择轮廓车刀，刀尖半径设为 0.4，主偏角 90，副偏角 55，刀具偏置方向为左偏，对刀点为刀尖尖点，刀片类型为普通刀片。如图 3-39 所示。

④ 单击“确定”退出对话框，采用单个拾取方式，拾取被加工轮廓，单击右键，拾取毛坯轮廓，毛坯轮廓拾取完后，单击鼠标右键，拾取进退刀点 A，系统会自动生成刀具轨迹，如图 3-40 所示。

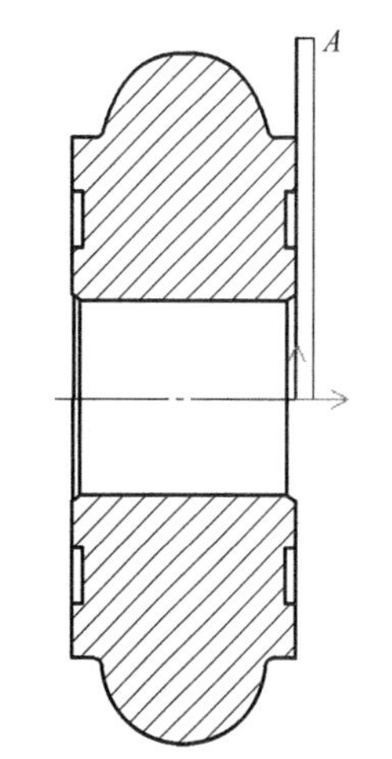

图 3-37　绘制右端面加工轮廓和毛坯轮廓

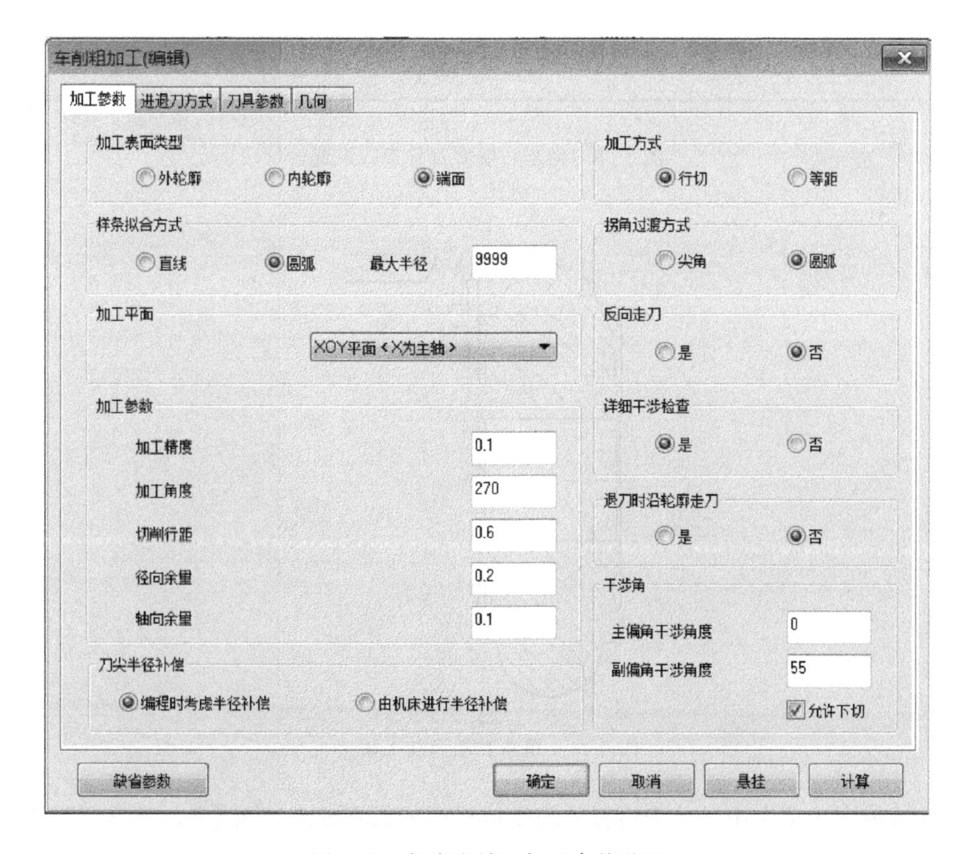

图 3-38　粗车右端面加工参数设置

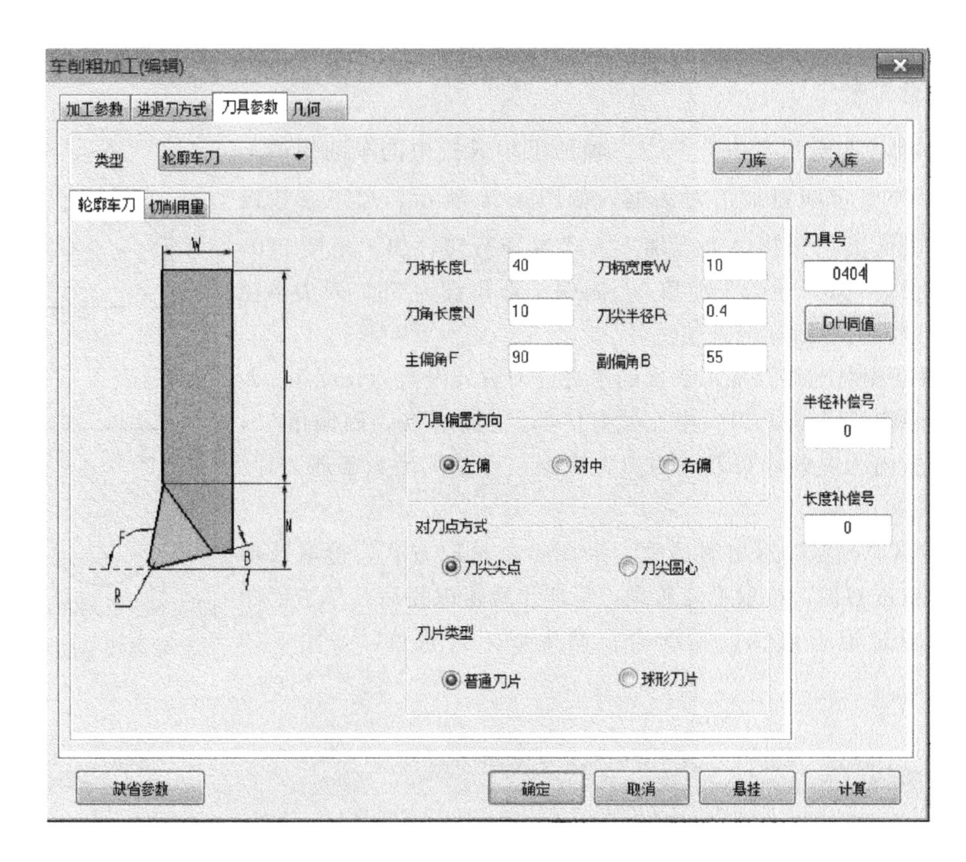

图 3-39 粗车右端面刀具参数设置

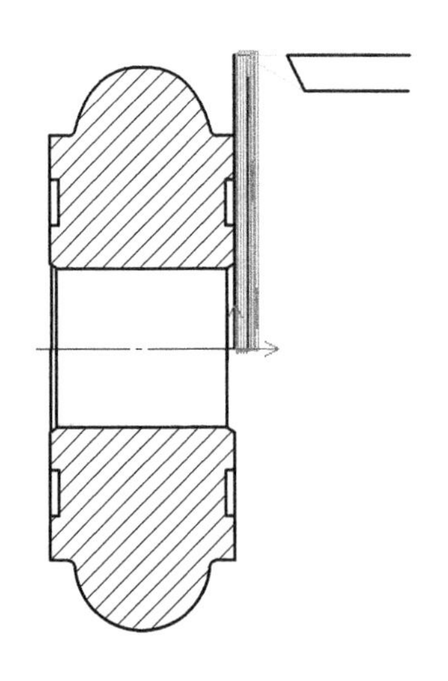

图 3-40 粗车右端面加工轨迹

⑤ 在数控车选项卡中，单击后置处理生成栏中的后置处理按钮 G，弹出后置处理对话框，选择控制系统文件 Fanuc，单击“拾取”按钮，拾取加工轨迹，然后单击“后置”按钮，弹出编辑代码对话框，如图 3-41 所示，生成零件右端面轮廓粗加工程序。

```
% O1200
N12 G00 G97 S1000 T404
N14 M03
N16 M08
N18 X130.016 Z3.
N20 X131.83 Z5.307
N22 G98 G01 Z3.307 F300
N24 X130.416 Z2.6
N26 X-1.99 F2000
N28 X-0.575 Z3.307 F300
N30 Z5.307
N32 G00 X131.83
N34 G01 Z2.707 F300
N36 X130.416 Z2.
N38 X-1.989 F2000
N40 X-0.574 Z2.707 F300
N42 Z4.707
N44 G00 X131.83
N46 G01 Z2.107 F300
N48 X130.416 Z1.4
N50 X-1.987 F2000
N52 X-0.573 Z2.107 F300
N54 Z4.107
N56 G00 X131.83
N58 G01 Z1.507 F300
N60 X130.416 Z0.8
N62 X-1.986 F2000
N64 X-0.572 Z1.507 F300
N66 Z3.507
N68 G00 X131.83
```

图 3-41 粗车右端面加工程序

三、加工端面槽

① 在常用选项卡中，单击绘图生成栏中的直线按钮，在立即菜单中，选择两点线、连续、正交方式，捕捉右端面槽的交点，向右绘制 2mm 水平线，完成切槽加工轮廓线绘制，结果如图 3-42 所示。

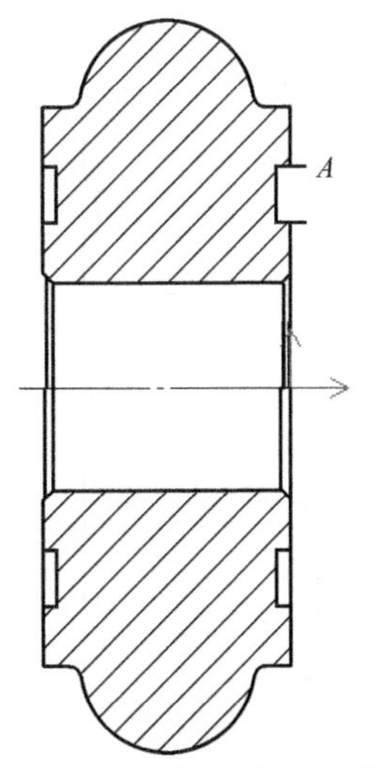

图 3-42 绘制端面槽加工轮廓

② 在数控车选项卡中，单击二轴加工生成栏中的车削槽加工按钮，弹出车削槽加工对话框，如图 3-43 所示。加工参数设置：切槽表面类型选择端面，加工工艺类型选择粗加工，加工方向选择横向，加工余量 0.2，切深行距设为 1，退刀距离 1，刀尖半径补偿选择

编程时考虑半径补偿。

③ 选择宽度3mm的切槽刀，刀尖半径设为0.2，刀具位置0，编程刀位前刀尖，单击“确定”退出对话框，采用单个拾取方式，拾取被加工轮廓，单击右键，拾取进退刀点A，结果生成切槽加工轨迹，如图3-44所示。

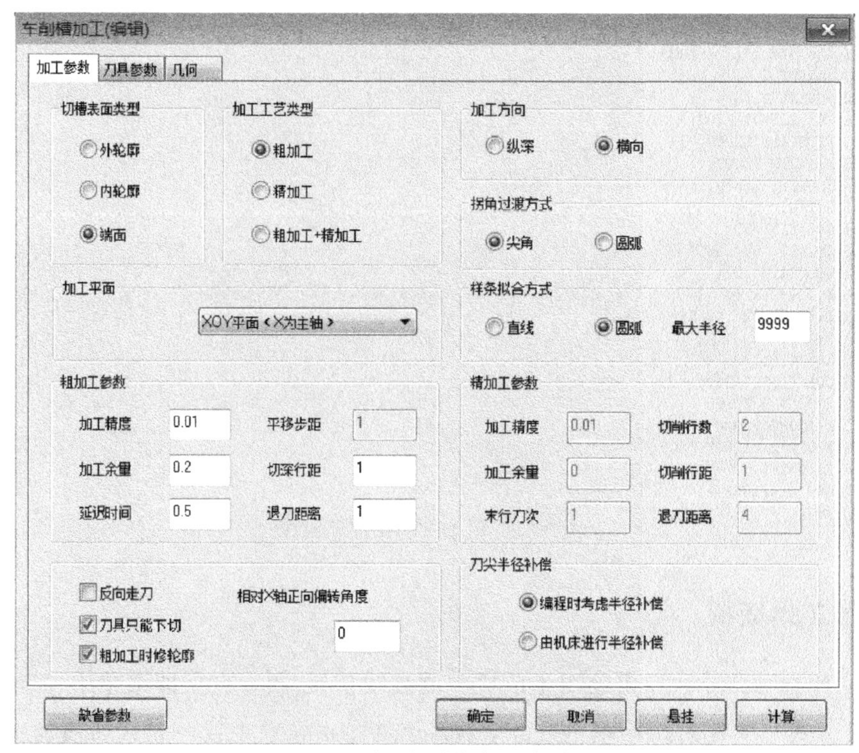

图3-43 右端面切槽粗加工参数设置

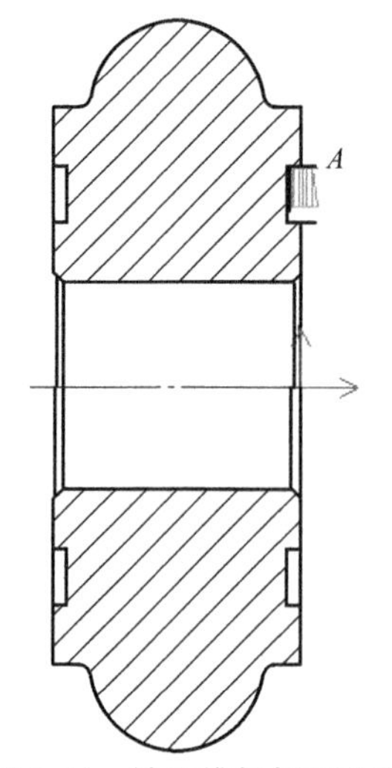

图3-44 端面槽粗加工轨迹

④ 在数控车选项卡中，单击后置处理生成栏中的后置处理按钮 G ，弹出后置处理对话框，选择控制系统文件Fanuc，单击“拾取”按钮，拾取加工轨迹，然后单击“后置”按钮，弹出编辑代码对话框，如图3-45所示，生成切槽粗加工程序。

```
%
O1200
N12 G00 G97 S800 T0404
N14 M03
N16 M08
N18 X75.016 Z2.
N20 X61.416 Z2.8
N22 Z1.8
N24 G99 G01 Z0.8 F2000
N26 X74.616
N28 G00 Z1.8
N30 X61.416
N32 Z0.8
N34 G01 Z-0.2
N36 X74.616
N38 G00 Z0.8
N40 G01 Z-0.2
N42 G00 Z1.8
N44 X61.416
N46 Z-0.2
N48 G01 X61.418 Z-1.2
N50 X74.616
N52 G00 Z-0.2
N54 G01 Z-1.2
N56 G00 Z0.8
N58 X61.418
N60 Z-1.2
N62 G01 X61.419 Z-1.8
N64 X74.616
```

图 3-45 右端面切槽粗加工程序

⑤ 在数控车选项卡中，单击二轴加工生成栏中的车削槽加工按钮，弹出车削槽加工对话框，如图 3-46 所示。加工参数设置：切槽表面类型选择端面，加工工艺类型选择精加

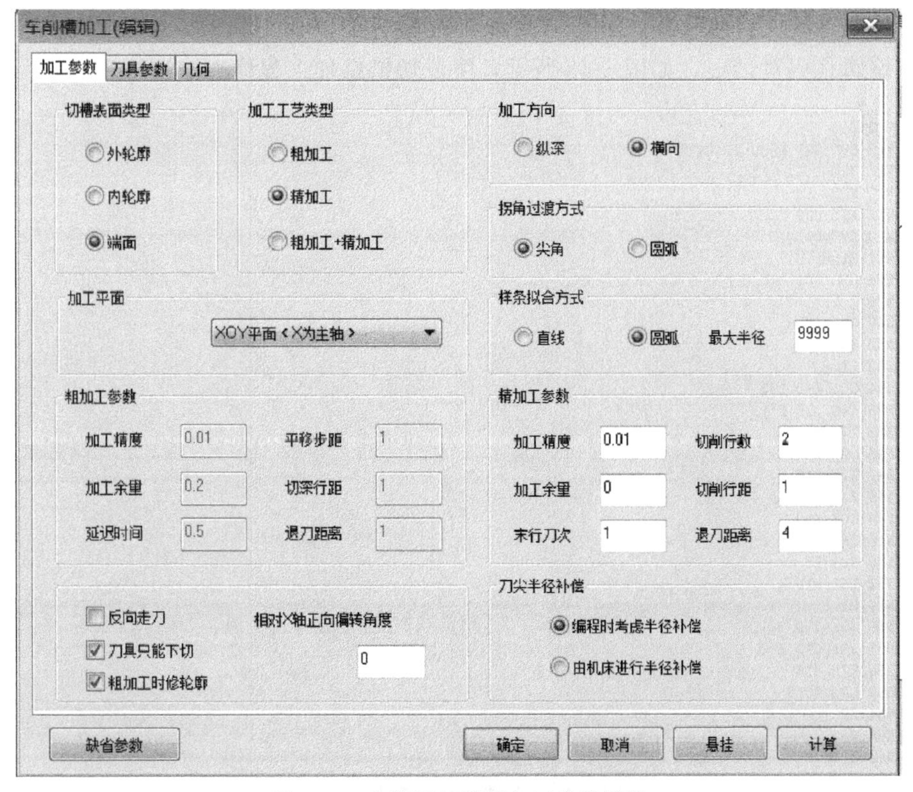

图 3-46 右端面切槽精加工参数设置

工，加工方向选择横向，加工余量 0，切削行距设为 1，退刀距离 4，刀尖半径补偿选择编程时考虑半径补偿。

⑥ 选择宽度 3mm 的切槽车刀，刀尖半径设为 0.2，刀具位置 0，编程刀位前刀尖，单击“确定”退出对话框，采用单个拾取方式，拾取被加工轮廓，单击右键，拾取进退刀点 A，结果生成切槽加工轨迹，如图 3-47 所示。

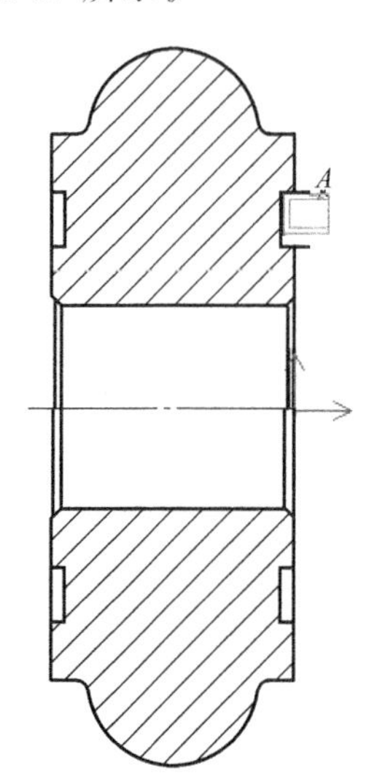

图 3-47　端面槽精加工轨迹

⑦ 在数控车选项卡中，单击后置处理生成栏中的后置处理按钮，弹出后置处理对话框，选择控制系统文件 Fanuc，单击“拾取”按钮，拾取加工轨迹，然后单击“后置”按钮，弹出编辑代码对话框，如图 3-48 所示，生成切槽精加工程序。

```
% O1200
N12 G00 G97 S600 T0404
N14 M03
N16 M08
N18 X75.016 Z2.
N20 X73.016 Z5.8
N22 Z1.8
N24 G99 G01 Z-0.2 F2000
N26 Z-1.
N28 G00 Z5.8
N30 X63.016
N32 Z1.8
N34 G01 Z-0.199
N36 X63.017 Z-1.
N38 X73.016
N40 G00 Z5.8
N42 X75.016
N44 Z1.8
N46 G01 Z-0.2
N48 Z-2.
N50 G00 Z5.8
N52 X61.016
N54 Z1.8
N56 G01 Z-0.2
N58 X61.019 Z-2.
N60 X75.016
N62 G00 Z5.8
N64 Z2.
N66 M09
N68 M30
```

图 3-48　右端面切槽精加工程序

拓展练习

1. 根据图样 3-49 所示的盘类零件图，完成零件造型、右端面槽粗精加工程序和内螺纹加工。

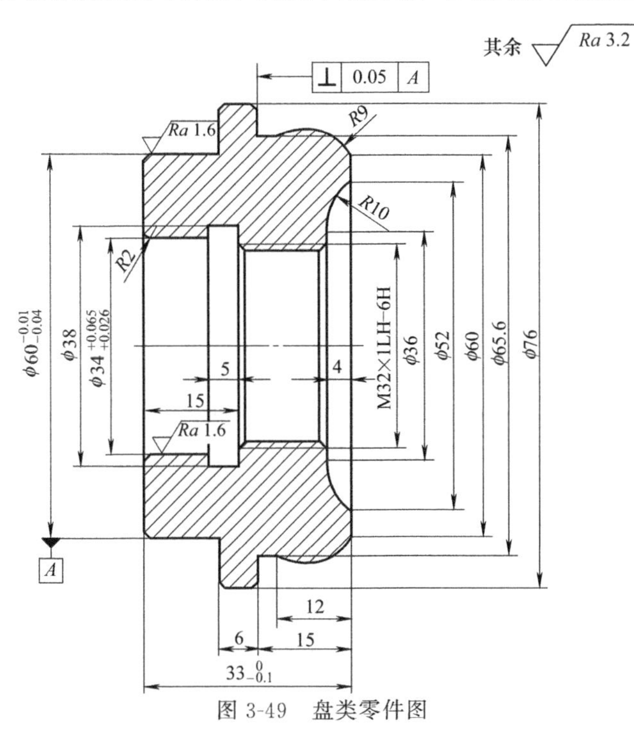

图 3-49　盘类零件图

2. 根据图 3-50 所示的带轮零件图，完成零件造型、带轮槽和右端面槽粗精加工程序。

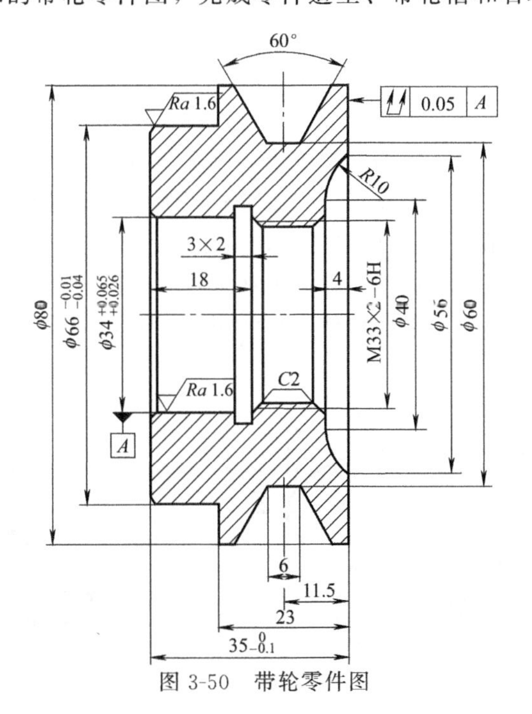

图 3-50　带轮零件图

第四章

典型零件的设计与车削加工

数控车床除了可以加工轴类、套类、圆锥类工件外也可以加工一些标准的回转体特性面零件及工艺品。对于简单的回转体零件，一般采用手工编程方式，但一些相对复杂的曲线，如椭圆、抛物线等非圆二次曲线的轮廓，手工编程则需要利用宏程序，工作效率较低。这类零件的程序编制一般选择自动编程来实现，既能提高数控车削精度又能提高编程效率。

本章主要通过手柄零件的设计与加工、子弹挂件零件设计与车削加工和酒杯零件设计与车削加工实例来学习 CAXA 数控车软件对工艺品零件进行编程与仿真加工的方法。

【技能目标】

- 了解数控车床常用绘图及编辑方法。
- 掌握 CAXA 数控车端面轮廓粗加工方法。
- 掌握 CAXA 数控车端面轮廓精加工方法。
- 掌握 CAXA 数控车端面槽编程与加工方法。

[实例 4-1]　手柄零件的设计与加工

完成图 4-1 所示手柄零件的轮廓设计及外轮廓的粗精加工程序编制。零件材料为 45 钢，毛坯为 ϕ28mm 的棒料。

手柄零件的轮廓线由直线、椭圆、螺纹线和圆弧构成，该零件的左端用手工编程完成，难点在于由 R30mm 的圆弧段、椭圆曲线圆弧段相切形成的光滑曲面的编程计算，用手工编程，则各段曲线相切处的节点计算非常复杂，采用宏程序编程时只能使用 G73 循环指令，该指令会导致出现多次走空刀的现象，降低了加工效率。因此利用 CAXA 数控车 2020 软件对手柄零件右端进行自动编程。手柄零件造型如图 4-2 所示。

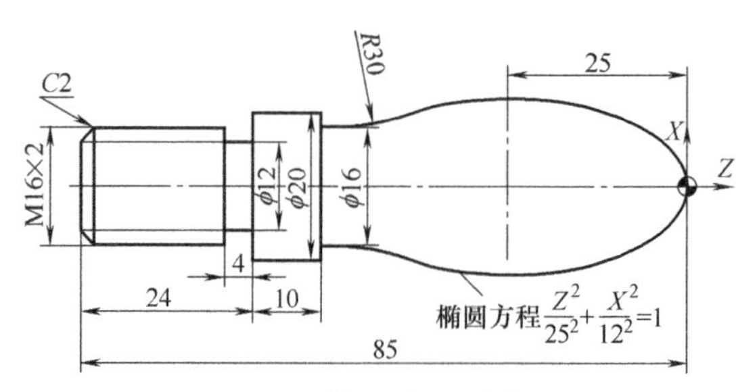

图 4-1　手柄的加工零件图

图 4-2　手柄的造型图

一、绘制零件轮廓

① 在常用选项卡中，单击绘图生成栏中的孔/轴按钮，输入插入点坐标（－85，0），这时出现新的立即菜单，在“2. 起始直径”和“3. 终止直径”文本框中分别输入轴的直径16，移动鼠标，则跟随着光标将出现一个长度动态变化的轴，键盘输入轴的长度20，按回车键。继续修改其他段直径，输入长度值回车，右击结束命令，即可完成零件的外轮廓绘制。如图4-3所示。

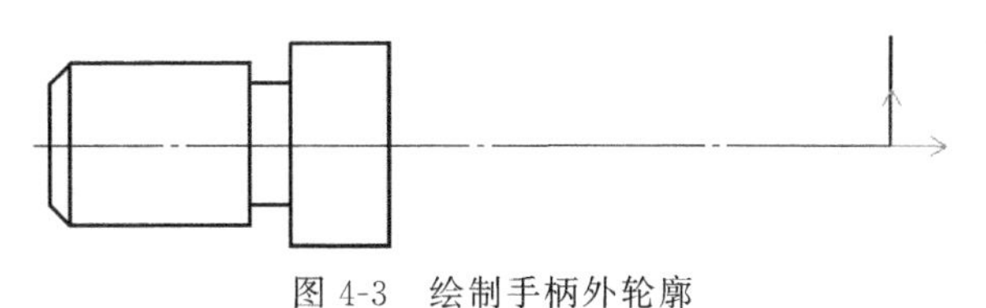

图4-3 绘制手柄外轮廓

② 单击绘图生成栏中的椭圆按钮，在立即菜单中输入长半轴25，短半轴12，输入基点坐标（－25，0），完成椭圆绘制。单击修改生成栏中的等距线按钮，在立即菜单中输入等距距离8，单击中心线，单击向上箭头，完成等距辅助线绘制。如图4-4所示。

③ 在常用选项卡中，单击修改生成栏中的多圆角过渡按钮，在下面的立即菜单中，选择圆角、裁剪，输入过渡半径30，拾取要过渡的第一条边线，拾取第二条边线，过渡完成，单击修改生成栏中的裁剪按钮，单击裁剪多余线。如图4-5所示。

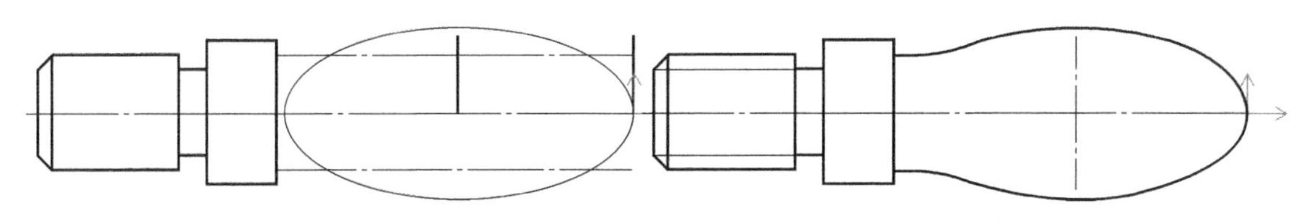

图4-4 绘制椭圆轮廓和等距辅助线　　图4-5 绘制 R30mm 圆弧

操作技巧及注意事项：

轮廓的建模可以通过CAXA数控车2020软件直接绘制或者利用AutoCAD中dxf图形文件的导入来实现。在CAXA数控车2020软件中导入dxf图形文件的具体步骤为：首先利用AutoCAD软件绘制好所需的毛坯及手柄外轮廓，并将其保存为dxf文件，然后利用CAXA数控车2020软件中的数据输入功能将dxf文件读入到CAXA数控车2020软件的界面中。

手柄零件的数控加工流程包括外轮廓、外槽和外螺纹的粗加工，零件的加工难点在于特殊弧形外轮廓的编程加工。

二、右端外轮廓粗车加工

① 在利用CAXA数控车2020软件对零件进行数控自动编程加工前，首先要对零件进行加工工艺分析，正确划分加工工序，选择合适的加工刀具，设置相应的切削参数，确定加工路线和刀具轨迹，以保证零件的加工效率和加工质量。

a. 确定毛坯及装夹方式。根据零件图选毛坯为 ϕ28mm×130mm 的圆棒料，材料为45钢。该零件为实心轴类零件，使用普通三爪卡盘夹紧工件，并且轴的伸出长度适中（100mm）。以工件的圆弧右端点为工件原点建立编程坐标系。

b. 确定数控刀具及切削用量。根据手柄零件特殊外轮廓的加工要求，选择刀具及切削用量如表 4-1 所示。

表 4-1　外轮廓加工的刀具及切削用量

加工内容	刀具规格	刀具及刀补号	主轴转速 /(r/min)	进给速度 /(mm/r)
外轮廓的粗加工	主偏角 F 为 90°的硬质合金车刀	T0101	600	0.3
外轮廓的精加工	主偏角 F 为 90°，副偏角 B 为 45°的外圆精车刀	T0202	800	0.1

② 在常用选项卡中，单击绘图生成栏中的直线按钮 ╱，在立即菜单中，选择两点线、连续、正交方式，捕捉坐标中心点，向右绘制 3mm，向上绘制 14mm 直线，完成毛坯轮廓线绘制，如图 4-6 所示。

③ 在数控车选项卡中，单击二轴加工生成栏中的车削粗加工按钮，弹出车削粗加工对话框，如图 4-7 所示。加工参数设置：加工表面类型选择外轮廓，加工方式选择等距，加工角度 180，切削行距设为 0.4，主偏干涉角要求小于 10，副偏干涉角设为 45，刀尖半径补偿选择编程时考虑半径补偿。

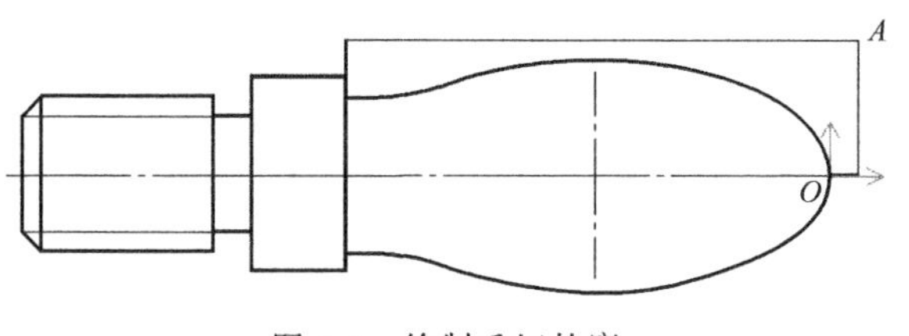

图 4-6　绘制毛坯轮廓

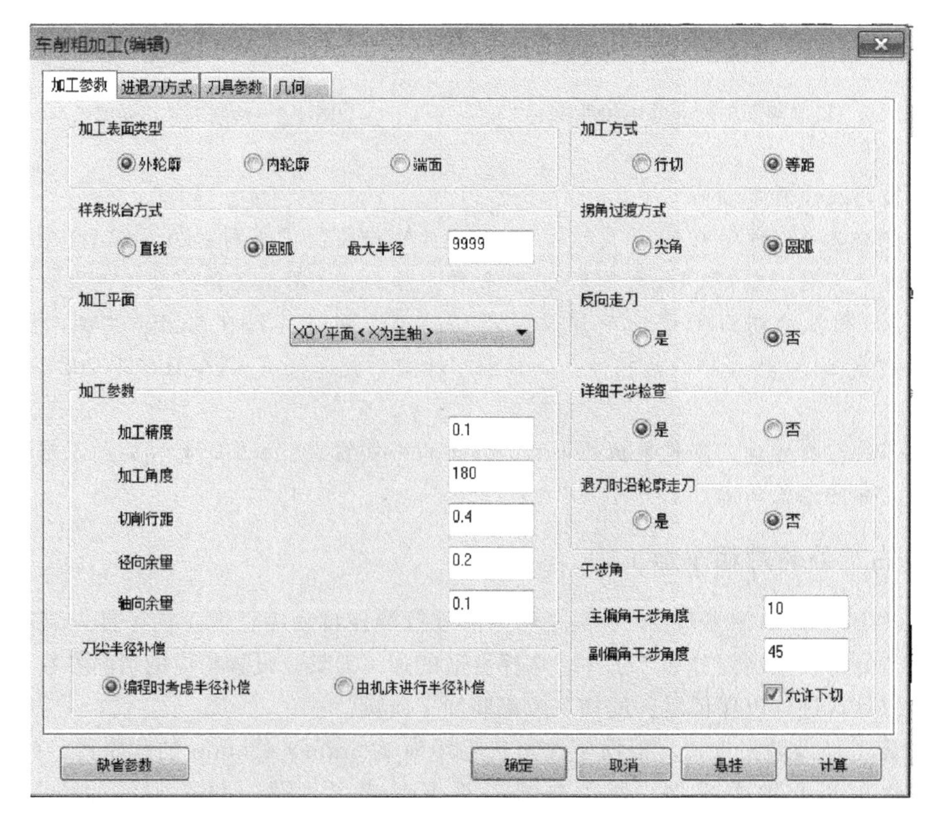

图 4-7　车削粗加工对话框

操作技巧及注意事项：

等距方式相当于 G73 指令，属于仿形切削循环，成形工件不能用行切方式，所以选择等距加工方式。

④ 选择轮廓车刀，刀尖半径设为 0.6，主偏角 100，副偏角 45，刀具偏置方向为左偏，对刀点为刀尖圆心，刀片类型为球形刀片。如图 4-8 所示。

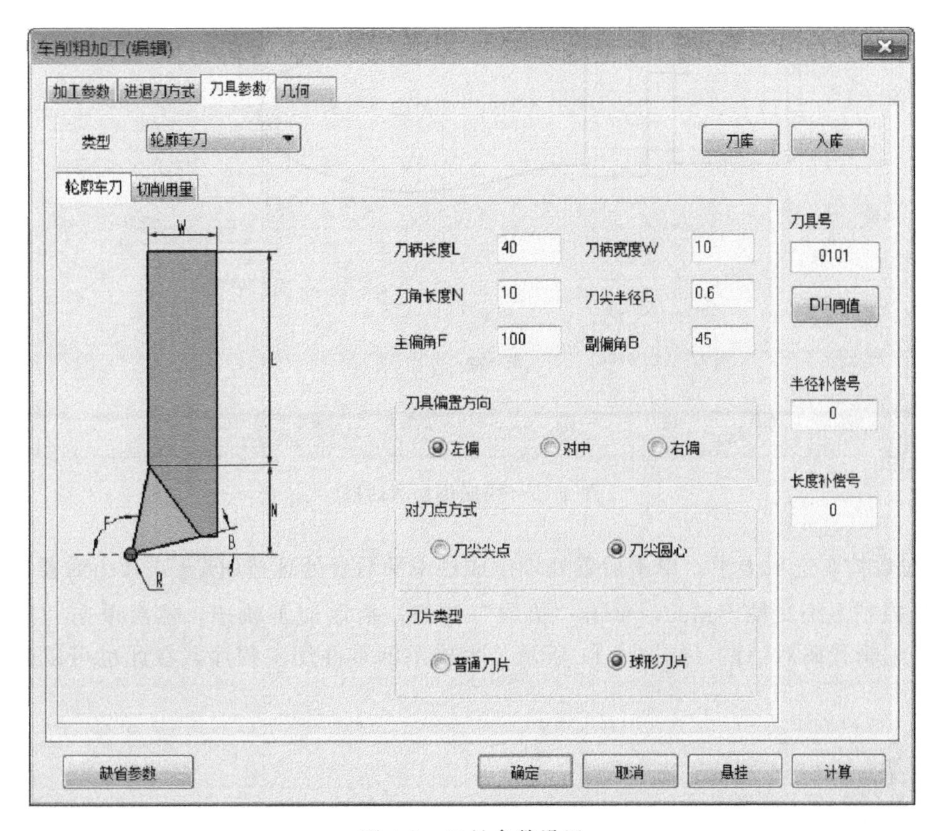

图 4-8 刀具参数设置

⑤ 单击“确定”退出对话框，采用单个拾取方式，拾取被加工轮廓，单击右键，拾取毛坯轮廓，毛坯轮廓拾取完后，单击右键，拾取进退刀点 A，生成手柄零件加工轨迹，如图 4-9 所示。

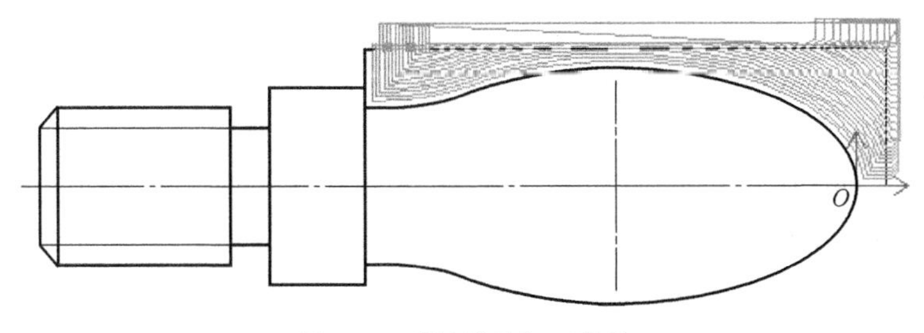

图 4-9 手柄零件加工轨迹

⑥ 在数控车选项卡中，单击仿真生成栏中的线框仿真按钮，弹出线框仿真对话框，如图 4-10 所示，单击“拾取”按钮，拾取加工轨迹，单击右键结束加工轨迹拾取，单击

“前进”按钮，开始仿真加工过程。通过轨迹仿真，观察刀具走刀路线以及是否存在干涉及过切现象。

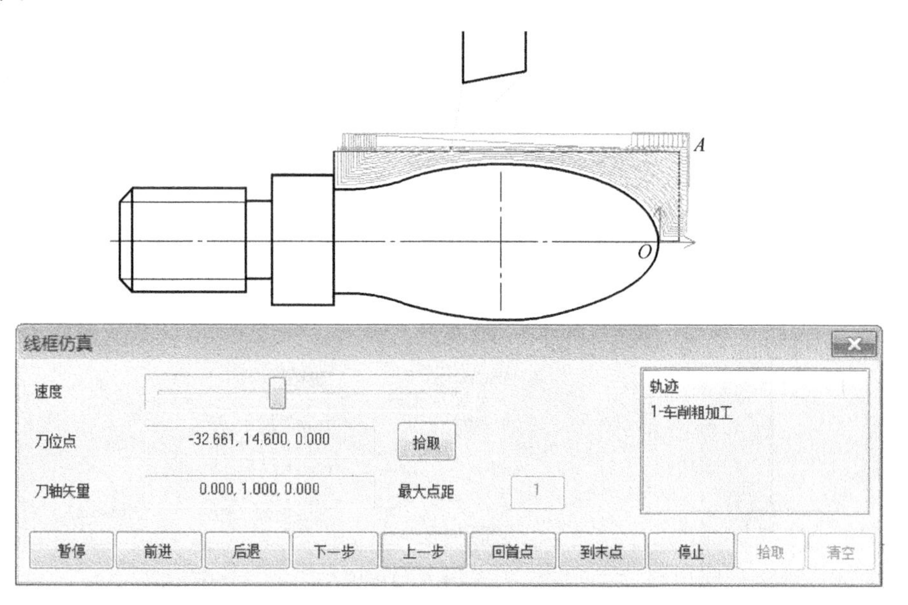

图 4-10 线框仿真对话框

⑦ 在数控车选项卡中，单击后置处理生成栏中的后置处理按钮 G，弹出后置处理对话框，选择控制系统文件 Fanuc，单击“拾取”按钮，拾取加工轨迹，然后单击“后置”按钮，弹出编辑代码对话框，如图 4-11 所示，生成手柄零件加工程序，在此也可以编辑修改加工程序。

```
%
O1200
N12 G00 G97 S800 T0101
N14 M03
N16 M08
N18 X28.  Z3.
N20 X33.354 Z4.526
N22 G99 G01 X28.734 F200
N24 X28.562 Z3.53
N26 G03 X29.147 Z3.176 I-20.083 K-16.897 F2000
N28 G01 X29.354 Z4.171 F300
N30 X33.448
N32 G00 Z4.598
N34 G01 X27.528 F200
N36 X27.39 Z3.6
N38 G03 X29.2 Z2.5 I-19.497 K-16.966 F2000
N40 G01 X29.448 Z3.492 F300
N42 X33.489
N44 G00 Z4.598
N46 G01 X26.434 F200
N48 X26.323 Z3.6
N50 G03 X29.2 Z1.84 I-18.964 K-16.966 F2000
N52 G01 X29.489 Z2.829 F300
N54 X33.532
N56 G00 Z4.599
N58 G01 X25.325 F200
N60 X25.242 Z3.6
N62 G03 X29.2 Z1.16 I-18.424 K-16.966 F2000
N64 G01 X29.532 Z2.147 F300
N66 X33.577
```

图 4-11 生成和编辑 G 代码程序

三、右端外轮廓精车加工

外轮廓的精车与粗车设置相似，只是将加工参数适当改变，其余采用系统默认设置。

① 在数控车选项卡中，单击二轴加工生成栏中的车削精加工按钮，弹出车削精加工对话框，如图 4-12 所示。加工参数设置：加工表面类型选择外轮廓，反向走刀设否，切削行距设为 0.3，主偏干涉角要求小于 10，副偏干涉角设为 45，刀尖半径补偿选择编程时考虑半径补偿。径向余量和轴向余量都设为 0。

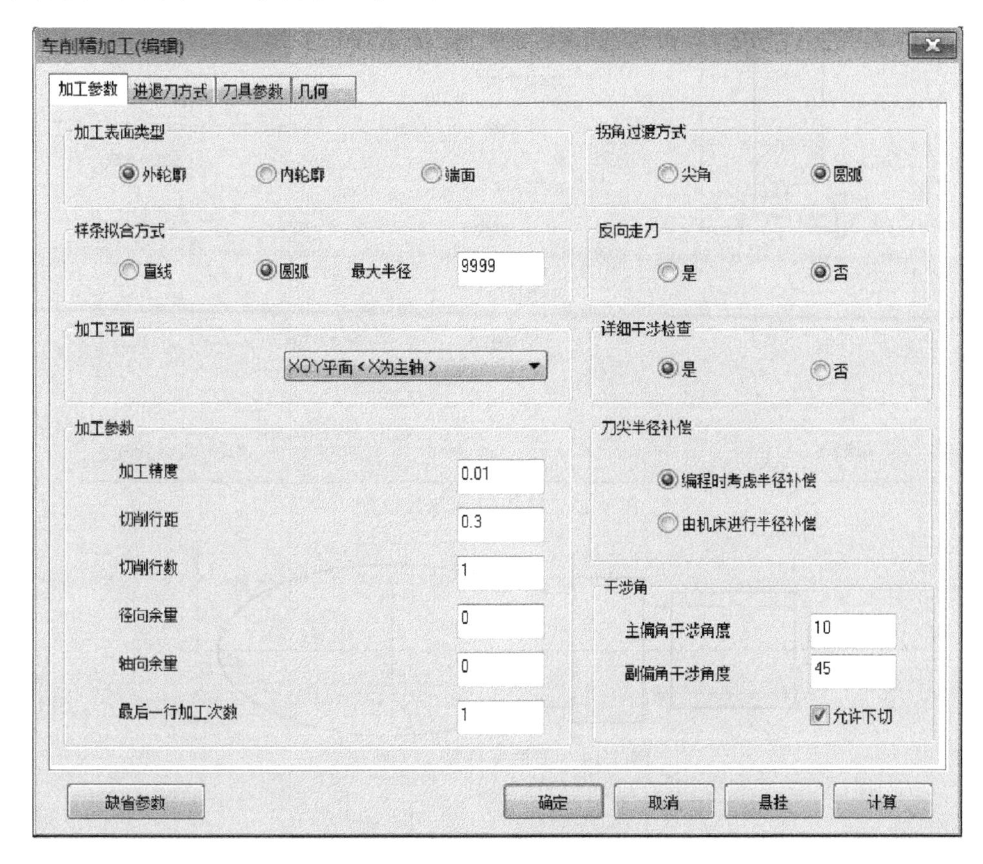

图 4-12　车削精加工对话框

② 选择轮廓车刀，刀尖半径设为 0.6，主偏角 100，副偏角 45，刀具偏置方向为左偏，对刀点为刀尖圆心，刀片类型为球形刀片。如图 4-13 所示。

③ 单击“确定”退出对话框，采用单个拾取方式，拾取被加工轮廓，单击右键，拾取进退刀点 A，生成手柄零件精加工轨迹，如图 4-14 所示。

④ 在数控车选项卡中，单击仿真生成栏中的线框仿真按钮，弹出线框仿真对话框，如图 4-15 所示，单击“拾取”按钮，拾取精加工轨迹，单击右键结束加工轨迹拾取，单击“前进”按钮，开始仿真加工过程。

⑤ 在数控车选项卡中，单击后置处理生成栏中的后置处理按钮 G，弹出后置处理对话框，选择控制系统文件 Fanuc，单击“拾取”按钮，拾取精加工轨迹，然后单击“后置”按钮，弹出编辑代码对话框，如图 4-16 所示，生成手柄零件精加工程序。

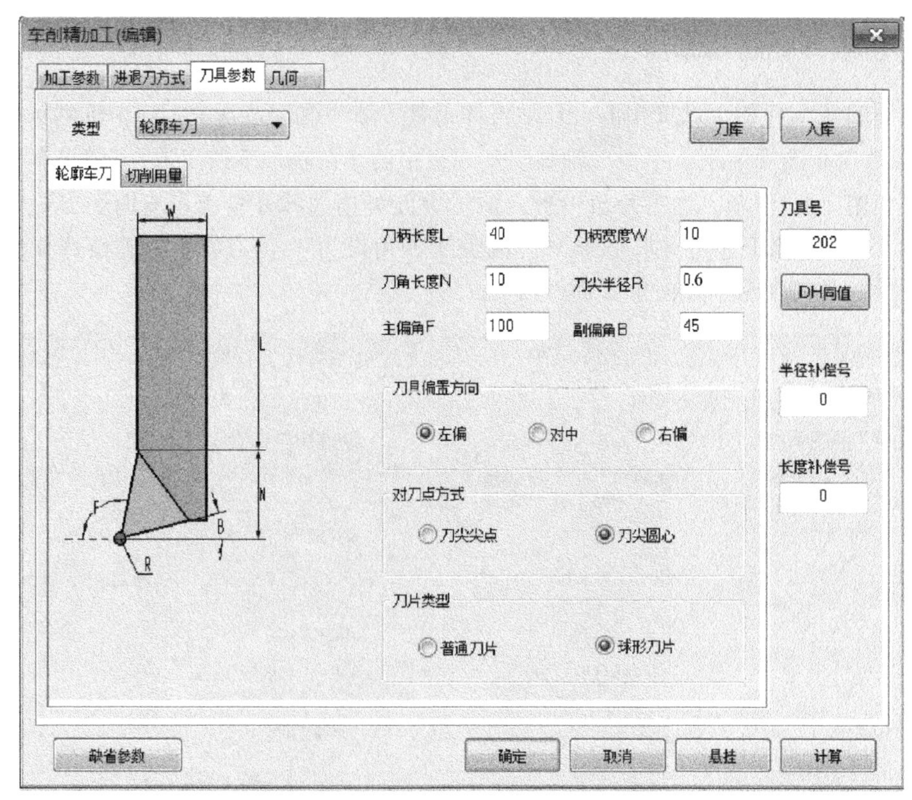

图 4-13 精车刀具参数设置

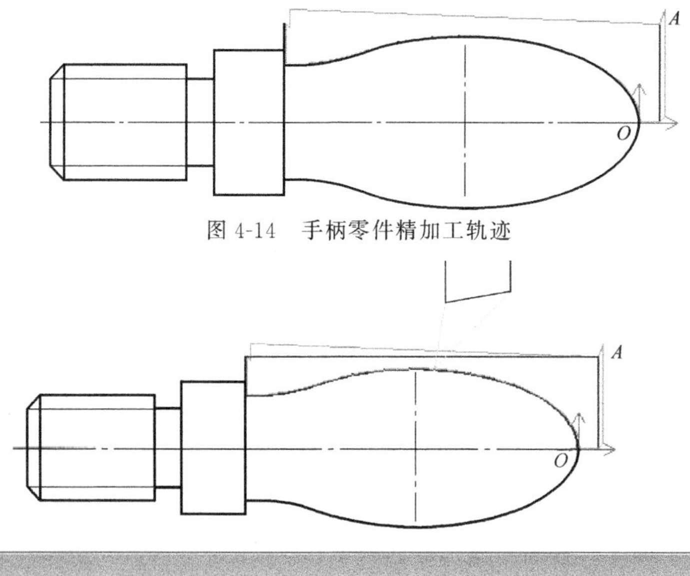

图 4-14 手柄零件精加工轨迹

线框仿真
速度
刀位点
-22.096, 12.119, 0.000
拾取
刀轴矢量
0.000, 1.000, 0.000
最大点距
1
轨迹
2-车削精加工
暂停 前进 后退 下一步 上一步 回首点 到末点 停止 拾取 清空

图 4-15 线框仿真对话框

```
% 01200
N12 G00 G97 S800 T0202
N14 M03
N16 M08
N18 X28.  Z3.
N20 X32.  Z3.707
N22 G99 G01 X1.814 F100
N24 X0.4 Z3.
N26 Z0.197 F2000
N28 G03 X4.257 Z-0.187 I-0.2 K-6.048
N30 X8.04 Z-1.197 I-2.883 K-7.672
N32 X11.466 Z-2.734 I-6.135 K-8.56
N34 X14.271 Z-4.537 I-12.364 K-11.065
N36 X17.311 Z-7.209 I-17.04 K-11.464
N38 X19.654 Z-10.04 I-27.595 K-13.072
N40 X22.226 Z-14.565 I-34.082 K-12.133
N42 X23.748 Z-19.201 I-46.701 K-10.046
N44 X24.239 Z-22.096 I-49.829 K-5.68
N46 X24.4 Z-25. I-52.213 K-2.904
N48 X23.79 Z-30.647 I-52.461 K0.
N50 X21.857 Z-36.223 I-44.125 K4.778
N52 X20.898 Z-38.033 I-38.515 K9.24
N54 X19.754 Z-39.817 I-32.922 K9.564
N56 X19.736 Z-39.839 I-0.189 K0.066
N58 G02 X16.4 Z-49.674 I28.22 K-9.845
N60 G01 Z-50.8
N62 X20.
N64 X28.
N66 X26.586 Z-50.093 F200
N68 X32.
```

图 4-16　生成 G 代码程序

［实例 4-2］　子弹挂件零件设计与车削加工

本实例介绍利用 CAXA 数控车 2020 软件进行子弹挂件零件编程与仿真加工的方法。子弹挂件零件形状如图 4-17 所示，材料为 ϕ16mm 的铜棒，长度 40mm。

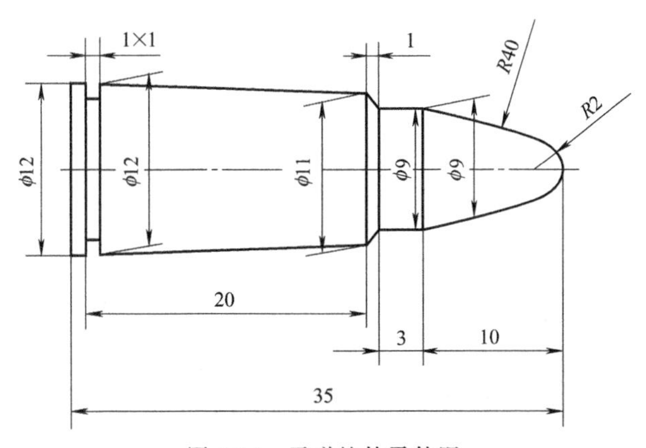

图 4-17　子弹挂件零件图

子弹挂件零件结构较为简单，除具备台阶轴零件的台阶特征外，还具备一个圆锥半角为 6°的锥面、一个 1mm 沟槽、一个 R40mm 特性面。因零件没实际使用价值，因此没有公差、精度要求。加工工艺为：选用 35°外圆机夹车刀车削外圆→提高转速进行外圆的加工→换切槽刀进行切槽加工→切断加工→工件加工完成。

一、绘制零件轮廓

① 在常用选项卡中，单击绘图生成栏中的孔/轴按钮，输入坐标（−10，0）为插入点，这时出现新的立即菜单，在“2. 起始直径”和“3. 终止直径”文本框中分别输入轴的直径 9，移动鼠标，则跟随着光标将出现一个长度动态变化的轴，键盘输入轴的长度 3，按回车键。继续修改其他段直径，输入长度值回车，右击结束命令，即可完成零件的外轮廓绘制。如图 4-18 所示。

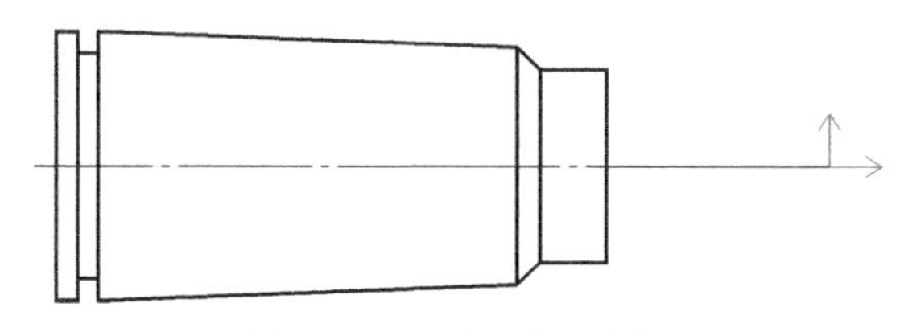

图 4-18 绘制外形轮廓线

② 在常用选项卡中，单击绘图生成栏中的圆按钮，选择圆心_半径方式，输入圆心坐标（−2，0），输入半径 2，回车，完成 R2mm 圆绘制。单击绘图生成栏中的圆按钮，选择两点_半径方式，捕捉左交点为第一点，按空格键选择切点捕捉方式，捕捉第二点，完成 R40mm 圆绘制，如图 4-19 所示。

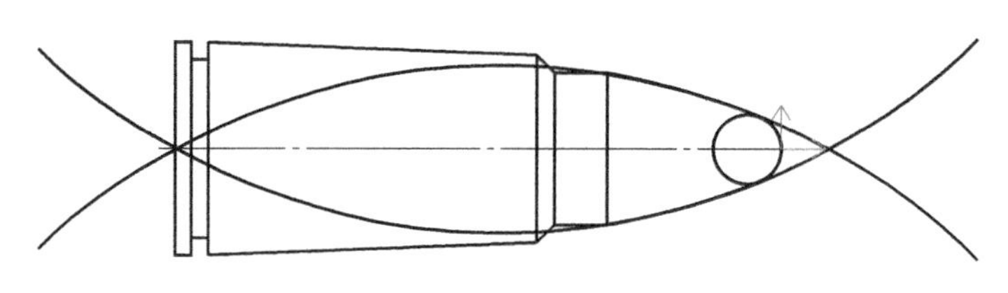

图 4-19 绘制 R40mm 圆

③ 在常用选项卡中，单击修改生成栏中的裁剪按钮，单击多余线，裁剪多余线，最后删除多余的线条，结果如图 4-20 所示。

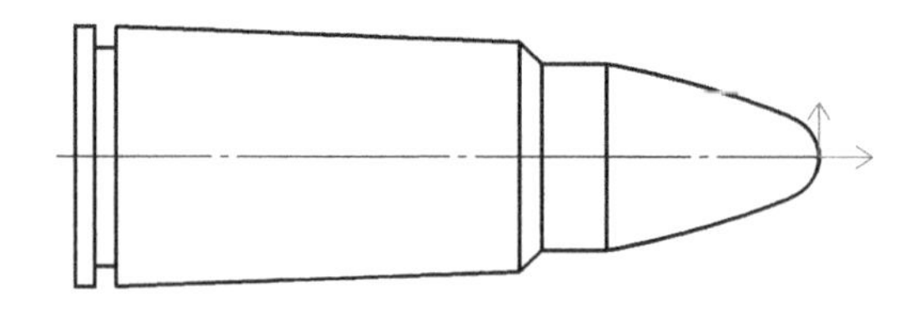

图 4-20 绘制工件外形轮廓线

二、零件外轮廓粗加工

① 在常用选项卡中，单击绘图生成栏中的直线按钮，在立即菜单中，选择两点线、连续、正交方式，捕捉左交点，向左绘制 2mm 水平线，向上绘制 2mm 竖直线，向右绘制

40mm 水平线，完成毛坯轮廓绘制，如图 4-21 所示。右端 $R2$mm 圆弧要从坐标中心处断开，保证被加工轮廓和毛坯轮廓两端点相连，两轮廓共同构成一个封闭的加工区域。

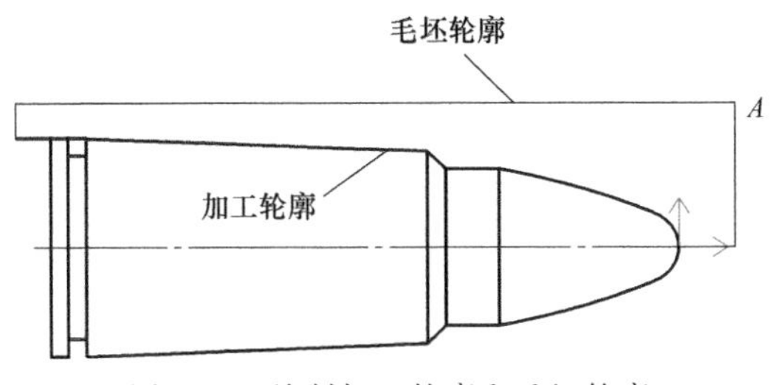

图 4-21 绘制加工轮廓和毛坯轮廓

② 在数控车选项卡中，单击二轴加工生成栏中的车削粗加工按钮，弹出车削粗加工对话框，如图 4-22 所示。加工参数设置：加工表面类型选择外轮廓，加工方式选择等距，加工角度 180，切削行距设为 0.4，主偏干涉角要求小于 0，副偏干涉角设为 55，刀尖半径补偿选择编程时考虑半径补偿。

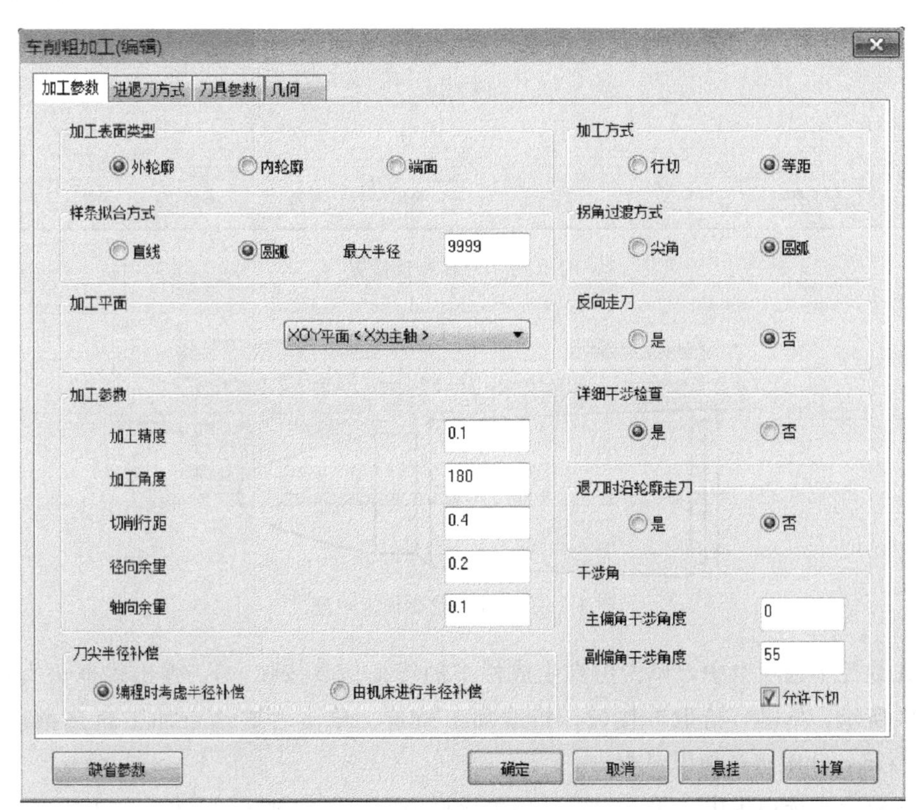

图 4-22 车削粗加工对话框

③ 选择轮廓车刀，刀尖半径设为 0.4，主偏角 90，副偏角 55，刀具偏置方向为左偏，对刀点为刀尖圆心，刀片类型为球形刀片。如图 4-23 所示。

④ 单击“确定”退出对话框，采用单个拾取方式，拾取被加工轮廓，单击右键，拾取毛坯轮廓，毛坯轮廓拾取完后，单击右键，拾取进退刀点 A，生成工件加工轨迹，如图 4-24 所示。

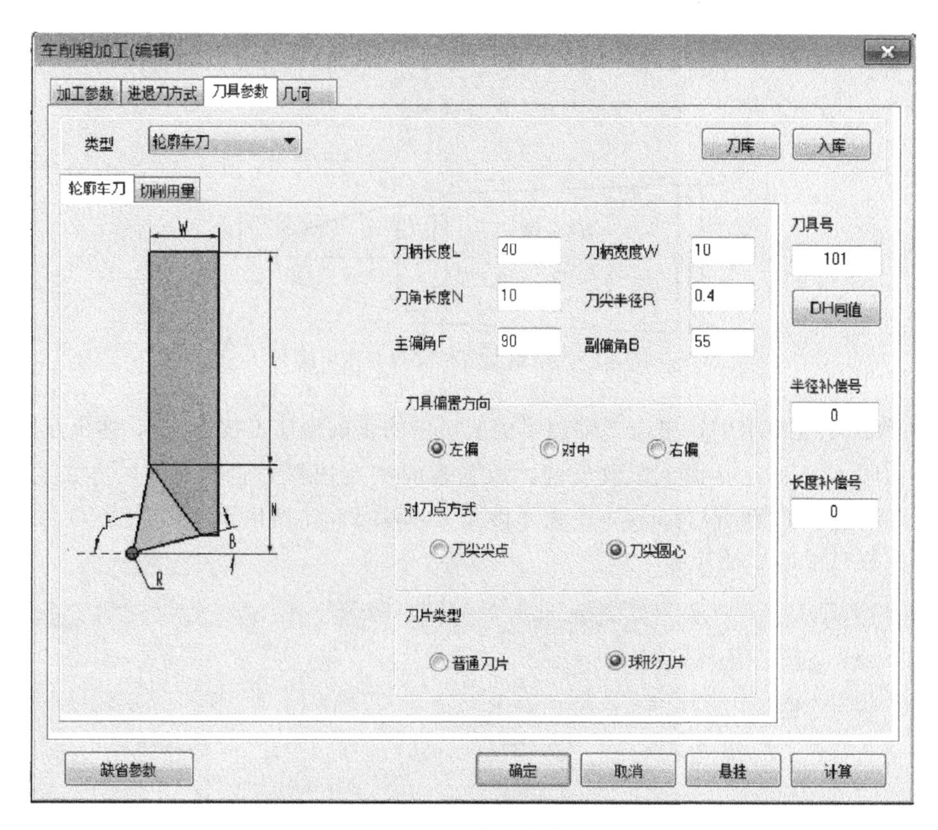

图 4-23　刀具参数设置

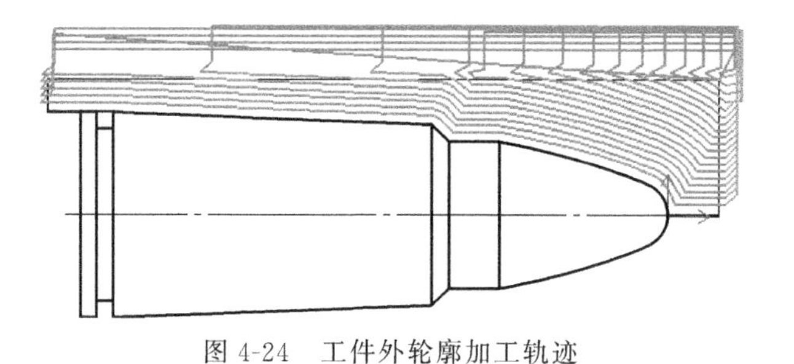

图 4-24　工件外轮廓加工轨迹

⑤ 在数控车选项卡中，单击仿真生成栏中的线框仿真按钮，弹出线框仿真对话框，如图 4-25 所示，单击“拾取”按钮，拾取加工轨迹，单击右键结束加工轨迹拾取，单击“前进”按钮，开始仿真加工过程。

⑥ 在数控车选项卡中，单击后置处理生成栏中的后置处理按钮 G，弹出后置处理对话框，选择控制系统文件 Fanuc，单击“拾取”按钮，拾取加工轨迹，然后单击“后置”按钮，弹出编辑代码对话框，如图 4-26 所示，生成工件外轮廓加工程序，在此也可以编辑修改加工程序。

三、零件外轮廓精加工

① 对前面粗加工轮廓和毛坯轮廓作适当修改，只保留加工轮廓。如图 4-27 所示。

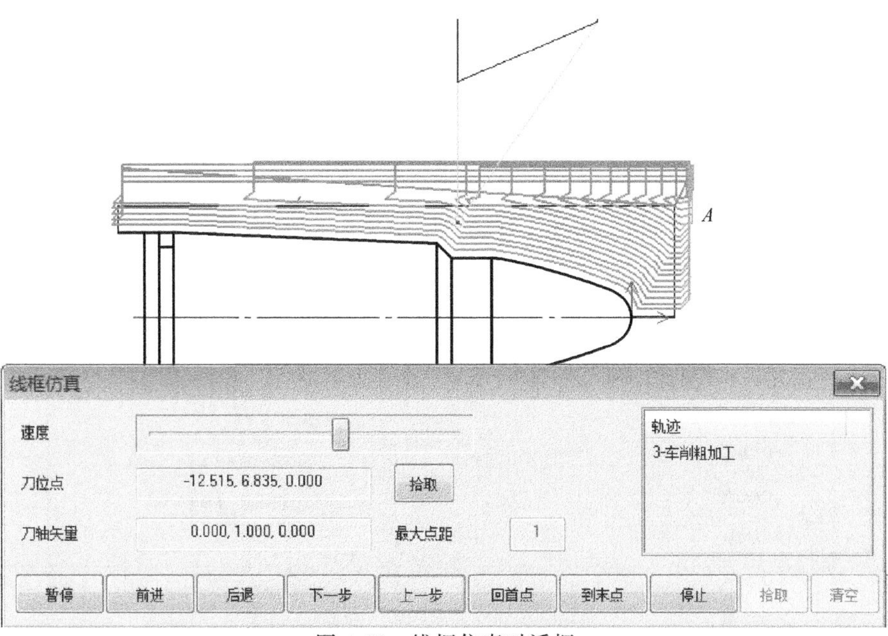

图 4-25　线框仿真对话框

```
% 01200
N12 G00 G97 S800 T0101
N14 M03
N16 M08
N18 X16.  Z3.
N20 X21.277 Z4.332
N22 G99 G01 X16.779 F200
N24 X16.38 Z3.352
N26 G03 X16.799 Z3.021 I-8.09 K-5.352 F2000
N28 G01 X17.277 Z3.992 F300
N30 X21.424
N32 G00 Z4.386
N34 G01 X15.674 F200
N36 X15.343 Z3.4
N38 G03 X16.8 Z2.195 I-7.572 K-5.4 F2000
N40 G01 X17.424 Z3.145 F300
N42 X21.591
N44 G00 Z4.391
N46 G01 X14.615 F200
N48 X14.349 Z3.4
N50 G03 X16.725 Z1.307 I-7.075 K-5.4 F2000
N52 X16.8 Z1.214 I-43.542 K-17.428
N54 G01 X17.591 Z2.132 F300
N56 X21.632
N58 G00 Z4.395
N60 G01 X13.522 F200
N62 X13.329 Z3.4
N64 G03 X15.983 Z1.159 I-6.564 K-5.4 F2000
N66 X16.8 Z0.1 I-43.17 K-17.279
N68 G01 X17.632 Z1.01 F300
```

图 4-26　工件外轮廓加工程序

② 在数控车选项卡中，单击二轴加工生成栏中的车削精加工按钮，弹出车削精加工对话框，如图 4-28 所示。加工参数设置：加工表面类型选择外轮廓，反向走刀设否，切削行距设为 0.3，径向余量和轴向余

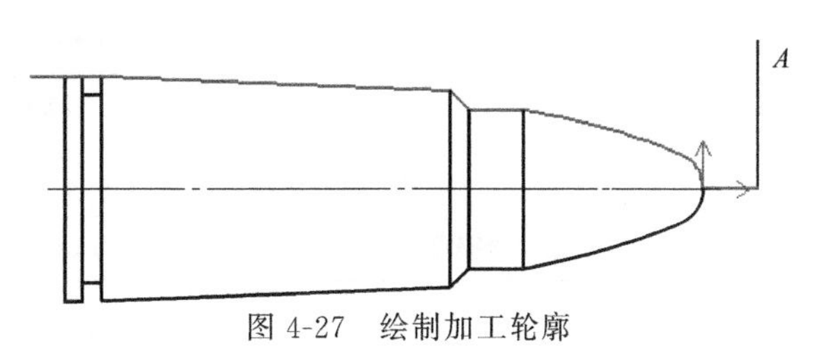

图 4-27　绘制加工轮廓

量都设为 0。主偏干涉角 0，副偏干涉角设为 55，刀尖半径补偿选择编程时考虑半径补偿。

图 4-28　车削精加工对话框

③ 选择轮廓车刀，刀尖半径设为 0.2，主偏角 90，副偏角 55，刀具偏置方向为左偏，对刀点为刀尖圆心，刀片类型为球形刀片。如图 4-29 所示。

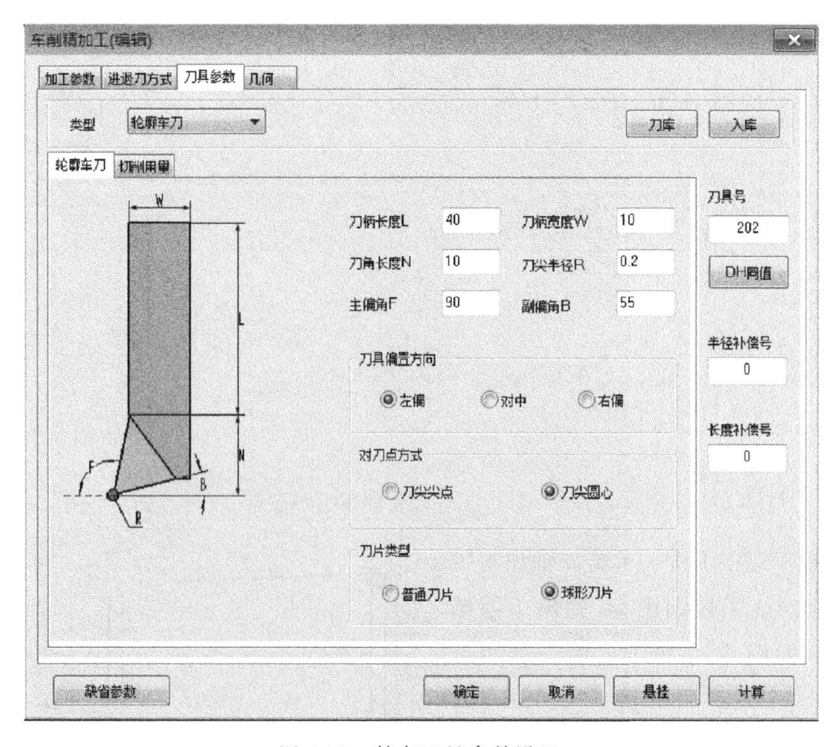

图 4-29　精车刀具参数设置

④ 单击“确定”退出对话框，采用单个拾取方式，拾取被加工轮廓，单击右键，拾取进退刀点 A，生成零件精加工轨迹，如图 4-30 所示。

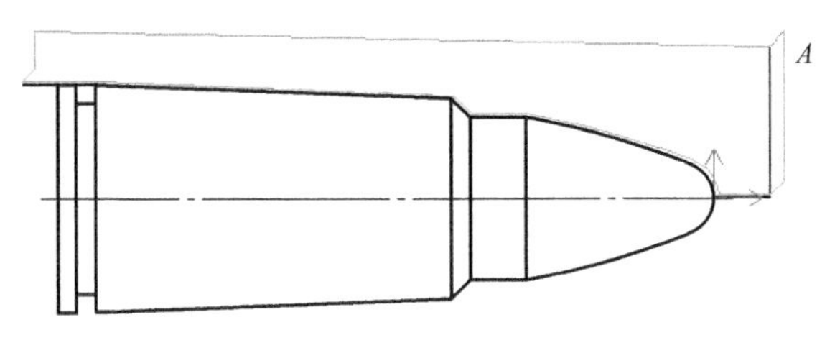

图 4-30　工件精加工轨迹

⑤ 在数控车选项卡中，单击仿真生成栏中的线框仿真按钮，弹出线框仿真对话框，如图 4-31 所示，单击“拾取”按钮，拾取精加工轨迹，单击右键结束加工轨迹拾取，单击“前进”按钮，开始仿真加工过程。

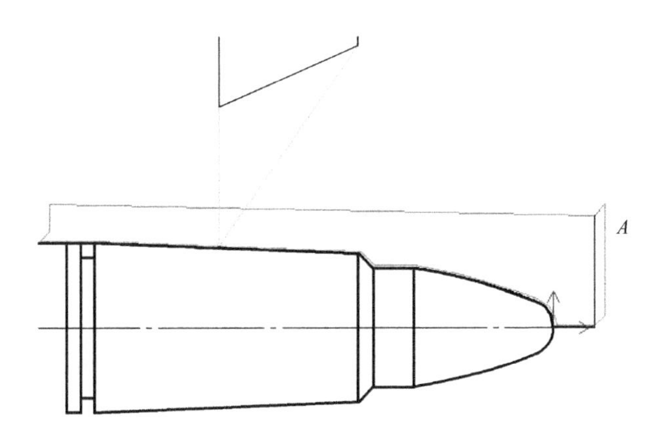

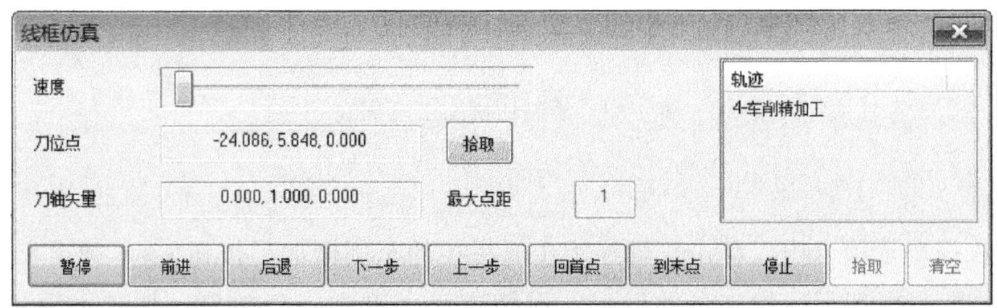

图 4-31　线框仿真对话框

⑥ 在数控车选项卡中，单击后置处理生成栏中的后置处理按钮 G，弹出后置处理对话框，选择控制系统文件 Fanuc，单击“拾取”按钮，拾取精加工轨迹，然后单击“后置”按钮，弹出编辑代码对话框，如图 4-32 所示，生成零件精加工程序。

四、切槽加工

① 在常用选项卡中，单击绘图生成栏中的直线按钮，在立即菜单中，选择两点线、连续、正交方式，捕捉槽左交点，向上绘制 1mm 竖直线，完成加工轮廓绘制，结果如

```
% O1200
N12 G00 G97 S800 T0202
N14 M03
N16 M08
N18 X16. Z3.
N20 X17.814 Z3.707
N22 G99 G01 X1.814 F200
N24 X0.4 Z3.
N26 Z0.191 F2000
N28 G03 X4.085 Z-1.182 I-0.2 K-2.191
N30 X8.895 Z-9.969 I-37.321 K-14.938
N32 X8.9 Z-10. I-0.198 K-0.031
N34 G01 Z-12.917
N36 X10.783 Z-13.859
N38 G03 X10.9 Z-13.992 I-0.141 K-0.141
N40 G01 X12.4 Z-32.992
N42 G03 Z-33. I-0.2 K-0.008
N44 G01 Z-34.
N46 Z-35.
N48 Z-37.
N50 X13.814 Z-36.293 F200
N52 X17.814
N54 G00
N56 X16. Z3.
N58 M09
N60 M30
%
```

图 4-32 零件精加工程序

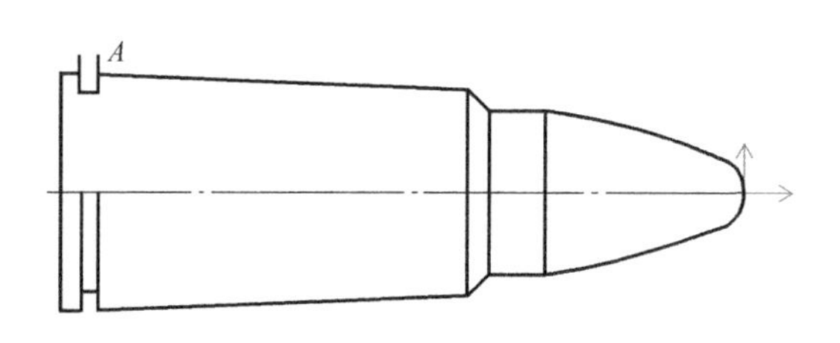

图 4-33 绘制切槽加工轮廓线

图 4-33 所示。

② 在数控车选项卡中，单击二轴加工生成栏中的车削槽加工按钮，弹出车削槽加工对话框，如图 4-34 所示。加工参数设置：切槽表面类型选择外轮廓，加工方向选择纵向，加工余量 0，切深行距设为 0.2，退刀距离 1，刀尖半径补偿选择编程时考虑半径补偿。

③ 选择宽度小于 1mm 的切槽车刀，刀尖半径设为 0.1，刀具位置 0，编程刀位前刀尖，如图 4-35 所示。

④ 切削用量设置：进刀量 500mm/min，主轴转速 800r/min。单击“确定”退出对话框，采用单个拾取方式，拾取被加工轮廓，单击右键，拾取进退刀点 A，生成切槽加工轨迹，如图 4-36 所示。

⑤ 在数控车选项卡中，单击后置处理生成栏中的后置处理按钮 **G**，弹出后置处理对话框，选择控制系统文件 Fanuc，单击“拾取”按钮，拾取加工轨迹，然后单击“后置”按钮，弹出编辑代码对话框，如图 4-37 所示，生成切槽加工程序。

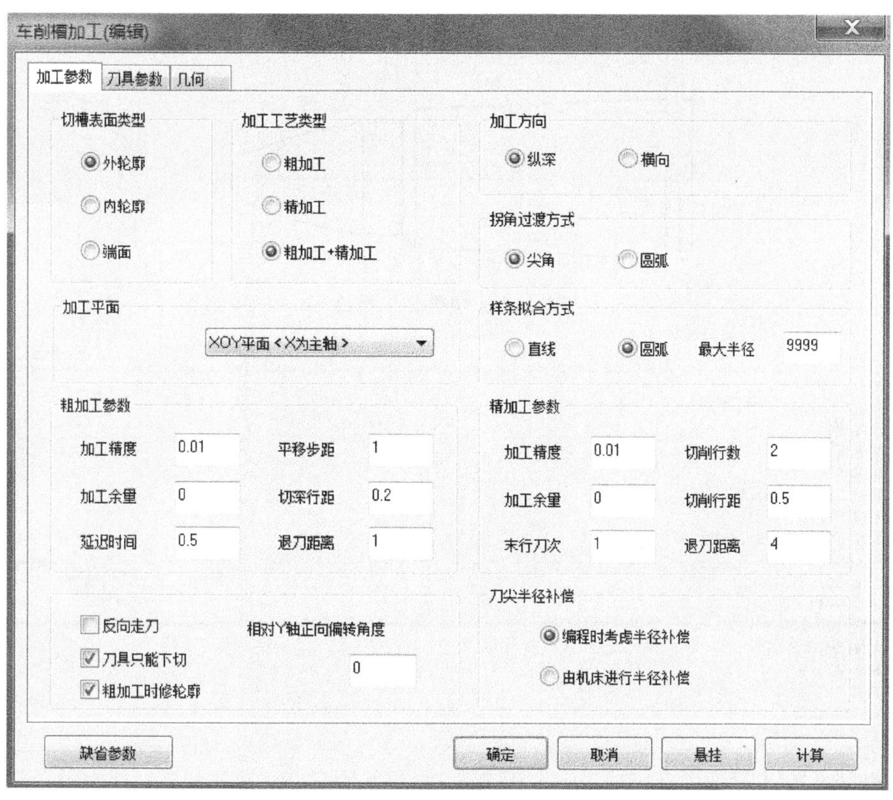

图 4-34　加工参数设置

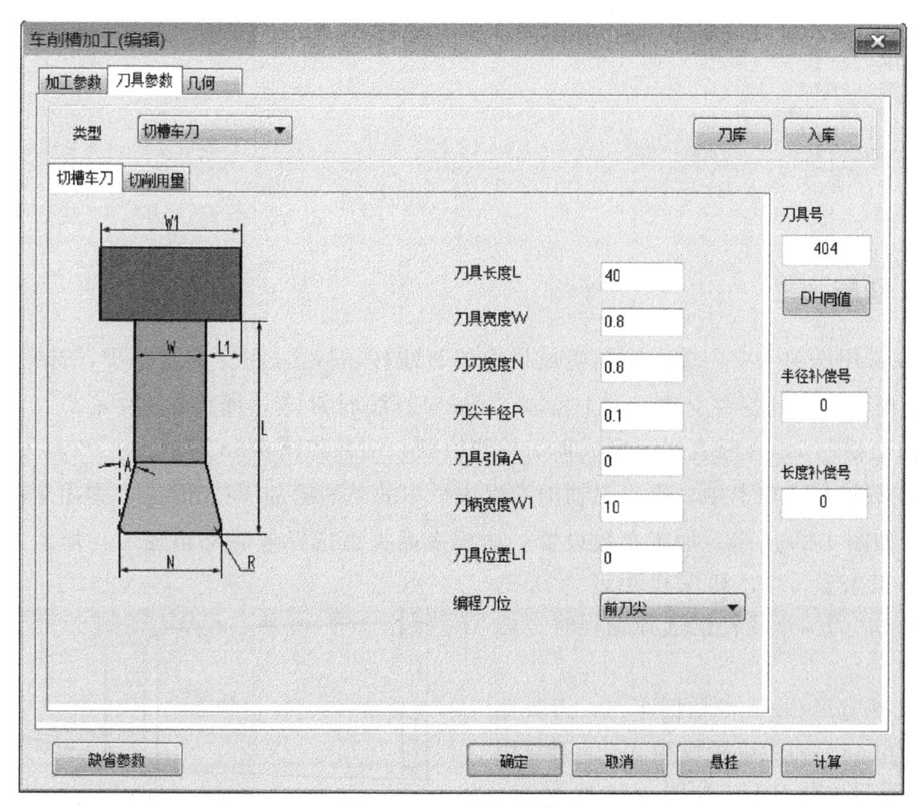

图 4-35　刀具参数设置

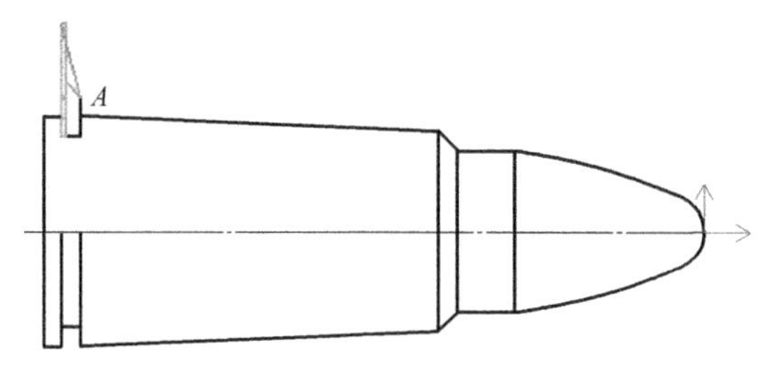

图 4-36 切槽加工轨迹

```
% 01200
N12 G00 G97 S800 T0404
N14 M03
N16 M08
N18 X14. Z-33.
N20 X15.8 Z-33.8
N22 X13.8
N24 G98 G01 X13.4 F2000
N26 G04X0.5
N28 G01 Z-34.
N30 G04X0.5
N32 G00 X15.4
N34 Z-33.8
N36 X13.4
N38 G01 X13.
N40 G04X0.5
N42 G01 Z-34.
N44 G04X0.5
N46 G00 X13.4
N48 G01 X13.
N50 G04X0.5
N52 G00 X15.
N54 Z-33.8
N56 X13.
N58 G01 X12.6
N60 G04X0.5
N62 G01 Z-34.
N64 G04X0.5
N66 G00 X13.
```

图 4-37 生成 G 代码程序

五、切断加工

① 在常用选项卡中，单击绘图生成栏中的直线按钮，在立即菜单中，选择两点线、连续、正交方式，捕捉左交点，向上绘制 1mm 竖直线到 *B* 点，捕捉左边中心点，向左绘制 3mm，向上绘制 7mm 竖直线，完成加工轮廓绘制，结果如图 4-38 所示。

② 在数控车选项卡中，单击二轴加工生成栏中的车削槽加工按钮，弹出车削槽加工对话框，如图 4-39 所示。加工参数设置：切槽表面类型选择外轮廓粗加工，加工方向选择纵深，加工余量 0.2，切深行距设为 0.5，退刀距离 1，刀尖半径补偿选择编程时考虑半径补偿。

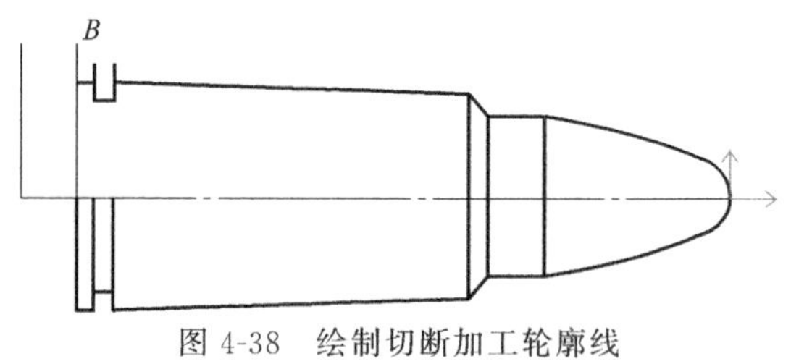

图 4-38 绘制切断加工轮廓线

③ 选择宽度 3mm 的切槽车刀，刀具宽度 *W* 设为 2.8，刀尖半径设为 0.2，刀具位置 0，编程刀位前刀尖，如图 4-40 所示。

图 4-39　加工参数设置

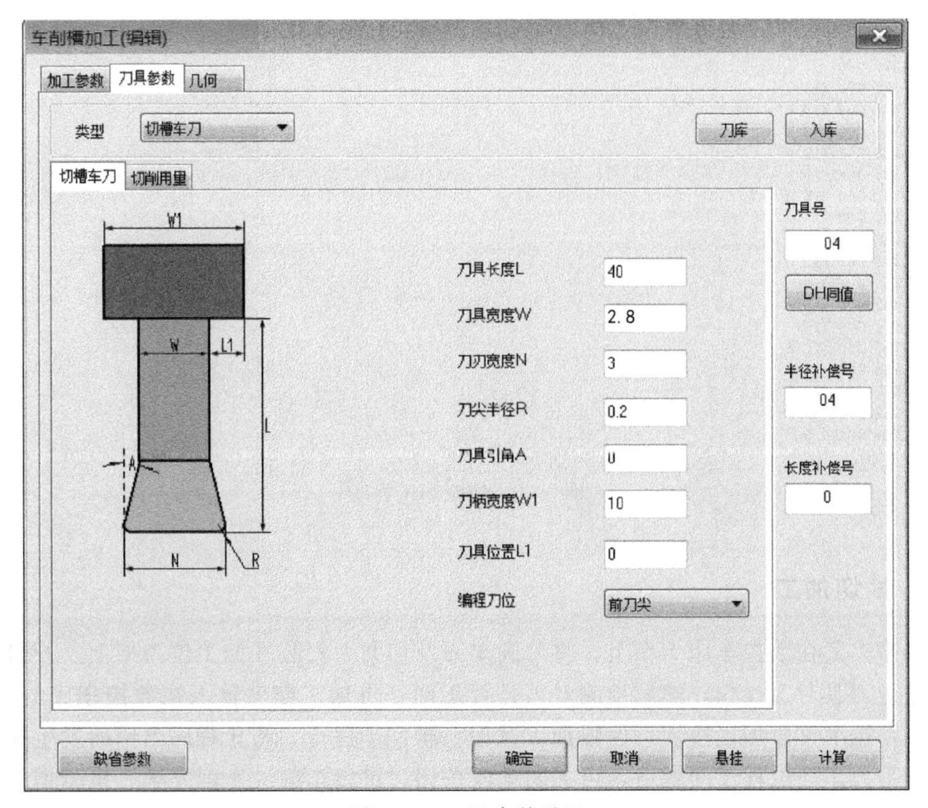

图 4-40　刀具参数设置

④ 切削用量设置：进刀量 600mm/min，主轴转速 1000r/min。单击“确定”退出对话框，采用单个拾取方式，拾取被加工轮廓，单击右键，拾取进退刀点 B，生成切断加工轨迹，如图 4-41 所示。

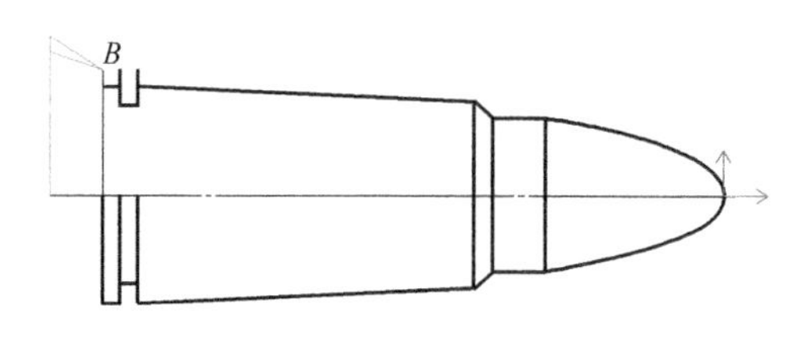

图 4-41 切断加工轨迹

⑤ 在数控车选项卡中，单击后置处理生成栏中的后置处理按钮 G，弹出后置处理对话框，选择控制系统文件 Fanuc，单击“拾取”按钮，拾取加工轨迹，然后单击“后置”按钮，弹出编辑代码对话框，如图 4-42 所示，生成切断加工程序。

```
%
O1200
N10 T0404
N12 G50 S10000
N14 G97 S800 M03
N16 M08
N18 G00 X14. Z-35.
N20 G00 X17.6 Z-38.
N22 G00 X15.6
N24 G94 G01 X12.6 F600.
N26 G04X0.5
N28 G00 X17.6
N30 G00
N32 G00 X16.
N34 G00 X15.6
N36 G00 X13.6
N38 G01 X12.6
N40 G04X0.5
N42 G00 X15.6
N44 G00
N46 G00 X13.6
N48 G01 X12.6
N50 G04X0.5
N52 G00 X15.6
N54 G00 X16.
N56 G00 X16.6
N58 G00
N60 G00 X14.6
N62 G01 X11.6
N64 G04X0.5
```

图 4-42 切断加工程序

六、试切加工

将铜棒夹紧在数控车床卡盘上，将外圆车刀及切断刀安装在四工位刀架上。开启数控车床，先进行刀具对刀操作，然后检测对刀是否正确。将加工程序输入在数控车床的系统里，运行程序，按下单段加工按钮，保障加工过程一步一步进行，防止程序出错而发生撞刀，通过观察第一刀车削过程没问题后，可关闭单段按钮，进行车削。车削完毕，检测铜子弹是否达到所需要求。加工过程如图 4-43 所示，子弹挂件实物如图 4-44 所示。

图 4-43　机床加工过程

图 4-44　子弹挂件实物图

[实例 4-3]　酒杯零件设计与车削加工

完成图 4-45 所示酒杯零件的轮廓设计及内外轮廓的粗精加工程序编制。零件材料为 45 钢，毛坯为 ϕ55mm×100mm 的圆柱棒料。

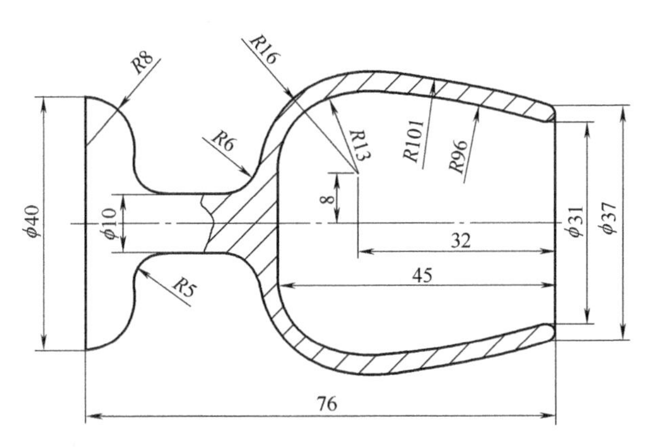

图 4-45　酒杯零件图

如图 4-45 所示，酒杯零件是非圆曲线类薄壁零件。其轮廓由样条线、圆弧和椭圆构成。加工难点在杯柄处，直径只有 10mm，且圆弧曲率半径变化很大，采用手工编程，圆弧的切点计算相当复杂，因此利用 CAXA 数控车 2020 软件进行自动编程。

根据零件图的尺寸，制作出 ϕ20mm 的内孔，孔深 45mm，先去除局部毛坯，方便刀具进退刀。采用三爪卡盘夹紧工件，轴的伸出长度为 90mm，以杯口 ϕ31mm 的端面中心建立工件坐标系。

一、绘制酒杯零件轮廓

① 在常用选项卡中，单击修改生成栏中的等距线按钮，在立即菜单中输入等距距离 5，单击中心线，单击向上箭头，完成等距辅助线绘制，同理绘制其他等距辅助线，如图 4-46 所示。

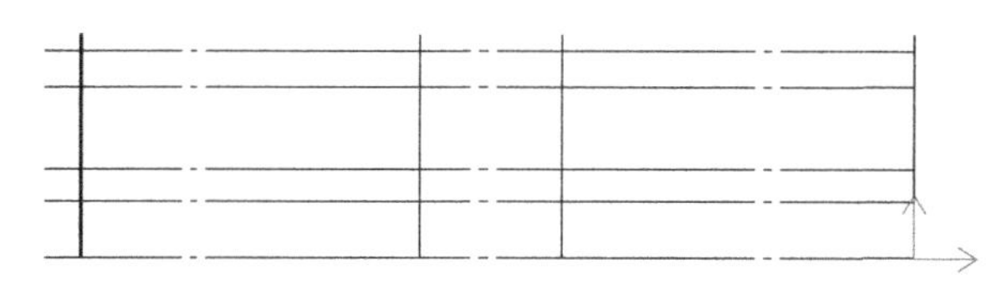

图 4-46 绘制辅助线

② 在常用选项卡中，单击绘图生成栏中的圆按钮，选择圆心_半径方式，输入圆心坐标（−76，12），输入半径 8，回车，完成 *R*8mm 圆绘制。同样用圆心_半径方式，完成 *R*13mm 和 *R*16mm 两圆的绘制。单击修改生成栏中的过渡按钮，在下面的立即菜单中，选择圆角、裁剪，输入过渡半径 5，拾取要过渡的第一条边线，拾取第二条边线，过渡完成，同理完成 *R*6mm 圆弧过渡。如图 4-47 所示。

③ 在常用选项卡中，单击修改生成栏中的裁剪按钮，单击多余线，裁剪多余线，最后删除多余的线条，结果如图 4-48 所示。

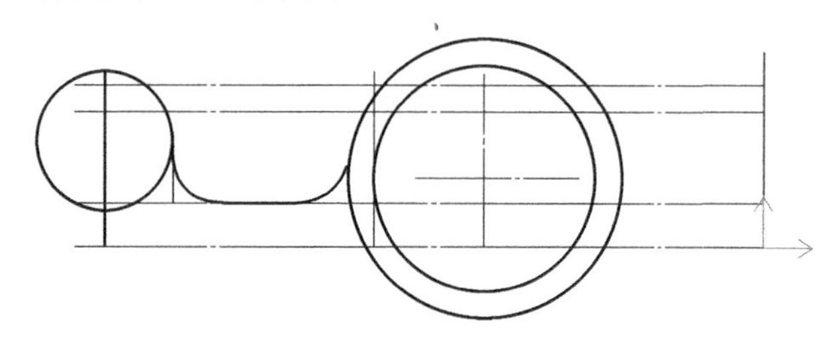

图 4-47 绘制圆和过渡线

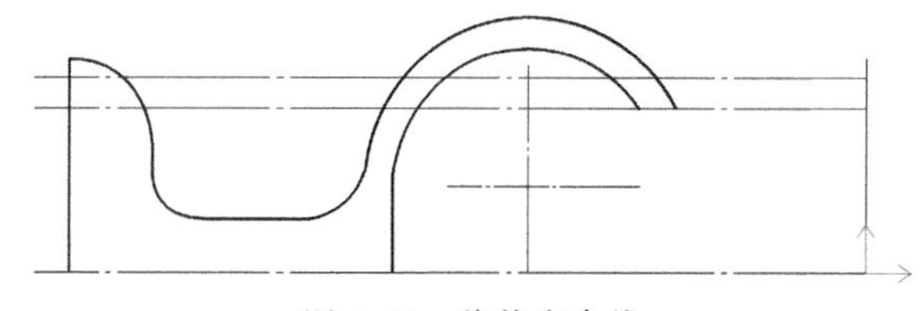

图 4-48 裁剪多余线

④ 在常用选项卡中，单击绘图生成栏中的圆按钮，选择两点_半径方式，捕捉右边交点为第一点，按空格键选择切点捕捉方式，捕捉 *R*16mm 圆弧上一点，完成 *R*101mm 圆绘制，同样方法完成 *R*96mm 圆绘制，如图 4-49 所示。

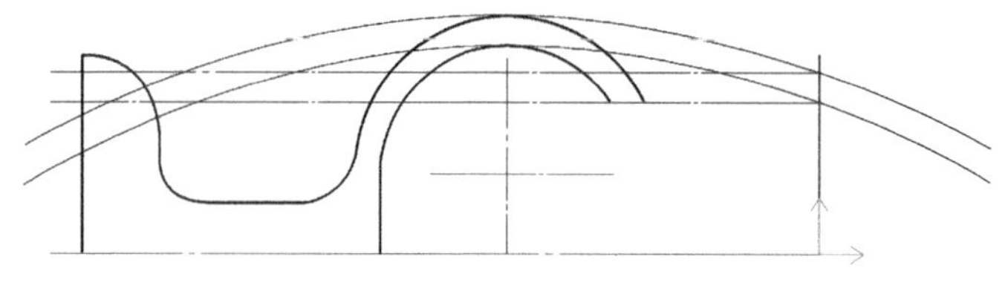

图 4-49 绘制圆弧相切线

⑤ 在常用选项卡中，单击修改生成栏中的裁剪按钮，单击多余线，裁剪多余线，最后删除多余的线条，结果如图 4-50 所示。

⑥ 在常用选项卡中，单击修改生成栏中的镜像按钮，拾取圆弧线，单击镜像中心线，完成下面轮廓线绘制。如图 4-51 所示。

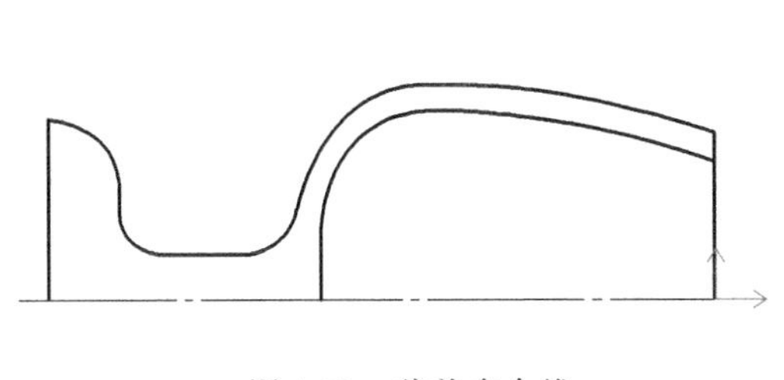
图 4-50　裁剪多余线

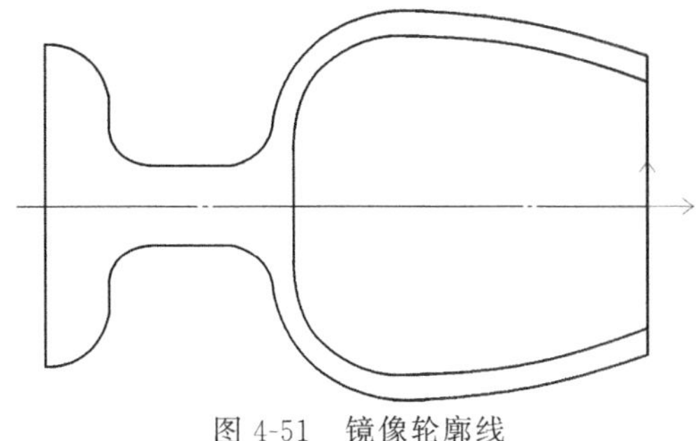
图 4-51　镜像轮廓线

二、酒杯零件外轮廓粗加工

① 确定加工方案、刀具及切削用量。由于酒杯零件属于薄壁件，且杯柄处直径只有10mm，在安排加工顺序的时候，应先进行内孔加工，再进行外圆加工，可避免在切削力作用下杯体折断。按照粗精加工原则，对于零件加工采用三把刀。刀具列表如表 4-2 所示。

表 4-2　刀具列表

刀具号	刀具名称	刀尖半径/mm	切削刃长度/mm	刀柄长度/mm	刀柄宽度/mm	刀具主偏角/(°)	刀具副偏角/(°)
T01	35°尖刀	0.4	15	40	10	0	72.5
T05	35°内孔刀	0.2	15	40	10	100	45

② 在常用选项卡中，单击绘图生成栏中的直线按钮，在立即菜单中，选择两点线、连续、正交方式，捕捉坐标中心点，向上绘制 26mm，向左绘制 80mm 直线，完成毛坯轮廓线绘制，如图 4-52 所示。

③ 在数控车选项卡中，单击二轴加工生成栏中的车削粗加工按钮，弹出车削粗加工对话框，如图 4-53 所示。加工参数设置：加工表面类型选择外轮廓，加工方式选择等距，加工角度 180，切削行距设为 0.8，主偏干涉角 0，副偏干涉角设为 72.5，刀尖半径补偿选择编程时考虑半径补偿。

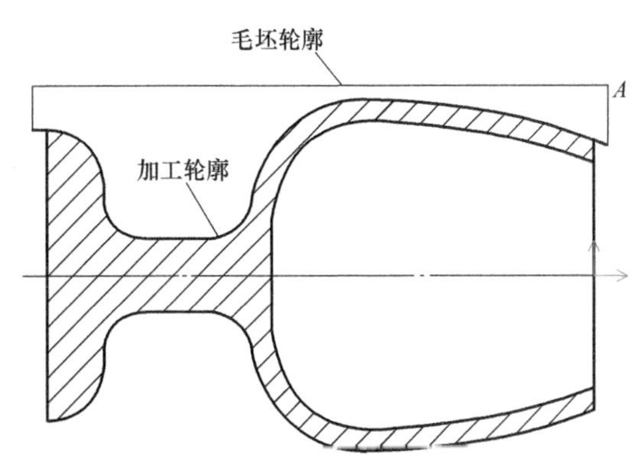

图 4-52　绘制毛坯轮廓线

④ 选择轮廓车刀，刀尖半径设为 0.4，副偏角 72.5，刀具偏置方向为对中，对刀点为刀尖圆心，刀片类型为球形刀片。如图 4-54 所示。

⑤ 单击“确定”退出对话框，采用单个拾取方式，拾取被加工轮廓，单击右键，拾取毛坯轮廓，毛坯轮廓拾取完后，单击右键，拾取进退刀点 A，生成酒杯零件粗加工轨迹，如图 4-55 所示。

⑥ 在数控车选项卡中，单击后置处理生成栏中的后置处理按钮 G，弹出后置处理对话框，选择控制系统文件 Fanuc，单击“拾取”按钮，拾取加工轨迹，然后单击“后置”按钮，弹出编辑代码对话框，如图 4-56 所示，生成酒杯零件加工程序，在此也可以编辑修改加工程序。

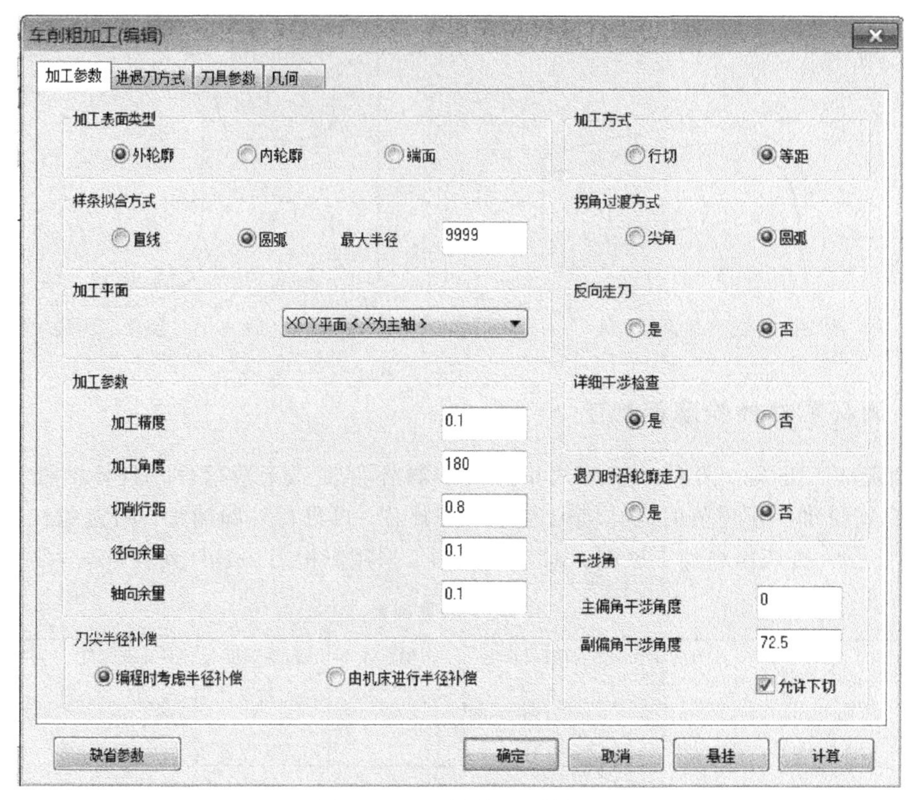

图 4-53 车削粗加工对话框

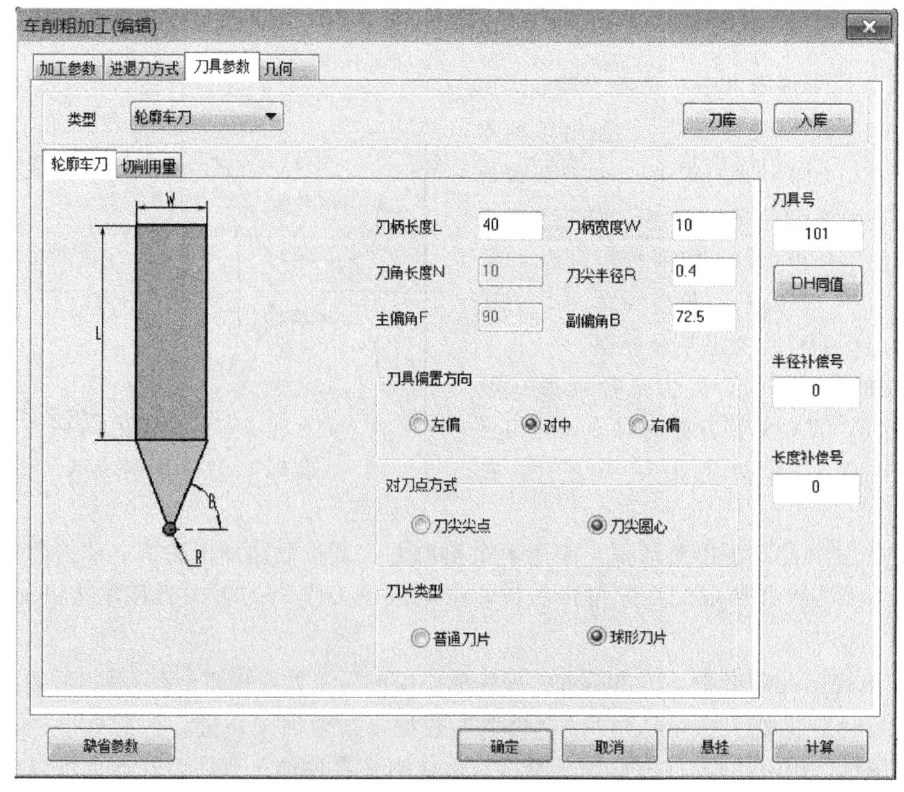

图 4-54 刀具参数设置

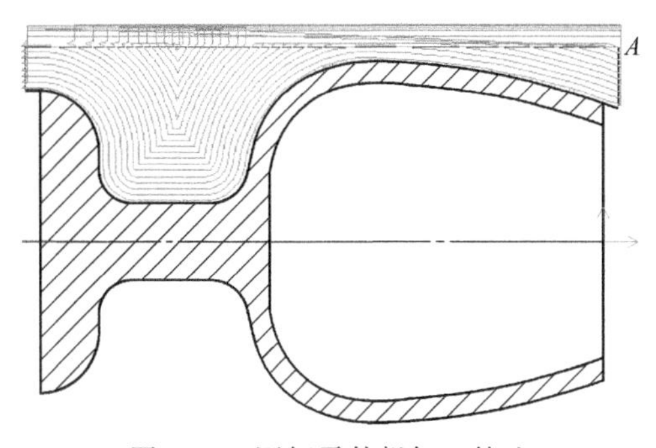

图 4-55　酒杯零件粗加工轨迹

```
%
N12 G00 G97 S800 T0101
N14 M03
N16 M08
N18 X52.  Z2.
N20 X56.8 Z-56.824
N22 G99 G01 X52.8 F200
N24 G03 X50.95 Z-57.484 I-18.4 K24.824 F2000
N26 X52.8 Z-58.194 I-13.475 K-18.516
N28 G01 X52.59 Z-57.2 F300
N30 X56.8
N32 G00 Z-55.821
N34 G01 X52.8 F200
N36 G03 X48.084 Z-57.469 I-18.4 K23.821 F2000
N38 X52.8 Z-59.235 I-12.042 K-18.531
N40 G01 X52.649 Z-58.238 F300
N42 X56.8
N44 G00 Z-54.802
N46 G01 X52.8 F200
N48 G03 X44.987 Z-57.464 I-18.4 K22.802 F2000
N50 X52.8 Z-60.305 I-10.494 K-18.536
N52 G01 X52.714 Z-59.306 F300
N54 X56.8
N56 G00 Z-53.764
N58 G01 X52.8 F200
N60 G03 X41.557 Z-57.475 I-18.4 K21.764 F2000
N62 X52.8 Z-61.409 I-8.779 K-18.525
N64 G01 X52.787 Z-60.409 F300
N66 X56.869
N68 G00 Z-52.706
```

图 4-56　生成酒杯零件外轮廓加工程序

三、酒杯零件内轮廓粗加工

① 先用 ϕ5mm 的中心钻打中心孔，然后用 ϕ14mm 麻花钻钻孔，过程略。

② 在常用选项卡中，单击绘图生成栏中的直线按钮，在立即菜单中，选择两点线、连续、正交方式，捕捉左边 ϕ10mm 处的交点，向右绘制 47mm 水平线到 B 点，完成毛坯轮廓绘制，如图 4-57 所示。

③ 在数控车选项卡中，单击二轴加工生成栏中的车削粗加工按钮，弹出车削粗加工对话框，如图 4-58 所示。加工参数设置：加工表面类型选择内轮廓，加工方式选择等距，加工角度 180，切削行距设为 0.8，主偏干涉角要求小于 10，副偏干涉角设为 45，刀尖半径补偿选择编程时考虑半径补偿。

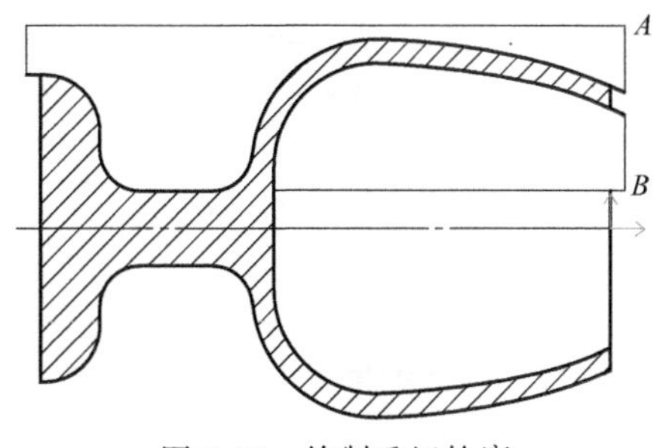

图 4-57　绘制毛坯轮廓

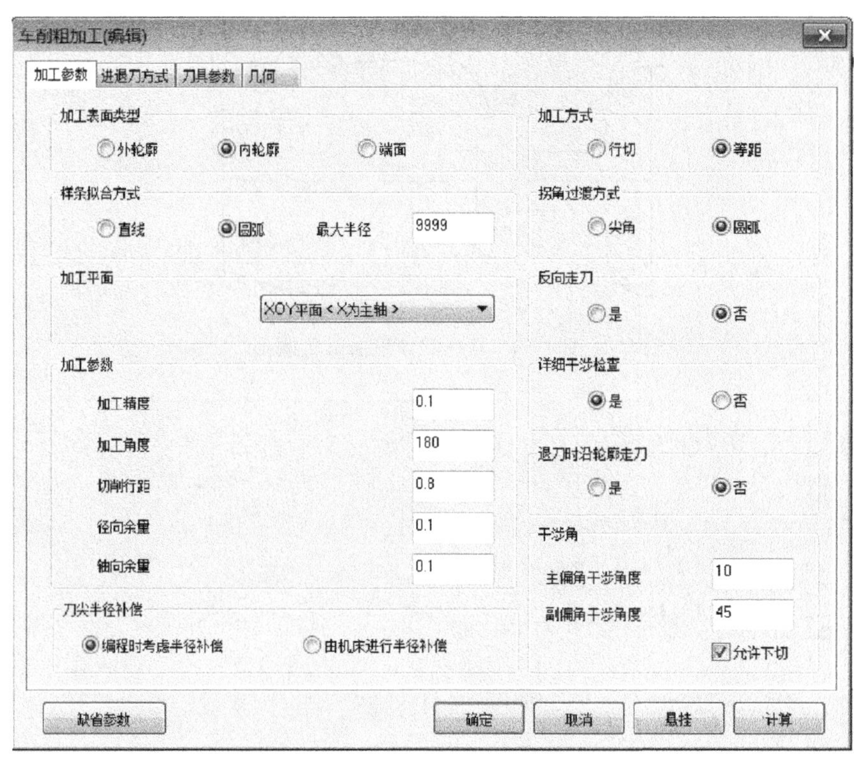

图 4-58 车削粗加工对话框

④ 选择内轮廓车刀，刀尖半径设为 0.3，主偏角 100，副偏角 45，刀具偏置方向为左偏，对刀点为刀尖圆心，刀片类型为球形刀片。如图 4-59 所示。

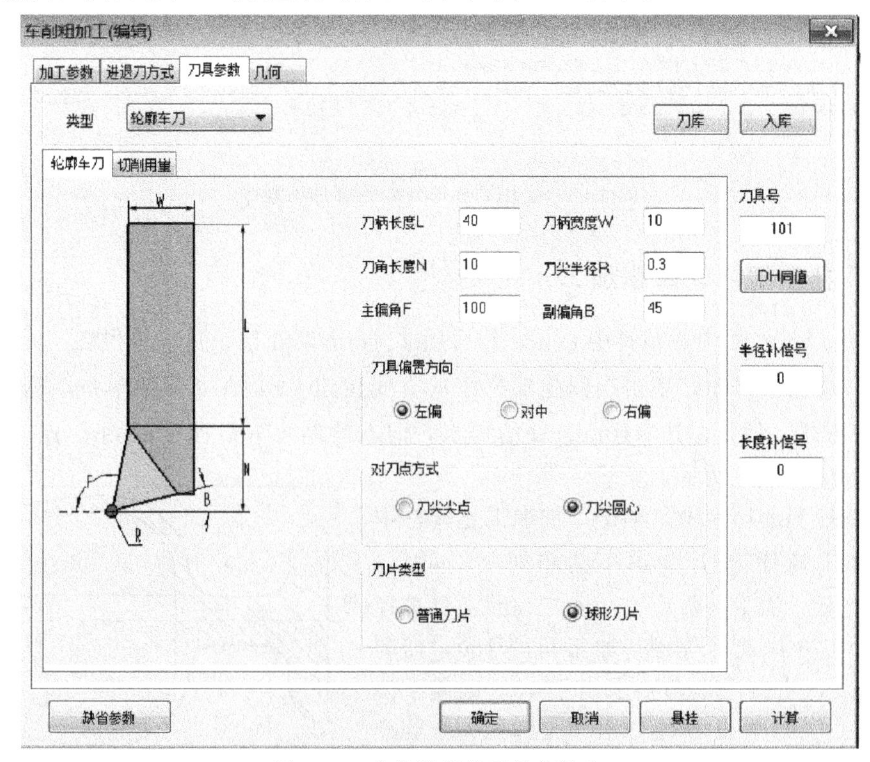

图 4-59 内轮廓粗车刀具参数表

⑤ 单击“确定”退出对话框，采用单个拾取方式，拾取被加工轮廓，单击右键，拾取毛坯轮廓，毛坯轮廓拾取完后，单击右键，拾取进退刀点 B，生成内轮廓粗加工轨迹，如图 4-60 所示。

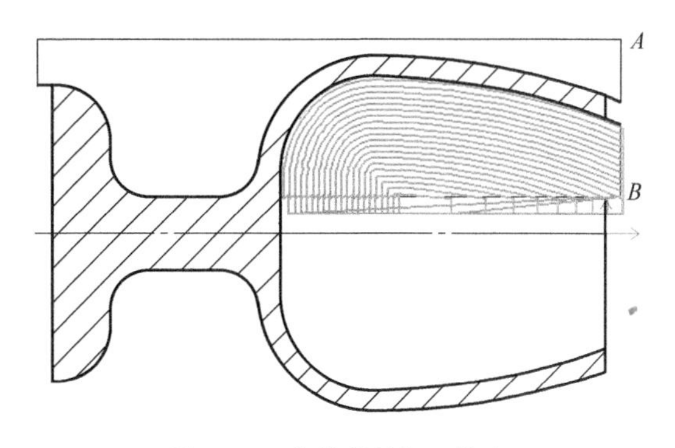

图 4-60　内轮廓粗加工轨迹

⑥ 在数控车选项卡中，单击后置处理生成栏中的后置处理按钮，弹出后置处理对话框，选择控制系统文件 Fanuc，单击“拾取”按钮，拾取加工轨迹，然后单击“后置”按钮，弹出编辑代码对话框，如图 4-61 所示，生成工件内轮廓加工程序。

```
%
O1200
N12 G00 G97 S600 T0404
N14 M03
N16 M08
N18 X10. Z2.
N20 X5.4 Z-21.441
N22 G99 G01 X9.4 F200
N24 G03 X10.714 Z-29.4 I-79.7 K-10.586 F2000
N26 G01 X10.
N28 X9.4
N30 X10.814 Z-28.693 F300
N32 X5.4
N34 G00 Z-16.492
N36 G01 X9.4 F200
N38 G03 X12.359 Z-30.2 I-79.7 K-15.535 F2000
N40 G01 X10.
N42 X9.4
N44 X10.814 Z-29.493 F300
N46 X5.4
N48 G00 Z-12.742
N50 G01 X9.4 F200
N52 G03 X13.987 Z-31. I-79.7 K-19.285 F2000
N54 G01 X10.
N56 X9.4
N58 X10.814 Z-30.293 F300
N60 X5.4
N62 G00 Z-9.583
N64 G01 X9.4 F200
N66 G03 X15.599 Z-31.8 I-79.7 K-22.444 F2000
```

图 4-61　内轮廓粗加工程序

四、酒杯零件内轮廓精加工

① 在数控车选项卡中，单击二轴加工生成栏中的车削精加工按钮，弹出车削精加工对话框，如图 4-62 所示。加工参数设置：加工表面类型选择内轮廓，反向走刀设否，切削行距设为 0.3，径向余量和轴向余量都设为 0。主偏干涉角 10，副偏干涉角设为 45，刀尖半径补偿选择编程时考虑半径补偿。

② 选择内轮廓车刀，刀尖半径设为 0.2，主偏角 100，副偏角 45，刀具偏置方向为左偏，对刀点为刀尖圆心，刀片类型为球形刀片。如图 4-63 所示。

③ 单击“确定”退出对话框，采用单个拾取方式，拾取被加工轮廓，单击右键，拾取进退刀点 B，生成工件内轮廓精加工轨迹，如图 4-64 所示。

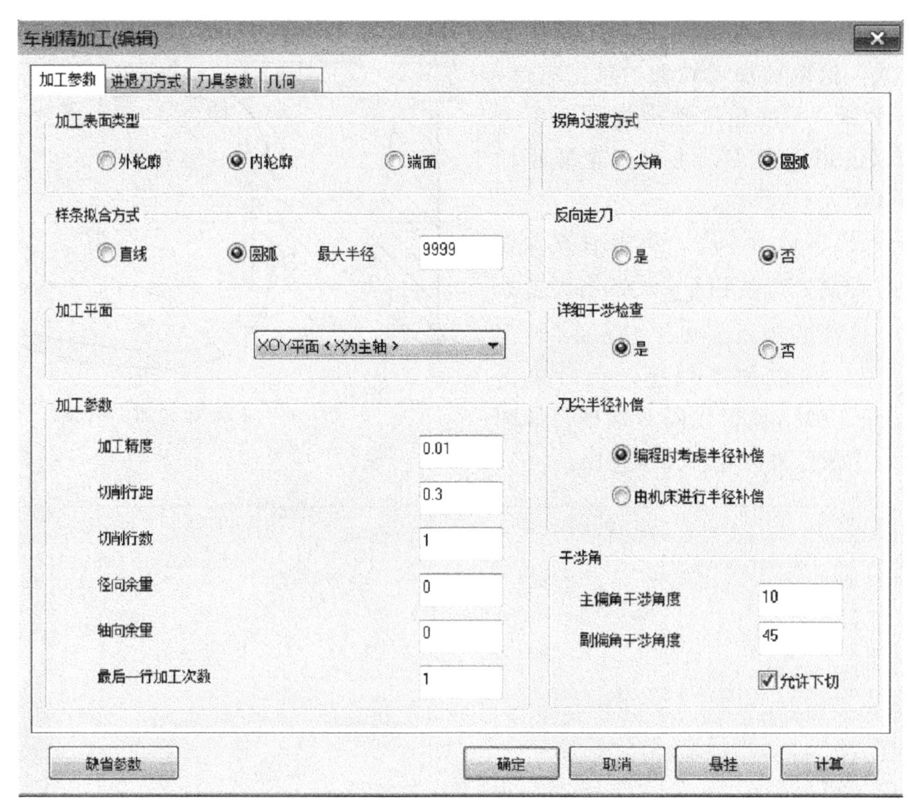

图 4-62 车削精加工对话框

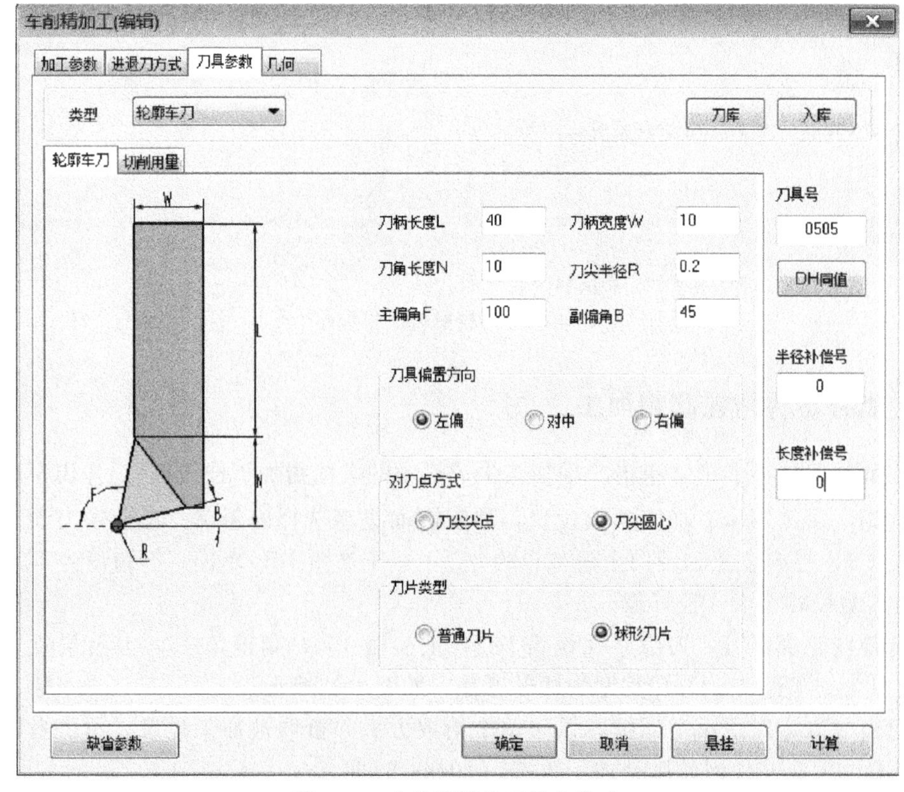

图 4-63 内轮廓精车刀具参数表

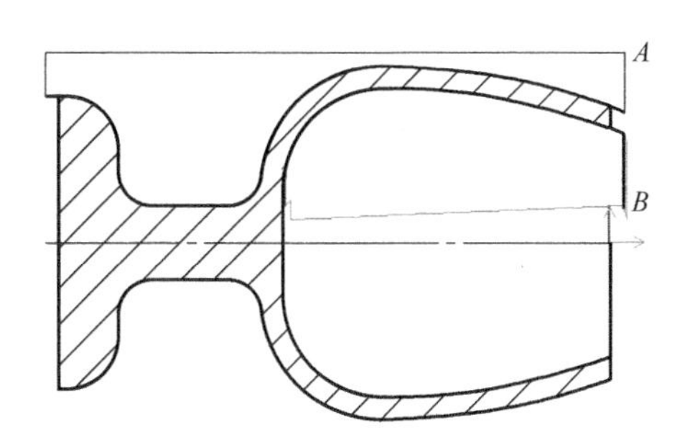

图 4-64　内轮廓精加工轨迹

④ 在数控车选项卡中，单击后置处理生成栏中的后置处理按钮G，弹出后置处理对话框，选择控制系统文件 Fanuc，单击“拾取”按钮，拾取加工轨迹，然后单击“后置”按钮，弹出编辑代码对话框，如图 4-65 所示，生成工件内轮廓精加工程序。

```
% O1200
N12 G00 G97 S1000 T0505
N14 M03
N16 M08
N18 X10. Z2.
N20 X6. Z2.34
N22 G99 G01 X27.337 F100
N24 X29.16 Z1.929
N26 G03 X41.6 Z-31.996 I-89.58 K-33.956 F2000
N28 X16. Z-44.8 I-12.8 K-0.004
N30 G01 X10.
N32 X11.414 Z-44.093 F200
N34 X6.
N36 G00
N38 X10. Z2.
N40 M09
N42 M30
%
```

图 4-65　内轮廓精加工程序

五、工件试加工

将生成的 cnc 文件进行必要的编辑（修改刀具和工件坐标系设置等），传程序至数控车床，进行试验加工。如图 4-66 所示为最后加工过程，图 4-67 所示为加工出来的酒杯实物。

图 4-66　酒杯加工过程图

图 4-67　酒杯实物图

拓展练习

1. 加工图 4-68 所示零件。根据图纸尺寸及技术要求，完成下列内容：

（1）完成零件的车削加工造型；

（2）对该零件进行加工工艺分析，填写数控加工工艺卡片；

（3）根据工艺卡中的加工顺序，进行零件的轮廓粗/精加工，生成加工轨迹；

（4）进行机床参数设置和后置处理，生成 NC 加工程序。

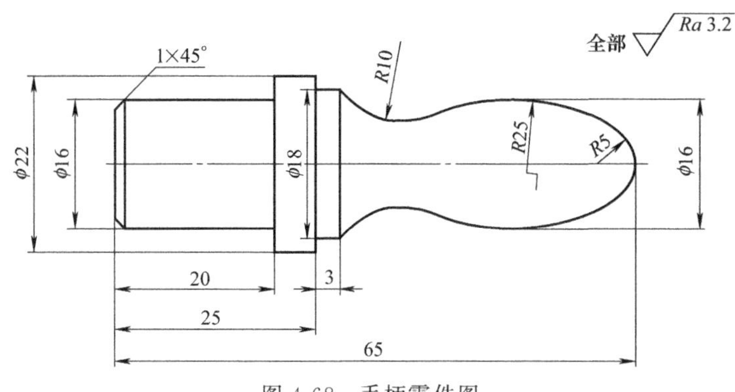

图 4-68 手柄零件图

2. 工艺品葫芦零件尺寸如图 4-69 所示，利用 CAXA 数控车 2020 软件设计出所要加工的葫芦，并进行数控车模拟加工，生成加工程序。

3. 零件尺寸如图 4-70 所示，利用 CAXA 数控车 2020 软件设计出所要加工的国际象棋“兵”，并进行数控车模拟加工，生成加工程序。

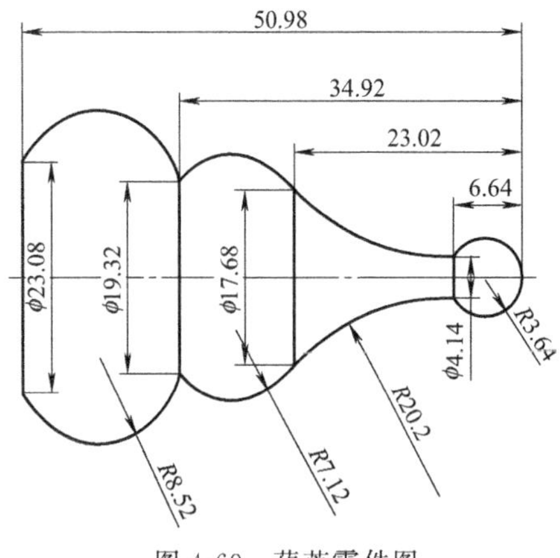

图 4-69 葫芦零件图

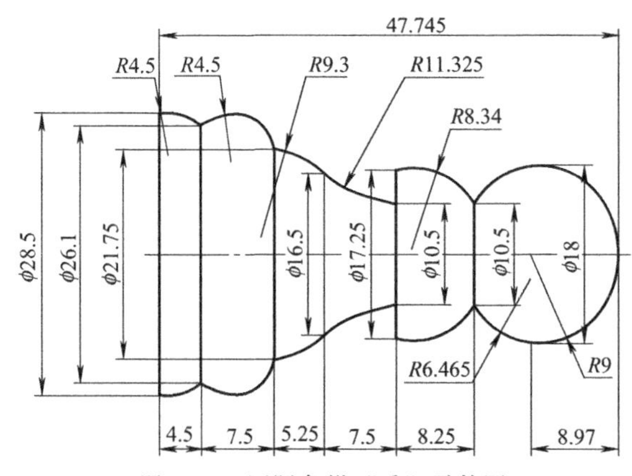

图 4-70 国际象棋“兵”零件图

第五章

特殊零件的设计与车削加工

CAXA 数控车是在全新的数控加工平台上开发的数控车床加工编程和二维图形设计软件。不光能加工常用轴类零件内外轮廓，同时还能加工端面槽、异型螺纹及四轴加工。

本章主要通过锯齿牙形异形螺纹的编程与加工、椭圆面零件等截面粗精加工、圆柱面径向 G01 钻孔加工、圆柱端面 G01 钻孔加工、圆柱轴类零件埋入式键槽加工和圆柱轴类零件开放式键槽加工实例来学习 CAXA 数控车软件对特殊零件进行编程与仿真加工的方法。

【技能目标】

- 掌握异形螺纹加工方法。
- 掌握等截面粗精加工方法。
- 掌握径向 G01 钻孔和端面 G01 钻孔方法。
- 掌握埋入式键槽加工和开放式键槽加工方法。

［实例 5-1］ 锯齿牙形异形螺纹的编程与加工

完成如图 5-1 所示零件的造型设计和锯齿牙形异形螺纹的加工。

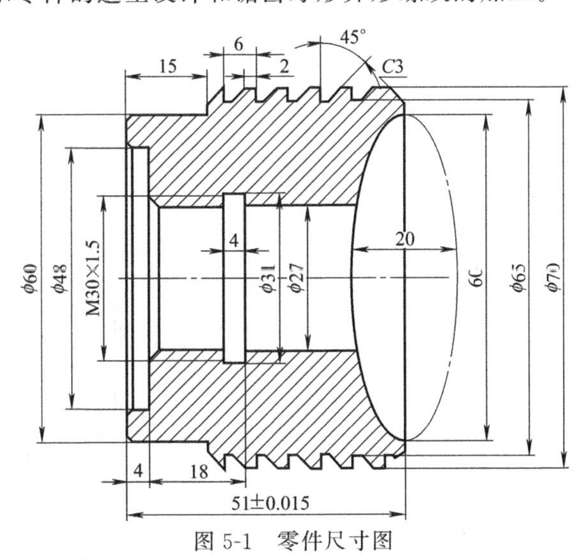

图 5-1　零件尺寸图

异形螺纹区别于普通螺纹，是指螺纹的外轮廓、牙形等形状比较特殊的螺纹。如：在圆柱面、圆弧面和非圆曲面上的异形螺纹，牙形有三角形、矩形、梯形、圆弧形和圆锥曲线形

（椭圆、抛物线、双曲线）等。本实例为锯齿牙形异形螺纹的编程与加工。

一、绘制零件轮廓

① 在常用选项卡中，单击绘图生成栏中的孔/轴按钮，捕捉系统坐标中心点作为插入点，这时出现新的立即菜单，在“2. 起始直径”和“3. 终止直径”文本框中分别输入轴的直径 27，移动鼠标，则跟随着光标将出现一个长度动态变化的轴，键盘输入轴的长度 29，按回车键。继续修改其他段直径，输入长度值回车，右击结束命令，即可完成零件的内轮廓绘制。如图 5-2 所示。

② 单击绘图生成栏中的椭圆按钮，在立即菜单中输入长半轴 10，短半轴 30，捕捉系统坐标中心点，完成椭圆绘制。如图 5-3 所示。

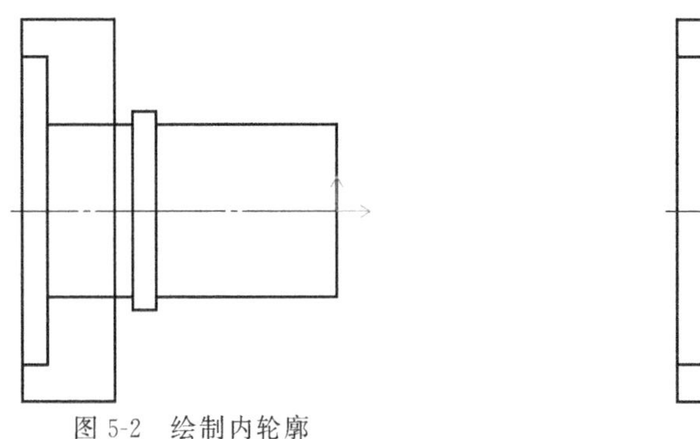

图 5-2 绘制内轮廓

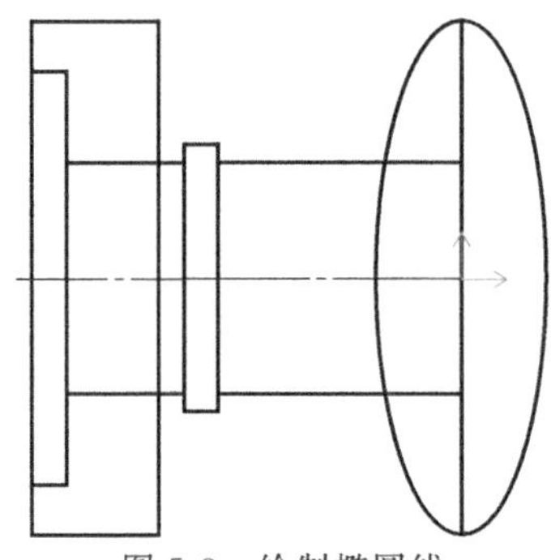

图 5-3 绘制椭圆线

③ 在常用选项卡中，单击修改生成栏中的裁剪按钮，单击多余线，裁剪多余线，最后删除多余的线条。单击修改生成栏中的倒角按钮，在下面的立即菜单中，选择长度、裁剪，输入倒角距离 3，角度 45，拾取要倒角的第一条边线，拾取第二条边线，左边倒角完成。

单击绘图生成栏中的直线按钮，在立即菜单中，选择两点线、连续、正交方式，捕捉左交点，向下绘制 2.5mm 竖直线，向右绘制 1.5mm 水平线，输入下一点坐标（@3.5<45），向右绘制 2mm 水平线，完成锯齿牙型轮廓绘制，结果如图 5-4 所示。

④ 在常用选项卡中，单击剪切板生成栏中的带基点复制按钮，选择牙型轮廓线，单击右键，拾取左边交点为基点。单击剪切板生成栏中的粘贴按钮，拾取右边目标点，完成复制，同样方法复制 3 份，完成锯齿牙型绘制。然后做倒角、填剖面线并作适当修改，如图 5-5 所示。

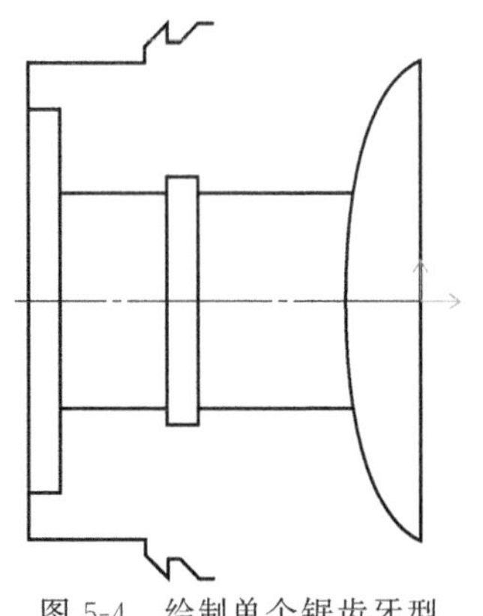

图 5-4 绘制单个锯齿牙型

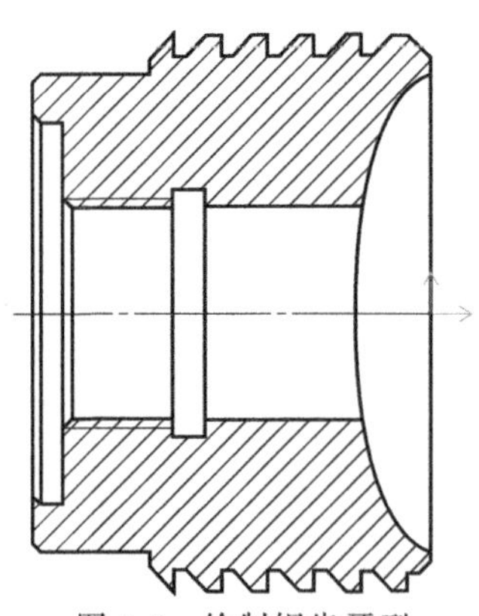

图 5-5 绘制锯齿牙型

二、锯齿形螺纹加工

① 在常用选项卡中，单击剪切板生成栏中的带基点复制按钮，选择牙形轮廓线，复制牙形轮廓线到右边 12mm 的位置。如图 5-6 所示。

操作技巧及注意事项：

在数控车床上车螺纹时，沿螺距方向的 Z 向进给应和车床主轴的旋转保持严格的速比关系，因此应避免在进给机构加速或减速的过程中切削螺纹，所以要设切入量和切出量，即引入段和退出段。所以将牙型轮廓线向右复制到 12mm 处，两个螺距的大小，切出量可以设置为 6mm。

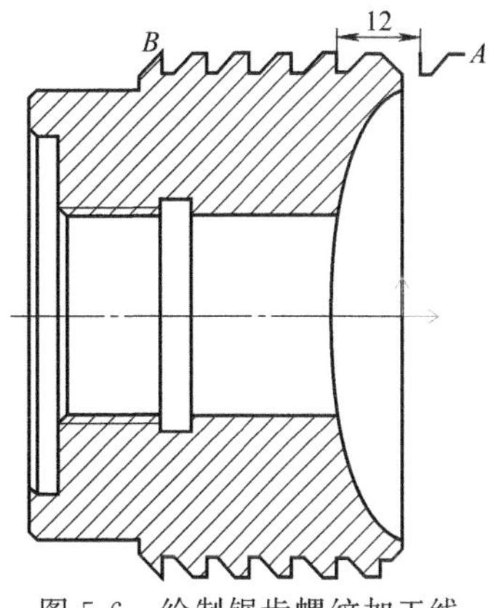

图 5-6　绘制锯齿螺纹加工线

② 在数控车选项卡中，单击二轴加工生成栏中的异形螺纹加工按钮，弹出异形螺纹加工对话框。如图 5-7 所示。设置螺纹加工参数：螺纹类型为外螺纹，选择粗加工＋精加工，螺距为 6，精度 0.01，径向层高 0.3（螺纹每加工一次向左借刀 0.3），轴向进给 0.1（每加工一层借刀完，X 轴下刀 0.1，一直到螺纹车削完，具体刀具路径由软件计算），加工余量 0.1，退刀距离 3。分别拾取螺纹的起始点，单击拾取起点 A，拾取终点 B。

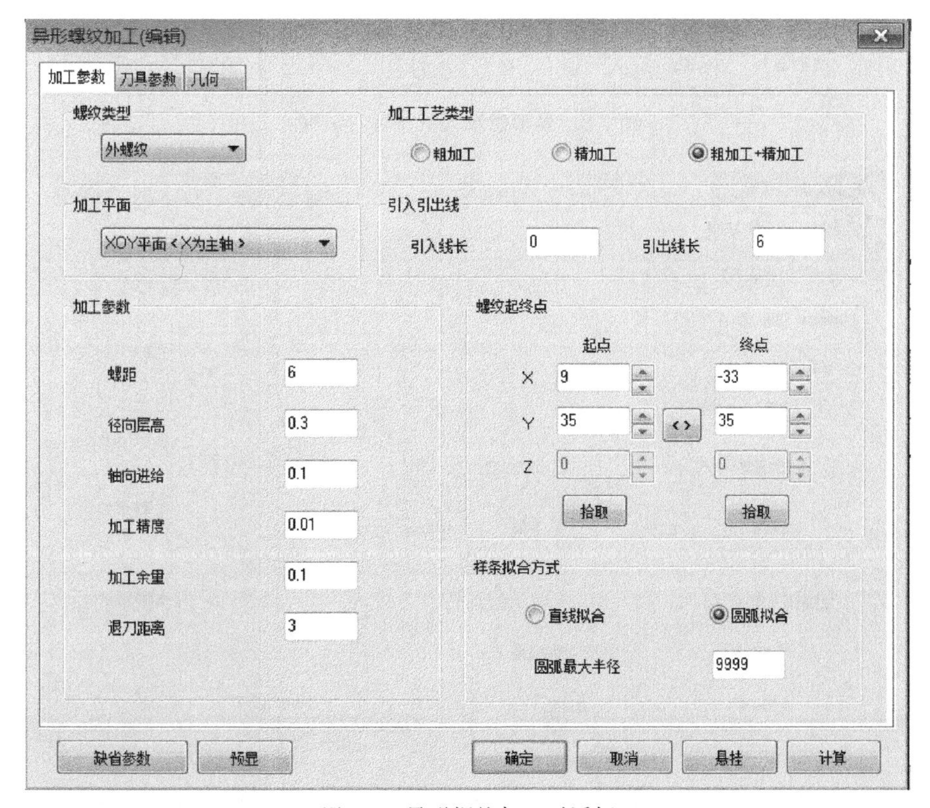

图 5-7　异形螺纹加工对话框

③ 选择合适的切槽车刀，由于牙底宽 1.5，所以选择 1.4 宽，0.4 圆角的切槽车刀，如图 5-8 所示。

④ 设置切削用量：进刀量 0.25mm/r，选择恒转速，主轴转速设为 500r/min。如图 5-9 所示。

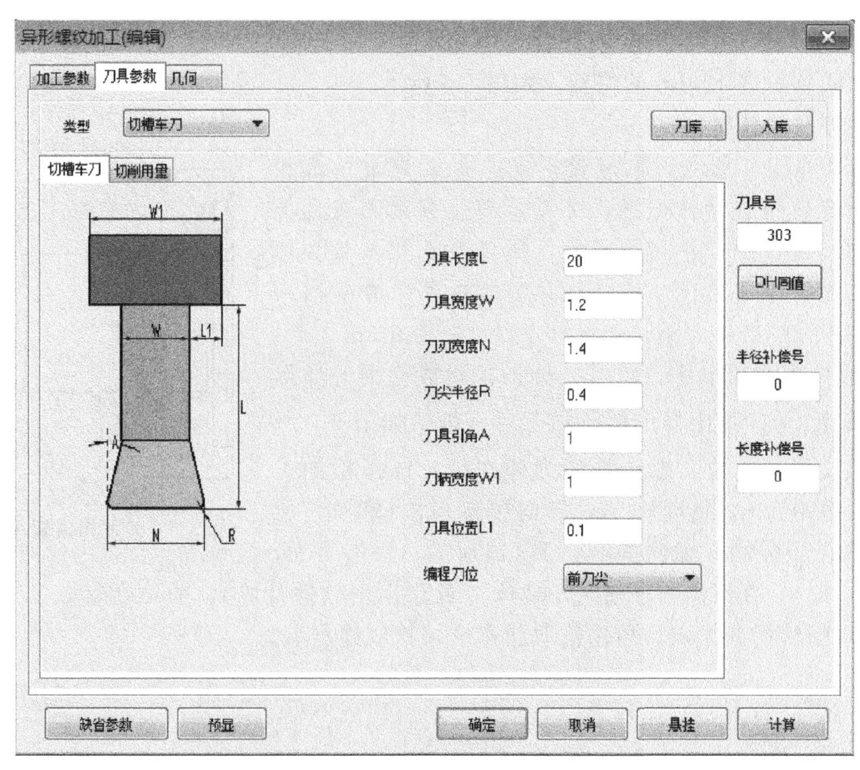

图 5-8 异形螺纹刀具参数对话框

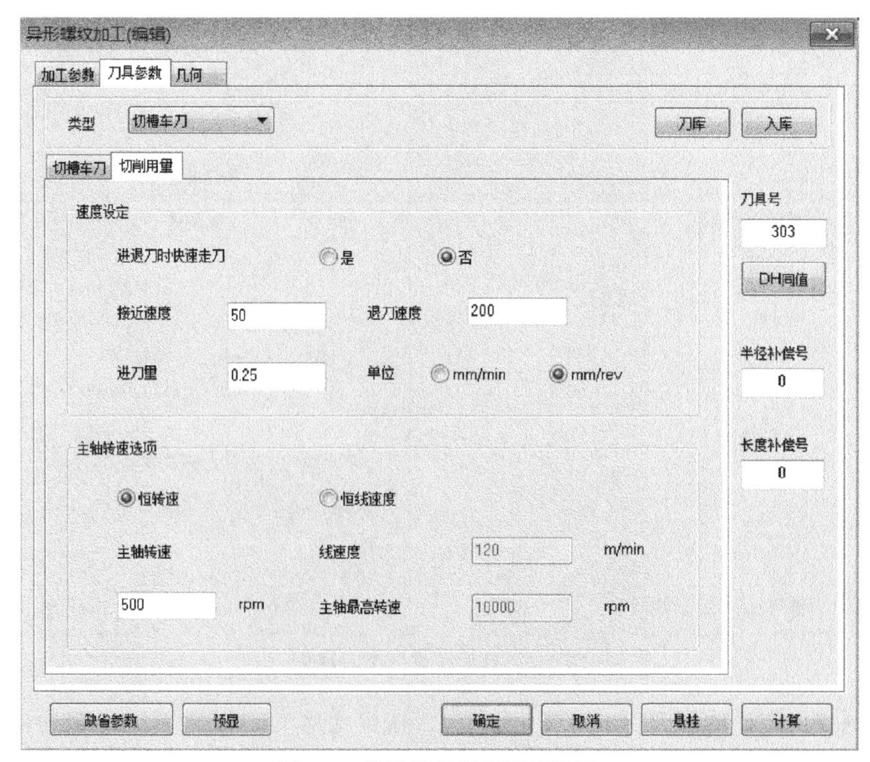

图 5-9 异形螺纹切削用量设置

⑤ 单击“确定”退出对话框，采用单个拾取方式，拾取牙形曲线，生成异形螺纹加工轨迹，如图 5-10 所示。

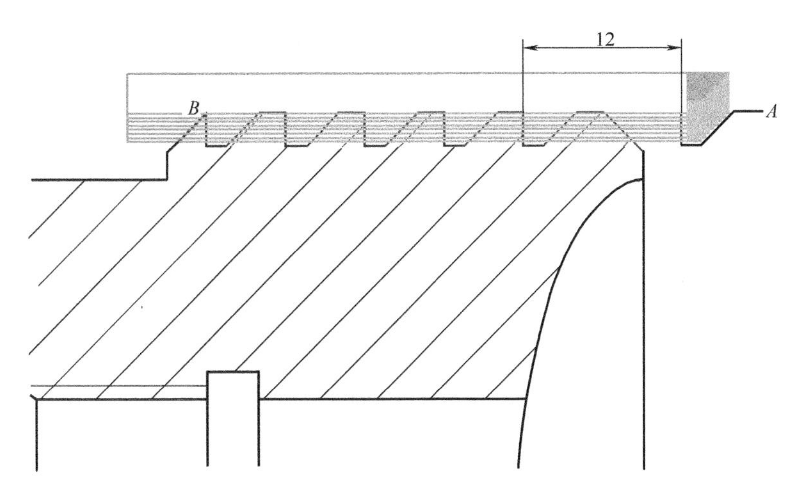

图 5-10　异形螺纹加工轨迹

⑥ 在数控车选项卡中单击后置处理生成栏中的后置处理按钮 G，弹出后置处理对话框，选择控制系统文件 Fanuc，单击“拾取”按钮，拾取加工轨迹，然后单击“后置”按钮，弹出编辑代码对话框，生成异形螺纹加工程序。如图 5-11 所示。

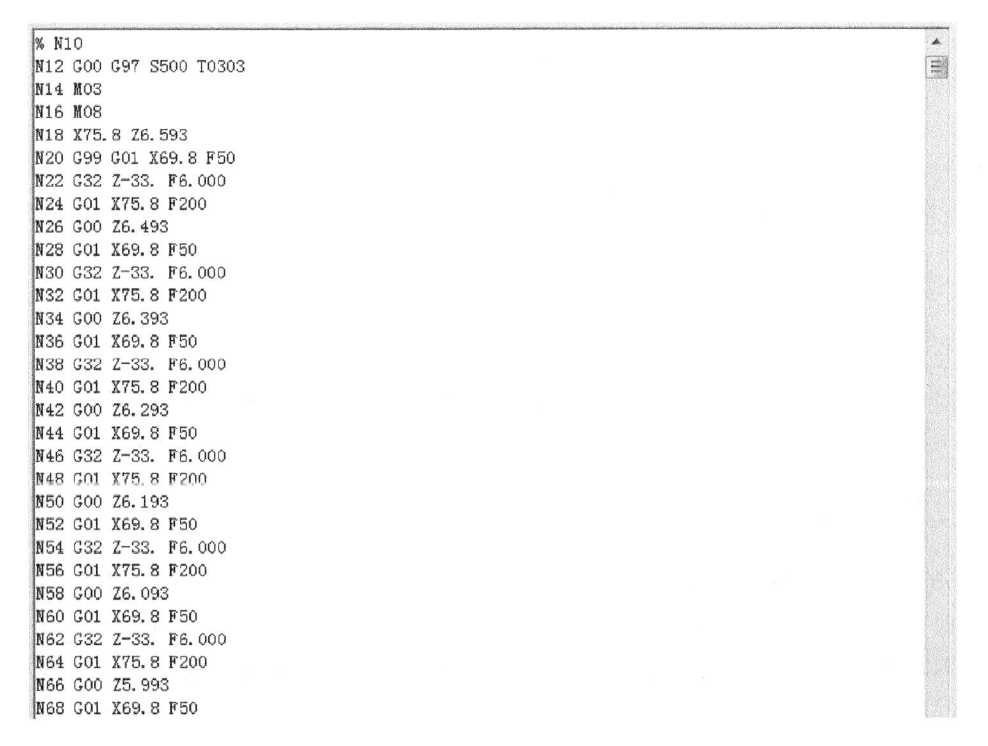

```
% N10
N12 G00 G97 S500 T0303
N14 M03
N16 M08
N18 X75.8 Z6.593
N20 G99 G01 X69.8 F50
N22 G32 Z-33. F6.000
N24 G01 X75.8 F200
N26 G00 Z6.493
N28 G01 X69.8 F50
N30 G32 Z-33. F6.000
N32 G01 X75.8 F200
N34 G00 Z6.393
N36 G01 X69.8 F50
N38 G32 Z-33. F6.000
N40 G01 X75.8 F200
N42 G00 Z6.293
N44 G01 X69.8 F50
N46 G32 Z-33. F6.000
N48 G01 X75.8 F200
N50 G00 Z6.193
N52 G01 X69.8 F50
N54 G32 Z-33. F6.000
N56 G01 X75.8 F200
N58 G00 Z6.093
N60 G01 X69.8 F50
N62 G32 Z-33. F6.000
N64 G01 X75.8 F200
N66 G00 Z5.993
N68 G01 X69.8 F50
```

图 5-11　异形螺纹加工程序

⑦ 将异形螺纹加工程序导入 VERICUT 仿真加工，如图 5-12 所示。

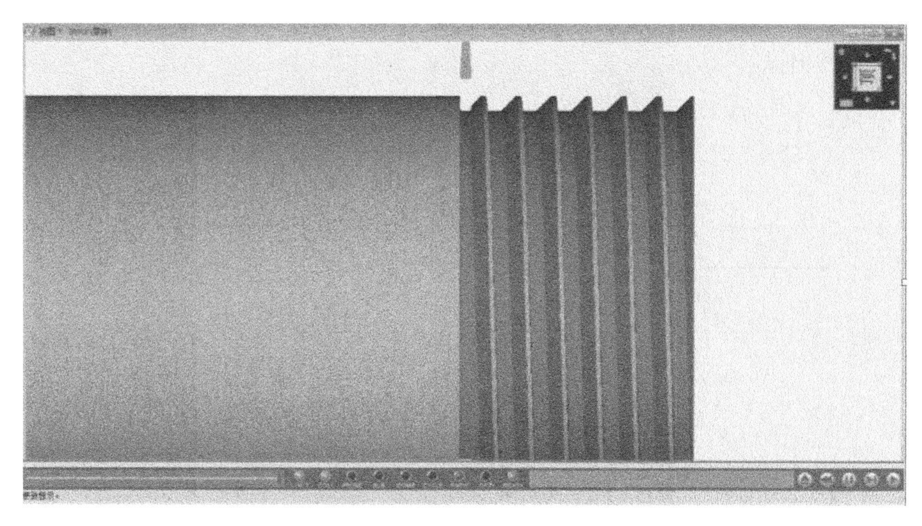

图 5-12 异形螺纹加工仿真

[实例 5-2] 椭圆面零件等截面粗精加工

完成如图 5-13 所示椭圆柱零件的造型设计和椭圆柱面的粗精加工。

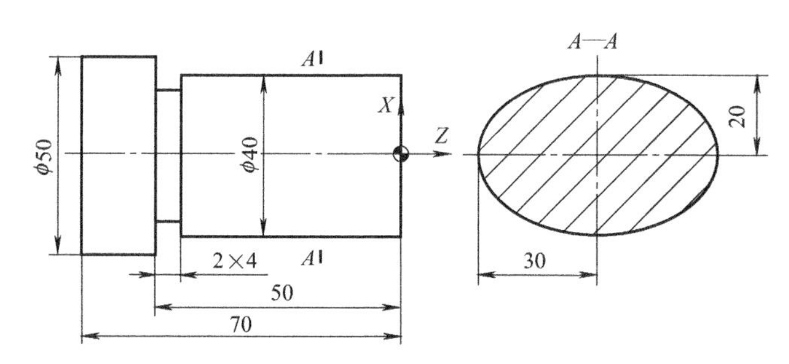

图 5-13 椭圆柱零件图

如图 5-13 所示，零件右面直径为 40mm 的一段外表面为椭圆面，椭圆长半轴为 30mm，短半轴为 20mm，方程式为 $z^2/30^2+x^2/20^2=1$。在右端面中心建立工件坐标系。

一、绘制零件轮廓

① 在常用选项卡中，单击绘图生成栏中的孔/轴按钮，捕捉中心点坐标，这时出现新的立即菜单，在“2. 起始直径”和“3. 终止直径”文本框中分别输入轴的直径 40，移动鼠标，则跟随着光标将出现一个长度动态变化的轴，键盘输入轴的长度 46，按回车键。继续修改其他段直径，输入长度值回车，右击结束命令，即可完成零件的外轮廓绘制。如图 5-14 所示。

② 单击绘图生成栏中的椭圆按钮，在立即菜单中输入长半轴 30，短半轴 20，输入基点坐标（45，0），完成椭圆绘制。如图 5-14 所示。

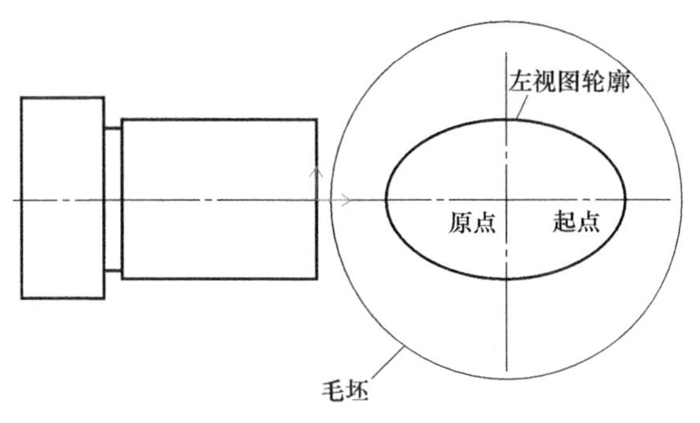

图 5-14　椭圆柱零件轮廓图

二、等截面粗加工

① 在数控车选项卡中，单击 C 轴加工栏中的等截面粗加工按钮，弹出等截面粗加工对话框，如图 5-15 所示。加工参数设置：加工精度 0.1，行距 2，毛坯直径为 90，层高 2，加工方式选择环切，往复加工。

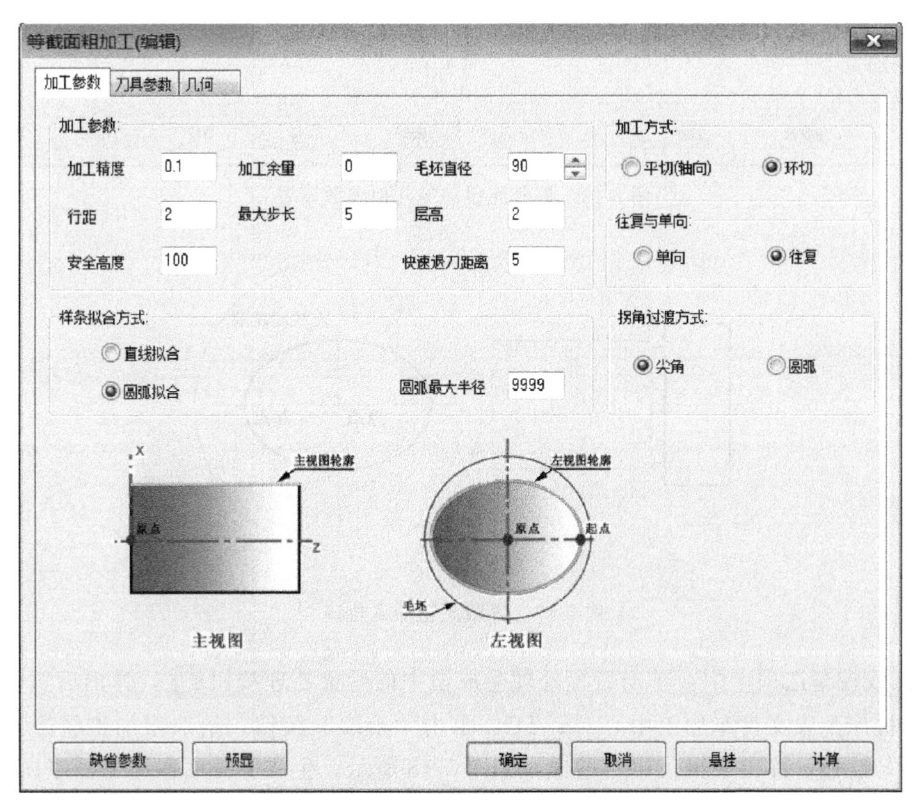

图 5-15　等截面粗加工对话框

② 设置几何参数，单击拾取截面左视图中心点，拾取截面左视图加工轮廓起点，拾取截面左视图加工轮廓线，拾取主视图加工轮廓线，然后选方向，如图 5-16 所示。

③ 选择 ϕ10mm 球形车刀，单击“确定”按钮。生成如图 5-17 所示的等截面粗加工轨迹。

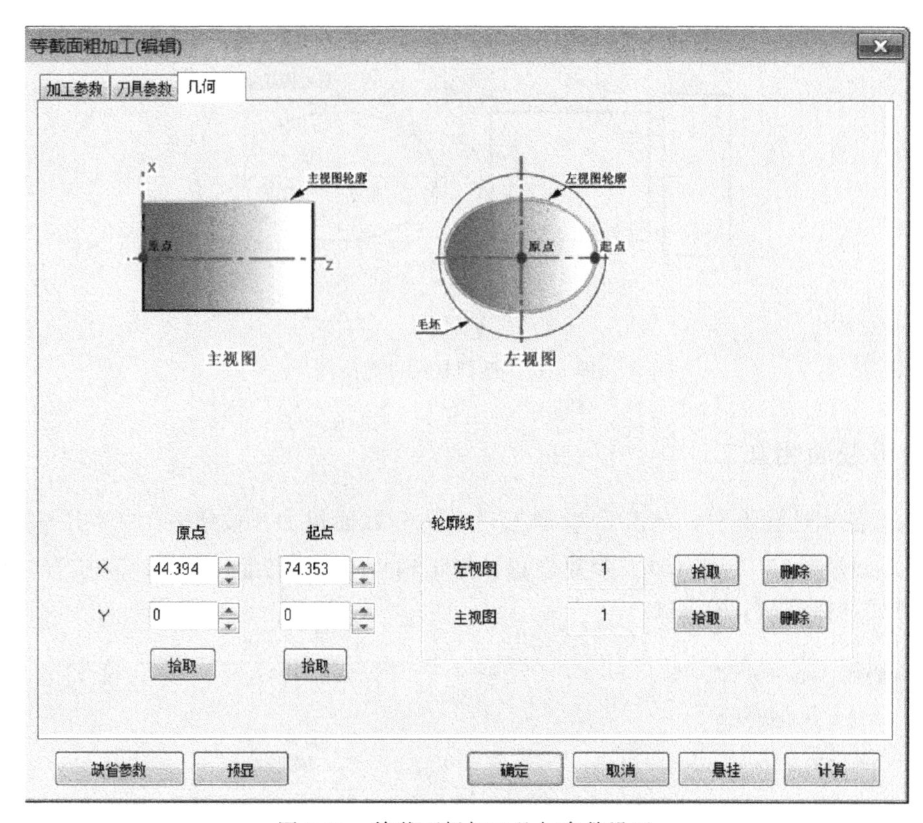

图 5-16 等截面粗加工几何参数设置

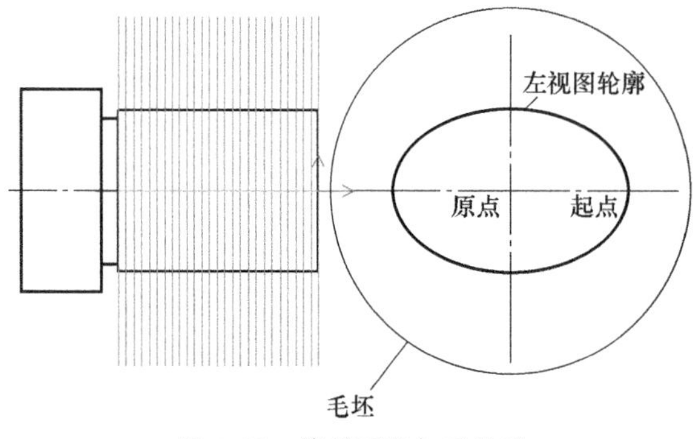

图 5-17 等截面粗加工轨迹

④ 在数控车选项卡中，单击后置处理生成栏中的后置处理按钮G，弹出后置处理对话框，选择机床配置文件车加工中心_4x_TC，单击“拾取”按钮，拾取粗加工轨迹，然后单击“后置”按钮，弹出编辑代码对话框，如图 5-18 所示，生成等截面粗加工程序。

三、等截面精加工

① 在数控车选项卡中，单击 C 轴加工栏中的等截面精加工按钮，弹出等截面精加工对话框，如图 5-19 所示。加工参数设置：加工精度 0.01，行距 2，加工方式选择环切。

② 设置几何参数，单击拾取截面左视图中心点，拾取截面左视图加工轮廓起点，拾取截面左视图加工轮廓线，拾取主视图加工轮廓线，然后选方向，如图 5-20 所示。

```
%
O1200
N10 C0
N14 G00 S3000 T0202
N16 M03
N18 M08
N20 X200. Z0. C90.
N22 X100.
N24 X87.995
N26 G01 X87.976 C94.425 F2000
N28 X87.92 C98.863
N30 X87.83 C103.334
N32 X87.71 C107.865
N34 X87.565 C112.49
N36 X87.399 C117.254
N38 X87.219 C122.203
N40 X87.029 C127.387
N42 X86.837 C132.851
N44 X86.649 C138.637
N46 X86.472 C144.771
N48 X86.311 C151.451
N50 X86.158 C158.348
N52 X86.084 C165.246
N54 X86.001 C172.67
N56 X86.002 C180.093
N58 X86.003 C187.512
N60 X86.088 C194.931
N62 X86.164 C201.817
N64 X86.319 C208.703
N66 X86.482 C215.367
```

图 5-18　生成等截面粗加工程序

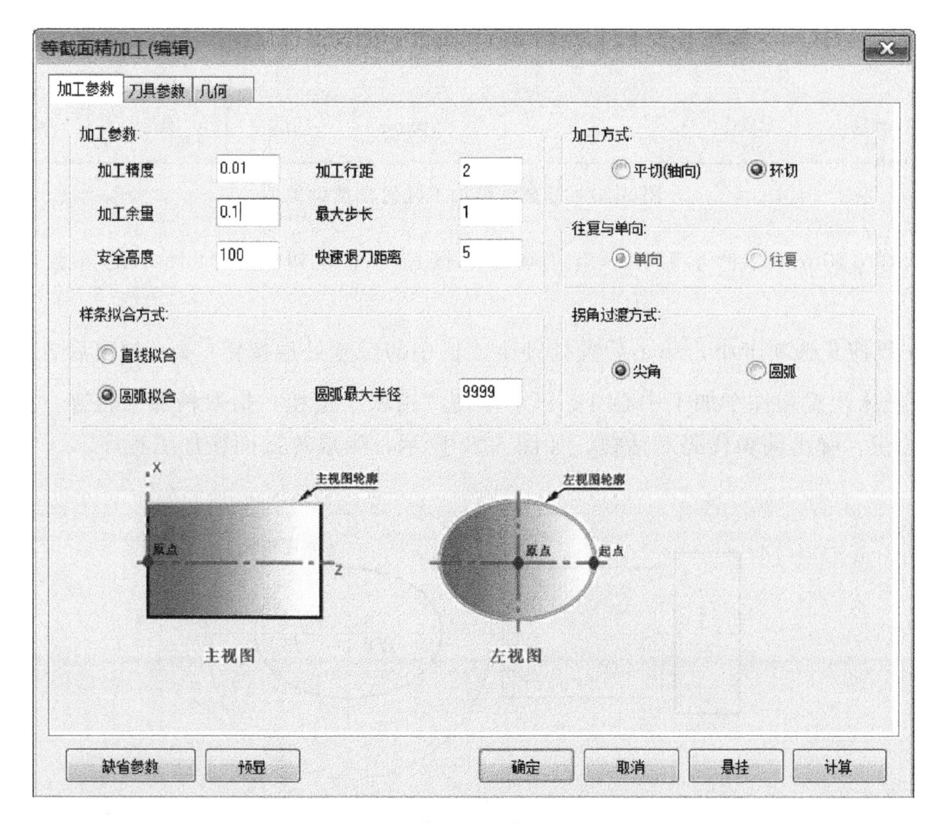

图 5-19　等截面精加工对话框

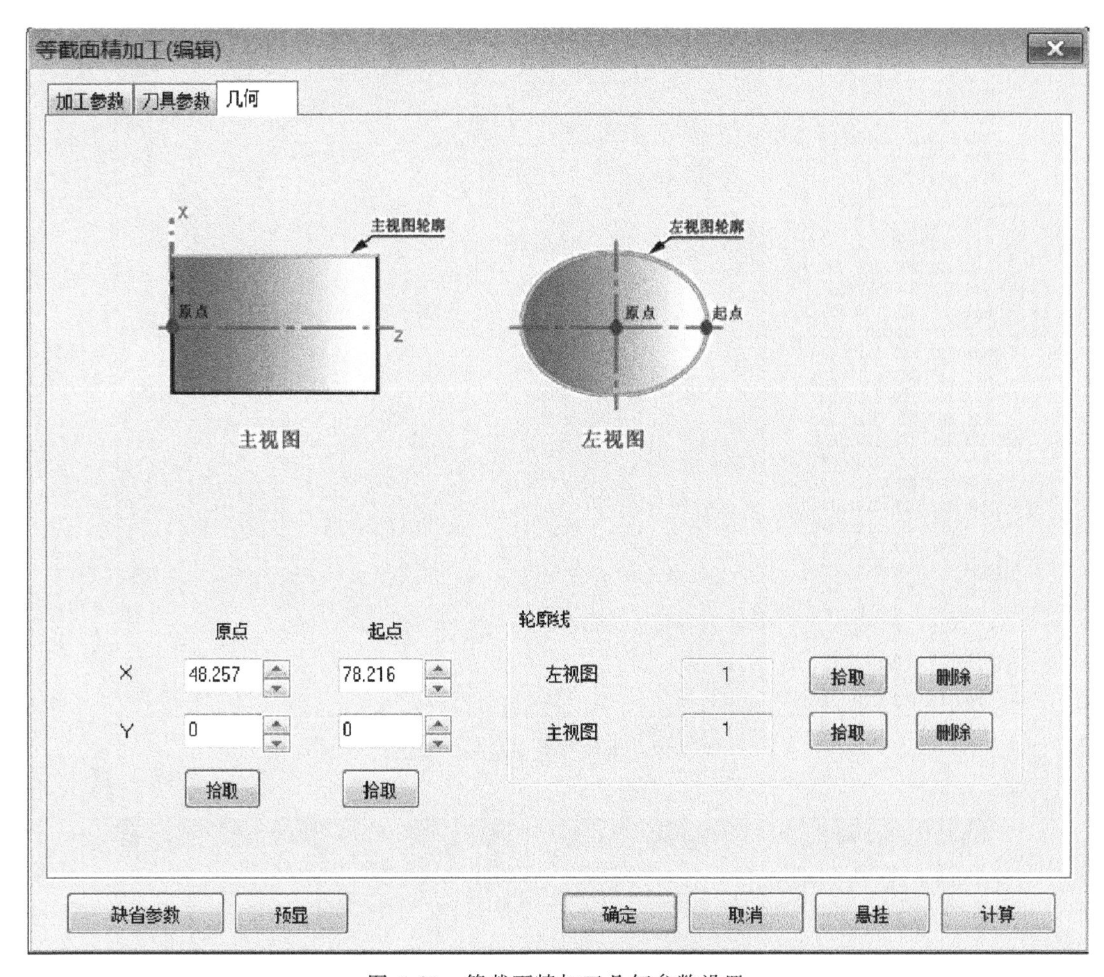

图 5-20 等截面精加工几何参数设置

③ 选择 ϕ10mm 球形车刀，单击“确定”按钮。生成如图 5-21 所示的等截面精加工轨迹。

④ 在数控车选项卡中，单击后置处理生成栏中的后置处理按钮 G ，弹出后置处理对话框，选择机床配置文件车加工中心_4x_TC，单击“拾取”按钮，拾取精加工轨迹，然后单击“后置”按钮，弹出编辑代码对话框，如图 5-22 所示，生成等截面精加工程序。

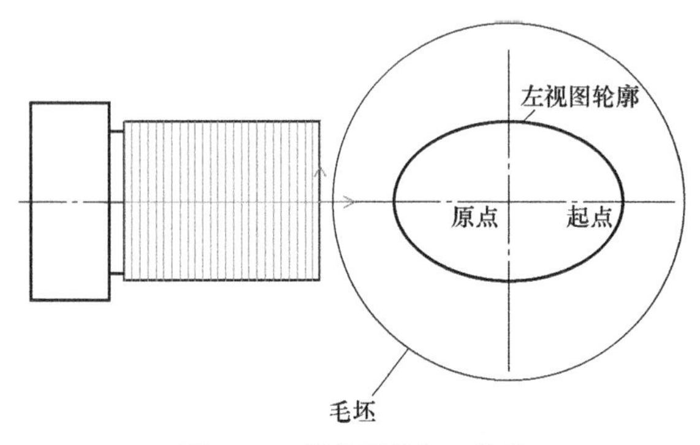

图 5-21 等截面精加工轨迹

```
% O1200
N10 C0
N14 G00 S3000 T0404
N16 M03
N18 M08
N20 X200. Z0. C-90.
N22 X70.401
N24 X60.125
N26 G01 X60.088 C-88.891 F2000
N28 X60.078 C-87.782
N30 X59.994 C-86.673
N32 X59.936 C-85.562
N34 X59.806 C-84.453
N36 X59.703 C-83.34
N38 X59.528 C-82.228
N40 X59.38 C-81.112
N42 X59.162 C-79.998
N44 X58.971 C-78.877
N46 X58.713 C-77.757
N48 X58.481 C-76.63
N50 X58.185 C-75.504
N52 X57.916 C-74.369
N54 X57.585 C-73.235
N56 X57.281 C-72.09
N58 X56.918 C-70.945
N60 X56.583 C-69.788
N62 X56.191 C-68.629
N64 X55.827 C-67.457
N66 X55.409 C-66.282
N68 X55.02 C-65.092
```

图 5-22　生成等截面精加工程序

[实例 5-3]　圆柱面径向 G01 钻孔加工

采用圆柱面径向 G01 钻孔加工功能来编写如图 5-23 所示的圆柱零件的径向钻孔加工程序。

一、绘制零件轮廓

绘制如图 5-24 所示的圆柱零件主视图和左视图。

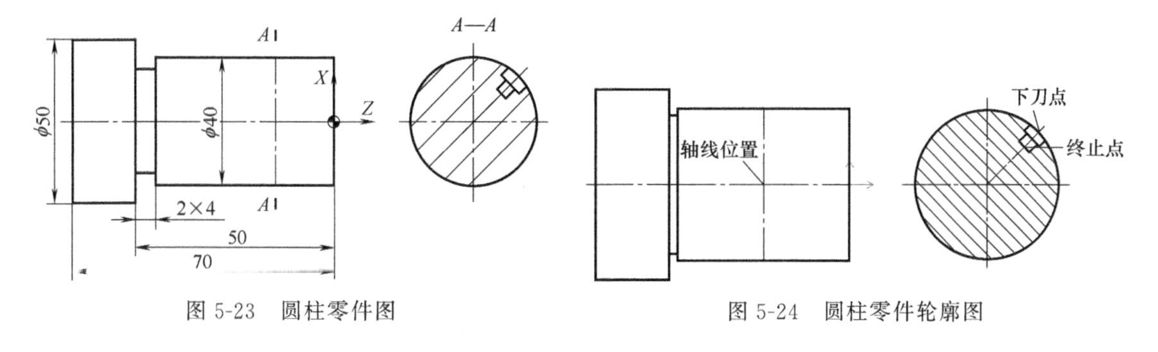

图 5-23　圆柱零件图　　　图 5-24　圆柱零件轮廓图

二、径向 G01 钻孔

在 A—A 剖面位置径向钻孔。在右端面中心建立工件坐标系。

① 在数控车选项卡中，单击 C 轴加工栏中的径向 G01 钻孔按钮，弹出径向 G01 钻孔对话框，如图 5-25 所示。钻孔方式：每次深度 2。

② 在几何页面中，拾取主视图中的轴位点，拾取左视图中的原点，拾取左视图中下刀点，拾取左视图中终止点，如图 5-26 所示。

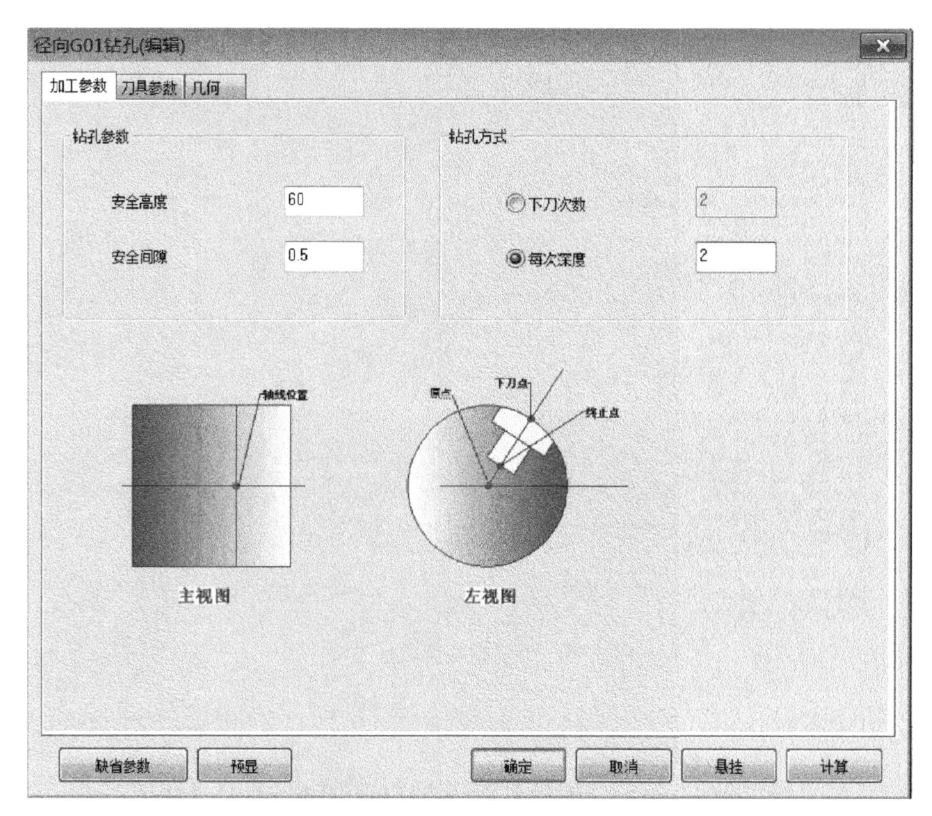

图 5-25 径向 G01 钻孔对话框

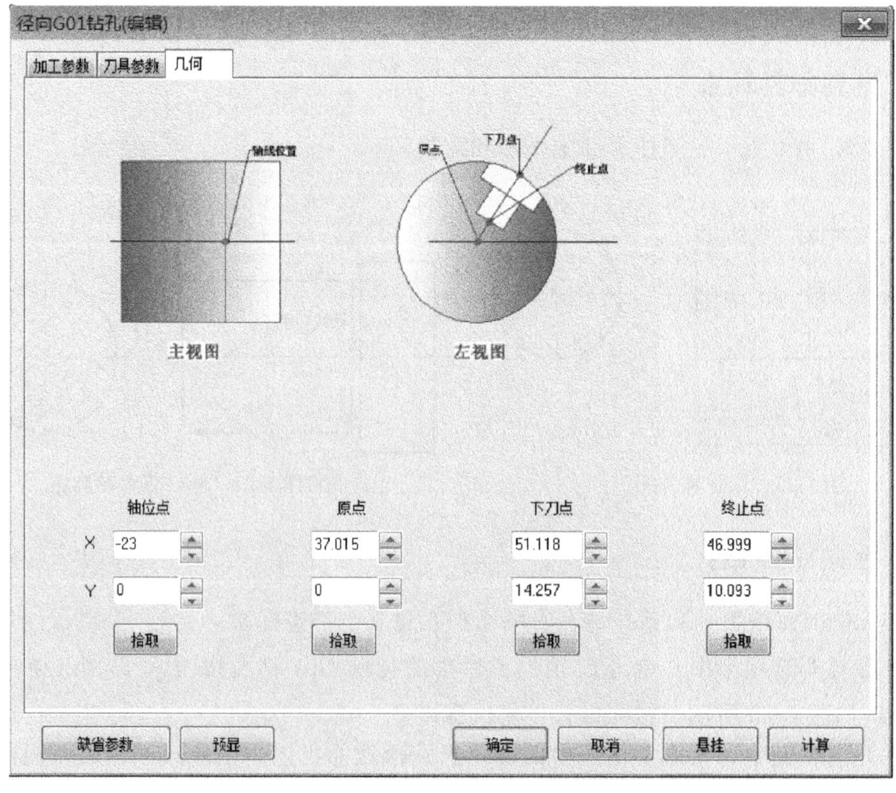

图 5-26 径向 G01 钻孔几何参数设置

③ 选择 ϕ4mm 的钻头，单击“确定”退出参数设置对话框，生成如图 5-27 所示的径向 G01 钻孔加工轨迹。

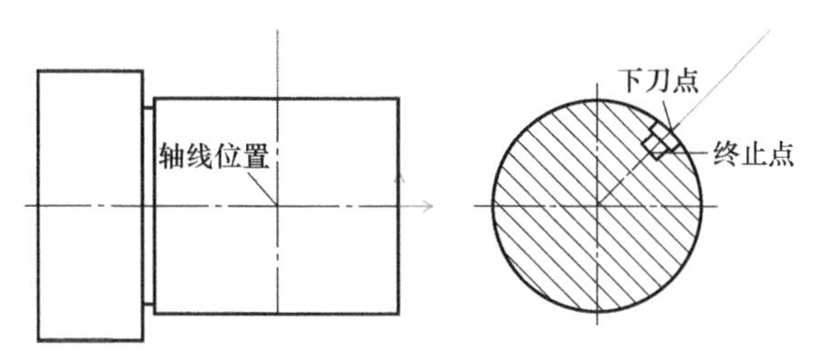

图 5-27　径向 G01 钻孔加工轨迹

操作技巧及注意事项：

圆柱面径向钻孔只能采用这种车铣复合中心设备，而普通数控车床不能加工。

④ 在数控车选项卡中，单击后置处理生成栏中的后置处理按钮 G，弹出后置处理对话框，选择机床配置文件车加工中心_4x_TC，单击“拾取”按钮，拾取加工轨迹，然后单击“后置”按钮，生成如图 5-28 所示的径向 G01 钻孔加工程序。

```
%
O1200
N10 C0
N14 G00 G97 S3000 T0
N16 M03
N18 M08
N20 X120. Z-23. C44.689
N22 X41.108
N24 G01 X36.108 F2000
N26 G00 X41.108
N28 X37.108
N30 G01 X32.108
N32 G00 X41.108
N34 X33.108
N36 G01 X28.394
N38 G00 X41.108
N40 X120.
N42 C0
N44 M09
N46 M30
%
```

图 5-28　径向 G01 钻孔加工程序

［实例 5-4］　圆柱端面 G01 钻孔加工

采用圆柱端面 G01 钻孔加工功能来编写如图 5-29 所示的圆柱零件的端面钻孔加工程序。

一、绘制零件轮廓

绘制如图 5-30 所示的圆柱零件主视图和左视图。

二、端面 G01 钻孔

在右端面进行端面钻孔，在右端面中心建立工件坐标系。

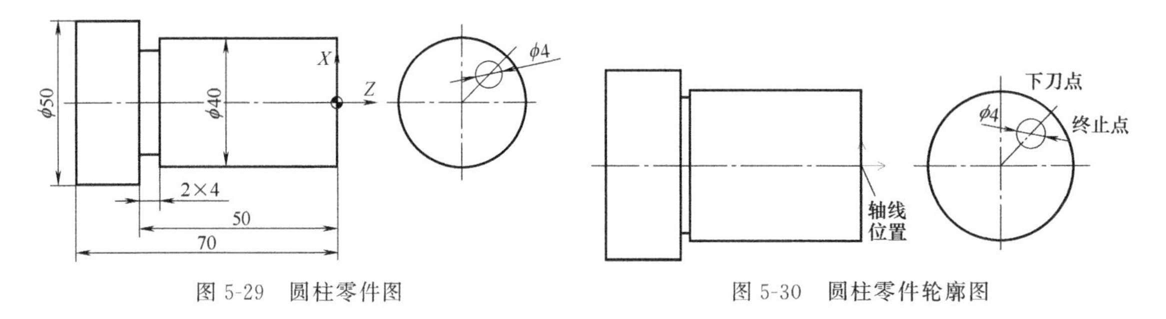

图 5-29 圆柱零件图　　图 5-30 圆柱零件轮廓图

① 在数控车选项卡中，单击 *C* 轴加工栏中的端面 G01 钻孔按钮，弹出端面 G01 钻孔对话框，如图 5-31 所示。钻孔方式：每次深度 2。

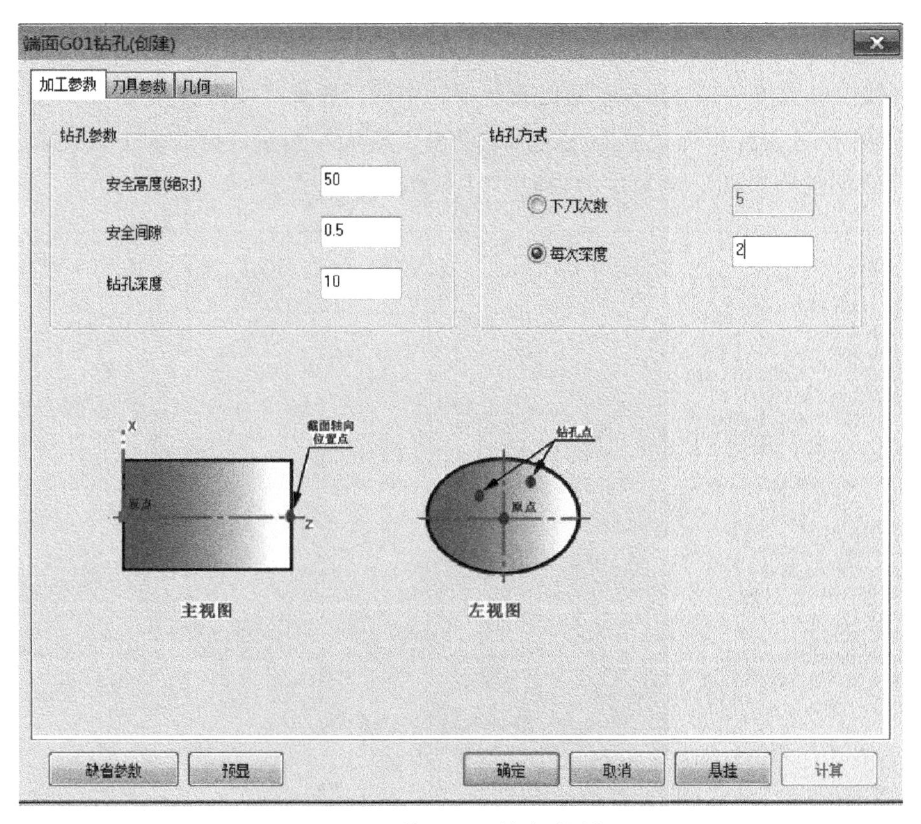

图 5-31 端面 G01 钻孔对话框

② 在几何页面中，拾取主视图中的轴位点，拾取左视图中的原点，拾取左视图中钻孔点，拾取左视图中原点，如图 5-32 所示。

③ 选择 ϕ4mm 的钻头，单击“确定”退出参数设置对话框，生成如图 5-33 所示的端面 G01 钻孔加工轨迹。

操作技巧及注意事项：

圆柱面端面钻孔只能采用这种车铣复合中心设备，而普通数控车床不能加工。

④ 在数控车选项卡中，单击后置处理生成栏中的后置处理按钮 G，弹出后置处理对话框，选择机床配置文件车加工中心_4x_TC，单击“拾取”按钮，拾取加工轨迹，然后单击“后置”按钮，生成如图 5-34 所示的端面 G01 钻孔加工程序。

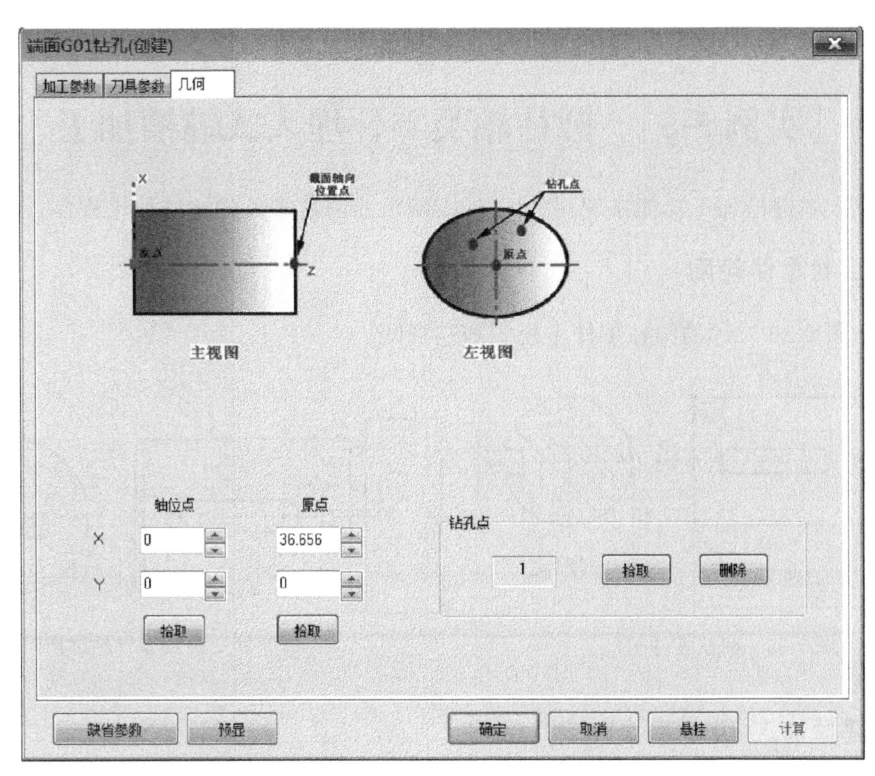

图 5-32　端面 G01 钻孔几何参数设置

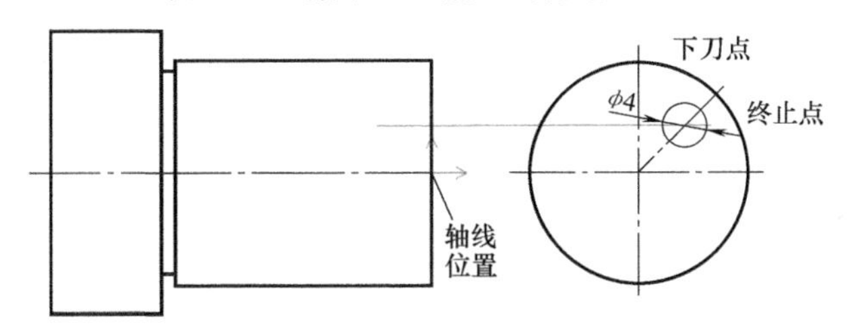

图 5-33　端面 G01 钻孔加工轨迹

```
%
O1200
N10 C0
N14 G00 S3000 T0303
N16 M03
N18 M08
N20 X23.945 Z50. C-90.
N22 Z0.5
N24 G01 Z-2. F2000
N26 G00 Z0.5
N28 Z-1.5
N30 G01 Z-4.
N32 G00 Z0.5
N34 Z-3.5
N36 G01 Z-6.
N38 G00 Z0.5
N40 Z-5.5
N42 G01 Z-8.
N44 G00 Z0.5
N46 Z-7.5
N48 G01 Z-10.
N50 G00 Z50.
N52 C0
N54 M09
N56 M30
%
```

图 5-34　端面 G01 钻孔加工程序

[实例 5-5] 圆柱轴类零件埋入式键槽加工

采用埋入式键槽加工功能来编写如图 5-35 所示的圆柱零件的键槽加工程序。

一、绘制零件轮廓

绘制如图 5-36 所示的圆柱零件主视图和左视图。

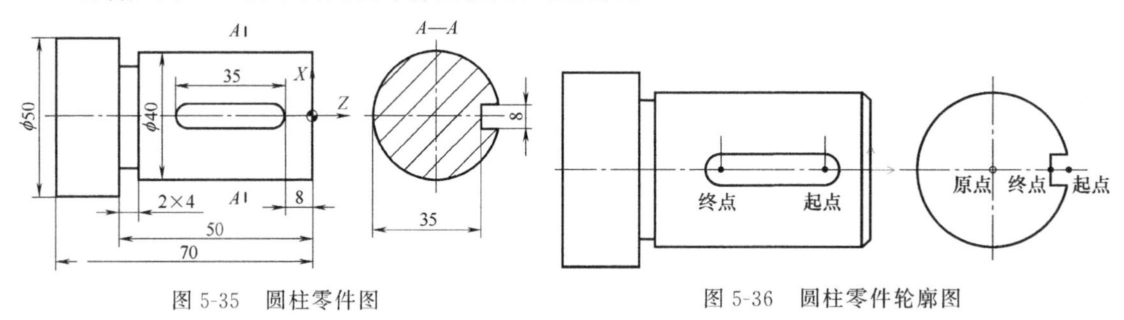

图 5-35 圆柱零件图　　图 5-36 圆柱零件轮廓图

二、键槽加工

在 A—A 剖面位置加工键槽。在右端面中心建立工件坐标系。

① 在数控车选项卡中，单击 C 轴加工栏中的埋入式键槽加工按钮，弹出埋入式键槽加工对话框，如图 5-37 所示。加工参数设置：键槽宽度 8，键槽层高 1。

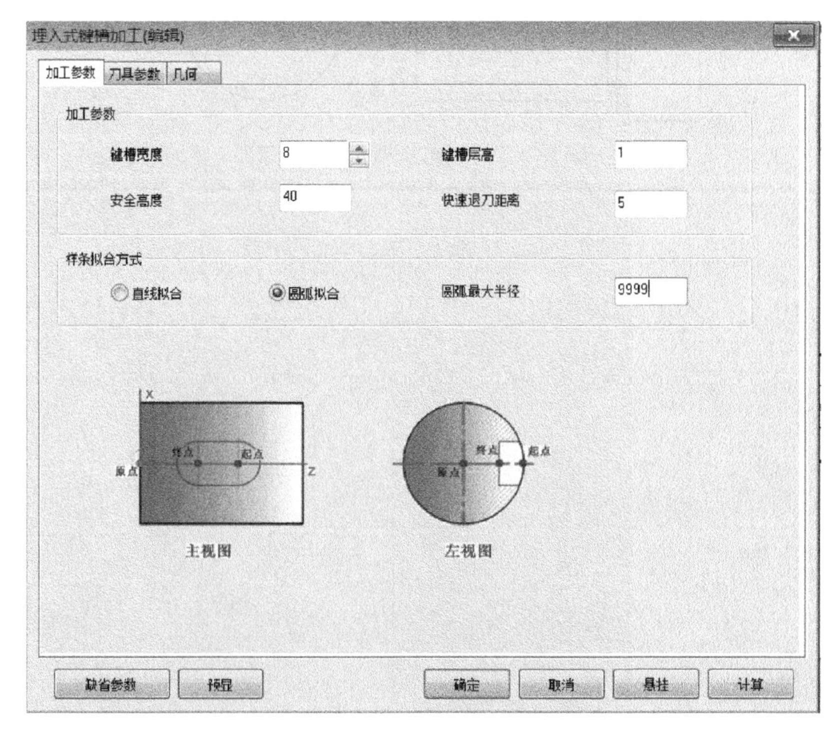

图 5-37 埋入式键槽加工对话框

② 设置几何参数：拾取主视图中起点，拾取主视图中终点。拾取截面左视图原点，拾取起点，拾取终点。如图 5-38 所示。

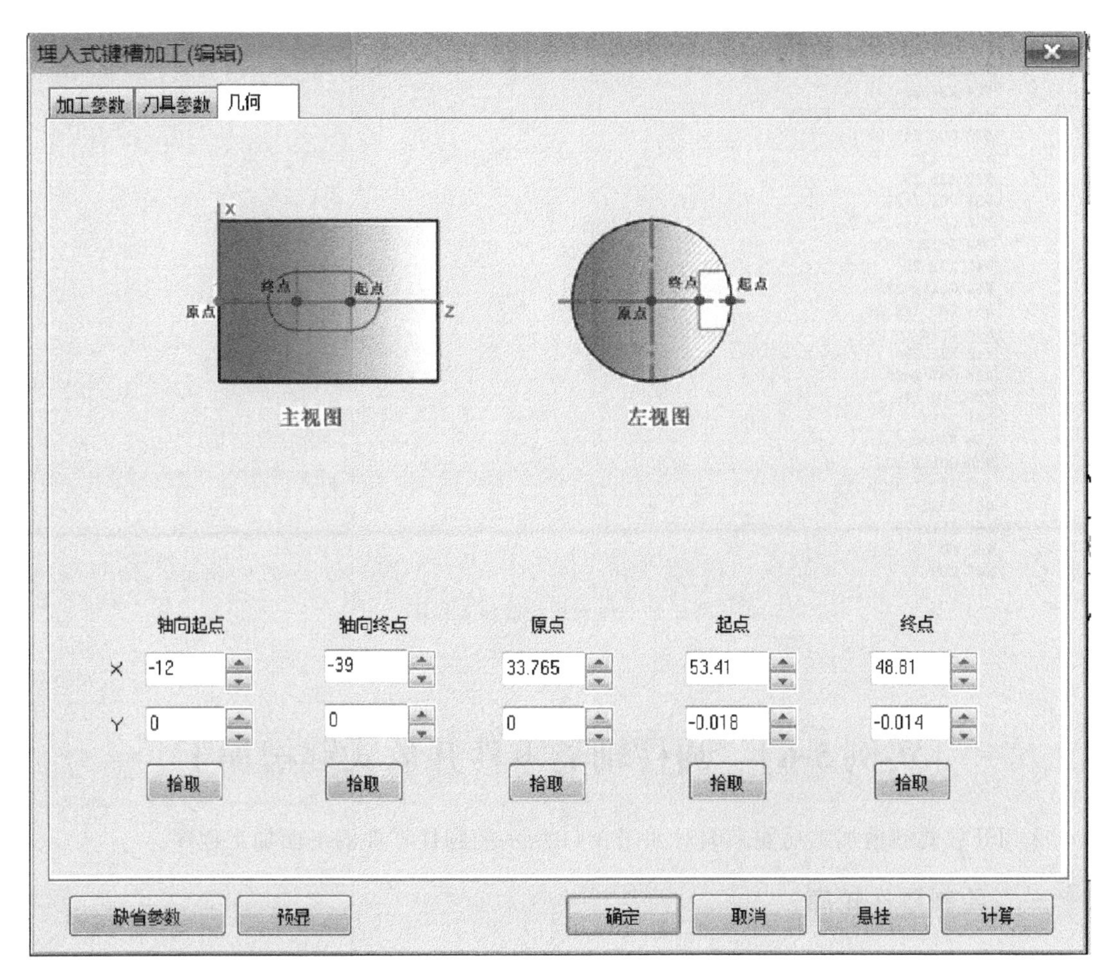

图 5-38 埋入式键槽加工几何参数设置

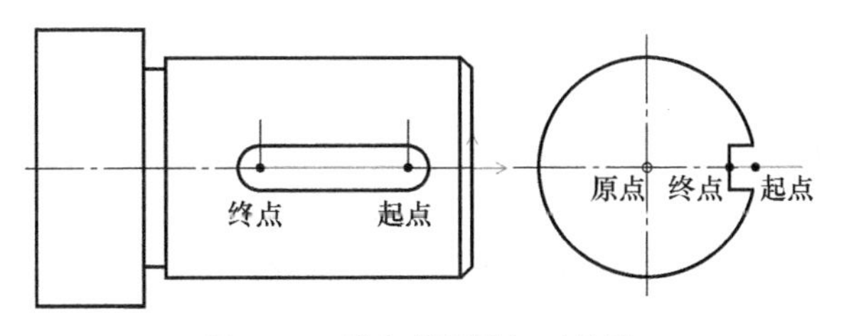

图 5-39 埋入式键槽加工轨迹

③ 选择 ϕ8mm 键槽铣刀，单击“确定”按钮。生成如图 5-39 所示的埋入式键槽加工轨迹。

④ 在数控车选项卡中，单击后置处理生成栏中的后置处理按钮 G，弹出后置处理对话框，选择机床配置文件车加工中心_4x_TC，单击“拾取”按钮，拾取加工轨迹，然后单击“后置”按钮，弹出编辑代码对话框，生成埋入式键槽加工程序。如图 5-40 所示。

```
% 01200
N10 C0
N14 G00 G97 S3000 T0404
N16 M03
N18 M08
N20 X119.29 Z-12. C90.05
N22 X49.29
N24 X37.29
N26 G98 G01 Z-39. F2000
N28 G00 X49.29
N30 Z-12.
N32 X35.29
N34 G01 Z-39.
N36 G00 X49.29
N38 Z-12.
N40 X33.29
N42 G01 Z-39.
N44 G00 X49.29
N46 Z-12.
N48 X31.29
N50 G01 Z-39.
N52 G00 X49.29
N54 Z-12.
N56 X30.09
N58 G01 Z-39.
N60 G00 X49.29
N62 Z-12.
N64 X119.29
N66 C0
N68 M09
```

图 5-40 埋入式键槽加工程序

[实例 5-6] 圆柱轴类零件开放式键槽加工

采用开放式键槽加工功能来编写如图 5-41 所示的圆柱零件的平面加工程序。

一、绘制零件轮廓

绘制如图 5-42 所示的圆柱零件主视图和左视图。

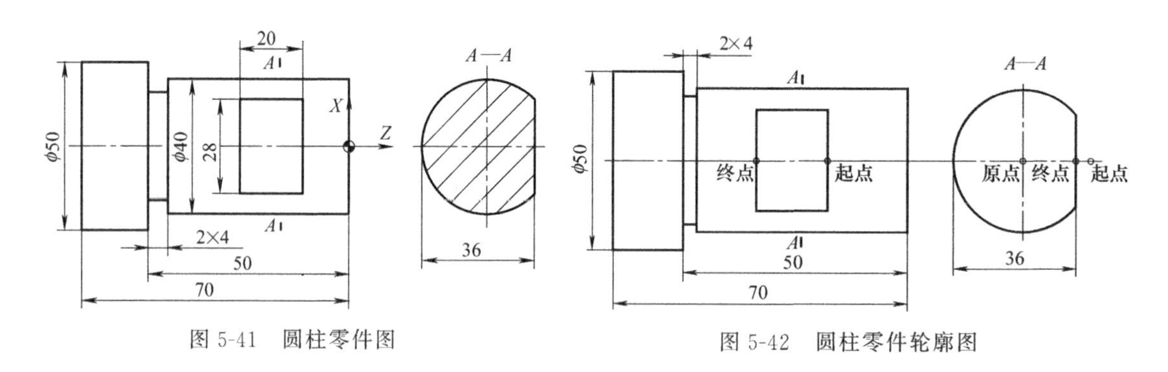

图 5-41 圆柱零件图

图 5-42 圆柱零件轮廓图

二、开放式键槽加工

在 A—A 剖面位置加工键槽。在右端面中心建立工件坐标系。

① 在数控车选项卡中，单击 C 轴加工栏中的开放式键槽加工按钮，弹出开放式键槽加工对话框，如图 5-43 所示。加工参数设置：键槽层高 1，延长量 10。

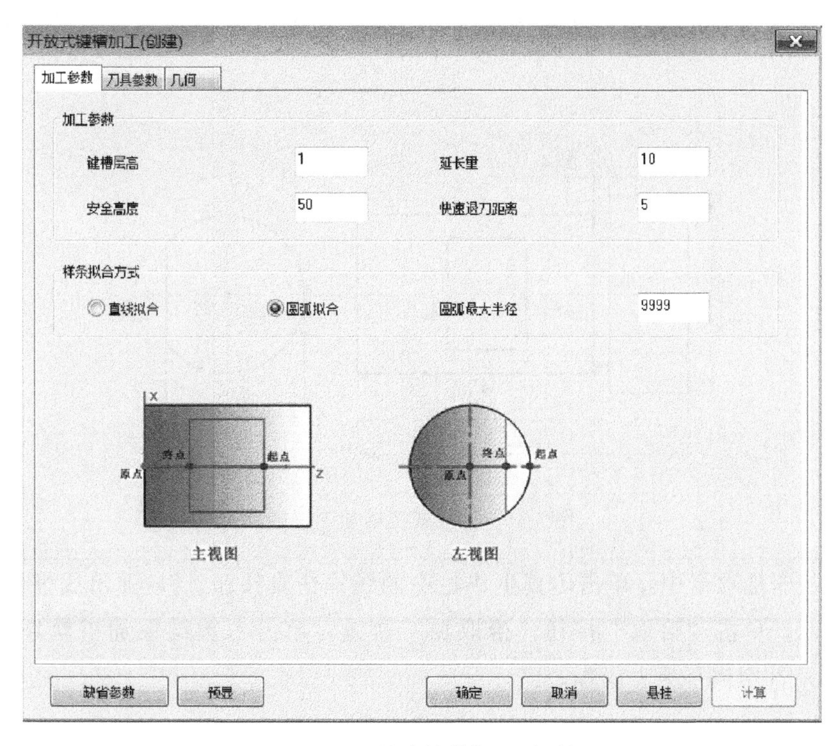

图 5-43 开放式键槽加工对话框

② 设置几何参数：拾取主视图中起点，拾取主视图中终点。拾取截面左视图原点、拾取起点、拾取终点。如图 5-44 所示。

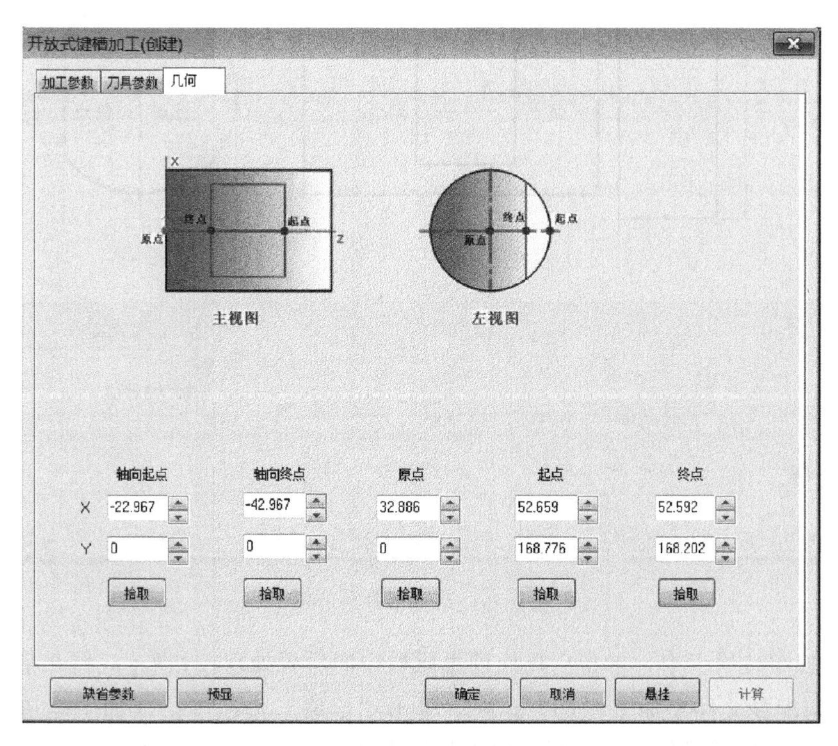

图 5-44 开放式键槽加工几何参数设置

③ 选择 ϕ8mm 键槽铣刀，单击“确定”按钮。生成如图 5-45 所示的开放式键槽加工轨迹。

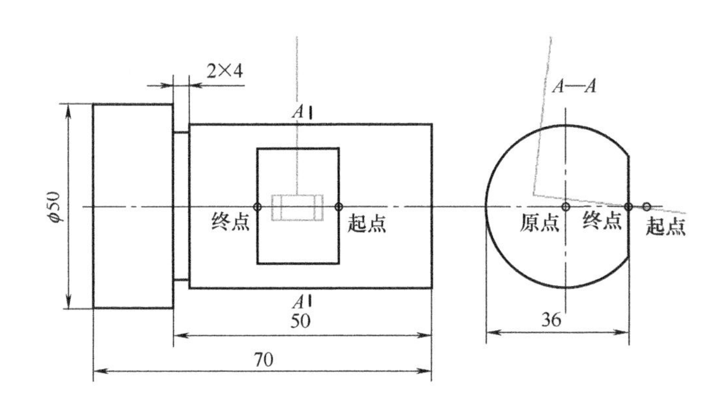

图 5-45 开放式键槽加工轨迹

④ 在数控车选项卡中，单击仿真生成栏中的线框仿真按钮，弹出线框仿真对话框，如图 5-46 所示，单击“拾取”按钮，拾取加工轨迹，单击右键结束加工轨迹拾取，单击“前进”按钮，开始仿真加工过程。

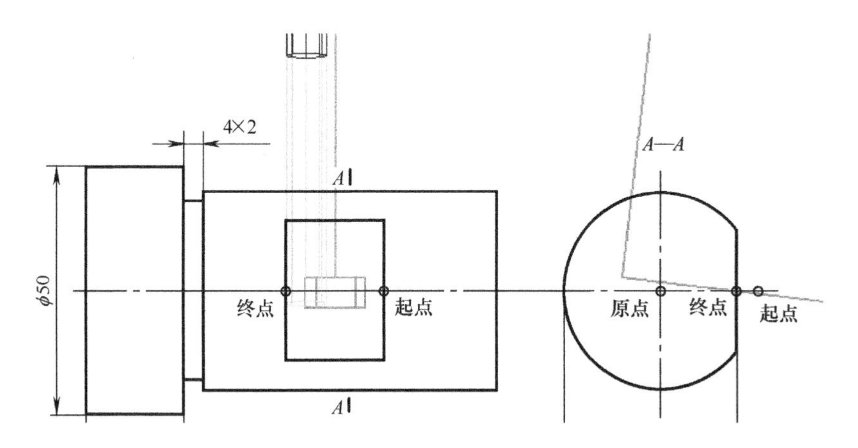

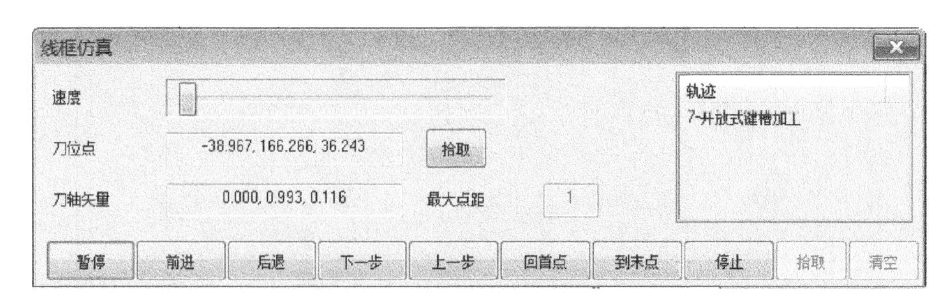

图 5-46 线框仿真对话框

⑤ 在数控车选项卡中，单击后置处理生成栏中的后置处理按钮，弹出后置处理对话框，选择机床配置文件车加工中心_4x_TC，单击“拾取”按钮，拾取加工轨迹，然后单击“后置”按钮，弹出编辑代码对话框，生成开放式键槽加工程序。如图 5-47 所示。

```
% 01200
N10 C0
N14 G00 S3000 T1
N16 M03
N18 M08
N20 X443.4 Z-32.967 C6.669
N22 X354.302
N24 X343.292
N26 G01 Z-36.967 F2000
N28 X342.083
N30 Z-28.967
N32 X343.292
N34 Z-38.967
N36 X342.083
N38 Z-26.967
N40 X343.292
N42 Z-32.967
N44 G00 X443.4
N46 C0
N48 M09
N50 M30
%
```

图 5-47　开放式键槽加工程序

拓展练习

加工图 5-48、图 5-49 所示零件。根据图纸尺寸及技术要求，完成下列内容：

（1）完成零件的车削加工造型；

（2）对该零件进行加工工艺分析，填写数控加工工艺卡片；

（3）根据工艺卡中的加工顺序，进行零件的轮廓粗/精加工、切槽加工和螺纹加工，生成加工轨迹；

（4）进行机床参数设置和后置处理，生成 NC 加工程序。

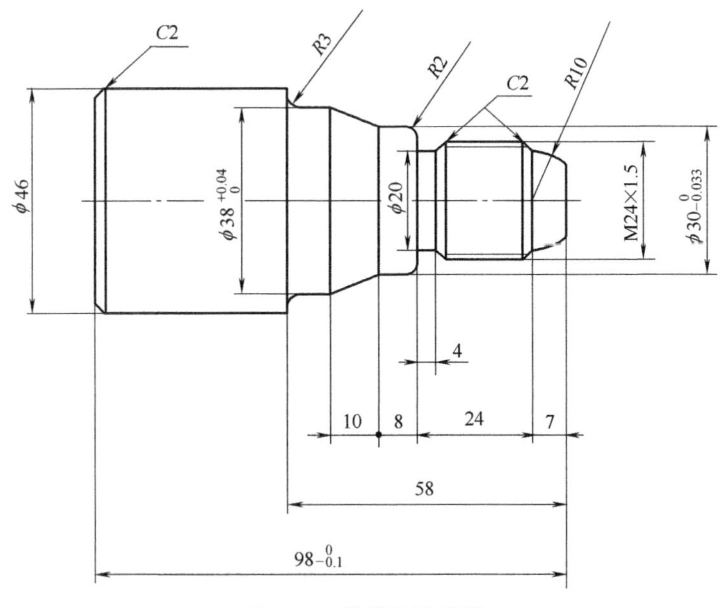

图 5-48　阶梯轴练习图

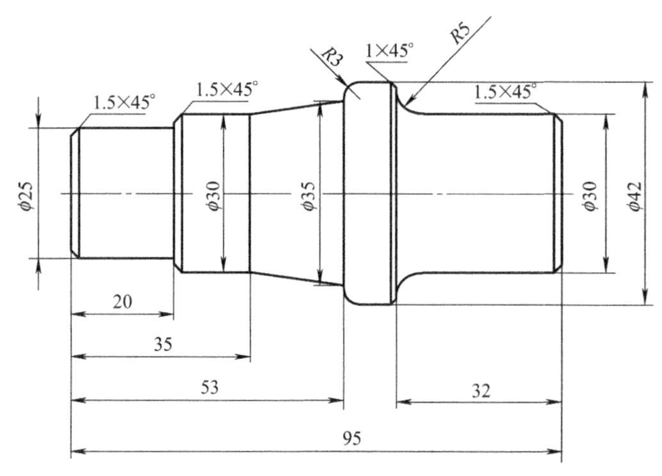

图 5-49 轴类零件练习图

第六章 组合件的设计与车削加工

CAXA 数控车 2020 软件，既能提高数控车削精度又能提高编程效率。在近几年的全国数控技能大赛中组合件的样题比较多，不光要求单件的快速加工，还要满足多件的配合要求。

本章主要通过球面配合关节组合件的设计与车削加工和锥面配合组合件的设计与车削加工实例来学习 CAXA 数控车软件对组合件的加工编程方法。

【技能目标】

- 巩固数控车床常用绘图及编辑方法。
- 掌握 CAXA 数控车内外轮廓粗精加工方法。
- 掌握 CAXA 数控切槽加工方法。
- 掌握 CAXA 数控车螺纹加工方法。
- 掌握配合件的工艺及加工方法。
- 掌握尺寸精度及螺纹精度的控制方法。

［实例 6-1］ 球面配合关节组合件的设计与车削加工

完成图 6-1、图 6-2 所示组合工件的轮廓设计及内外轮廓的粗精加工程序编制。零件材料为 45 钢。该组合工件具有内、外螺纹相互配合，内、外球面相互配合形成活动关节等特点。

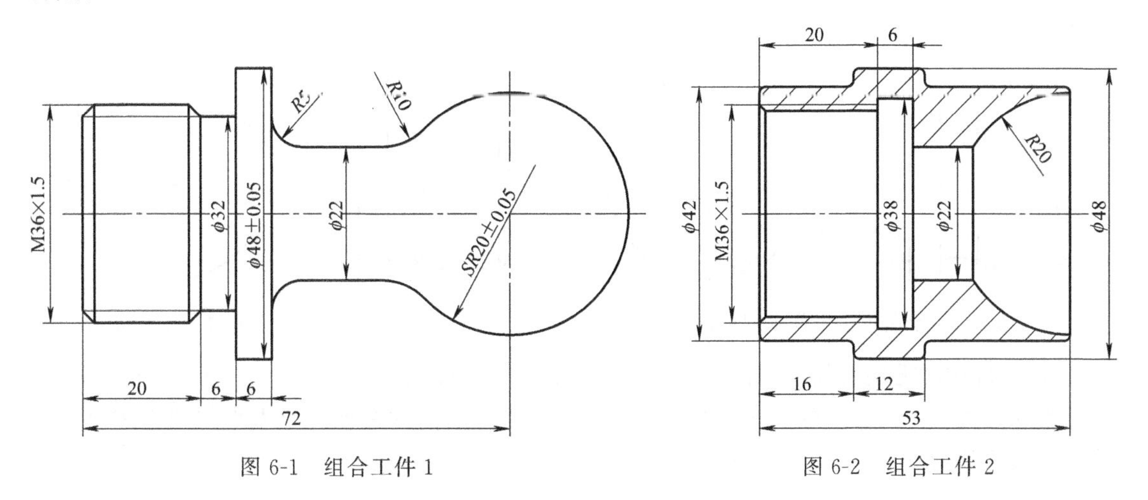

图 6-1 组合工件 1

图 6-2 组合工件 2

读装配图和零件图，确定装配图是由工件 1 和工件 2 通过螺纹配合在一起的，也可以通过内、外球面相互配合形成活动关节。螺纹加工由于挤压变形因素的影响，外螺纹切制前其外径要取较大的负差，内螺纹的孔径要取较大的正差，加工之后的尺寸正好达到要求。

一、绘制组合工件 1 轮廓

① 在常用选项卡中，单击绘图生成栏中的孔/轴按钮，捕捉坐标中心点，这时出现新的立即菜单，在“2. 起始直径”和“3. 终止直径”文本框中分别输入轴的直径 22，移动鼠标，则跟随着光标将出现一个长度动态变化的轴，键盘输入轴的长度 40，按回车键。继续修改其他段直径，输入长度值回车，右击结束命令。单击绘图生成栏中的圆按钮，选择圆心-半径方式，捕捉坐标中心点，输入半径 20，回车，完成 R20mm 圆绘制。即可完成零件的外轮廓绘制。如图 6-3 所示。

② 在常用选项卡中，单击修改生成栏中的多圆角过渡按钮，在下面的立即菜单中，选择圆角、裁剪，输入过渡半径 10，拾取要过渡的第一条边线，拾取第二条边线，过渡完成。同理完成 R5mm 圆角过渡，单击修改生成栏中的裁剪按钮，单击裁剪多余线。如图 6-4 所示。

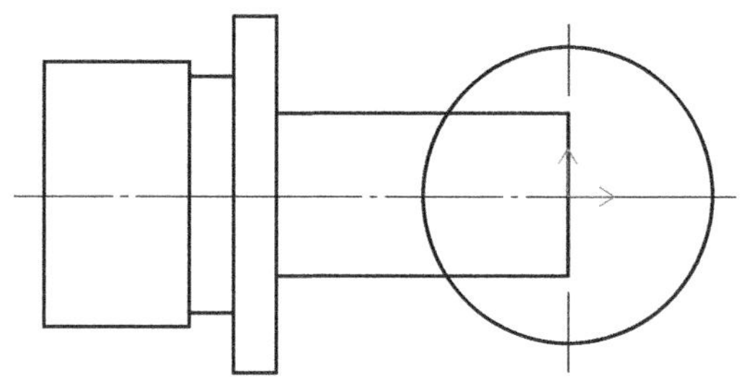

图 6-3 绘制组合工件 1 外轮廓

二、组合工件 1 加工

1. 平右端面

① 单击绘图生成栏中的直线按钮，在立即菜单中，选择两点线、连续、正交方式，捕捉右坐标原点，向上绘制 27mm 竖直线，向右绘制 2mm 水平线，完成加工轮廓和毛坯轮廓绘制，结果如图 6-5 所示。

② 在数控车选项卡中，单击二轴加工生成栏中的车削粗加工按钮，弹出车削粗加工对话框，如图 6-6 所示。加工参数设置：加工表面类型选择端面，加工方式选择行切，加工角度 270，切削行距设为 0.8，主偏干涉角 10，副偏干涉角设为 45，刀尖半径补偿选择编程时考虑半径补偿。

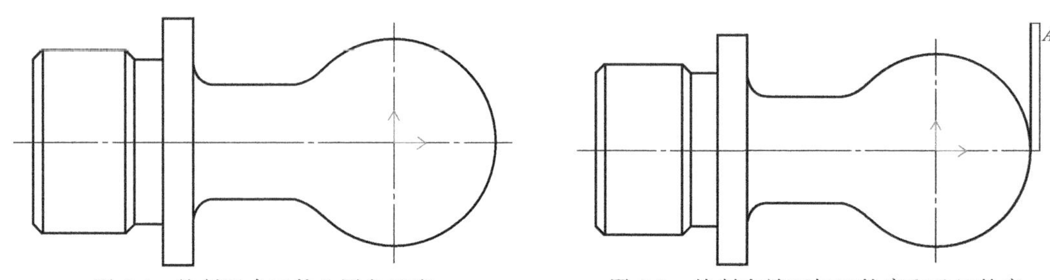

图 6-4 绘制组合工件 1 圆角过渡

图 6-5 绘制右端面加工轮廓和毛坯轮廓

③ 每行相对毛坯及加工表面的速进退刀方式设置为长度 1、夹角 45。选择 45°右偏刀，刀尖半径设为 0.8，主偏角 100，副偏角 45，刀具偏置方向为右偏，对刀点为刀尖尖点，刀片类型为普通刀片。如图 6-7 所示。

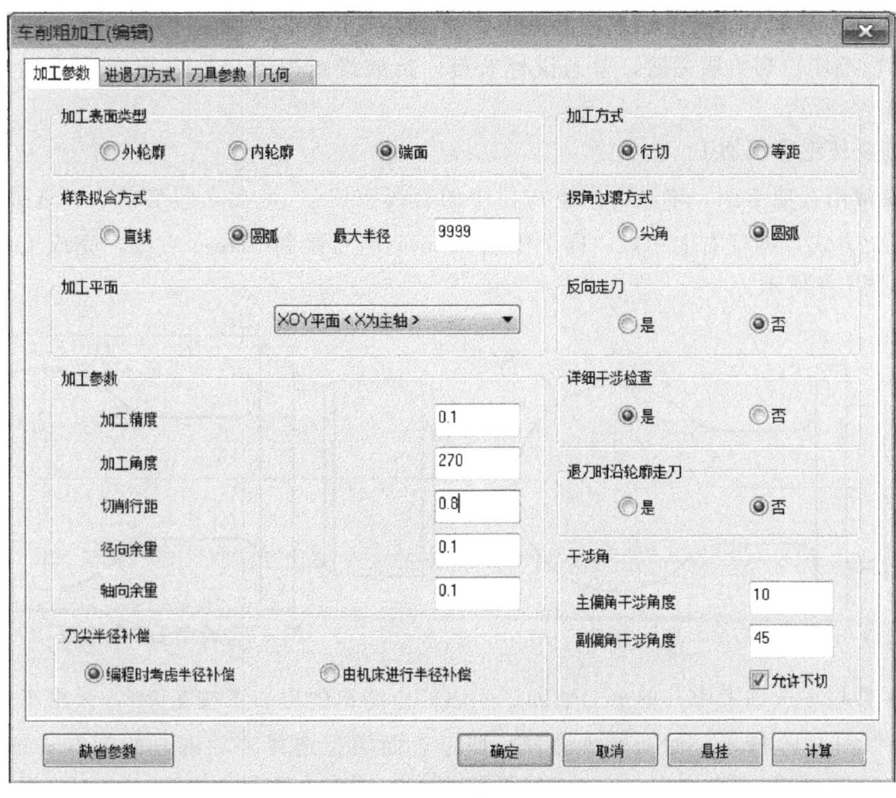

图 6-6　粗车右端面加工参数设置

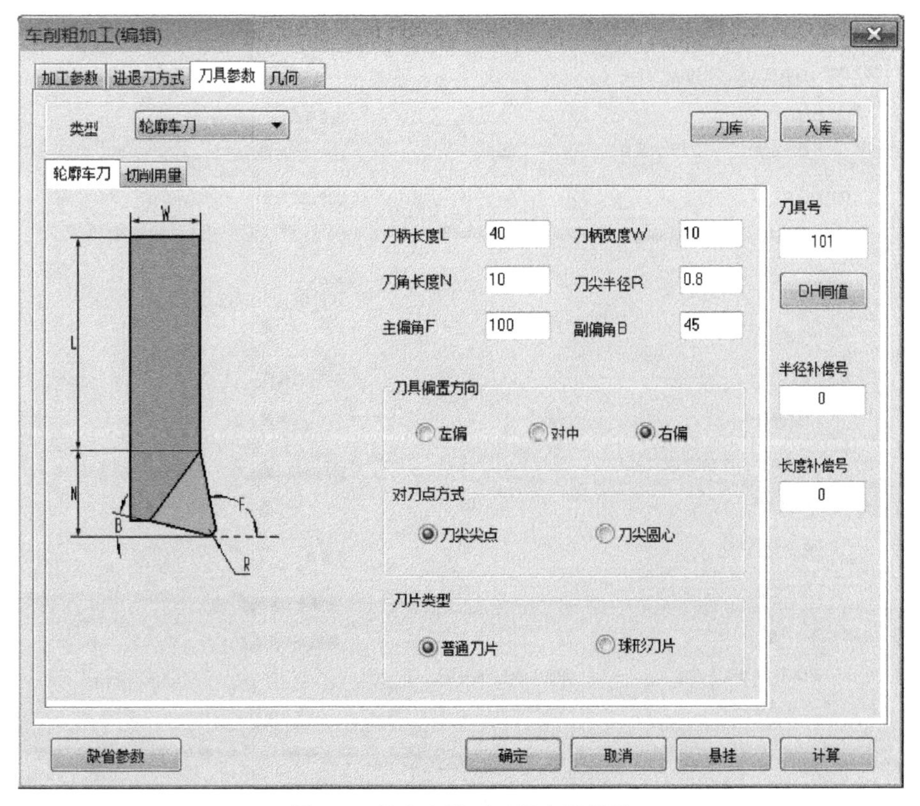

图 6-7　粗车右端面刀具参数设置

④ 单击“确定”退出对话框，采用单个拾取方式，拾取被加工轮廓，单击右键，拾取毛坯轮廓，毛坯轮廓拾取完后，单击鼠标右键，拾取进退刀点 A，系统会自动生成刀具轨迹，如图 6-8 所示。

2. 右端外轮廓粗加工

① 在常用选项卡中，单击绘图生成栏中的直线按钮，在立即菜单中，选择两点线、连续、正交方式，捕捉右上角点，向上绘制 2mm，向右绘制 62mm 直线，完成毛坯轮廓线绘制，如图 6-9 所示。

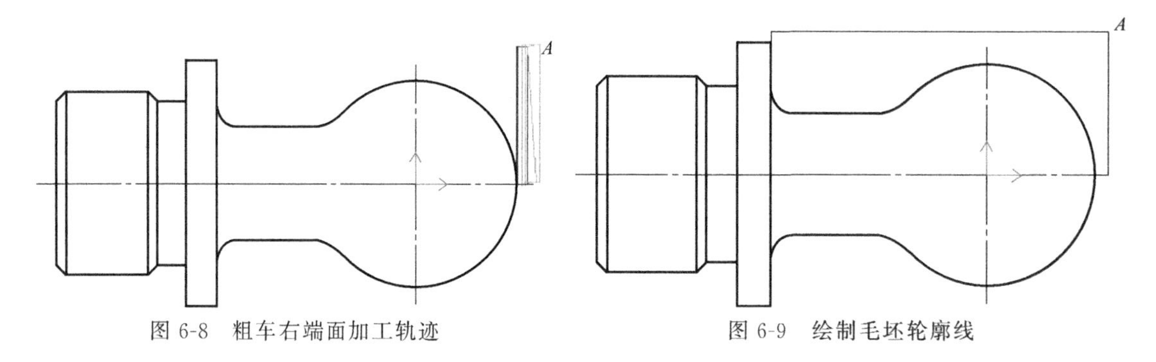

图 6-8 粗车右端面加工轨迹　　图 6-9 绘制毛坯轮廓线

② 在数控车选项卡中，单击二轴加工生成栏中的车削粗加工按钮，弹出车削粗加工对话框，如图 6-10 所示。加工参数设置：加工表面类型选择外轮廓，加工方式选择行切，加工角度 180，切削行距设为 0.6，主偏干涉角 10，副偏干涉角设为 72.5，刀尖半径补偿选择编程时考虑半径补偿。

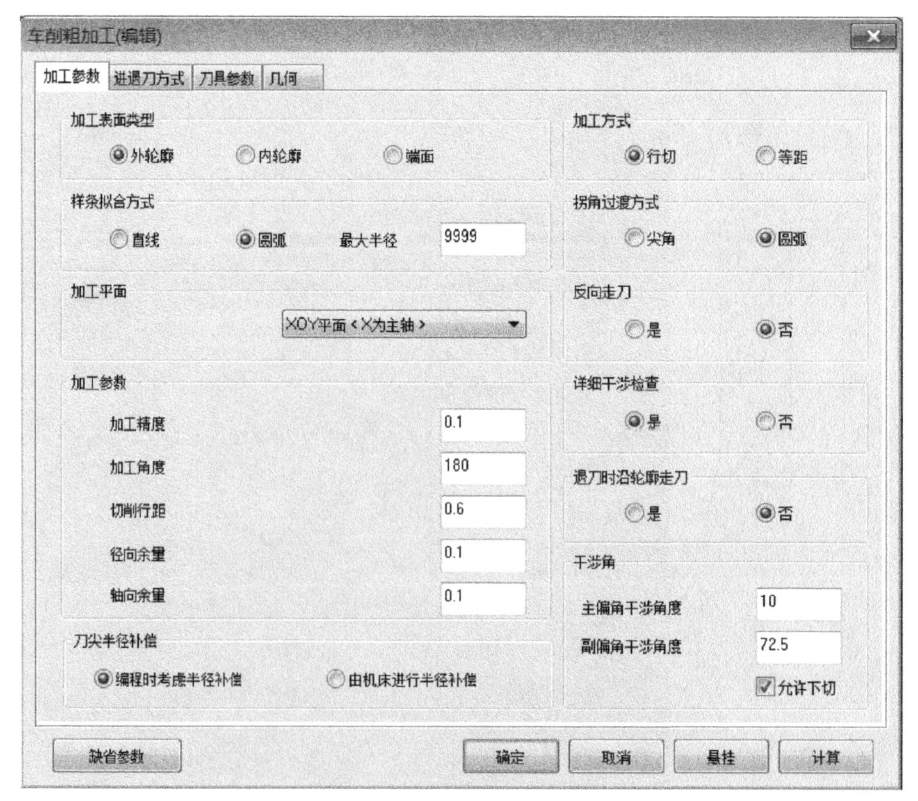

图 6-10 车削粗加工对话框

③ 选择 35°外圆车刀，刀尖半径设为 0.4，副偏角 72.5，刀具偏置方向为对中，对刀点为刀尖圆心，刀片类型为球形刀片。如图 6-11 所示。

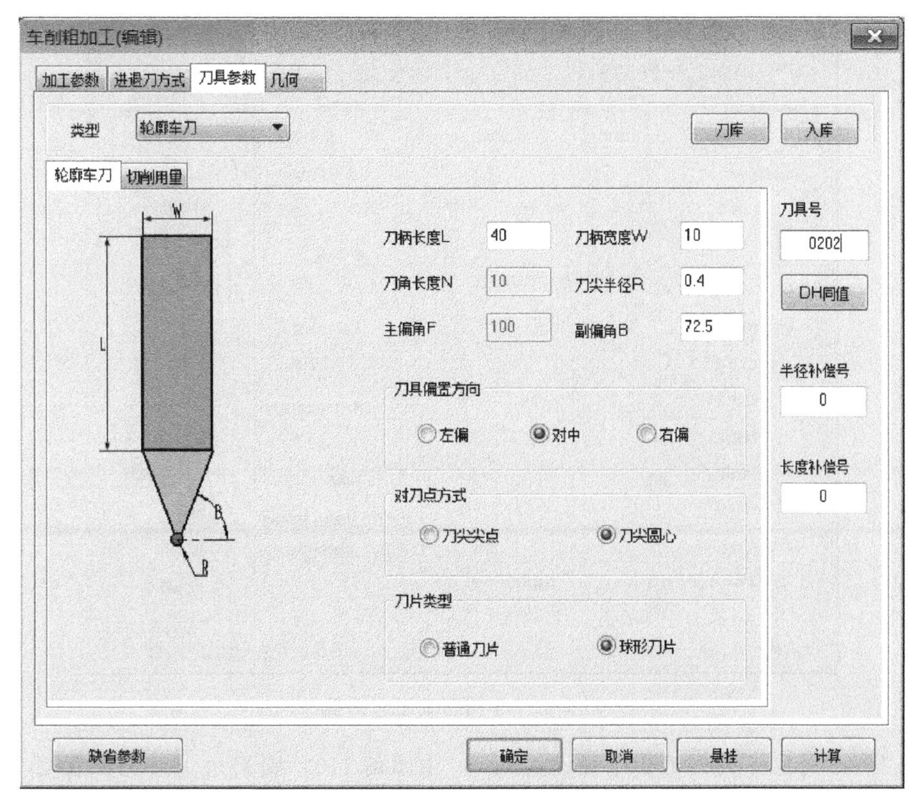

图 6-11　刀具参数设置

④ 单击“确定”退出对话框，采用单个拾取方式，拾取被加工轮廓，单击右键，拾取毛坯轮廓，毛坯轮廓拾取完后，单击右键，拾取进退刀点 A，生成零件加工轨迹，如图 6-12 所示。

3. 左端外轮廓粗加工

① 在常用选项卡中，单击绘图生成栏中的直线按钮，在立即菜单中，选择两点线、连续、正交方式，捕捉右上角点，向上绘制 2mm，向右绘制 35mm 直线，完成毛坯轮廓线绘制，如图 6-13 所示。

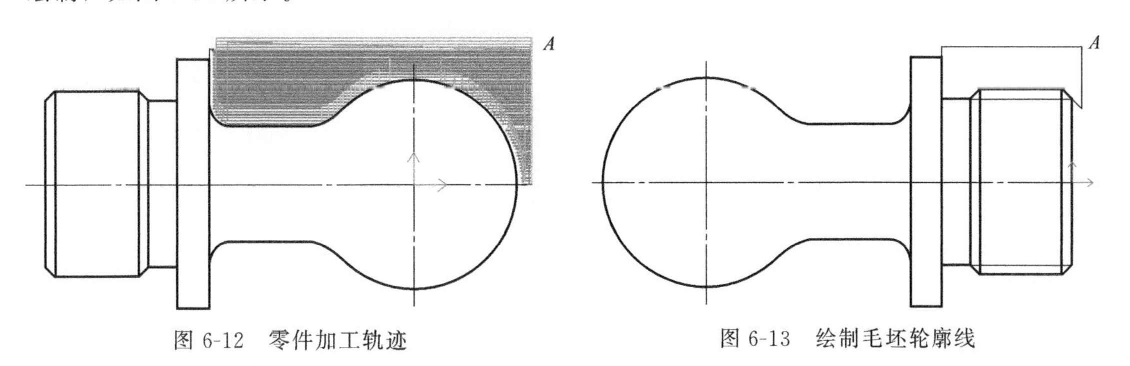

图 6-12　零件加工轨迹　　图 6-13　绘制毛坯轮廓线

② 在数控车选项卡中，单击二轴加工生成栏中的车削粗加工按钮，弹出车削粗加工对话框，如图 6-14 所示。加工参数设置：加工表面类型选择外轮廓，加工方式选择行切，

加工角度 180，切削行距设为 0.6，主偏干涉角 20，副偏干涉角设为 45，刀尖半径补偿选择编程时考虑半径补偿。

图 6-14　车削粗加工对话框

③ 选择 35°外圆车刀，刀尖半径设为 0.4，主偏角 110，副偏角 45，刀具偏置方向为对中，对刀点为刀尖尖点，刀片类型为普通刀片。如图 6-15 所示。

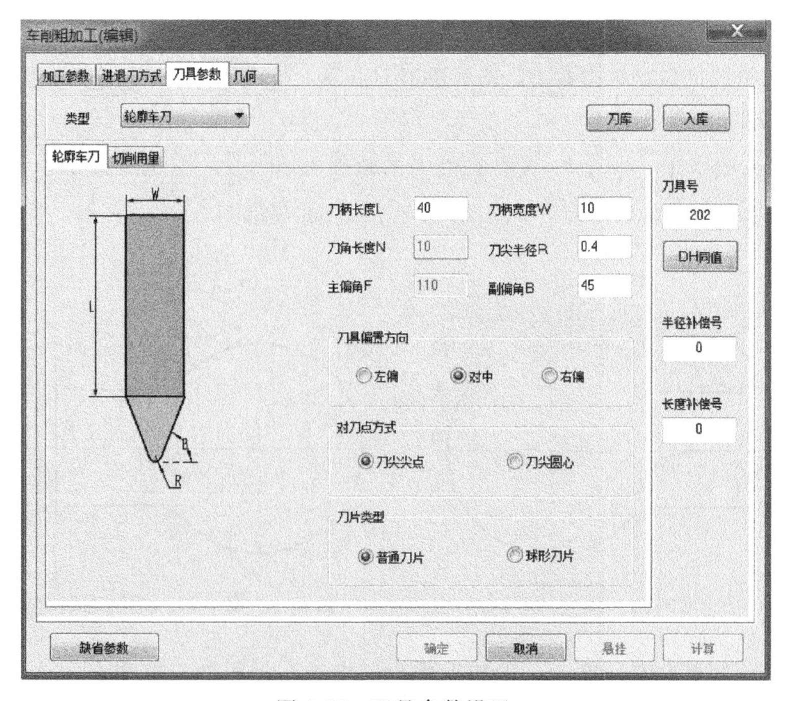

图 6-15　刀具参数设置

④ 单击“确定”退出对话框，采用单个拾取方式，拾取被加工轮廓，单击右键，拾取毛坯轮廓，毛坯轮廓拾取完后，单击右键，拾取进退刀点 A，生成零件加工轨迹，如图 6-16 所示。

4. 切退刀槽

① 单击绘图生成栏中的直线按钮，在槽右边向上绘制 10mm 竖线到 A 点，左边延长到和 A 一样高，完成切槽加工轮廓，确定进刀点 A。如图 6-17 所示。

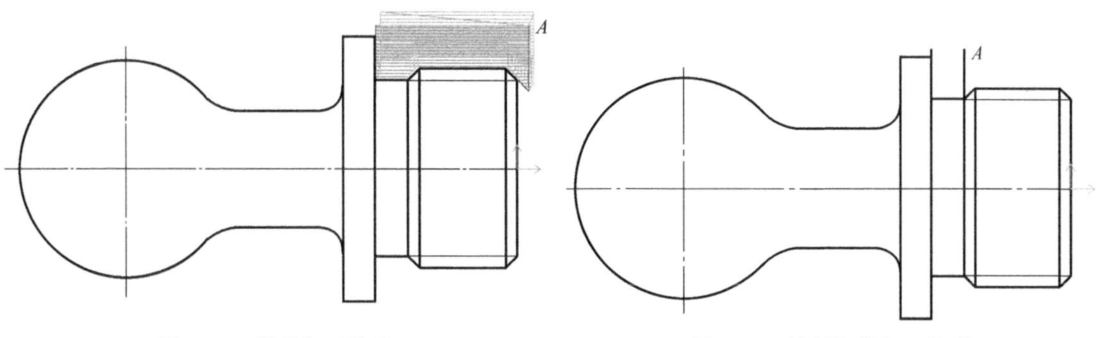

图 6-16 零件加工轨迹　　图 6-17 绘制切槽加工轮廓

② 在数控车选项卡中，单击二轴加工生成栏中的车削槽加工按钮，弹出车削槽加工对话框，如图 6-18 所示。加工参数设置：切槽表面类型选择外轮廓，加工工艺类型为粗加工＋精加工，加工方向选择横向，加工余量 0.2，切深行距设为 0.5，退刀距离 4，刀尖半径补偿选择编程时考虑半径补偿。

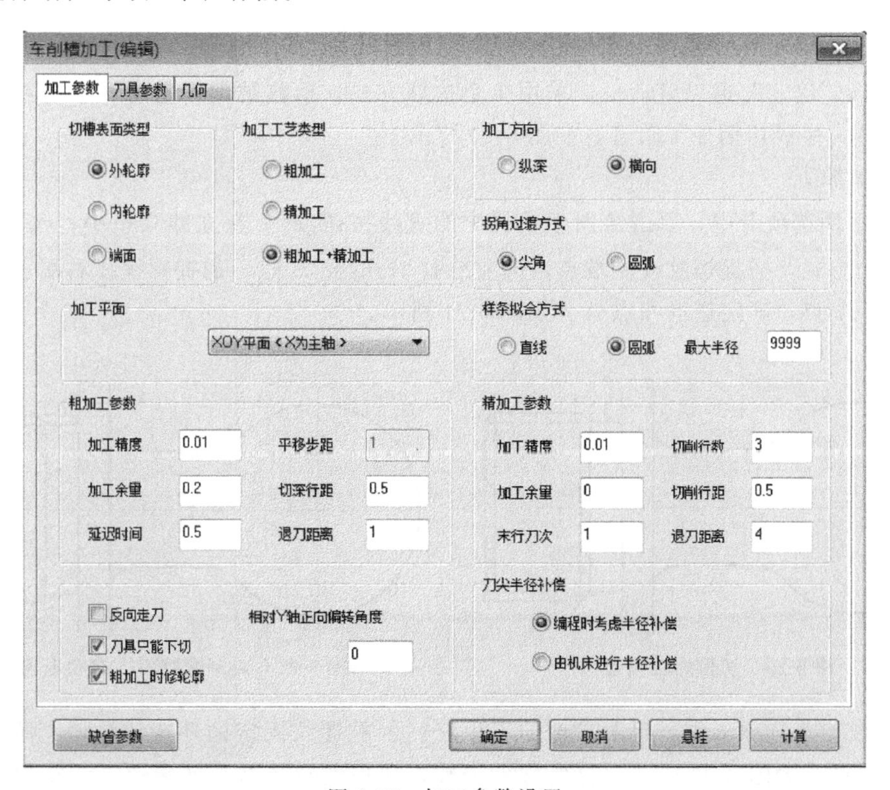

图 6-18 加工参数设置

③ 选择宽度 3mm 的切槽车刀，刀尖半径设为 0.2，刀具位置 0，编程刀位前刀尖，如图 6-19 所示。

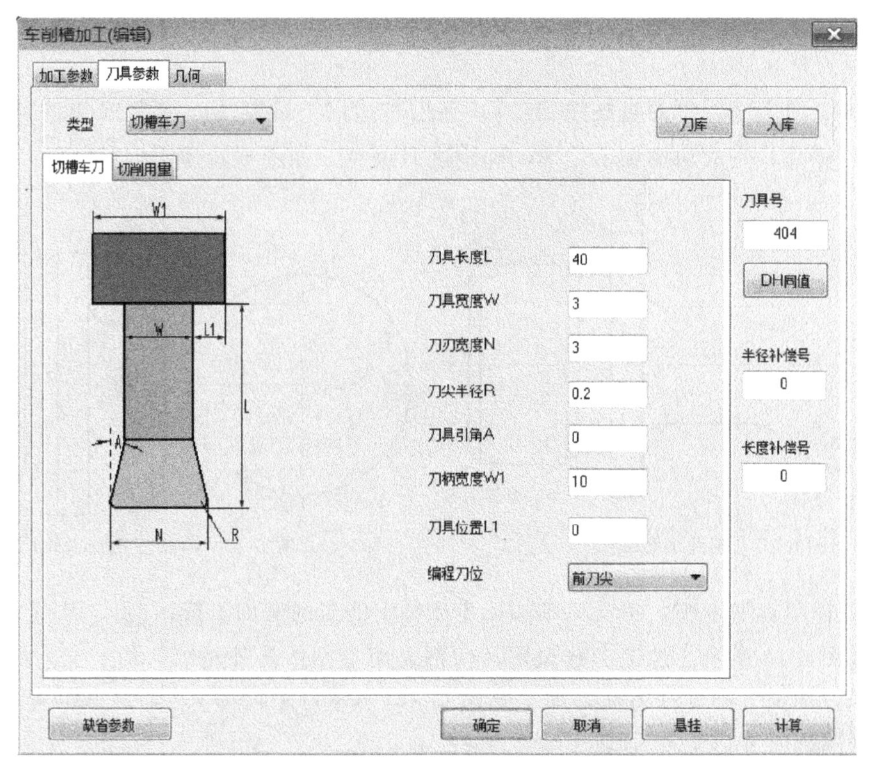

图 6-19 刀具参数设置

④ 单击“确定”退出对话框，采用单个拾取方式，拾取被加工轮廓，单击右键，拾取进退刀点 A，生成切槽加工轨迹，如图 6-20 所示。

5. 螺纹加工

① 在常用选项卡中，单击绘图生成栏中的直线按钮 ，在立即菜单中，选择两点线、连续、正交方式，捕捉螺纹线左端点，向左绘制 4mm 到 B 点，捕捉螺纹线右端点，向右绘制 5mm 到 A 点，确定进退刀点 A。如图 6-21 所示。

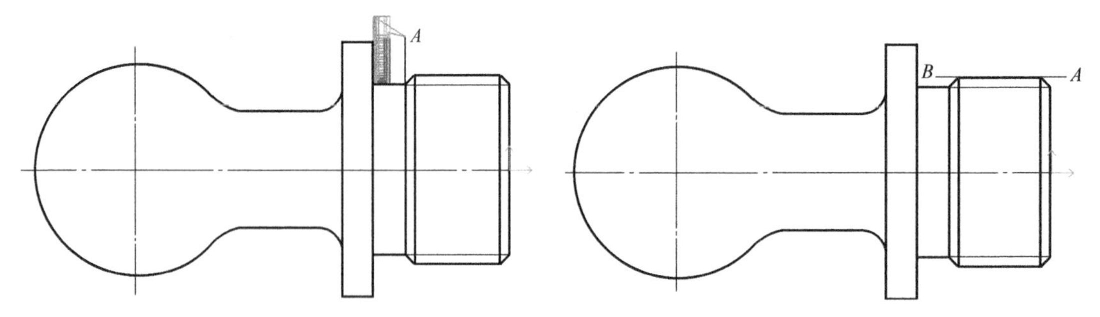

图 6-20 切槽加工轨迹　　图 6-21 绘制螺纹引入端和退出端

② 在数控车选项卡中，单击二轴加工生成栏中的螺纹固定循环按钮 ，弹出螺纹固定循环对话框。如图 6-22 所示。设置螺纹参数：选择螺纹类型为外螺纹，螺纹固定循环类型为复合螺纹循环，拾取螺纹加工起点 A，拾取螺纹加工终点 B，拾取螺纹加工进退刀点

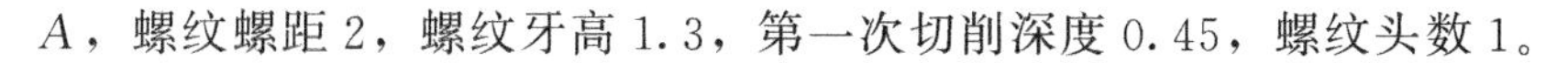

A，螺纹螺距 2，螺纹牙高 1.3，第一次切削深度 0.45，螺纹头数 1。

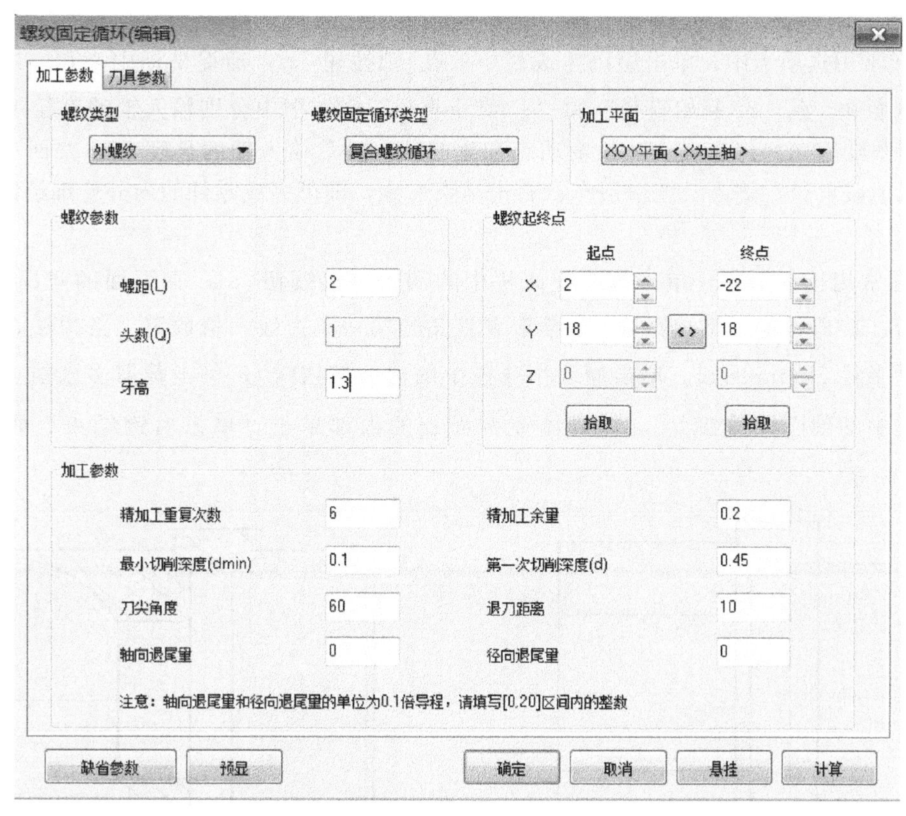

图 6-22　螺纹加工参数设置

③ 单击“确定”退出螺纹固定循环对话框，系统自动生成螺纹加工轨迹，如图 6-23 所示。

④ 在数控车选项卡中，单击后置处理生成栏中的后置处理按钮 G，弹出后置处理对话框，选择控制系统文件 Fanuc，单击“拾取”按钮，拾取螺纹加工轨迹，然后单击“后置”按钮，弹出编辑代码对话框，如图 6-24 所示，生成螺纹加工程序。

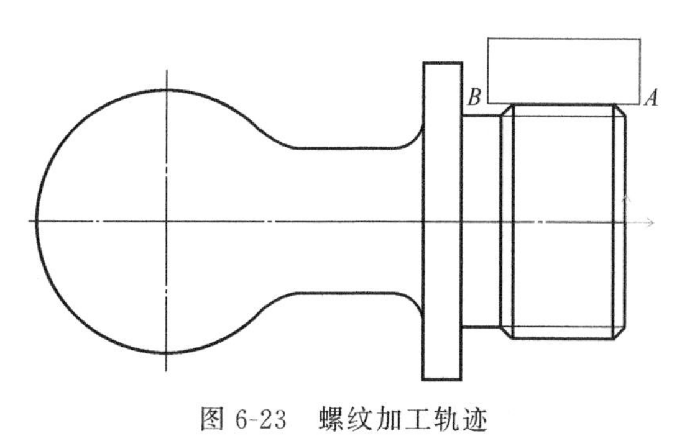

图 6-23　螺纹加工轨迹

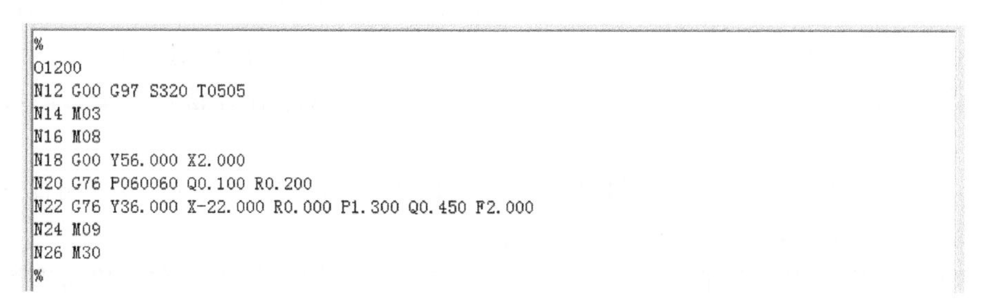

```
%
O1200
N12 G00 G97 S320 T0505
N14 M03
N16 M08
N18 G00 Y56.000 X2.000
N20 G76 P060060 Q0.100 R0.200
N22 G76 Y36.000 X-22.000 R0.000 P1.300 Q0.450 F2.000
N24 M09
N26 M30
%
```

图 6-24　螺纹加工程序

三、绘制组合工件2轮廓

① 在常用选项卡中，单击绘图生成栏中的孔/轴按钮，捕捉坐标中心点，这时出现新的立即菜单，在“2. 起始直径”和“3. 终止直径”文本框中分别输入轴的直径42，移动鼠标，则跟随着光标将出现一个长度动态变化的轴，键盘输入轴的长度25，按回车键。继续修改其他段直径，输入长度值回车，右击结束命令，即可完成零件的内外轮廓绘制。如图6-25所示。

② 在常用选项卡中，单击修改生成栏中的倒角过渡按钮，在下面的立即菜单中，选择倒角、裁剪，输入倒角距离1，拾取要倒角的第一条边线，拾取第二条边线，倒角完成。绘制半径20mm的圆。单击修改生成栏中的裁剪按钮，单击裁剪多余线。单击绘图生成栏中的剖面线按钮，在要填充剖面线的内部单击，单击右键结束。如图6-26所示。

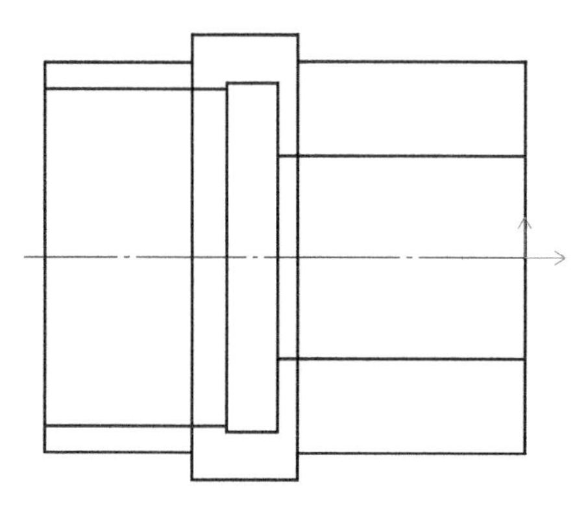

图6-25 绘制组合工件2内外轮廓

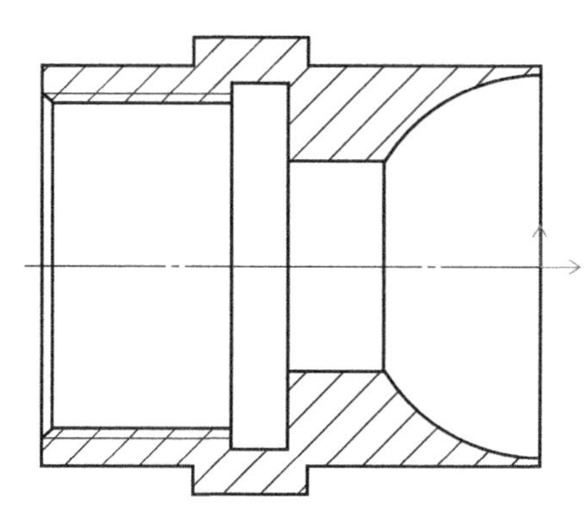

图6-26 绘制组合工件2剖面线

四、组合工件2加工

1. 平端面

用45°右偏刀加工端面。

2. 外轮廓粗加工

① 在常用选项卡中，单击绘图生成栏中的直线按钮，在立即菜单中，选择两点线、连续、正交方式，捕捉右上角点，向上绘制2mm，向右绘制27mm直线，完成毛坯轮廓线绘制，如图6-27所示。

② 在数控车选项卡中，单击二轴加工生成栏中的车削粗加工按钮，弹出车削粗加工对话框。设置加工参数：加工表面类型选择外轮廓，加工方式选择行切，加工角度180，切削行距设为0.6，主偏干涉角10，副偏干涉角设为45，刀尖半径补偿选择编程时考虑半径补偿。

③ 选择93°外圆车刀，刀尖半径设为0.4，主偏角100，副偏角45，刀具偏置方向为对中，对刀点为刀尖尖点，刀片类型为普通刀片。

④ 单击“确定”退出对话框，采用单个拾取方式，拾取被加工轮廓，单击右键，拾取毛坯轮廓，毛坯轮廓拾取完后，单击右键，拾取进退刀点A，生成零件外轮廓加工轨迹，

如图 6-28 所示。

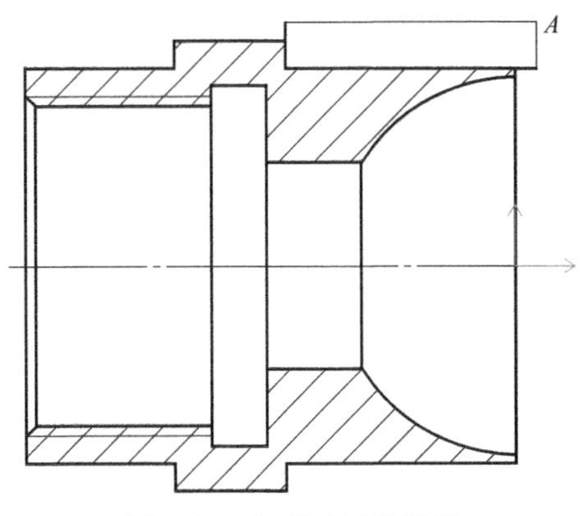

图 6-27　绘制毛坯轮廓线

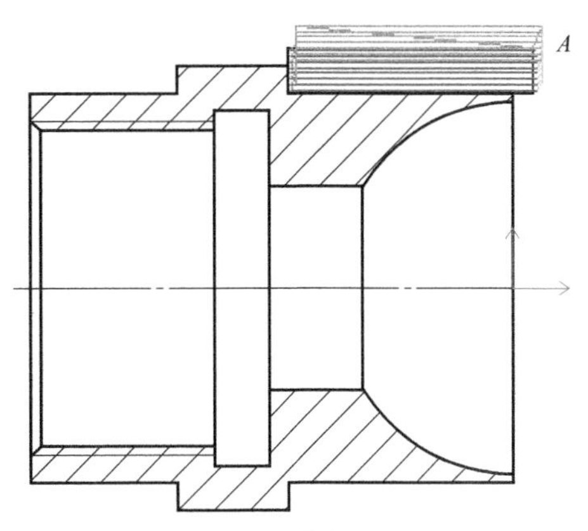

图 6-28　外轮廓粗加工轨迹

3. 钻孔

用 ϕ4mm 的中心钻，钻深 4mm。然后用 ϕ22mm 的钻头，钻通孔。过程省略。

4. 右端内表面加工

① 在常用选项卡中，单击绘图生成栏中的直线按钮，在立即菜单中，选择两点线、连续、正交方式，捕捉右边 R20mm 处的交点，向右绘制 2mm 水平线，向下绘制 10mm 到 A 点，完成毛坯轮廓绘制，如图 6-29 所示。

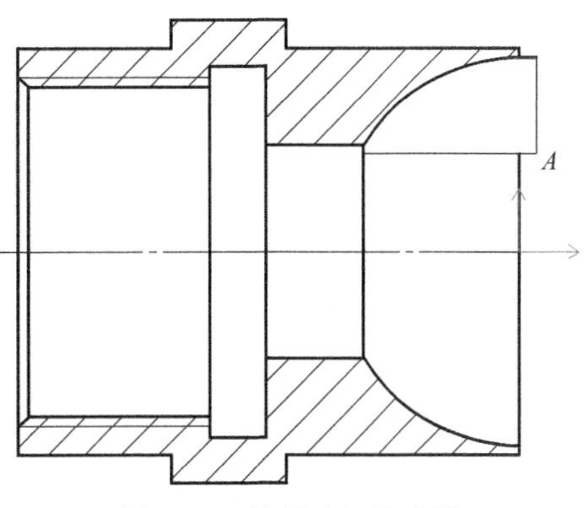

图 6-29　绘制毛坯轮廓线

② 在数控车选项卡中，单击二轴加工生成栏中的车削粗加工按钮，弹出车削粗加工对话框，如图 6-30 所示。加工参数设置：加工表面类型选择内轮廓，加工方式选择等距，加工角度 180，切削行距设为 0.8，主偏干涉角要求小于 10，副偏干涉角设为 45，刀尖半径补偿选择编程时考虑半径补偿。

③ 选择内轮廓车刀，刀尖半径设为 0.3，主偏角 100，副偏角 45，刀具偏置方向为左偏，对刀点为刀尖圆心，刀片类型为球形刀片。如图 6-31 所示。

④ 单击“确定”退出对话框，采用单个拾取方式，拾取被加工轮廓，单击右键，拾取毛坯轮廓，毛坯轮廓拾取完后，单击右键，拾取进退刀点 A，生成内轮廓加工轨迹，如图 6-32 所示。

5. 左端内表面加工

① 在常用选项卡中，单击绘图生成栏中的直线按钮，在立即菜单中，选择两点线、连续、正交方式，捕捉右上角点，向右绘制 2mm，向下绘制 8mm 直线，完成毛坯轮廓线绘制，如图 6-33 所示。

② 在数控车选项卡中，单击二轴加工生成栏中的车削粗加工按钮，弹出车削粗加工对话框。设置加工参数：加工表面类型选择内轮廓，加工方式选择行切，加工角度 180，切削行距设为 0.6，主偏干涉角 10，副偏干涉角设为 45，刀尖半径补偿选择编程时考虑半径补偿。

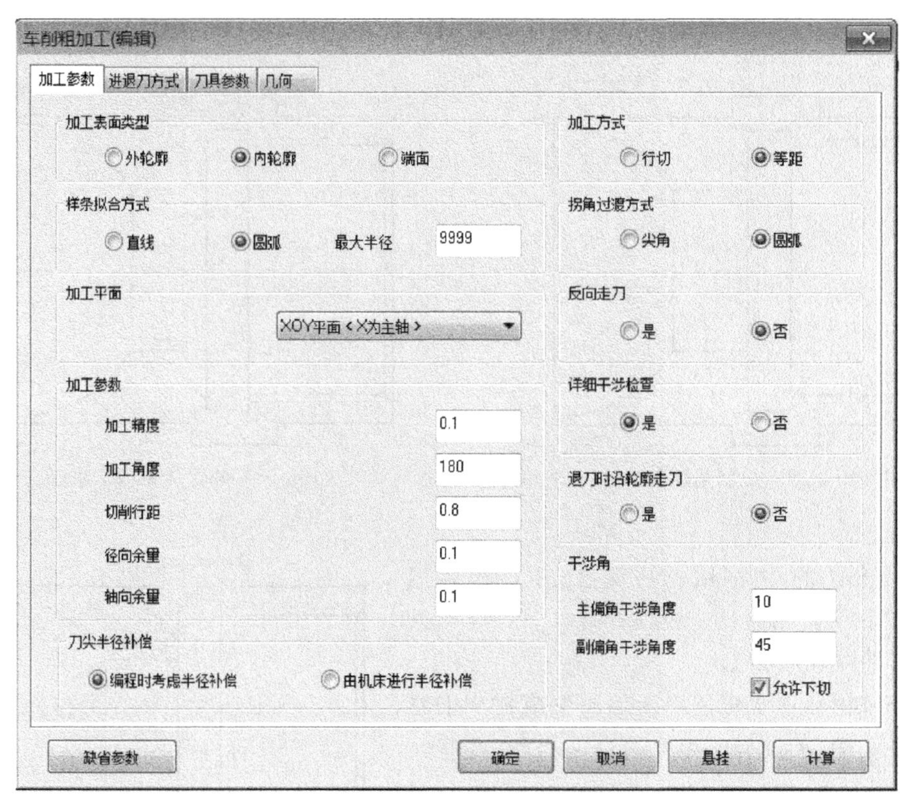

图 6-30 内轮廓粗加工对话框

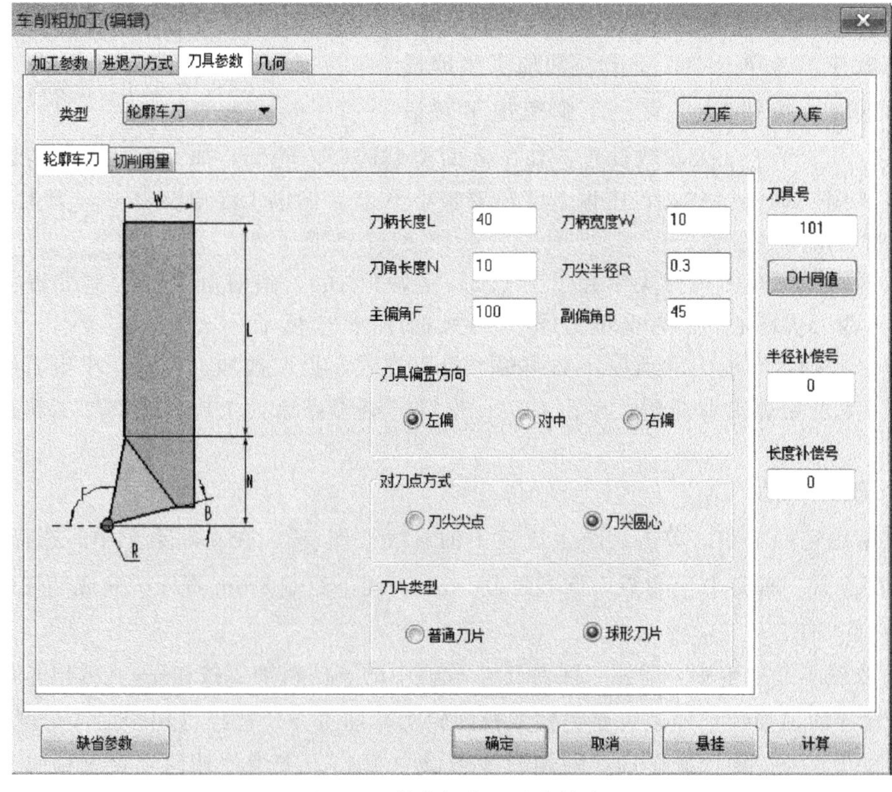

图 6-31 轮廓粗车刀具参数表

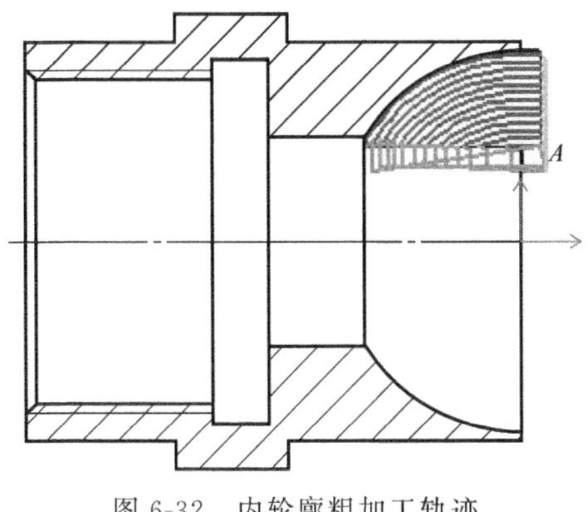

图 6-32　内轮廓粗加工轨迹

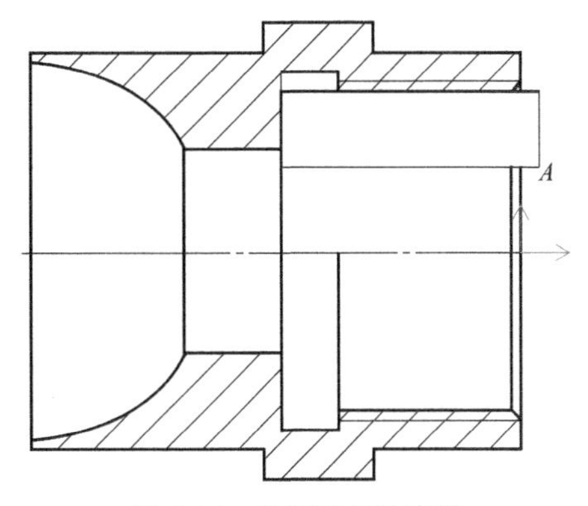

图 6-33　绘制毛坯轮廓线

③ 选择镗刀，刀尖半径设为 0.3，主偏角 100，副偏角 45，刀具偏置方向为左偏，对刀点为刀尖尖点，刀片类型为普通刀片。

④ 单击“确定”退出对话框，采用单个拾取方式，拾取被加工轮廓，单击右键，拾取毛坯轮廓，毛坯轮廓拾取完后，单击右键，拾取进退刀点 A，生成内轮廓加工轨迹，如图 6-34 所示。

6. 切退刀槽

用宽度为 3mm 的内槽车刀加工。过程省略。

7. 螺纹加工

① 在常用选项卡中，单击绘图生成栏中的直线按钮，在立即菜单中，选择两点线、连续、正交方式，捕捉螺纹线左端点，向左绘制 3mm 到 B 点，捕捉螺纹线右端点，向右绘制 4mm 到 A 点，确定进退刀点 A。如图 6-35 所示。

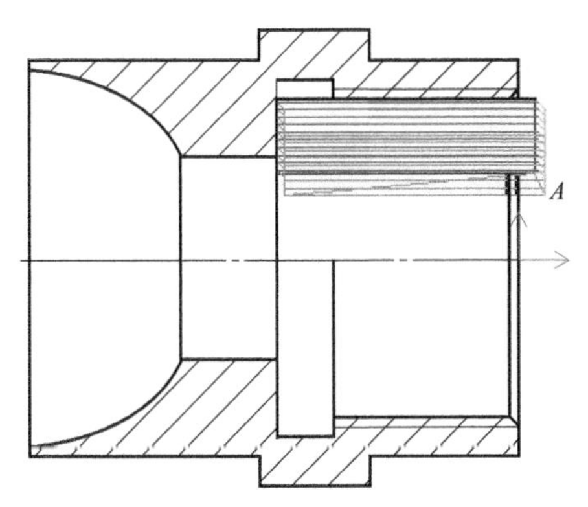

图 6-34　左端内轮廓粗加工轨迹

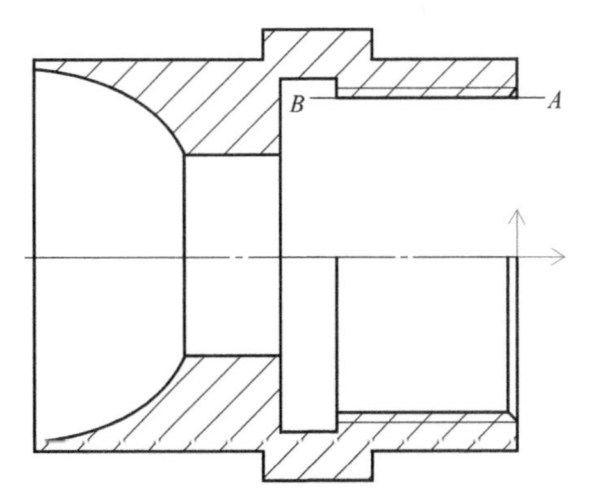

图 6-35　绘制螺纹引入端和退出端

操作技巧及注意事项：

螺纹牙形的起点和终点的 Y 值必须相同。

② 在数控车选项卡中，单击二轴加工生成栏中的螺纹加工按钮，弹出车螺纹加工对话框。设置螺纹参数：选择螺纹类型为内螺纹，拾取螺纹加工起点 A，拾取螺纹加工终点 B，拾取螺纹加工进退刀点 A，螺纹螺距 1.5，螺纹牙高 0.974，螺纹头数 1。如图 6-36 所示。

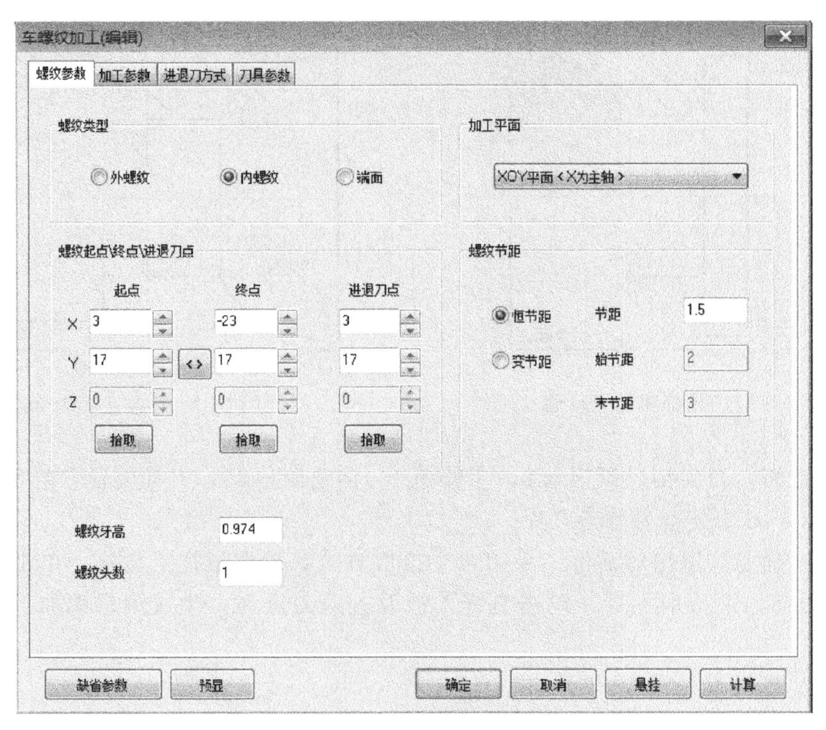

图 6-36 螺纹参数设置

③ 设置螺纹加工参数：选择粗加工+精加工，粗加工深度 0.974，每行切削用量选择恒定切削面积，第一刀行距 0.4，最小行距 0.08，每行切入方式选择沿牙槽中心线。如图 6-37 所示。用 60°内螺纹刀进行加工。

图 6-37 螺纹加工参数设置

④ 单击“确定”退出车螺纹加工对话框，系统自动生成内螺纹加工轨迹，如图6-38所示。

⑤ 在数控车选项卡中，单击后置处理生成栏中的后置处理按钮G，弹出后置处理对话框，选择控制系统文件Fanuc，单击“拾取”按钮，拾取内螺纹加工轨迹，然后单击“后置”按钮，弹出编辑代码对话框，生成内螺纹加工程序。如图6-39所示。

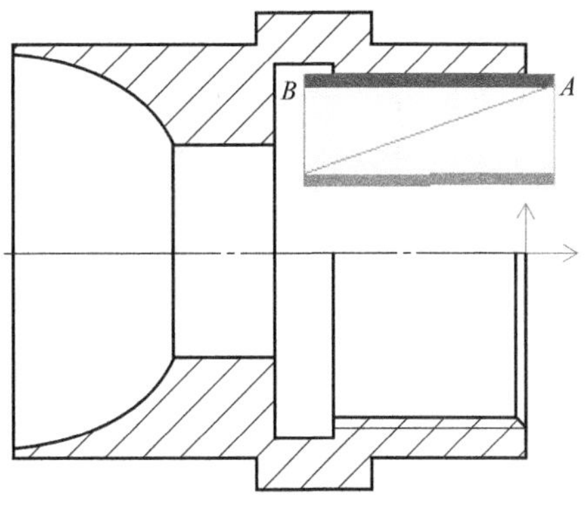

图6-38　内螺纹加工轨迹

```
%
O1200
N12 G00 G97 S600 T0505
N14 M03
N16 M08
N18 X34. Z3.
N20 X13.35
N22 X33.35
N24 X33.55
N26 G32 Z-23. F1.500
N28 G00 X33.35
N30 X13.35
N32 X13.681 Z3.
N34 X33.681
N36 X33.881
N38 G32 Z-23. F1.500
N40 G00 X33.681
N42 X13.681
N44 X13.936 Z3.
N46 X33.936
N48 X34.136
N50 G32 Z-23. F1.500
N52 G00 X33.936
N54 X13.936
N56 X14.15 Z3.
N58 X34.15
N60 X34.35
N62 G32 Z-23. F1.500
N64 G00 X34.15
N66 X14.15
```

图6-39　内螺纹加工程序

[实例6-2]　锥面配合组合件的设计与车削加工

完成图6-40和图6-41所示锥面配合组合工件的轮廓设计及内外轮廓的粗精加工程序编制。图6-42为装配图，已知件1毛坯尺寸为ϕ50mm×98mm，件2毛坯尺寸为ϕ50mm×60mm，材料为45钢。

读装配图和零件图，确定装配图是由件1螺纹轴和件2螺纹锥套两个零件装配在一起的，零件加工好装配在一起保证长度为（95±0.03）mm，配合锥面用涂色法检查，要求锥体接触面积大于70%。看清同轴度要求，基准为ϕ48mm外圆的轴线，要求内锥孔的轴线相对基准轴线同轴度0.02mm，是为了方便调整配合。

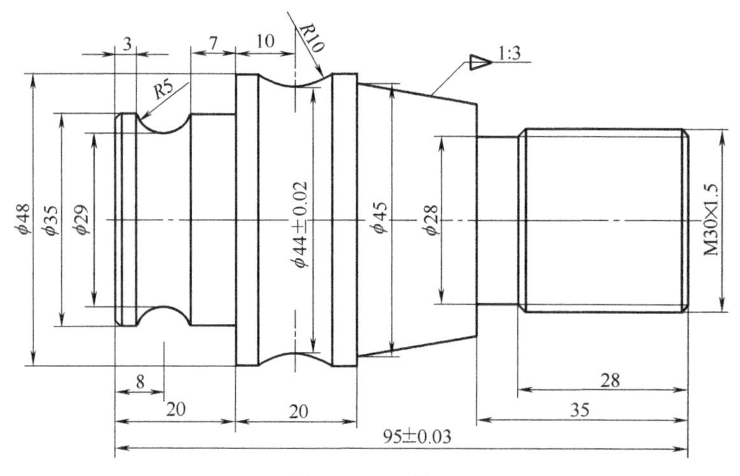

图 6-40 工件 1

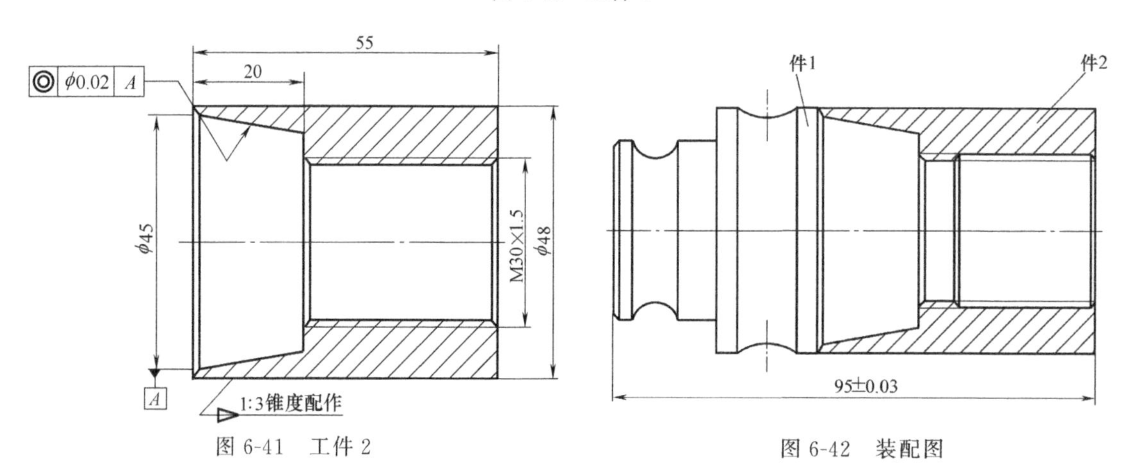

图 6-41 工件 2

图 6-42 装配图

端面要留有间隙，因为锥面配合是斜线方向，如果锥面相差一点点在端面就会造成很大的垂直方向差异；反过来，如果端面已经接触了，那么，锥端不走到位，就会造成锥面之间的间隙和悬空，导致锥面配合失效。

加工顺序：先加工件 2，再加工件 1，然后将件 2 旋进件 1 中，车削 φ48mm 外圆并保证同轴度要求。

一、绘制组合工件 2

① 在常用选项卡中，单击绘图生成栏中的孔/轴按钮，捕捉坐标中心点，这时出现新的立即菜单，在“2. 起始直径”和“3. 终止直径”文本框中分别输入轴的直径 48，移动鼠标，则跟随着光标将出现一个长度动态变化的轴，键盘输入轴的长度 55，按回车键。继续修改其他段直径，输入长度值回车，右击结束命令。如图 6-43 所示。

操作技巧及注意事项：

由锥度公式 $(D-d)/L=1/N$，推得：

$$d=D-L/N$$

式中，D 为大头直径；d 为小头直径；L 为轴向长度；N 为比例系数。

锥度是 1∶3，小头直径 $d=D-L/N=45-20/3=38.3$。

② 在常用选项卡中，单击修改生成栏中的倒角按钮，在下面的立即菜单中，选择长度、裁剪，输入倒角距离1、角度45，拾取要倒角的第一条边线，拾取第二条边线，倒角完成，同理完成其他倒角绘制。

③ 在常用选项卡中，单击绘图生成栏中的剖面线按钮，单击拾取上边环内一点，单击拾取下边环内一点，单击右键结束，完成剖面线填充，如图6-44所示。

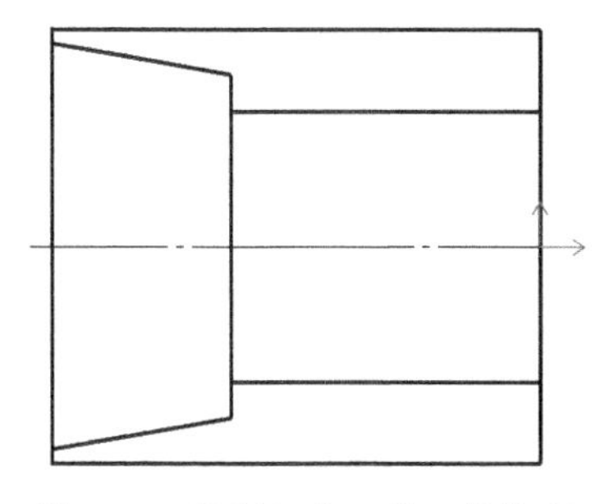

图6-43　绘制组合工件2外轮廓

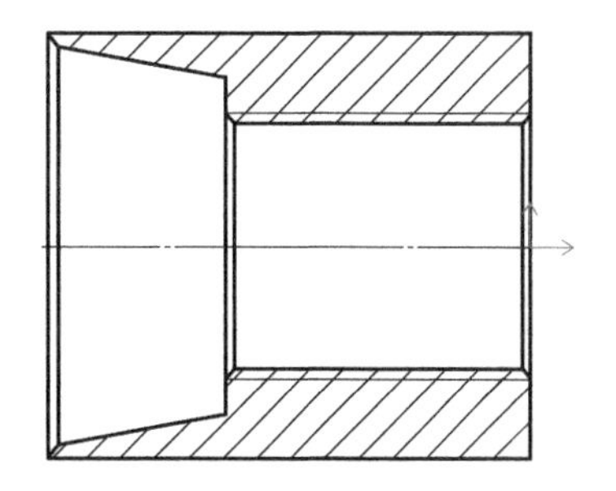

图6-44　绘制组合工件2倒角和剖面线

二、组合工件2加工

1. 钻孔

用ϕ4mm的中心钻，钻深4mm。然后用ϕ8mm的钻头，钻通孔。过程省略。

2. ϕ28mm内孔粗加工

① 在常用选项卡中，单击绘图生成栏中的直线按钮，在立即菜单中，选择两点线、连续、正交方式，捕捉右边螺纹线端点，向右绘制4mm水平线，捕捉左边螺纹线端点，向左边绘制22mm水平线，如图6-45所示。完成毛坯轮廓绘制。

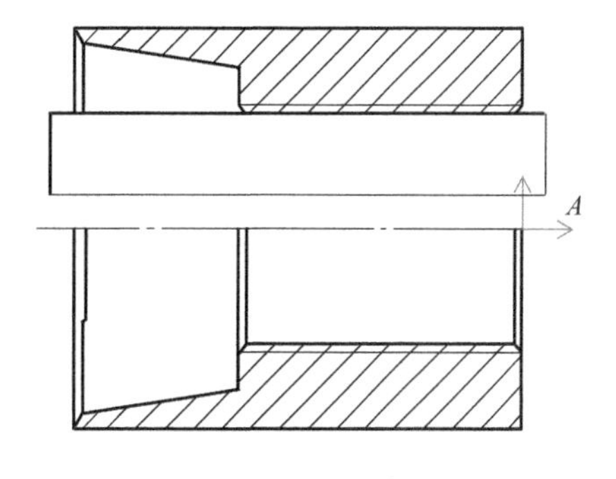

图6-45　毛坯轮廓绘制

② 在数控车选项卡中，单击二轴加工生成栏中的车削粗加工按钮，弹出车削粗加工对话框，如图6-46所示。加工参数设置：加工表面类型选择内轮廓，加工方式选择行切，加工角度180，切削行距设为0.6，主偏干涉角要求小于10，副偏干涉角设为45，刀尖半径补偿选择编程时考虑半径补偿。

③ 选择内轮廓车刀，刀尖半径设为0.3，主偏角100，副偏角45，刀具偏置方向为左偏，对刀点为刀尖尖点，刀片类型为普通刀片。

④ 单击“确定”退出对话框，采用单个拾取方式，拾取被加工轮廓，单击右键，拾取毛坯轮廓，毛坯轮廓拾取完后，单击右键，拾取进退刀点A，生成内孔加工轨迹，如图6-47所示。

3. ϕ45mm圆锥孔粗加工

掉头加工左边锥形孔。

① 在常用选项卡中，单击绘图生成栏中的直线按钮，在立即菜单中，选择两点线、连续、正交方式，捕捉右上角点，向右绘制3mm，向下绘制10mm直线，完成毛坯轮廓线绘制，如图6-48所示。

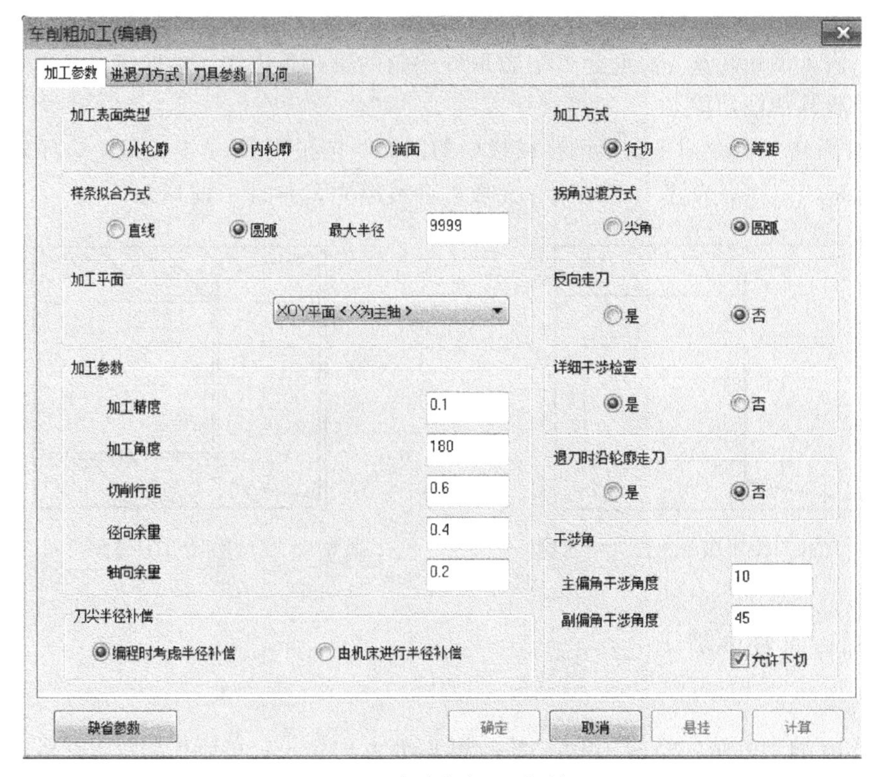

图 6-46 内孔粗加工对话框

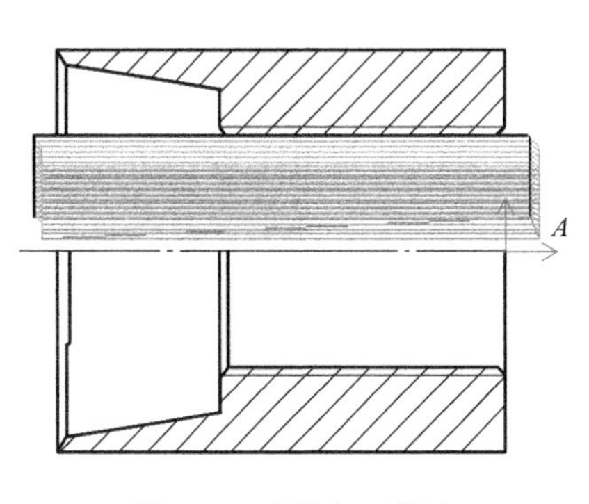

图 6-47 内孔加工轨迹

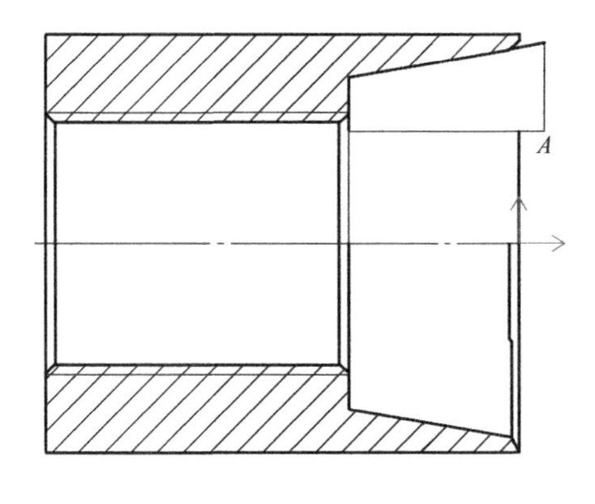

图 6-48 绘制毛坯轮廓

② 在数控车选项卡中，单击二轴加工生成栏中的车削粗加工按钮，弹出车削粗加工对话框，如图 6-49 所示。加工参数设置：加工表面类型选择内轮廓，加工方式选择行切，加工角度 180，切削行距设为 0.6，主偏干涉角要求小于 10，副偏干涉角设为 45，刀尖半径补偿选择编程时考虑半径补偿。

③ 选择内轮廓车刀，刀尖半径设为 0.2，主偏角 100，副偏角 45，刀具偏置方向为左偏，对刀点为刀尖尖点，刀片类型为普通刀片。如图 6-50 所示。

④ 单击“确定”退出对话框，采用单个拾取方式，拾取被加工轮廓，单击右键，拾取毛坯轮廓，毛坯轮廓拾取完后，单击右键，拾取进退刀点 A，生成圆锥孔加工轨迹，如图 6-51 所示。

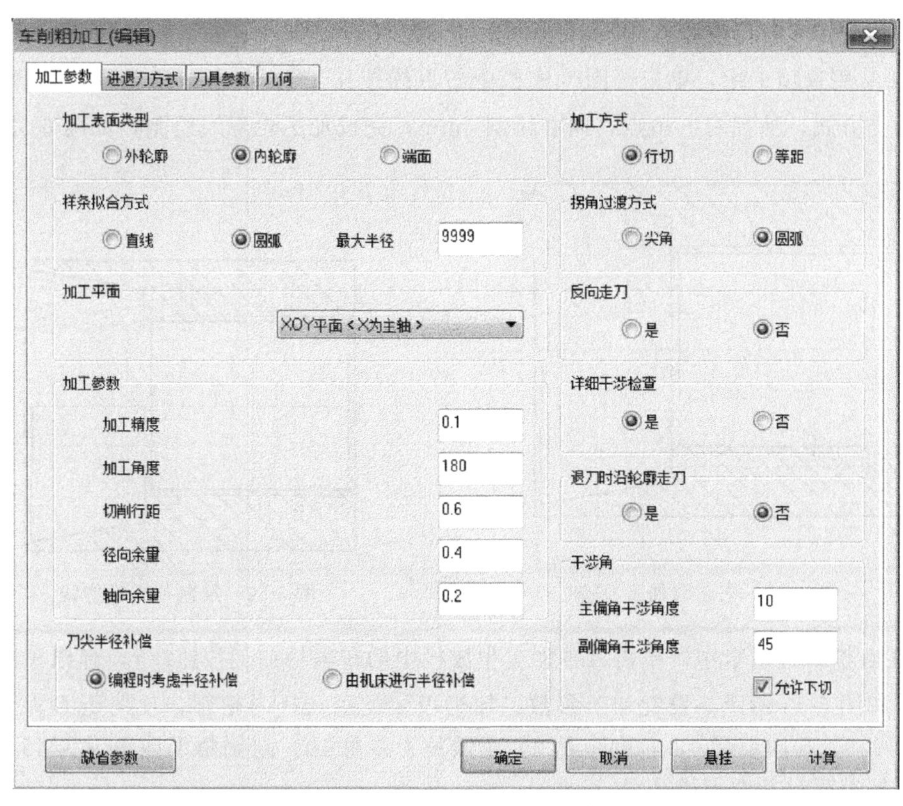

图 6-49　圆锥孔粗加工对话框

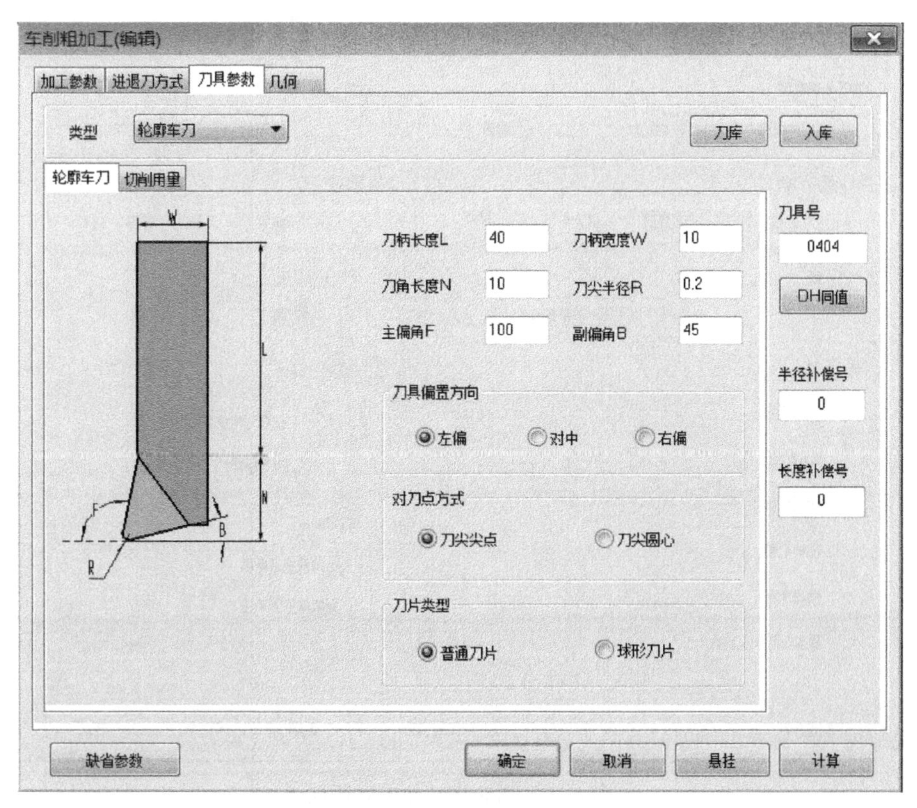

图 6-50　刀具参数设置

4. ϕ45mm 圆锥孔精加工

① 在常用选项卡中，单击绘图生成栏中的直线按钮，在立即菜单中，选择两点线、连续、正交方式，捕捉右上角点，向右绘制 3mm，完成加工轮廓线绘制，如图 6-52 所示。

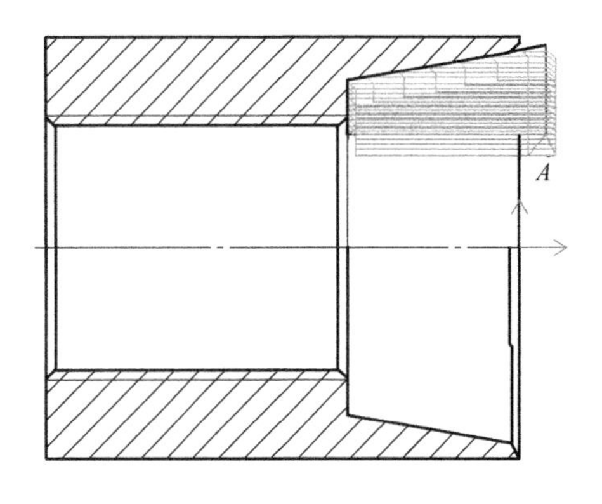

图 6-51 内轮廓加工轨迹

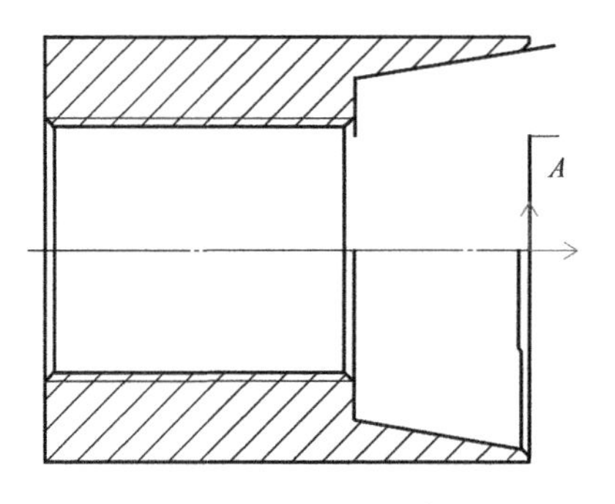

图 6-52 绘制加工轮廓线

② 在数控车选项卡中，单击二轴加工生成栏中的车削精加工按钮，弹出车削精加工对话框。如图 6-53 所示。设置加工参数：加工表面类型选择内轮廓，反向走刀为否，切削行距设为 0.3，径向余量 0，轴向余量 0，主偏角干涉角 10，副偏角干涉角设为 45，刀尖半径补偿选择编程时考虑半径补偿。

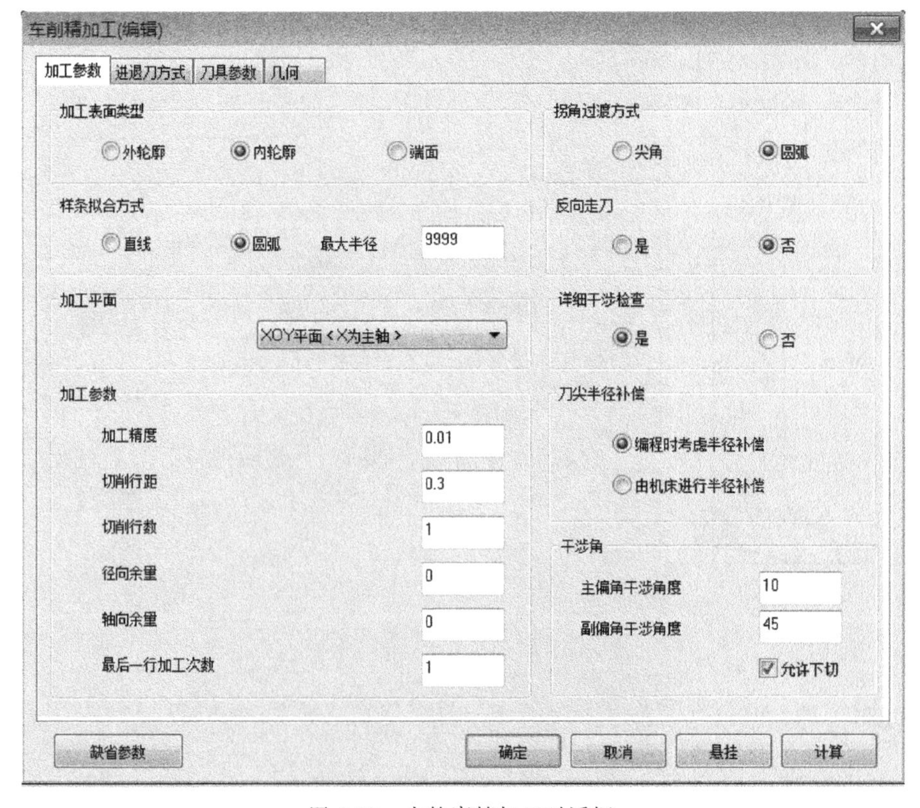

图 6-53 内轮廓精加工对话框

③ 选择镗刀，刀尖半径设为 0.2，主偏角 100，副偏角 45，刀具偏置方向为左偏，对刀点为刀尖尖点，刀片类型为普通刀片。

④ 单击“确定”退出对话框，采用单个拾取方式，拾取被加工轮廓，单击右键，拾取毛坯轮廓，毛坯轮廓拾取完后，单击右键，拾取进退刀点 A，生成内轮廓精加工轨迹，如图 6-54 所示。

5. 粗、精车 M30×1.5 内螺纹

① 在常用选项卡中，单击绘图生成栏中的直线按钮，在立即菜单中，选择两点线、连续、正交方式，捕捉螺纹线左端点，向左绘制 3mm 到 B 点，捕捉螺纹线右端点，向右绘制 4mm 到 A 点，确定进退刀点 A。如图 6-55 所示。

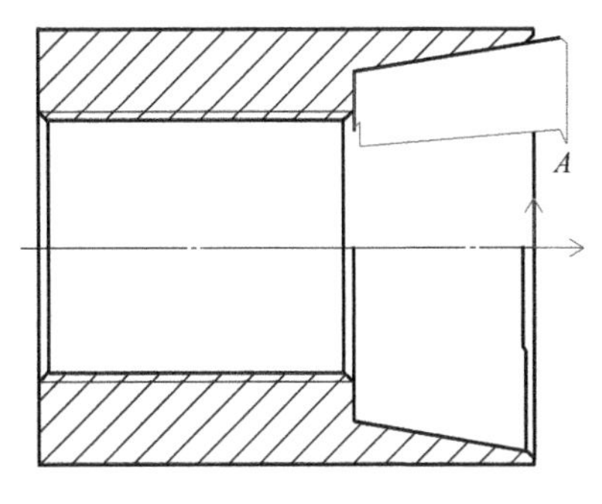

图 6-54　内轮廓加工轨迹

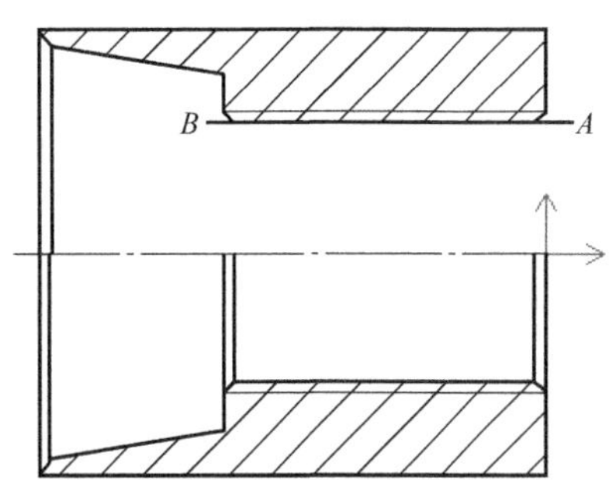

图 6-55　绘制螺纹引入端和退出端

② 在数控车选项卡中，单击二轴加工生成栏中的螺纹加工按钮，弹出车螺纹加工对话框。设置螺纹参数：选择螺纹类型为内螺纹，拾取螺纹加工起点 A，拾取螺纹加工终点 B，拾取螺纹加工进退刀点 A，螺纹螺距 1.5，螺纹牙高 0.974，螺纹头数 1。如图 6-56 所示。

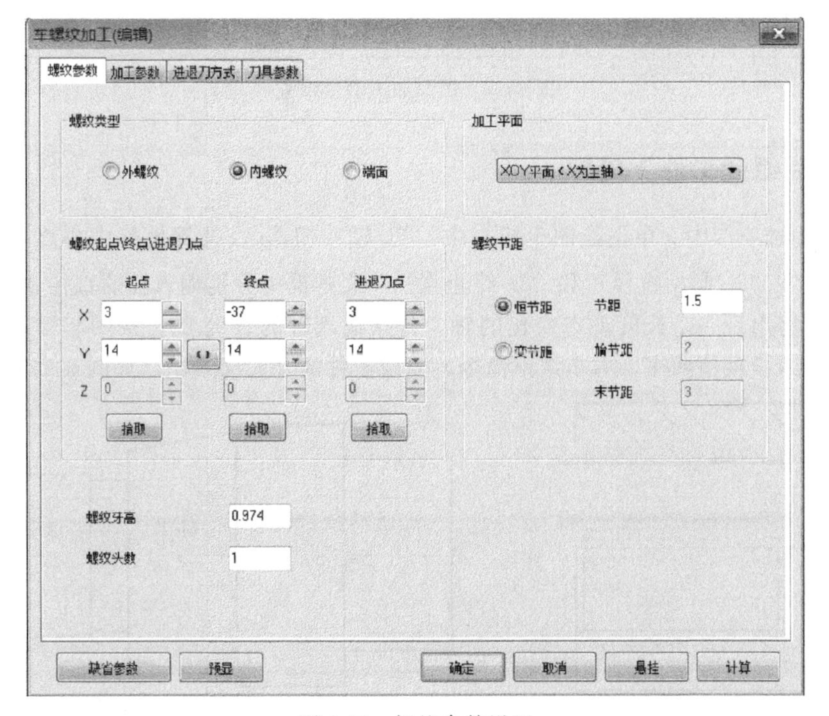

图 6-56　螺纹参数设置

③ 设置螺纹加工参数：选择粗加工＋精加工，粗加工深度 0.974，每行切削用量选择恒定切削面积，第一刀行距 0.4，最小行距 0.08，每行切入方式选择沿牙槽中心线。如图 6-57 所示。用 60°内螺纹刀进行加工。

④ 单击“确定”退出车螺纹加工对话框，系统自动生成内螺纹加工轨迹，如图 6-58 所示。

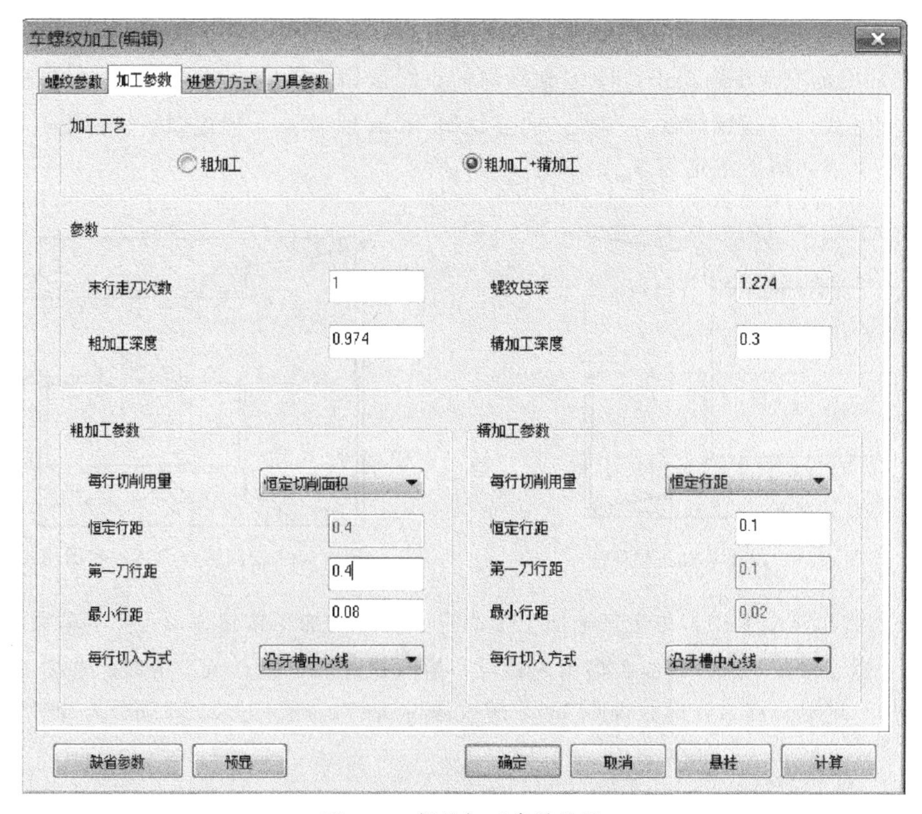

图 6-57 螺纹加工参数设置

三、绘制组合工件 1 轮廓

① 在常用选项卡中，单击绘图生成栏中的孔/轴按钮，捕捉坐标中心点，这时出现新的立即菜单，在“2. 起始直径”和“3. 终止直径”文本框中分别输入轴的直径 30，移动鼠标，则跟随着光标将出现一个长度动态变化的轴，键盘输入轴的长度 28，按回车键。继续修改其他段直径，输入长度值回车，右击结束命令，完成零件的外轮廓绘制。如图 6-59 所示。

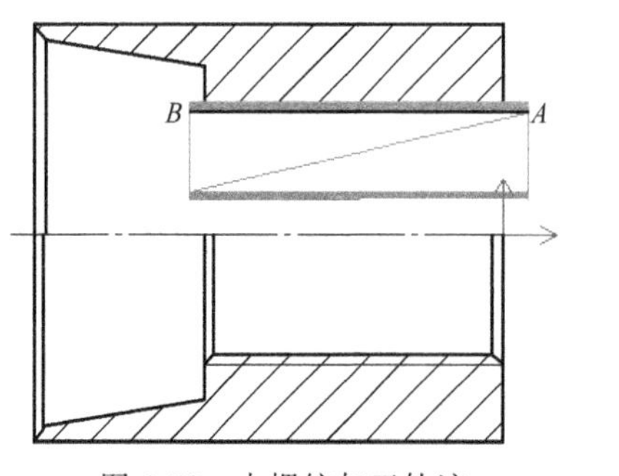

图 6-58 内螺纹加工轨迹

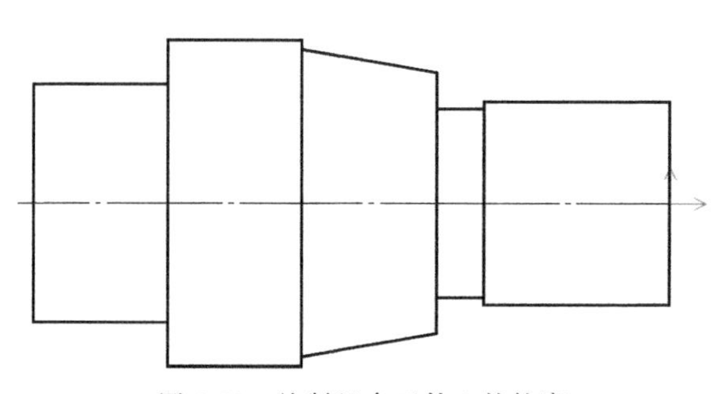
图 6-59 绘制组合工件 1 外轮廓

② 在常用选项卡中，单击修改生成栏中的等距线按钮，在立即菜单中输入等距距离 14，单击中心线，单击向上箭头，完成等距线。同理按照尺寸完成其他辅助线绘制。

③ 单击绘图生成栏中的圆按钮，选择圆心_半径方式，捕捉圆心，输入半径 5，回车，完成 R5mm 圆绘制。同理完成 R10mm 圆绘制。如图 6-60 所示。

④ 单击修改生成栏中的裁剪按钮，单击裁剪多余线。如图 6-61 所示。

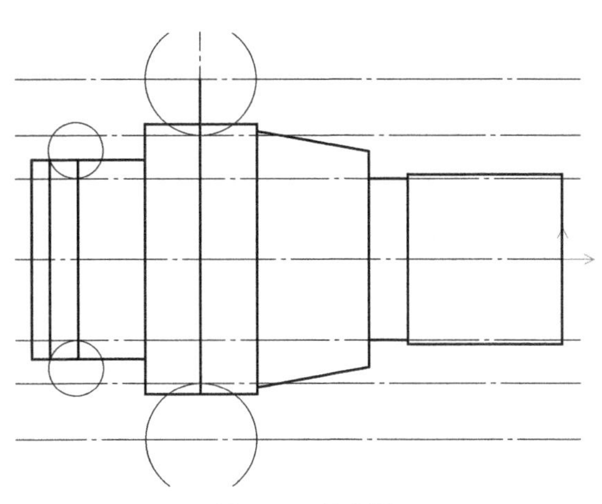

图 6-60　绘制圆

⑤ 在常用选项卡中，单击修改生成栏中的倒角按钮，在下面的立即菜单中，选择长度、裁剪，输入倒角距离 1，角度 45，拾取要倒角的第一条边线，拾取第二条边线，倒角完成，同理完成其他倒角绘制。如图 6-62 所示。

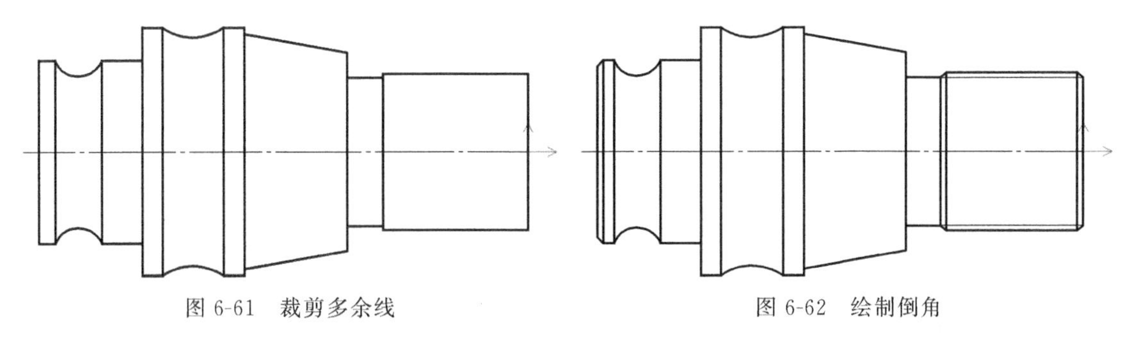

图 6-61　裁剪多余线　　图 6-62　绘制倒角

四、组合工件 1 加工

1. 调头加工工件 1 左端

粗、精车 ϕ48mm 外圆，ϕ35mm 外圆，R5mm 圆弧和 R10mm 圆弧。过程省略。

2. 粗加工工件 1 右端

垫铜皮于 ϕ35mm 外圆处，粗车圆锥和 ϕ30mm 外圆。

① 在常用选项卡中，单击绘图生成栏中的直线按钮，在立即菜单中，选择两点线、连续、正交方式，捕捉左上角点，向上绘制 2mm，向右绘制 58mm 直线，完成毛坯轮廓线绘制，如图 6-63 所示。

② 在数控车选项卡中，单击二轴加工生成栏中的车削粗加工按钮，弹出车削粗加工对话框。设置加工参数：加工表面类型选择外轮廓，加工方式选择行切，加工角度 180，切削行距设为 0.6，主偏干涉角 20，副偏干涉角设为 45，刀尖半径补偿选择编程时考虑半径补偿。

③ 选择 35°外圆车刀，刀尖半径设为 0.4，主偏角 100，副偏角 45，刀具偏置方向为左偏，对刀点为刀尖尖点，刀片类型为普通刀片。

④ 单击“确定”退出对话框，采用单个拾取方式，拾取被加工轮廓，单击右键，拾取毛坯轮廓，毛坯轮廓拾取完后，单击右键，拾取进退刀点 A，生成外轮廓零件加工轨迹，

如图 6-64 所示。

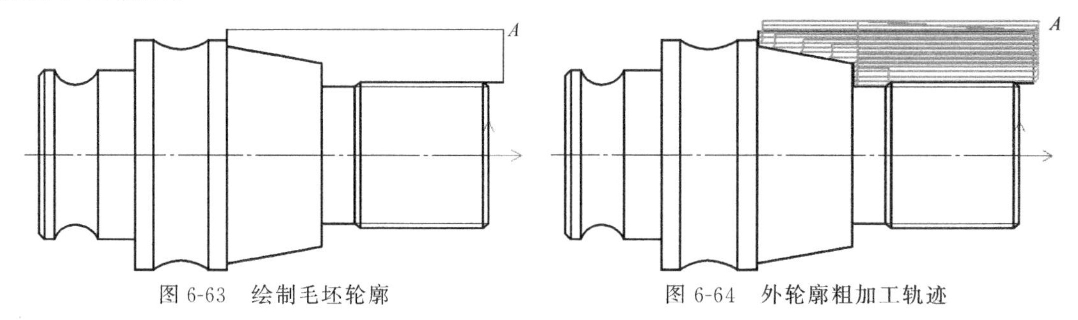

图 6-63　绘制毛坯轮廓　　图 6-64　外轮廓粗加工轨迹

3. 精加工工件 1 右端

垫铜皮于 ϕ35mm 外圆处，精车圆锥和 ϕ30mm 外圆。

① 保留加工轮廓线，确定进退刀点 A。

② 在数控车选项卡中，单击二轴加工生成栏中的车削精加工按钮，弹出车削精加工对话框。设置加工参数：加工表面类型选择外轮廓，加工方式选择行切，切削行距设为 0.3，径向余量 0，轴向余量 0，主偏角干涉角 10，副偏角干涉角设为 45，刀尖半径补偿选择编程时考虑半径补偿。

③ 选择外圆车刀，刀尖半径设为 0.2，主偏角 100，副偏角 45，刀具偏置方向为左偏，对刀点为刀尖尖点，刀片类型为普通刀片。

④ 单击“确定”退出对话框，采用单个拾取方式，拾取被加工轮廓，单击右键，拾取毛坯轮廓，毛坯轮廓拾取完后，单击右键，拾取进退刀点 A，生成内轮廓精加工轨迹，如图 6-65 所示。

4. 切槽

选择宽度 3mm 的切槽刀，切 7mm×28mm 槽。过程省略。

5. 粗、精车 M30×1.5 外螺纹

① 在常用选项卡中，单击绘图生成栏中的直线按钮，在立即菜单中，选择两点线、连续、正交方式，捕捉螺纹线左端点，向左绘制 3mm 到 B 点，捕捉螺纹线右端点，向右绘制 4mm 到 A 点，确定进退刀点 A。如图 6-66 所示。

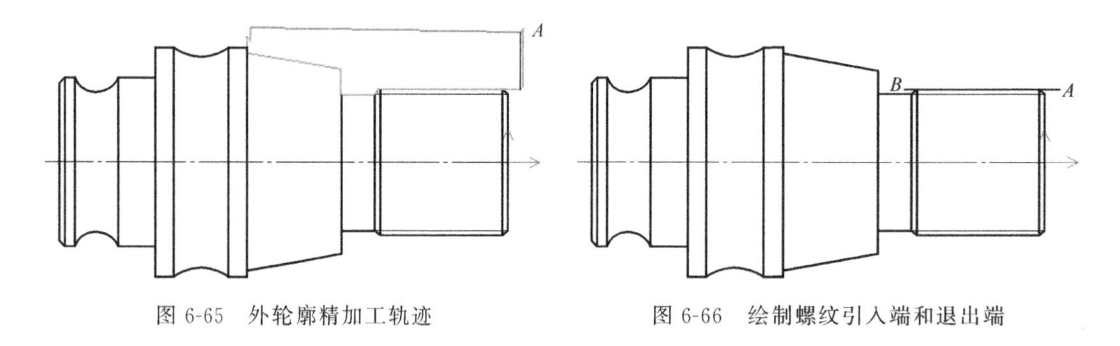

图 6-65　外轮廓精加工轨迹　　图 6-66　绘制螺纹引入端和退出端

② 在数控车选项卡中，单击二轴加工生成栏中的车螺纹按钮，弹出车螺纹加工对话框。如图 6-67 所示。设置螺纹参数：选择螺纹类型为外螺纹，拾取螺纹加工起点 A，拾取螺纹加工终点 B，拾取螺纹加工进退刀点 A，螺纹螺距 1.5，螺纹牙高 0.974，螺纹头数 1。

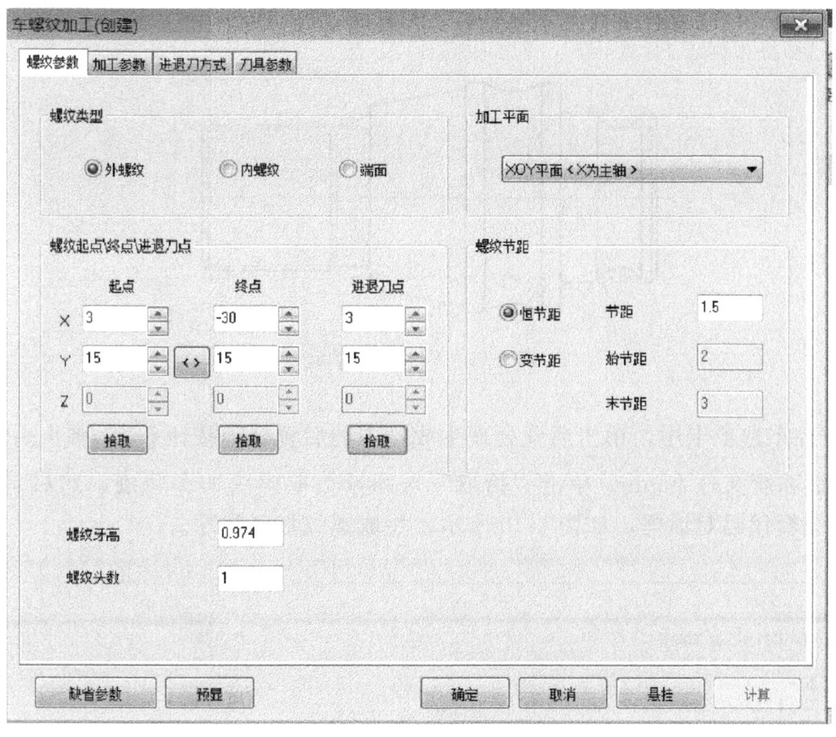

图 6-67　螺纹参数设置

③ 设置螺纹加工参数：粗加工深度 0.974，精加工深度 0.3，第一刀行距 0.4，最小行距 0.08。如图 6-68 所示。

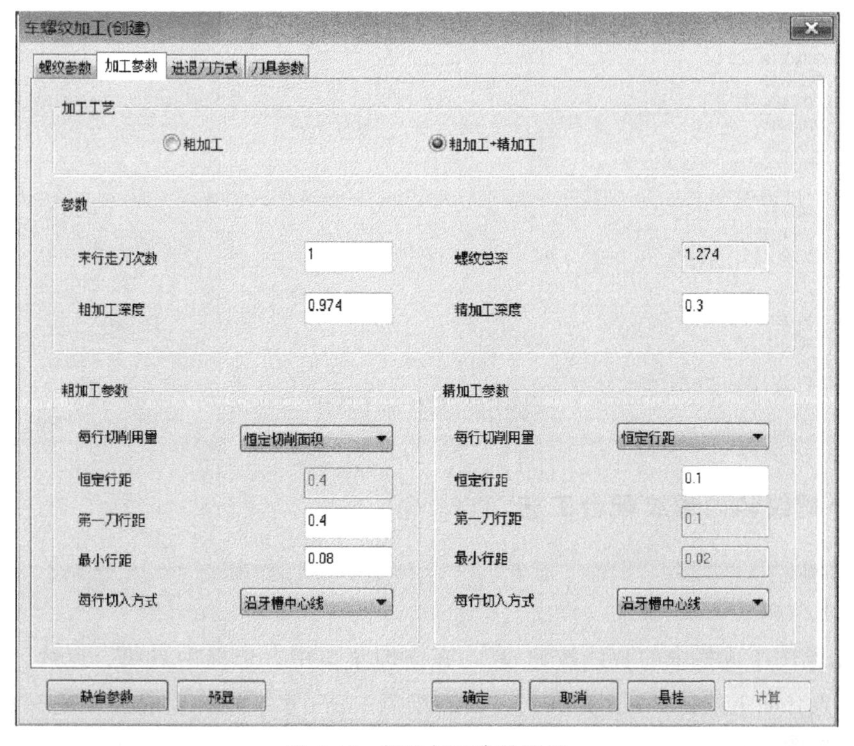

图 6-68　螺纹加工参数设置

④ 单击“确定”退出车螺纹加工对话框，系统自动生成螺纹加工轨迹，如图6-69所示。

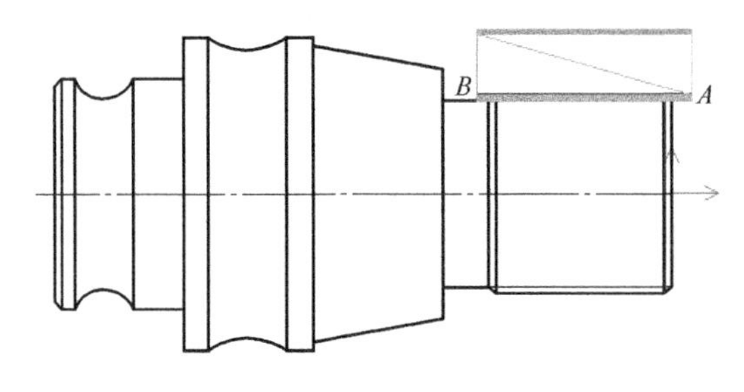

图6-69 螺纹加工轨迹

⑤ 在数控车选项卡中，单击后置处理生成栏中的后置处理按钮G，弹出后置处理对话框，选择控制系统文件Fanuc，单击“拾取”按钮，拾取螺纹加工轨迹，然后单击“后置”按钮，弹出编辑代码对话框，如图6-70所示，生成螺纹加工程序。

```
%
O1200
N12 G00 G97 S520 T0505
N14 M03
N16 M08
N18 X30. Z3.
N20 X50.
N22 X30.
N24 X29.8
N26 G32 Z-30. F1.500
N28 G00 X30.
N30 X50.
N32 X49.669 Z3.
N34 X29.669
N36 X29.469
N38 G32 Z-30. F1.500
N40 G00 X29.669
N42 X49.669
N44 X49.454 Z3.
N46 X29.454
N48 X29.254
N50 G32 Z-30. F1.500
N52 G00 X29.454
N54 X49.454
N56 X49.2 Z3.
N58 X29.2
N60 X29.
N62 G32 Z-30. F1.500
N64 G00 X29.2
N66 X49.2
```

图6-70 螺纹加工程序

五、外螺纹和内螺纹配合工艺

1. 车端面

控制总长(95±0.03)mm。

① 单击绘图生成栏中的直线按钮，在立即菜单中，选择两点线、连续、正交方式，捕捉右上角点，向上绘制2mm竖直线，向右绘制3mm水平线，完成加工轮廓和毛坯轮廓绘制，结果如图6-71所示。

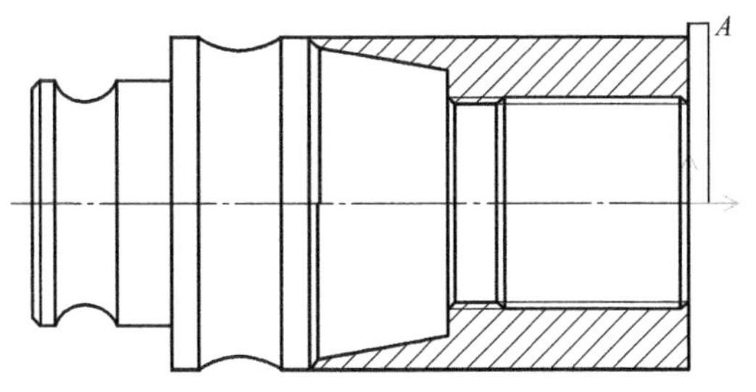

图 6-71　绘制右端面加工轮廓和毛坯轮廓

操作技巧及注意事项：

平右端面时，右边一条竖线为加工轮廓线，其他线为毛坯轮廓线，加工轮廓线和毛坯轮廓线形成封闭环。

② 在数控车选项卡中，单击二轴加工生成栏中的车削粗加工按钮，弹出车削粗加工对话框，如图 6-72 所示。加工参数设置：加工表面类型选择端面，加工方式选择行切，加工角度 270，切削行距设为 0.6，主偏干涉角 0，副偏干涉角设为 55，刀尖半径补偿选择编程时考虑半径补偿。

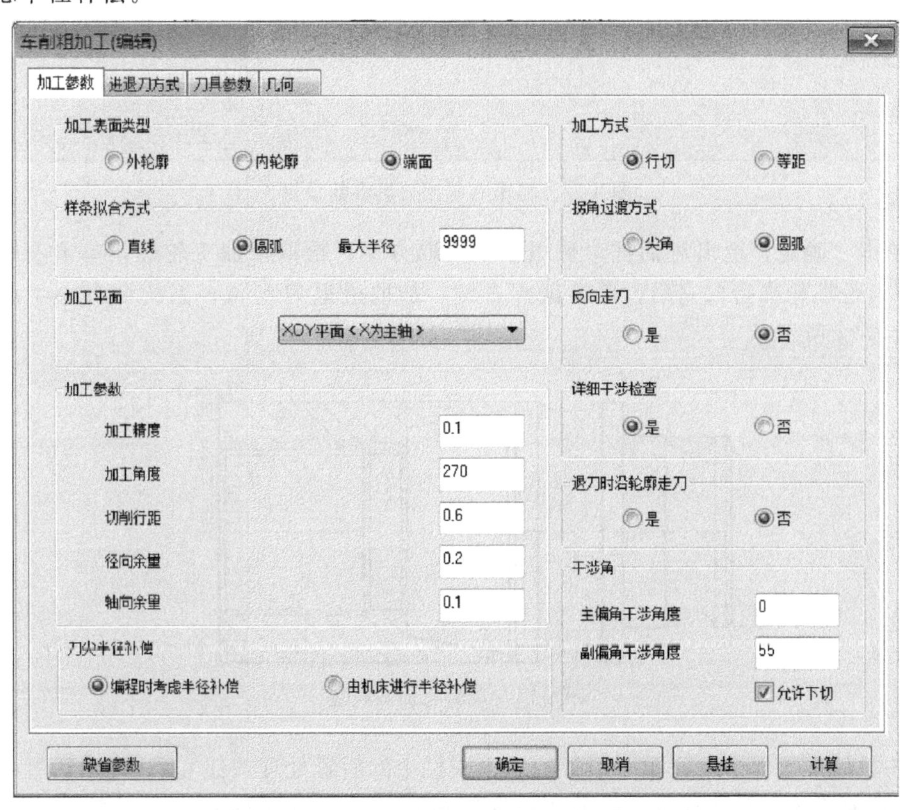

图 6-72　粗车右端面加工参数设置

③ 每行相对毛坯及加工表面的速进退刀方式设置为长度 1、夹角 45。选择轮廓车刀，刀尖半径设为 0.4，主偏角 90，副偏角 55，刀具偏置方向为左偏，对刀点为刀尖尖点，刀片类型为普通刀片。如图 6-73 所示。

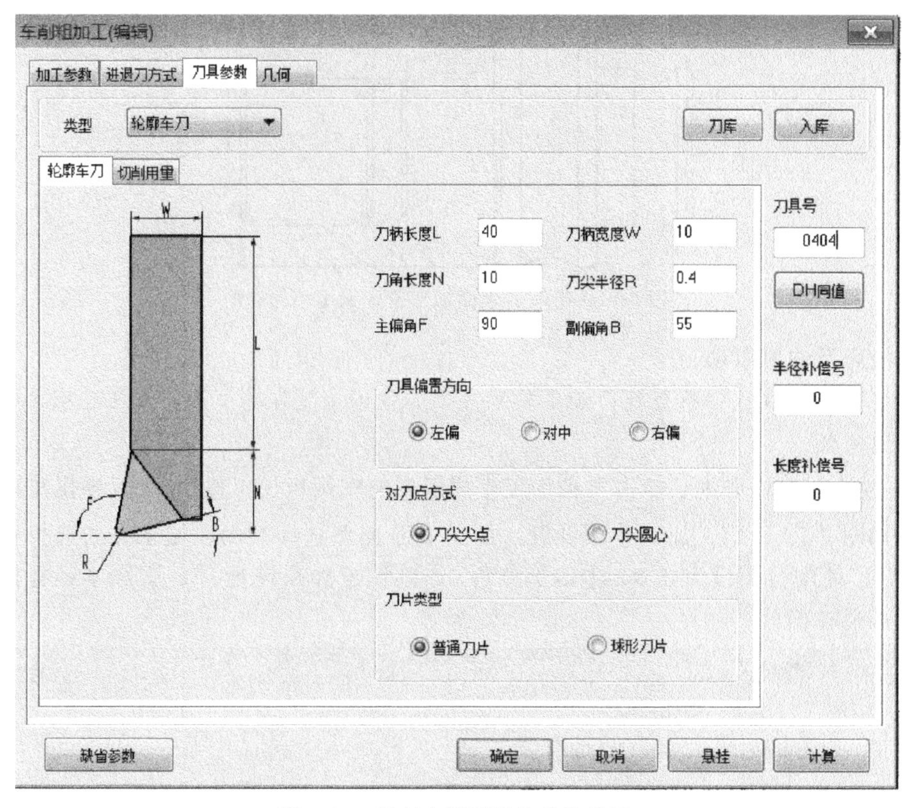

图 6-73 粗车右端面刀具参数设置

④ 单击“确定”退出对话框，采用单个拾取方式，拾取被加工轮廓，单击右键，拾取毛坯轮廓，毛坯轮廓拾取完后，单击鼠标右键，拾取进退刀点 *A*，系统会自动生成刀具轨迹，如图 6-74 所示。

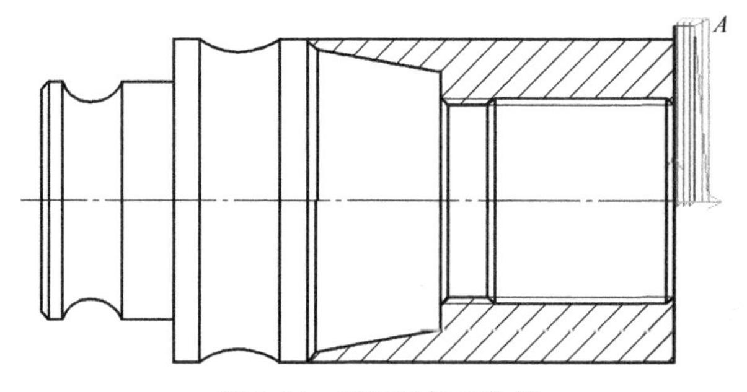

图 6-74 端面粗加工轨迹

⑤ 在数控车选项卡中，单击后置处理生成栏中的后置处理按钮 G，弹出后置处理对话框，选择控制系统文件 Fanuc，单击“拾取”按钮，拾取加工轨迹，然后单击“后置”按钮，弹出编辑代码对话框，如图 6-75 所示，生成零件右端面轮廓粗加工程序。

2. 配合加工

将工件 2 旋入工件 1，调试并修正工件 2，粗、精车 ϕ48mm 外圆。过程省略。

3. 检验

拆卸工件，去除毛刺，检查各项加工精度。

```
%
N12 G00 G97 S650 T404
N14 M03
N16 M08
N18 X52. Z3.
N20 X54.214 Z5.107
N22 G99 G01 Z3.107 F200
N24 X52.8 Z2.4
N26 X-1.571 F2000
N28 X-0.157 Z3.107 F300
N30 Z5.107
N32 G00 X54.214
N34 G01 Z2.107 F200
N36 X52.8 Z1.4
N38 X-1.582 F2000
N40 X-0.168 Z2.107 F300
N42 Z4.107
N44 G00 X54.214
N46 G01 Z1.107 F200
N48 X52.8 Z0.4
N50 X-1.593 F2000
N52 X-0.179 Z1.107 F300
N54 Z5.107
N56 G00
N58 X52. Z3.
N60 M09
N62 M30
%
```

图 6-75　粗车右端面加工程序

拓 展 练 习

1. 完成图 6-76 工件 1 和图 6-77 工件 2 所示锥面配合组合工件的轮廓设计及内外轮廓的粗精加工程序编制。图 6-78 为装配图，已知件 1 毛坯尺寸为 ϕ50mm×100mm，件 2 毛坯尺寸为 ϕ50mm×50mm，材料为 45 钢。

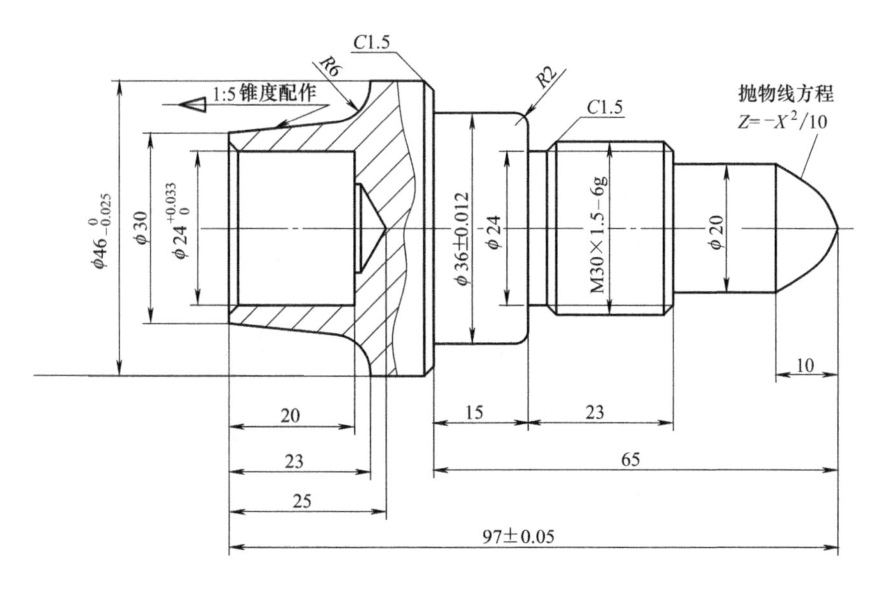

图 6-76　工件 1

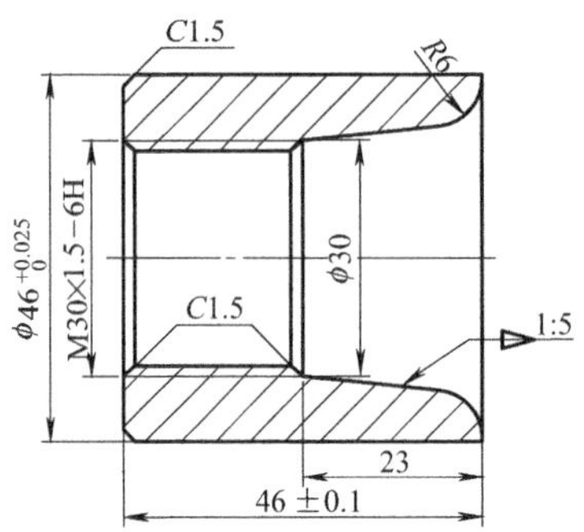

技术要求：
1.锐角倒角C0.3。
2.涂色锥面接触面不小于50%。
3.圆锥与圆弧过渡光滑。
4.未注尺寸公差按GB/T 1804-m加工检查。

图 6-77 工件 2

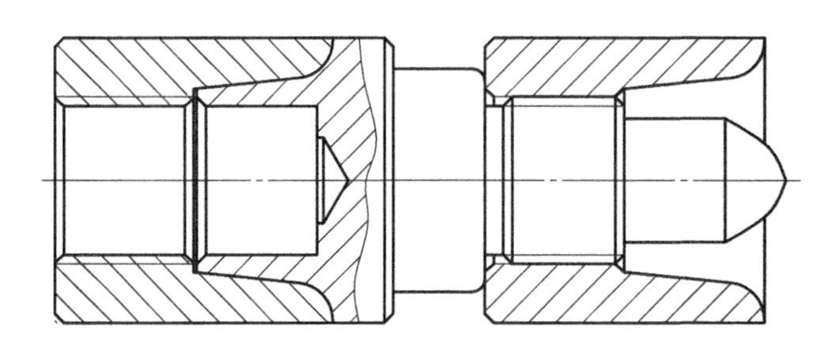

图 6-78 装配件

2. 完成图 6-79 工件 1、图 6-80 工件 2 和图 6-81 工件 3 所示锥面配合组合工件的轮廓设计及内外轮廓的粗精加工程序编制。图 6-82 为装配图，已知件 1 毛坯尺寸为 ϕ50mm×100mm，件 2 毛坯尺寸为 ϕ50mm×20mm，件 3 毛坯尺寸为 ϕ50mm×40mm，材料为 45 钢。

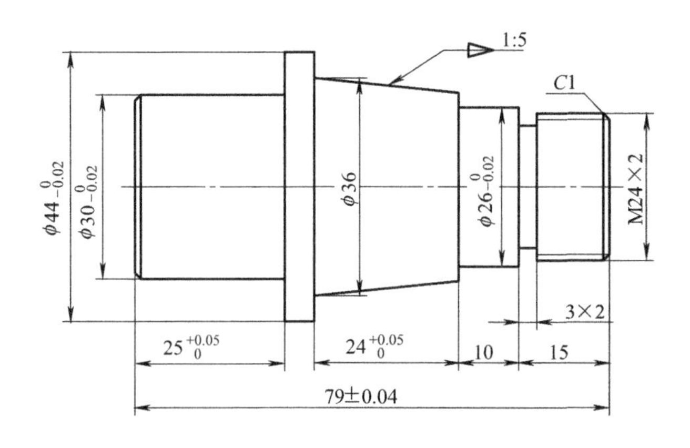

图 6-79 工件 1

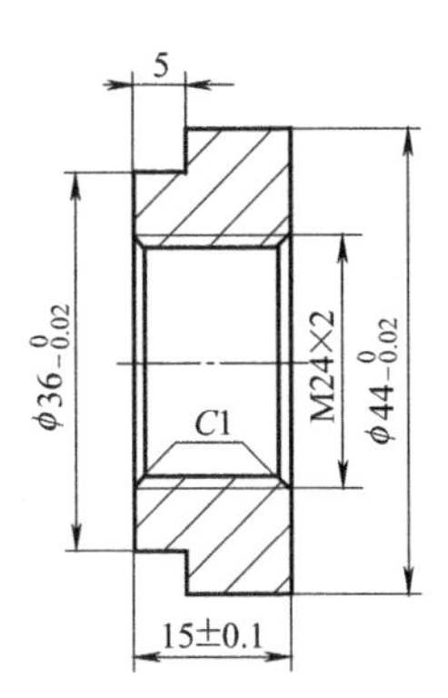

图 6-80　工件 2

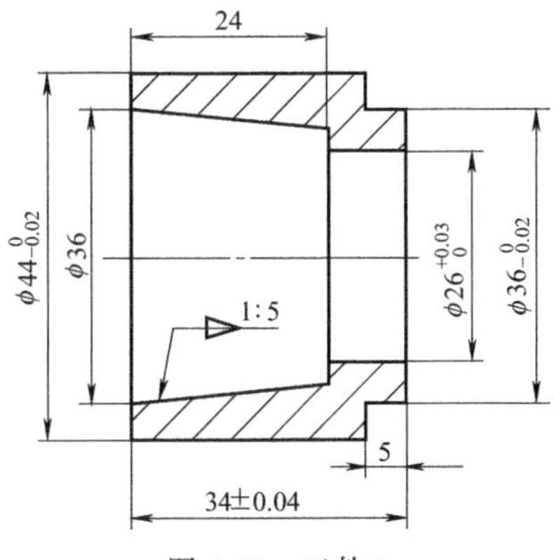

图 6-81　工件 3

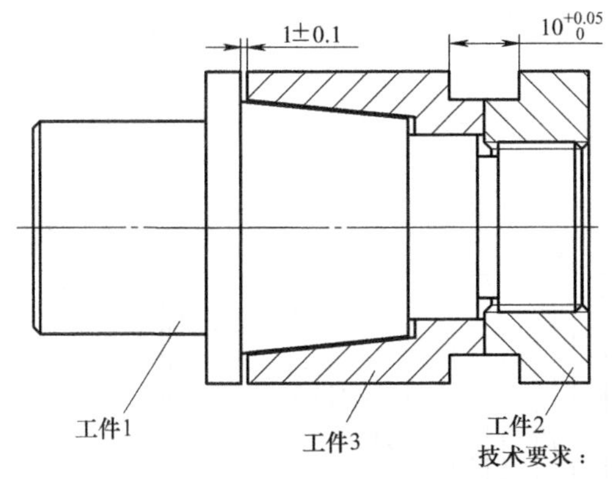

技术要求：

1.外锐边及锐边去毛刺。

2.涂色锥面接触面不小于60%。

图 6-82　装配件

第七章

数控大赛零件的设计与车削加工

CAXA数控车2020软件是具有自主知识产权的国产数控编程软件。它集CAD、CAM于一体，功能强大，工艺性好，代码质量高，以其强大的造型功能和加工功能备受广大用户的赞誉，在全国数控技能大赛中被指定为大赛专用软件之一。

本章主要通过螺纹配合件的设计与车削加工和端面槽配合件的设计与车削加工实例来学习CAXA数控车软件对配合件的加工编程方法。

【技能目标】

- 巩固数控车床常用绘图及编辑方法。
- 掌握CAXA数控车内外轮廓粗精加工方法。
- 掌握CAXA数控外圆面切槽和端面切槽方法。
- 掌握CAXA数控车内外螺纹加工方法。
- 掌握配合件的加工工艺分析方法。

［实例7-1］ 螺纹配合件的设计与车削加工

完成图7-1和图7-2所示组合工件的轮廓设计及内外轮廓的粗精加工程序编制。零件材

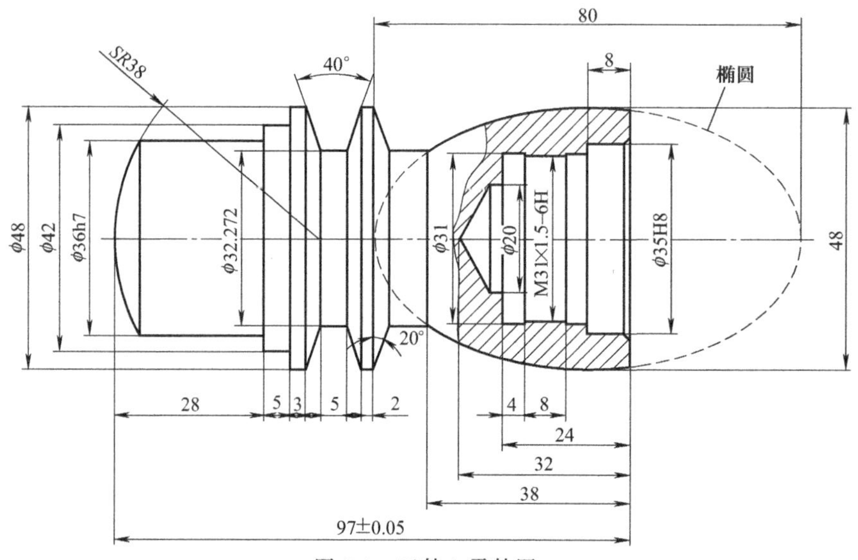

图7-1 工件1零件图

料为45钢。图7-3为装配图。该组合工件具有内、外螺纹相互配合，椭圆面相互配合等特点。

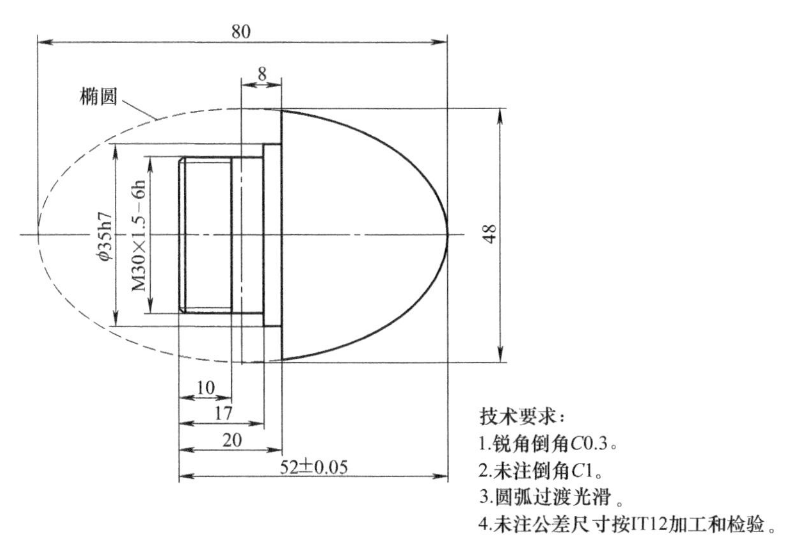

图7-2　工件2零件图

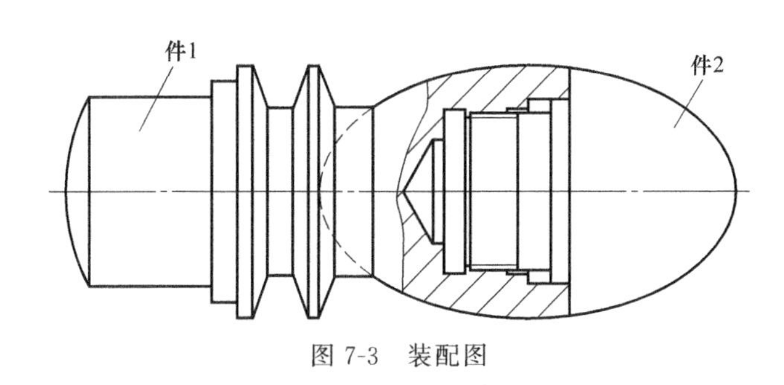

图7-3　装配图

读装配图和零件图，确定装配图是由工件1内螺纹套和工件2外螺纹轴两个零件装配在一起的，并且左右两椭圆面相互结合。外螺纹切制前其外径要取较大的负差，内螺纹的孔径要取较大的正差。

加工顺序：先加工工件1左端，切40°梯形槽，然后调头加工工件1右端内孔部分，切槽加工内螺纹。再加工工件2左端，然后调头加工工件2右端，手工切断，保证长度52mm。然后将件2旋入件1，精加工椭圆面。

一、绘制工件1轮廓

① 在常用选项卡中，单击绘图生成栏中的椭圆按钮，在立即菜单中输入长半轴40，短半轴24，输入椭圆中心点坐标（−8，0），完成椭圆绘制。如图7-4所示。

② 在常用选项卡中，单击绘图生成栏中的孔/轴按钮，捕捉坐标中心点，这时出现新的立即菜单，在“2. 起始直径”和“3. 终止直径”文本框中分别输入轴的直径35，移动鼠标，则跟随着光标将出现一个长度动态变化的轴，键盘输入轴的长度8，按回车键。继续修改其他段直径，输入长度值回车，右击结束命令。如图7-4所示。

③ 在常用选项卡中，单击绘图生成栏中的孔/轴按钮，输入坐标（−38，0），这时

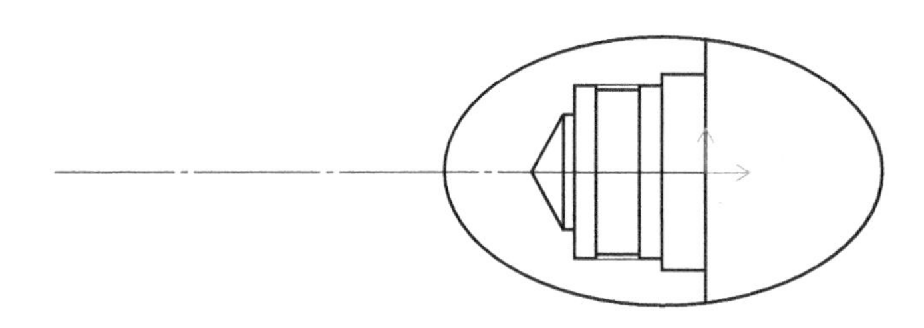

图 7-4　绘制椭圆和内轮廓

出现新的立即菜单，在“2. 起始直径”和“3. 终止直径”文本框中分别输入轴的直径32.272，移动鼠标，则跟随着光标将出现一个长度动态变化的轴，键盘输入轴的长度10，按回车键。继续修改其他段直径，输入长度值回车，右击结束命令。如图7-5所示。

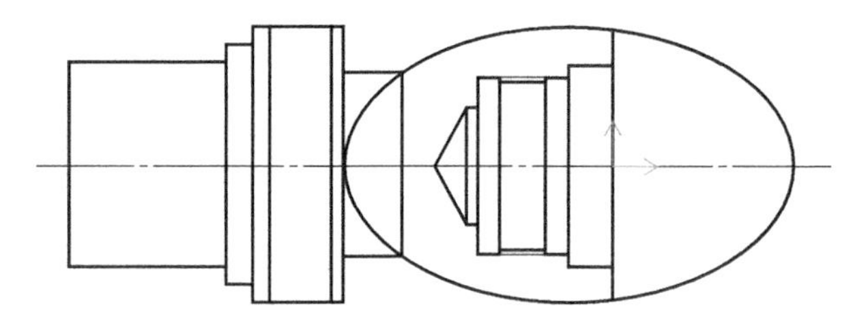

图 7-5　绘制轴轮廓

④ 单击绘图生成栏中的圆按钮，选择圆心_半径方式，输入圆中心点坐标（－59，0），输入半径38，回车，完成R38mm圆绘制。如图7-6所示。

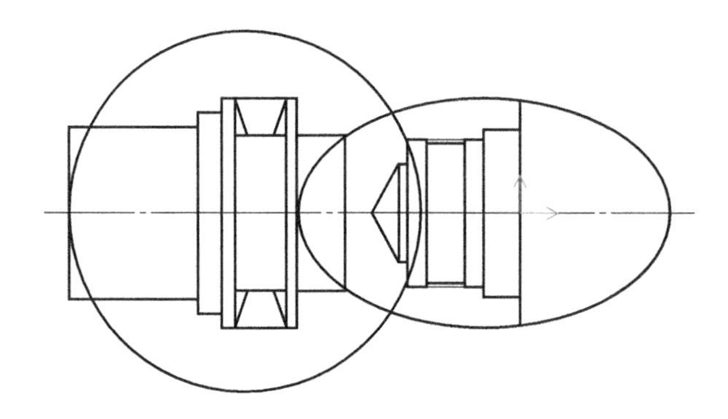

图 7-6　绘制圆弧和梯形槽

⑤ 单击绘图生成栏中的直线按钮，在立即菜单中，选择两点线、连续、非交方式，捕捉左交点，输入下一点的坐标（@12<290），向下绘制一条斜线，同理完成其他斜线绘制，结果如图7-6所示。

⑥ 在常用选项卡中，单击修改生成栏中的裁剪按钮，单击多余线，裁剪多余线，最后删除多余的线条。结果如图7-7所示。

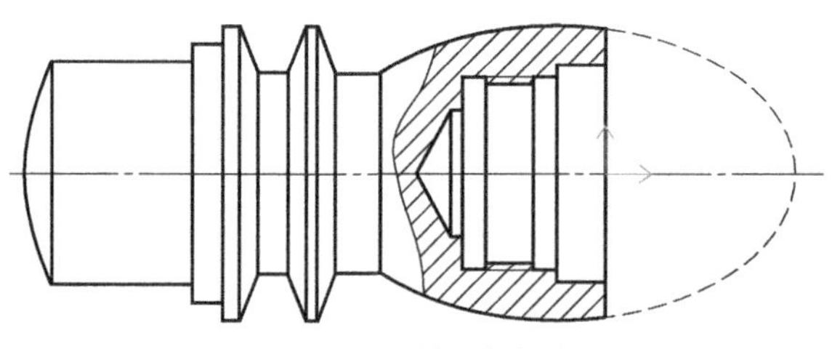

图 7-7　绘制零件轮廓

二、工件 1 加工（部分加工过程省略）

1. 右端外轮廓加工

① 在常用选项卡中，单击绘图生成栏中的直线按钮，在立即菜单中，选择两点线、连续、正交方式，捕捉左上角点，向上绘制 2mm，向右绘制 51mm 到 A 点，完成毛坯轮廓线绘制，如图 7-8 所示。

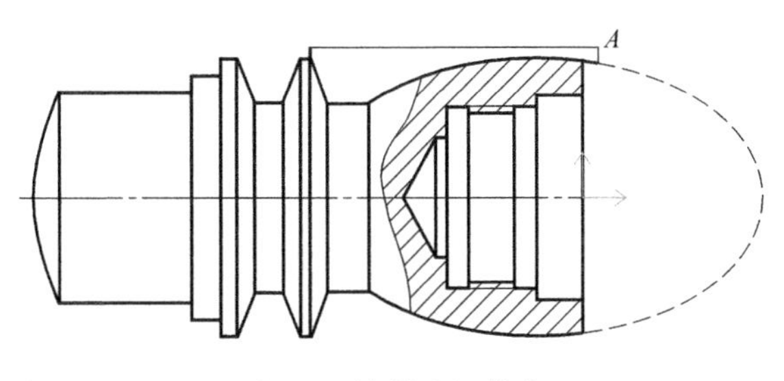

图 7-8　绘制毛坯轮廓

② 在数控车选项卡中，单击二轴加工生成栏中的车削粗加工按钮，弹出车削粗加工对话框，如图 7-9 所示。设置加工参数：加工表面类型选择外轮廓，加工方式选择行切，加工角度 180，切削行距设为 0.6，主偏干涉角 3，副偏干涉角设为 55，刀尖半径补偿选择编程时考虑半径补偿。

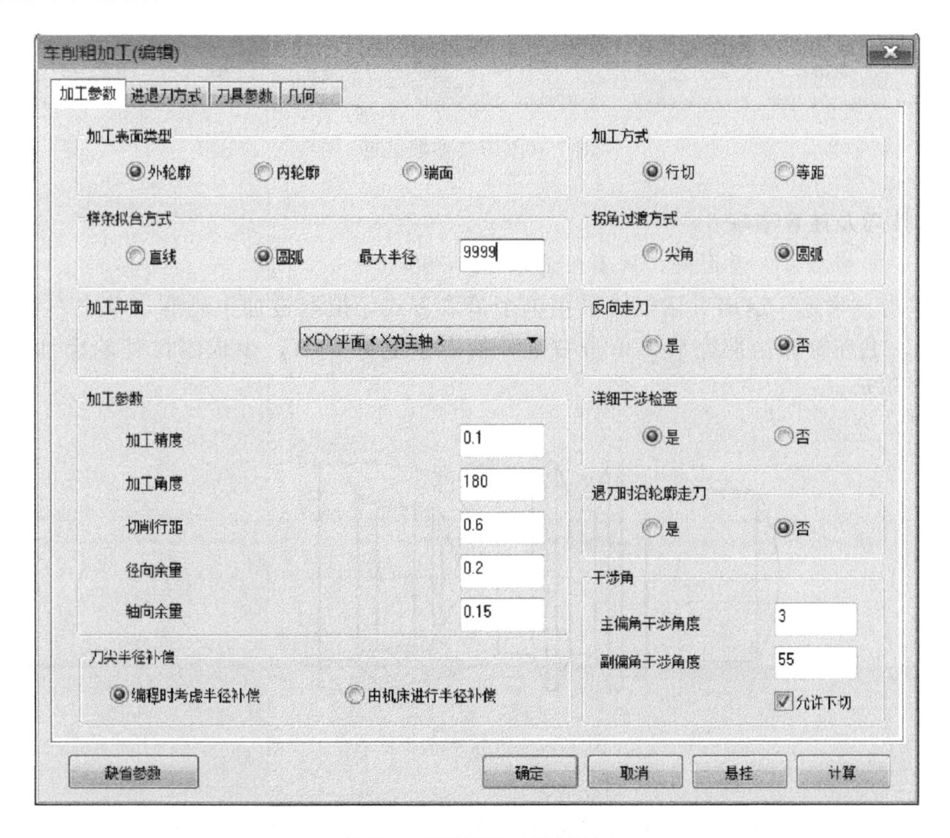

图 7-9　车削粗加工对话框

③ 选择 93°外圆车刀，刀尖半径设为 0.4，主偏角 93，副偏角 55，刀具偏置方向为左偏，对刀点为刀尖尖点，刀片类型为普通刀片。如图 7-10 所示。

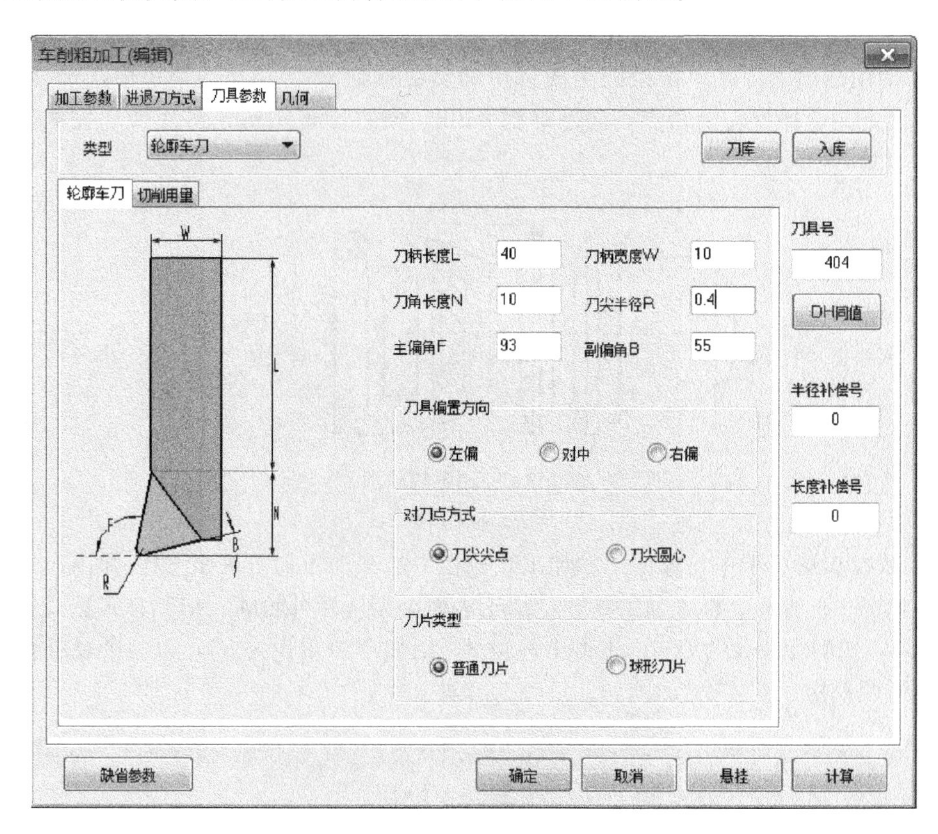

图 7-10 刀具参数设置

操作技巧及注意事项：

加工中间切入工件表面时，副偏角应取 45°～60°。

④ 单击“确定”退出对话框，采用单个拾取方式，拾取被加工轮廓，单击右键，拾取毛坯轮廓，毛坯轮廓拾取完后，单击右键，拾取进退刀点 A，生成零件外轮廓加工轨迹，如图 7-11 所示。

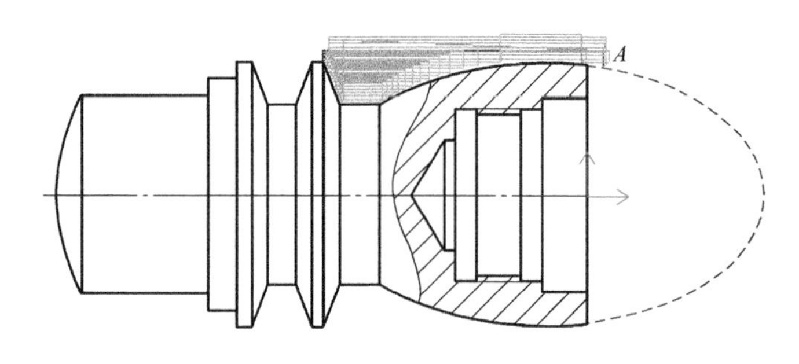

图 7-11 外轮廓加工轨迹

⑤ 在数控车选项卡中，单击仿真生成栏中的线框仿真按钮，弹出线框仿真对话框，如图 7-12 所示，单击“拾取”按钮，拾取加工轨迹，单击右键结束加工轨迹拾取，单击

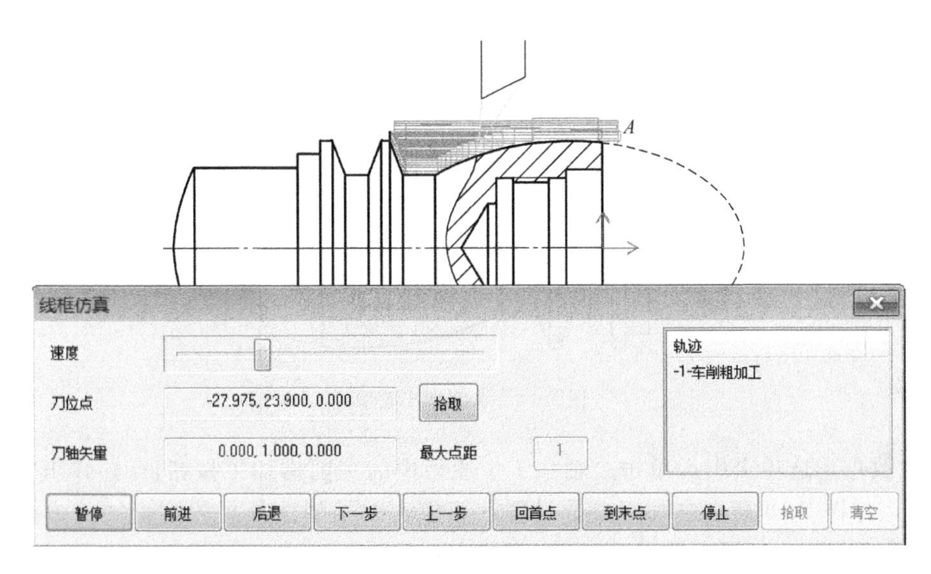

图 7-12　线框仿真对话框

“前进”按钮，开始仿真加工过程。

⑥ 在数控车选项卡中，单击后置处理生成栏中的后置处理按钮 G，弹出后置处理对话框，选择控制系统文件 Fanuc，单击“拾取”按钮，拾取外轮廓粗加工轨迹，然后单击“后置”按钮，弹出编辑代码对话框，如图 7-13 所示，生成外轮廓粗加工程序。

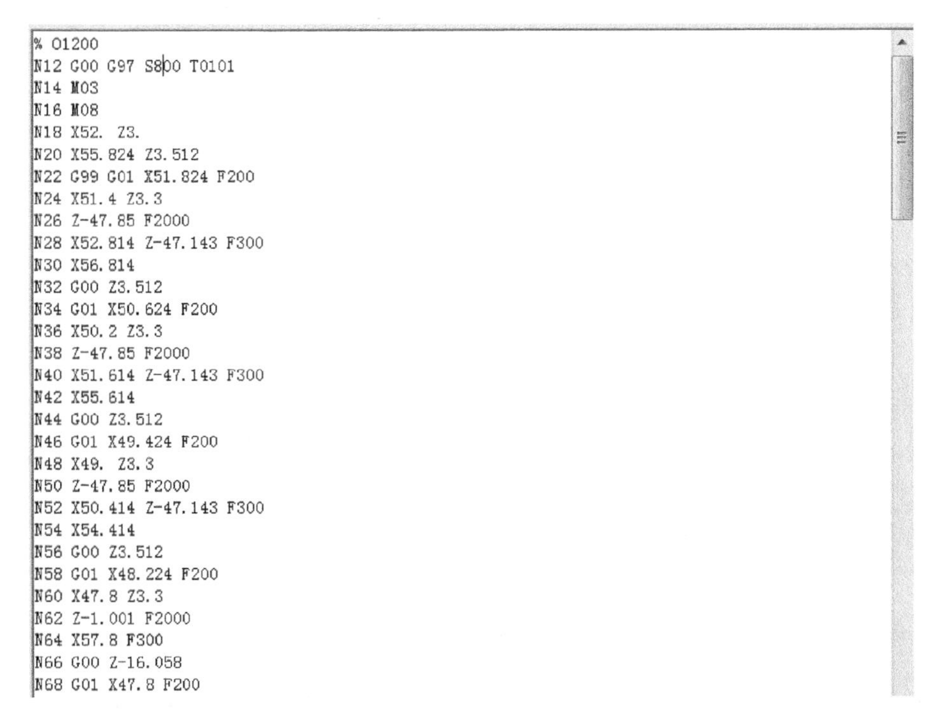

```
% O1200
N12 G00 G97 S800 T0101
N14 M03
N16 M08
N18 X52. Z3.
N20 X55.824 Z3.512
N22 G99 G01 X51.824 F200
N24 X51.4 Z3.3
N26 Z-47.85 F2000
N28 X52.814 Z-47.143 F300
N30 X56.814
N32 G00 Z3.512
N34 G01 X50.624 F200
N36 X50.2 Z3.3
N38 Z-47.85 F2000
N40 X51.614 Z-47.143 F300
N42 X55.614
N44 G00 Z3.512
N46 G01 X49.424 F200
N48 X49. Z3.3
N50 Z-47.85 F2000
N52 X50.414 Z-47.143 F300
N54 X54.414
N56 G00 Z3.512
N58 G01 X48.224 F200
N60 X47.8 Z3.3
N62 Z-1.001 F2000
N64 X57.8 F300
N66 G00 Z-16.058
N68 G01 X47.8 F200
```

图 7-13　外轮廓粗加工程序

2. 梯形槽加工

① 为了保证切槽的加工质量，将梯形槽两边轮廓向外延伸 2mm，完成切槽加工轮廓，

确定进退刀点 A。如图 7-14 所示。

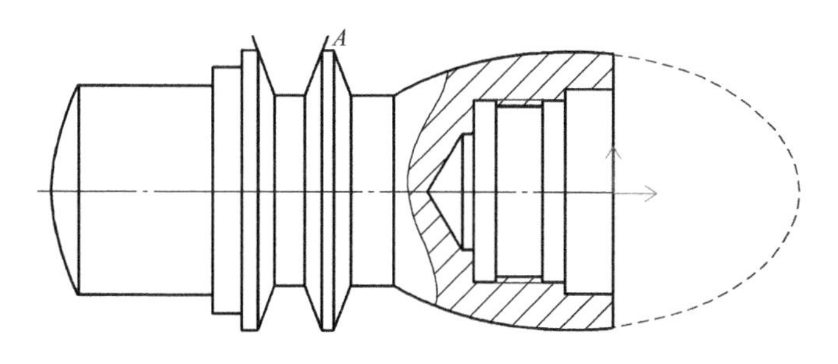

图 7-14 绘制加工轮廓

② 在数控车选项卡中，单击二轴加工生成栏中的车削槽加工按钮，弹出车削槽加工对话框，如图 7-15 所示。加工参数设置：切槽表面类型选择外轮廓，加工方向选择纵深，加工余量 0.2，切深行距设为 0.6，退刀距离 1，刀尖半径补偿选择编程时考虑半径补偿。

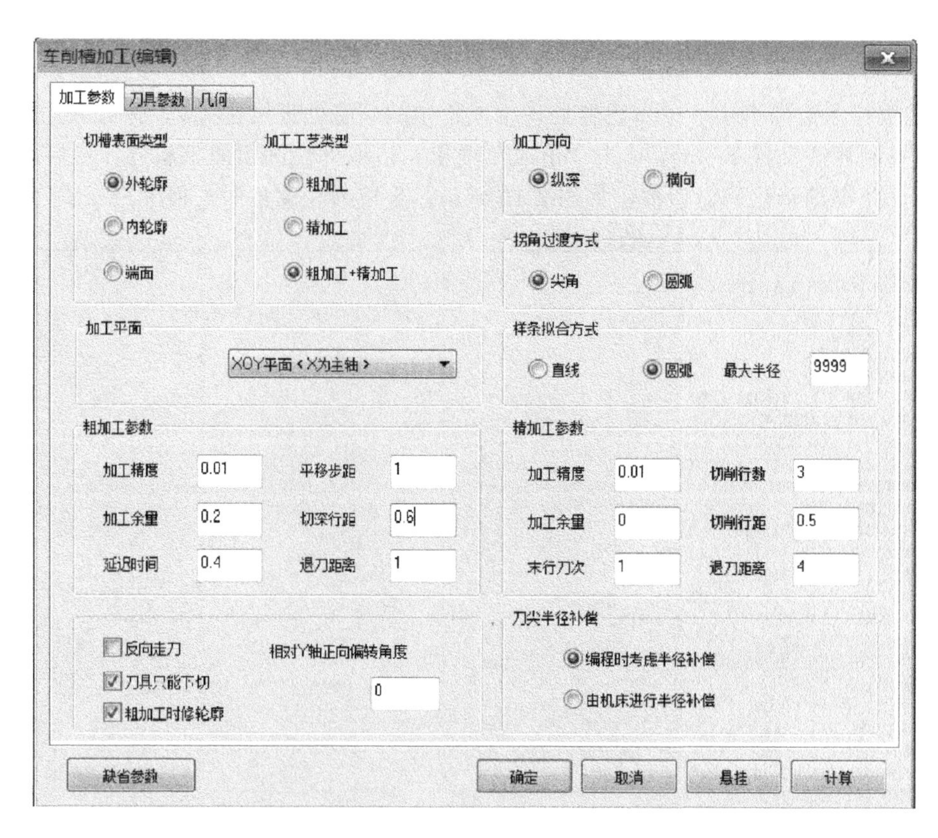

图 7-15 切槽加工参数设置

③ 选择宽度 4mm 的切槽车刀，刀尖半径设为 0.3，刀具位置 3.5，编程刀位前刀尖，如图 7-16 所示。

④ 切削用量设置：进刀量 60mm/min ，主轴转速 800r/min，单击“确定”退出对话框，采用单个拾取方式，拾取被加工轮廓，单击右键，拾取进退刀点 A，生成切槽加工轨

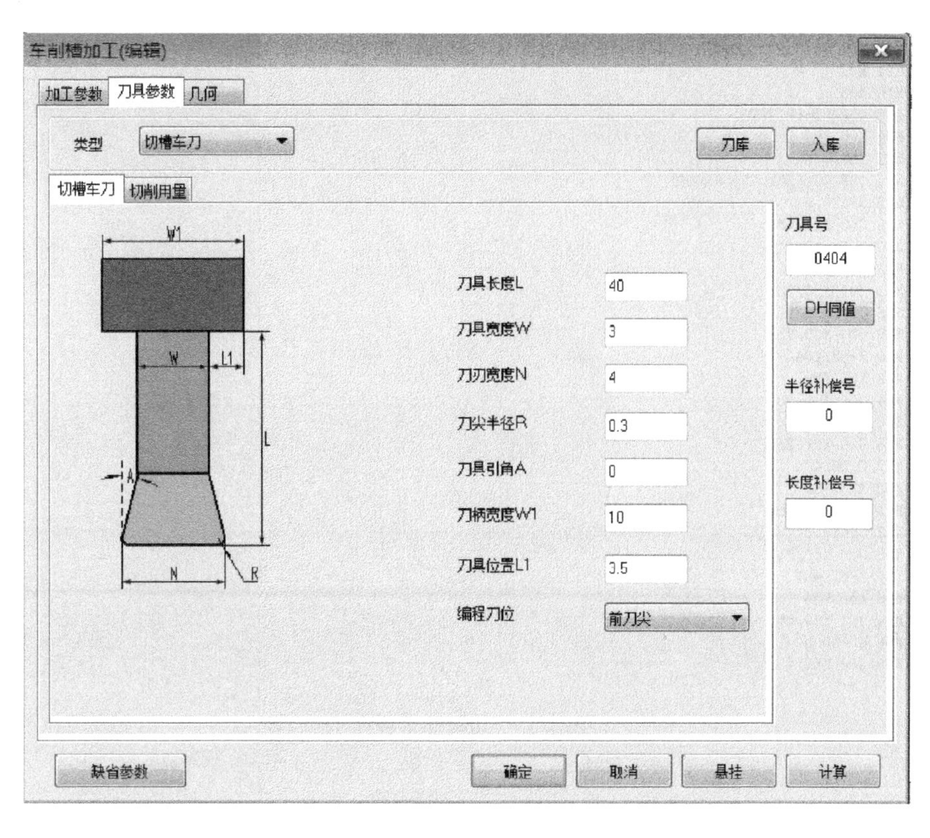

图 7-16　切槽刀具参数设置

迹，如图 7-17 所示。

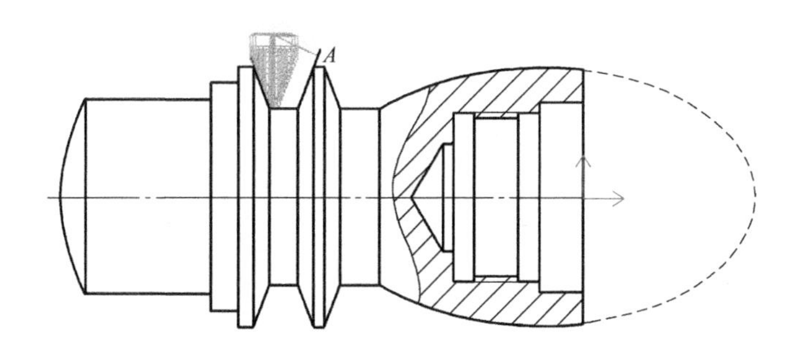

图 7-17　切槽加工轨迹

⑤ 在数控车选项卡中，单击后置处理生成栏中的后置处理按钮G，弹出后置处理对话框，选择控制系统文件 Fanuc，单击“拾取”按钮，拾取加工轨迹，然后单击“后置”按钮，弹出编辑代码对话框，如图 7-18 所示，系统会自动生成切槽加工程序。

3. 右端内轮廓加工

① 在常用选项卡中，单击修改生成栏中的等距线按钮，在立即菜单中输入等距距离

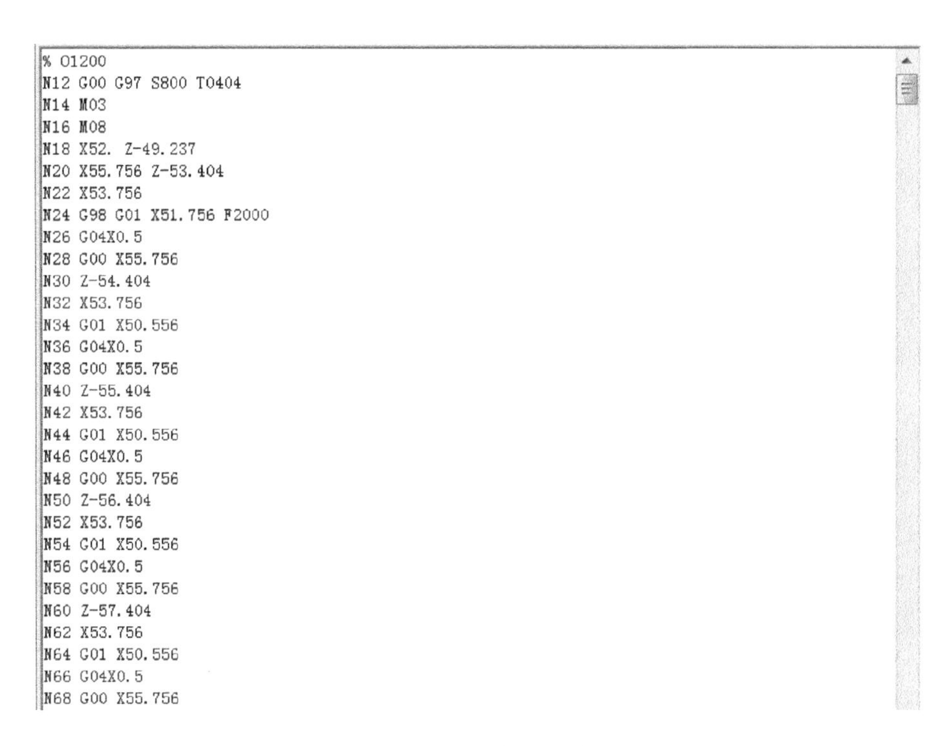

```
% O1200
N12 G00 G97 S800 T0404
N14 M03
N16 M08
N18 X52. Z-49.237
N20 X55.756 Z-53.404
N22 X53.756
N24 G98 G01 X51.756 F2000
N26 G04X0.5
N28 G00 X55.756
N30 Z-54.404
N32 X53.756
N34 G01 X50.556
N36 G04X0.5
N38 G00 X55.756
N40 Z-55.404
N42 X53.756
N44 G01 X50.556
N46 G04X0.5
N48 G00 X55.756
N50 Z-56.404
N52 X53.756
N54 G01 X50.556
N56 G04X0.5
N58 G00 X55.756
N60 Z-57.404
N62 X53.756
N64 G01 X50.556
N66 G04X0.5
N68 G00 X55.756
```

图 7-18　切槽加工程序

10，单击中心线，单击向上箭头，完成等距线绘制。单击绘图生成栏中的直线按钮，在立即菜单中，选择两点线、连续、正交方式，捕捉右交点，向右绘制 3mm 水平线，完成毛坯轮廓绘制，确定进退刀点 A，结果如图 7-19 所示。

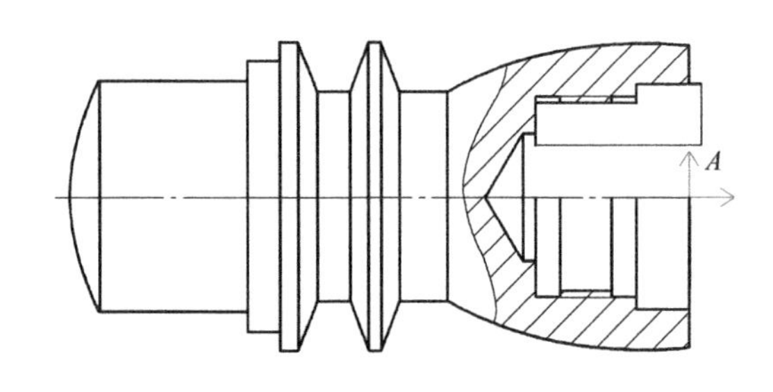

图 7-19　绘制加工轮廓和毛坯轮廓

② 在数控车选项卡中，单击二轴加工生成栏中的车削粗加工按钮，弹出车削粗加工对话框，如图 7-20 所示。加工参数设置：加工表面类型选择内轮廓，加工方式选择行切，加工角度 180，切削行距设为 0.6，主偏干涉角 3，副偏干涉角设为 55，刀尖半径补偿选择编程时考虑半径补偿，拐角过渡方式设为圆弧过渡。

③ 选择 93°内轮廓车刀，刀尖半径设为 0.4，主偏角 93，副偏角 55，刀具偏置方向为左偏，对刀点为刀尖尖点，刀片类型为普通刀片。如图 7-21 所示。

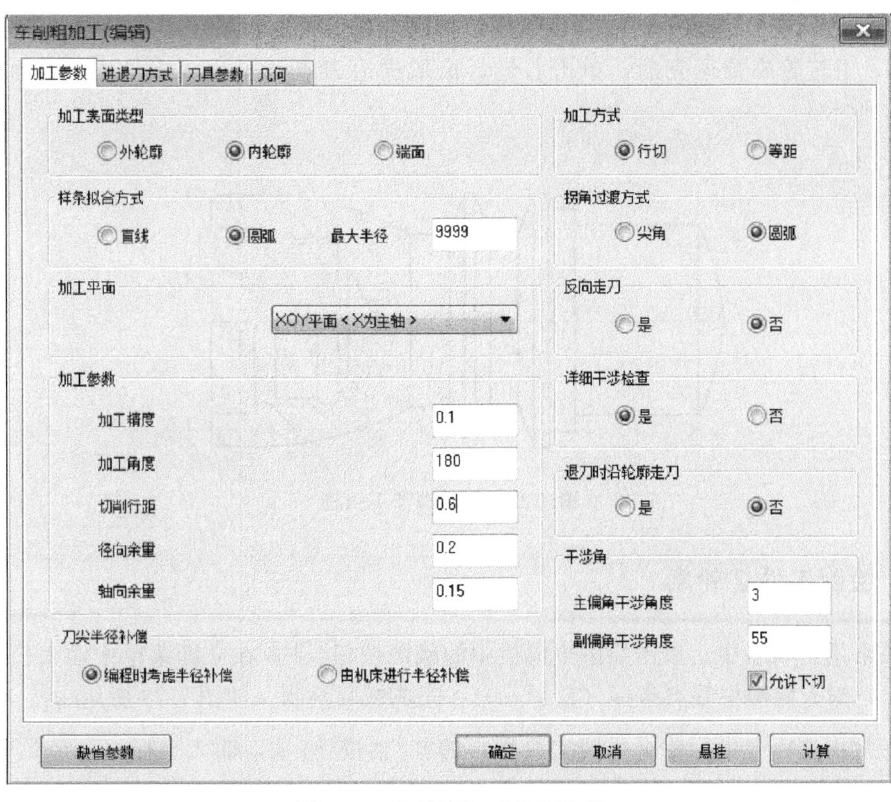

图 7-20　内轮廓加工参数设置

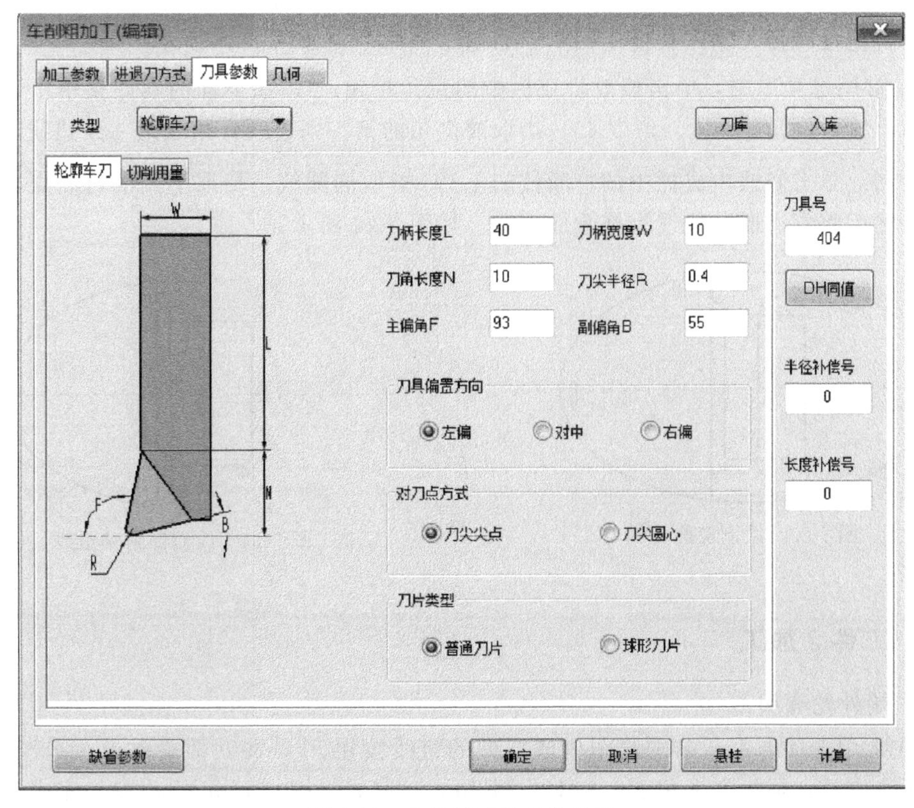

图 7-21　内轮廓刀具参数设置

④ 单击“确定”退出对话框，采用单个拾取方式，拾取被加工轮廓，单击右键，拾取毛坯轮廓，毛坯轮廓拾取完后，单击右键，拾取进退刀点 A，生成零件内轮廓加工轨迹，如图 7-22 所示。

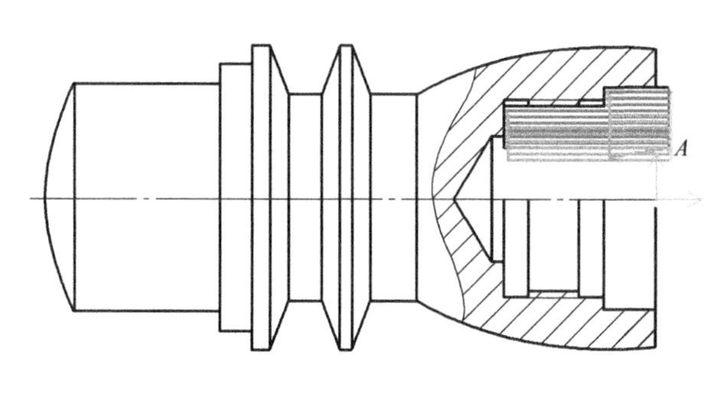

图 7-22　内轮廓加工轨迹

三、绘制工件 2 轮廓

① 在常用选项卡中，单击绘图生成栏中的椭圆按钮，在立即菜单中输入长半轴 40，短半轴 24，输入椭圆中心点坐标（−40，0），完成椭圆绘制。如图 7-23 所示。

② 在常用选项卡中，单击绘图生成栏中的孔/轴按钮，输入坐标（−52，0），这时出现新的立即菜单，在“2. 起始直径”和“3. 终止直径”文本框中分别输入轴的直径 30，移动鼠标，则跟随着光标将出现一个长度动态变化的轴，键盘输入轴的长度 10，按回车键。继续修改其他段直径，输入长度值回车，右击结束命令。如图 7-23 所示。

③ 在常用选项卡中，单击修改生成栏中的倒角按钮，在下面的立即菜单中，选择长度、裁剪，输入倒角距离 1、角度 45，拾取要倒角的第一条边线，拾取第二条边线，完成左边倒角绘制。单击修改生成栏中的打断按钮，拾取椭圆线，拾取上面的打断点，将上下点打断，然后将左边椭圆线线型修改成虚线。如图 7-24 所示。

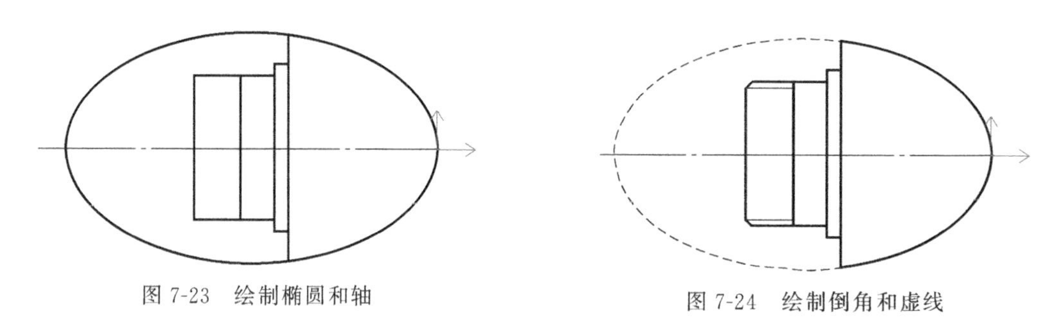

图 7-23　绘制椭圆和轴　　图 7-24　绘制倒角和虚线

四、工件 2 加工

1. 左端外轮廓加工

① 在常用选项卡中，单击绘图生成栏中的直线按钮，在立即菜单中，选择两点线、连续、正交方式，捕捉左上角点，向上绘制 2mm，向右绘制 23mm 到 A 点，完成毛坯轮廓线绘制，如图 7-25 所示。

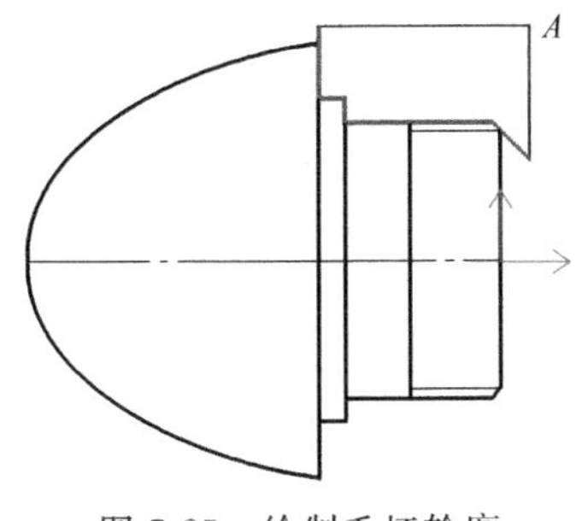

图 7-25　绘制毛坯轮廓

② 在数控车选项卡中，单击二轴加工生成栏中的车削粗加工按钮，弹出车削粗加工对话框。如图 7-26 所示。设置加工参数：加工表面类型选择外轮廓，加工方式选择行切，加工角度 180，切削行距设为 1，主偏干涉角 0，副偏干涉角设为 55，刀尖半径补偿选择编程时考虑半径补偿。

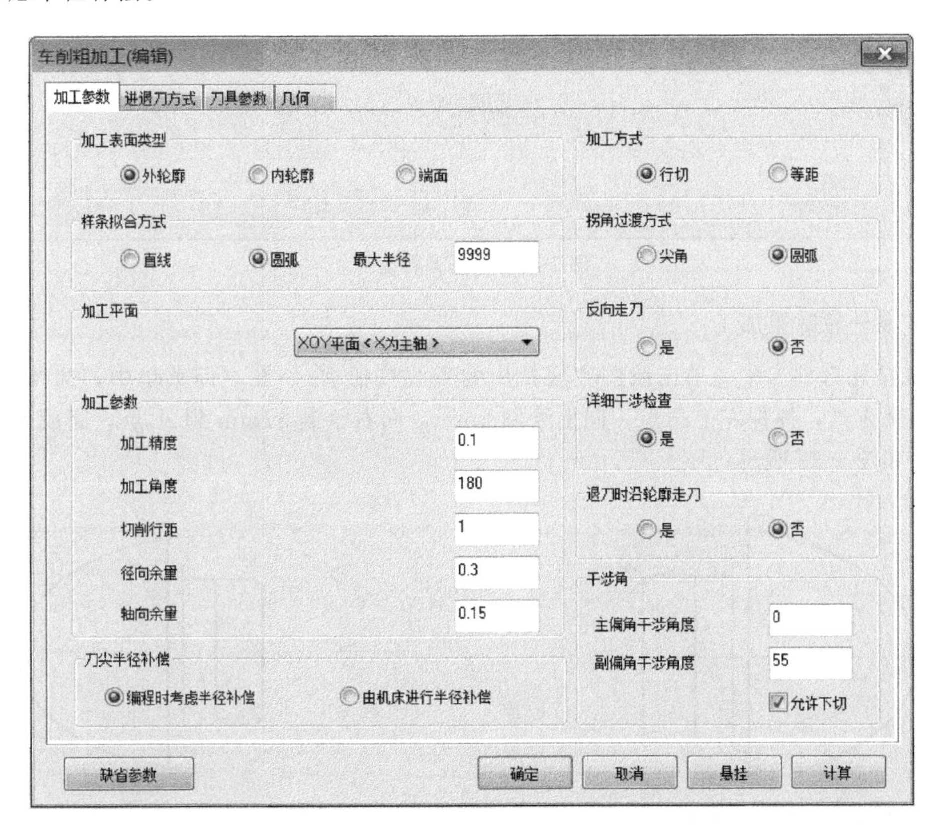

图 7-26　外轮廓加工参数设置

③ 选择 90°外圆车刀，刀尖半径设为 0.3，主偏角 90，副偏角 55，刀具偏置方向为左偏，对刀点为刀尖尖点，刀片类型为普通刀片。如图 7-27 所示。

④ 单击“确定”退出对话框，采用单个拾取方式，拾取被加工轮廓，单击右键，拾取毛坯轮廓，毛坯轮廓拾取完后，单击右键，拾取进退刀点 A，生成零件外轮廓加工轨迹，如图 7-28 所示。

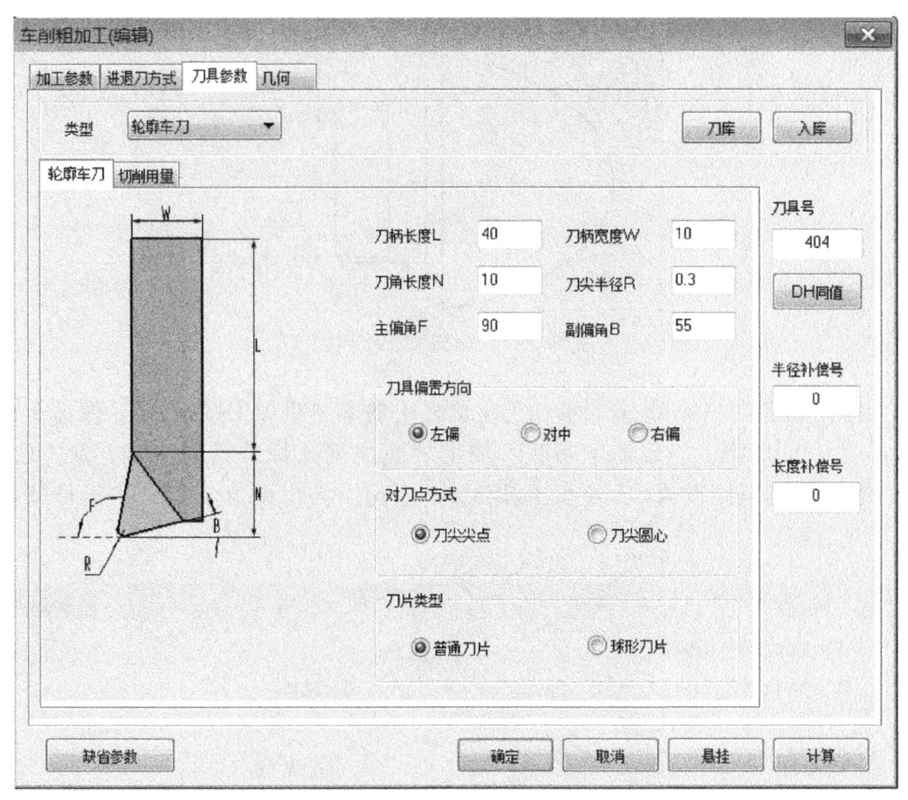

图 7-27 刀具参数设置

2. 右端外轮廓粗加工

① 在常用选项卡中，单击绘图生成栏中的直线按钮，在立即菜单中，选择两点线、连续、正交方式，捕捉左上角点，向上绘制 2mm，向右绘制 37mm 到 *A* 点，完成毛坯轮廓线绘制，如图 7-29 所示。

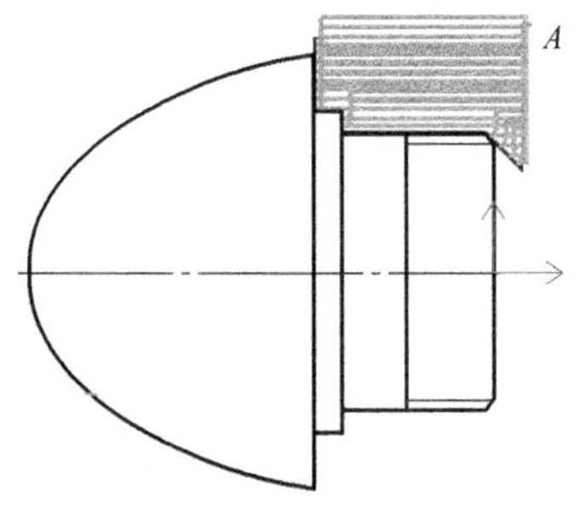

图 7-28 外轮廓粗加工轨迹

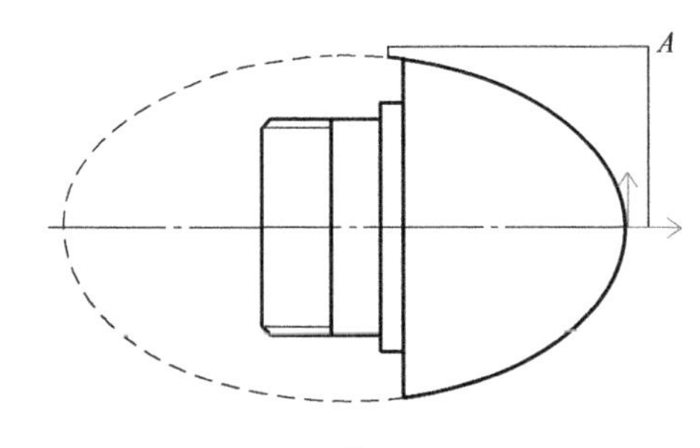

图 7-29 绘制毛坯轮廓

② 在数控车选项卡中，单击二轴加工生成栏中的车削粗加工按钮，弹出车削粗加工对话框，如图 7-30 所示。加工参数设置：加工表面类型选择外轮廓，加工方式选择行切，加工角度 180，切削行距设为 1，主偏干涉角 3，副偏干涉角设为 55，刀尖半径补偿选择编程时考虑半径补偿。

③ 选择 93°外圆车刀，刀尖半径设为 0.2，主偏角 93，副偏角 55，刀具偏置方向为左偏，对刀点为刀尖尖点，刀片类型为普通刀片。如图 7-31 所示。

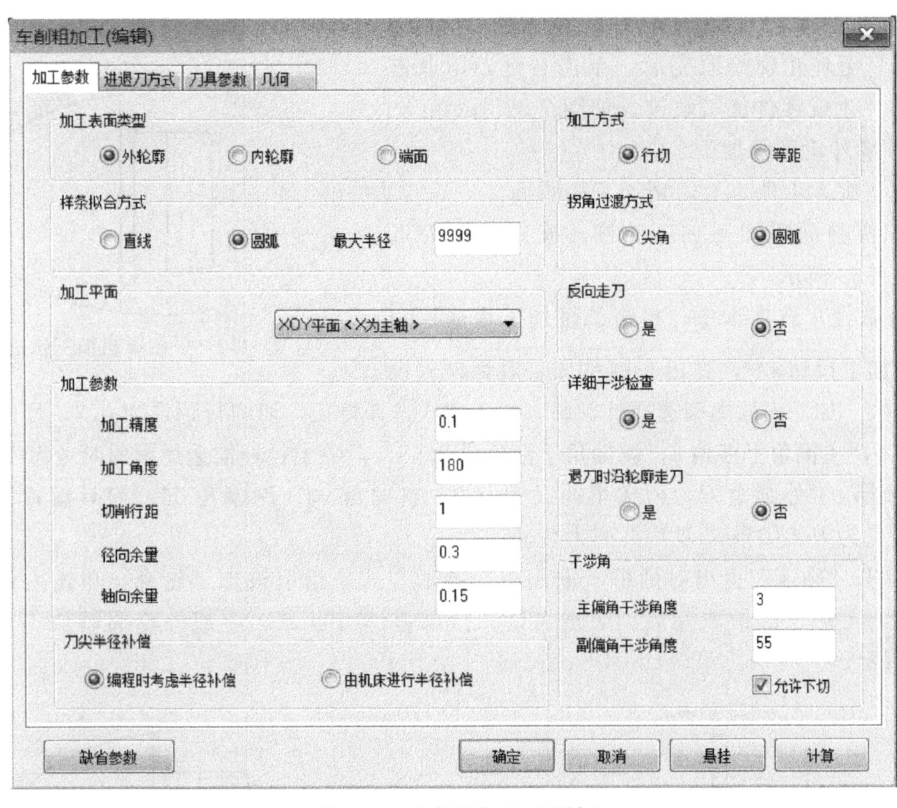

图 7-30　车削粗加工对话框

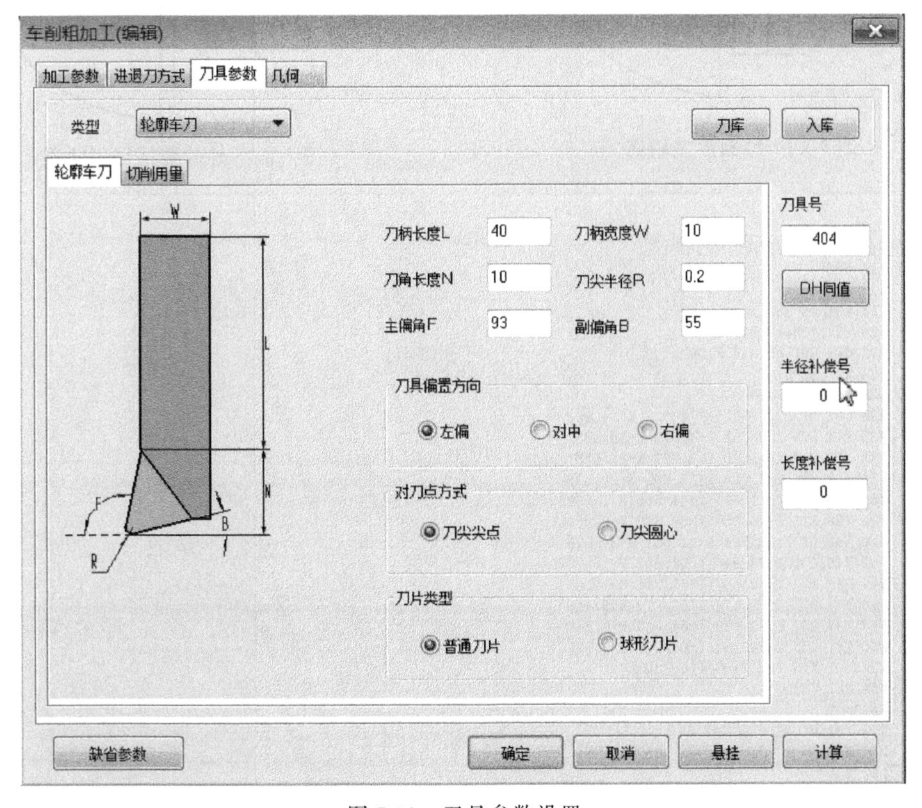

图 7-31　刀具参数设置

④ 单击“确定”退出对话框，采用单个拾取方式，拾取被加工轮廓，单击右键，拾取毛坯轮廓，毛坯轮廓拾取完后，单击右键，拾取进退刀点 A，生成零件加工轨迹，如图 7-32 所示。

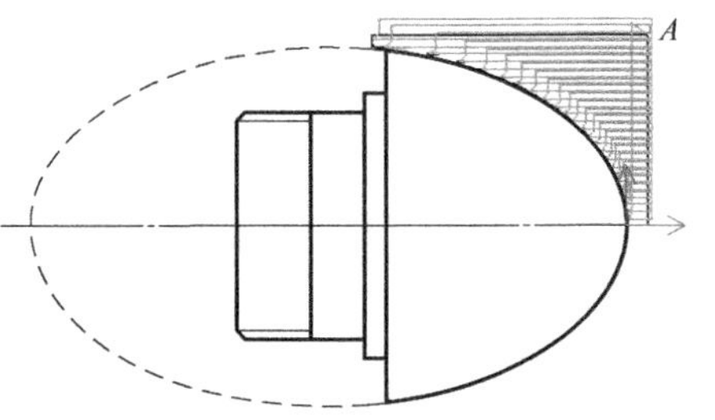

图 7-32 外轮廓粗加工轨迹

3. 右端外轮廓精加工

将件 2 旋入工件 1 上，精加工椭圆面。

① 保留前面粗加工加工轮廓，确定进退刀点 A，如图 7-33 所示。

② 在数控车选项卡中，单击二轴加工生成栏中的车削精加工按钮，弹出车削精加工对话框。设置加工参数：加工表面类型选择外轮廓，加工方式选择行切，切削行距设为 0.3，径向余量 0，轴向余量 0，主偏角干涉角 3，副偏角干涉角设为 55，刀尖半径补偿选择编程时考虑半径补偿。

③ 选择 93°外圆车刀，刀尖半径设为 0.2，主偏角 93，副偏角 55，刀具偏置方向为左偏，对刀点为刀尖尖点，刀片类型为普通刀片。

④ 单击“确定”退出对话框，采用单个拾取方式，拾取被加工轮廓，单击右键，拾取毛坯轮廓，毛坯轮廓拾取完后，单击右键，拾取进退刀点 A，生成外轮廓精加工轨迹，如图 7-34 所示。

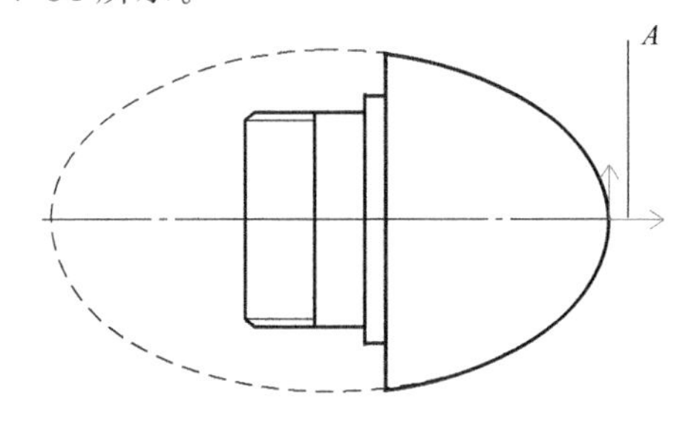

图 7-33 绘制加工轮廓

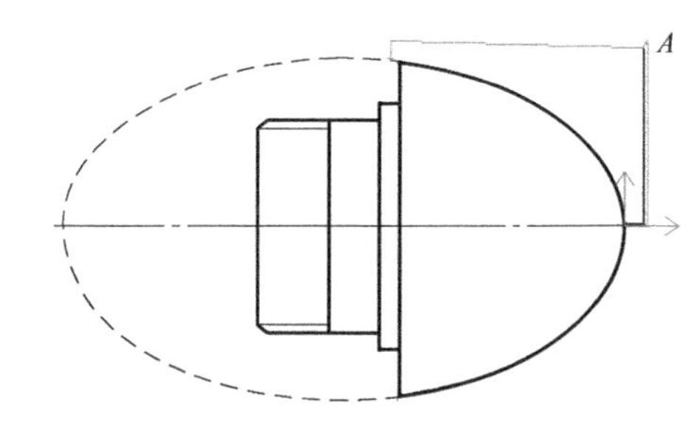

图 7-34 外轮廓精加工轨迹

```
%
O1200
N12 G00 G97 S800 T0202
N14 M03
N16 M08
N18 X51.03 Z3.
N20 X52.735 Z3.507
N22 G99 G01 X1.414 F100
N24 X0. Z2.8
N26 Z-0.001 F2000
N28 G03 X7.539 Z-0.547 I-0.2 K-14.668
N30 X14.937 Z-2.068 I-4.676 K-16.635
N32 X21.887 Z-4.506 I-9.738 K-17.575
N34 X27.816 Z-7.528 I-18.008 K-20.629
N36 X33.653 Z-11.617 I-24.555 K-20.614
N38 X38.311 Z-16.058 I-36.677 K-22.062
N40 X42.97 Z-22.334 I-44.331 K-20.026
N42 X46.031 Z-28.844 I-57.643 K-16.988
N44 X46.574 Z-30.507 I-61.341 K-10.86
N46 X47.027 Z-32.176 I-63.274 K-9.446
N48 X47.257 Z-33.178 I-64.055 K-7.845
N50 X47.455 Z-34.182 I-64.905 K-6.921
N52 G01 X48.735 Z-33.414 F200
N54 X52.735
N56 G00
N58 X51.03 Z3.
N60 M09
N62 M30
%
```

图 7-35 外轮廓精加工程序

⑤ 在数控车选项卡中，单击后置处理生成栏中的后置处理按钮 G，弹出后置处理对话框，选择控制系统文件 Fanuc，单击“拾取”按钮，拾取外轮廓精加工轨迹，然后单击“后置”按钮，弹出编辑代码对话框，如图 7-35 所示，生成外轮廓精加工程序。

[实例 7-2]　端面槽配合件的设计与车削加工

完成图 7-36 和图 7-37 所示组合工件的轮廓设计及内外轮廓的粗精加工程序编制。零件材料为 45 钢。图 7-38 为装配图。该组合工件在端面槽、内外球面和内外螺纹处存在相互配合。

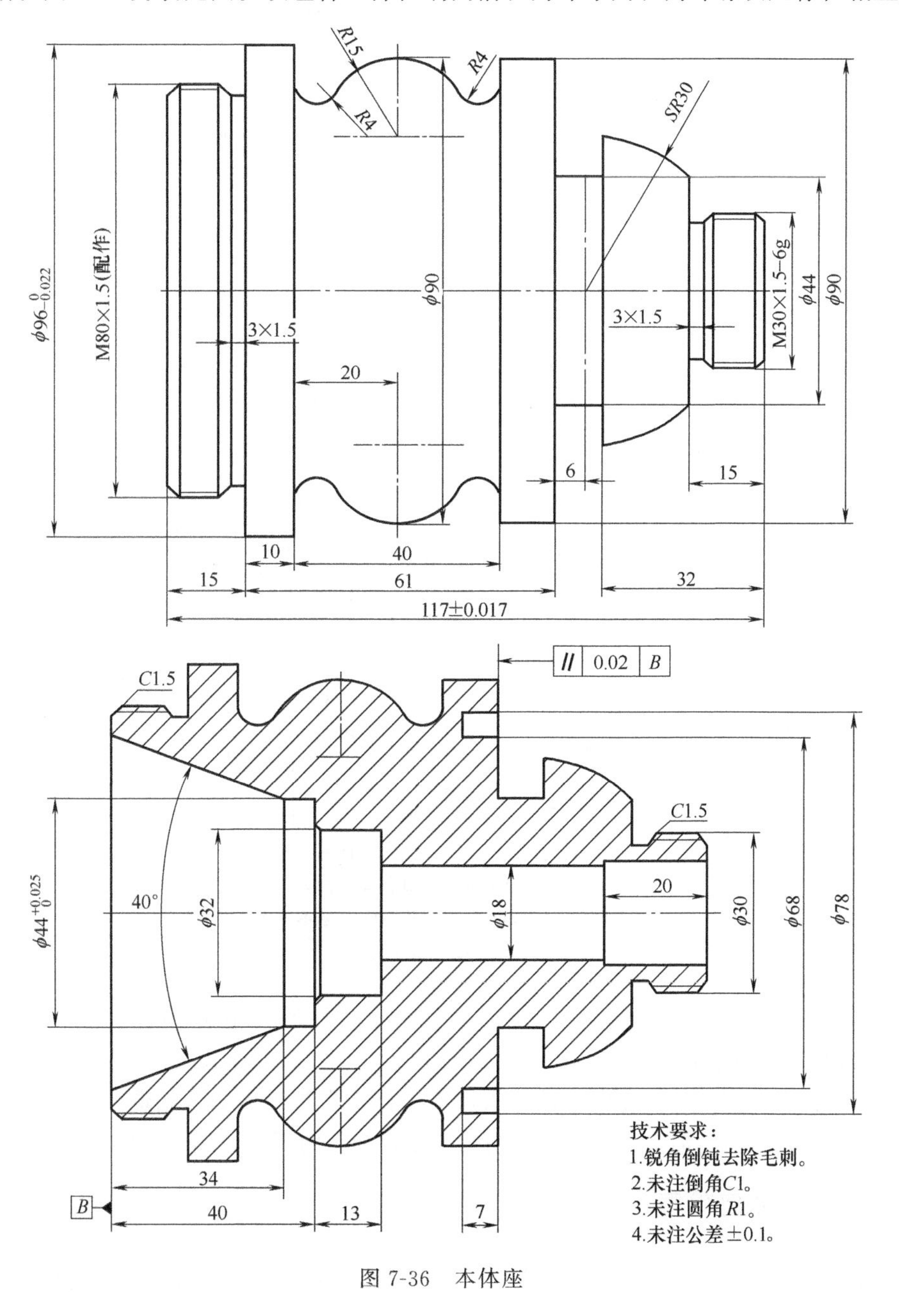

图 7-36　本体座

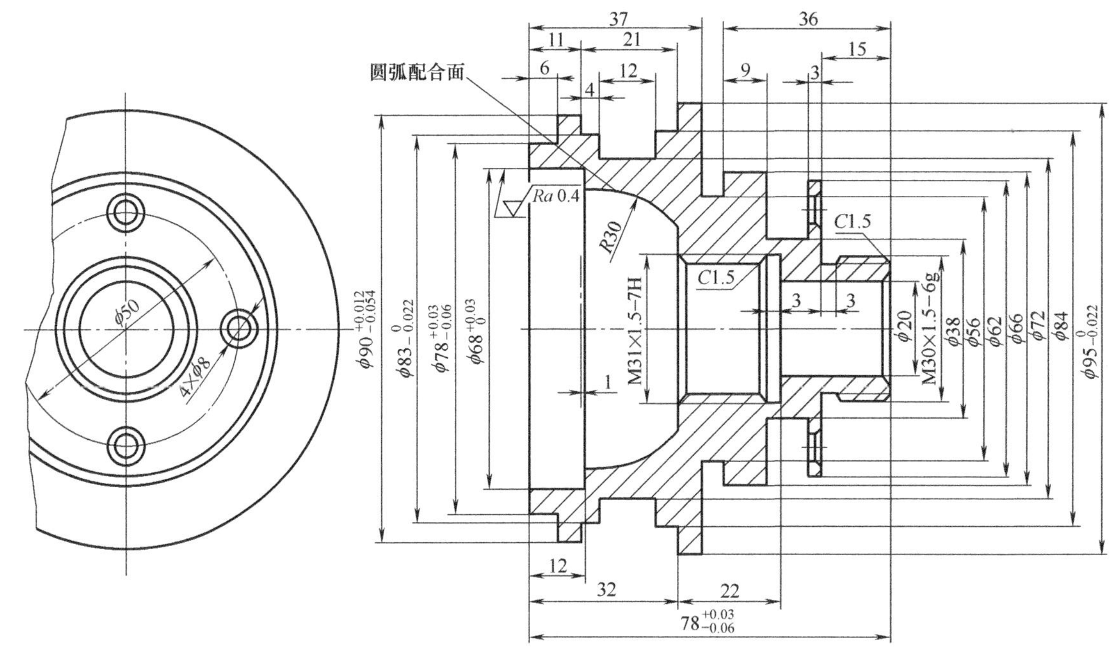

图 7-37 球盖

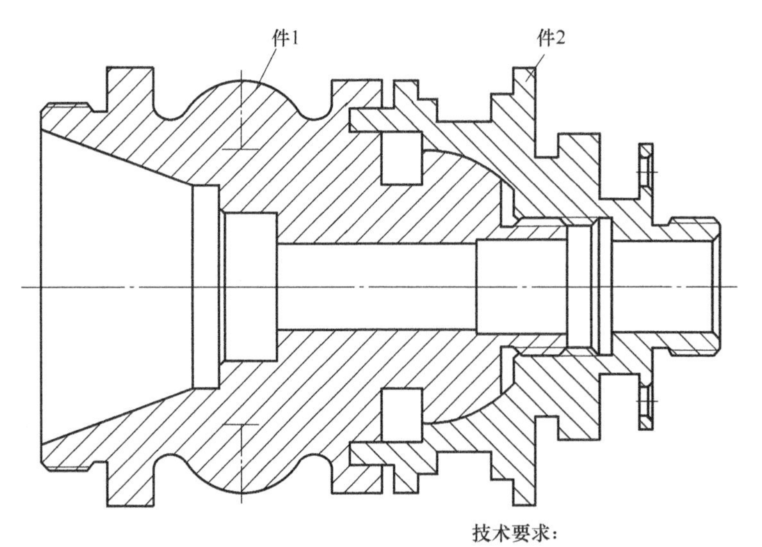

技术要求：
1.各零件加工完成后清除杂物、铁屑、毛刺等,保持清洁。
2.装配时配合部位力度适当,不得动用扳手等辅助工具。

图 7-38 装配图

读装配图和零件图，确定装配图是由工件 1 和工件 2 通过端面槽配合在一起的，并且中间有球面及螺纹相互配合。

加工顺序：先加工工件 1 左侧，再调头加工工件 1 右端外轮廓，切退刀槽的外轮廓凹槽；加工工件 2 左端，切槽后加工工件 2 左侧内孔部分，加工内螺纹，然后将件 2 旋入工件 1 上。

一、绘制本体座轮廓

① 在常用选项卡中，单击绘图生成栏中的孔/轴按钮，用鼠标捕捉坐标零点为插入

点，这时出现新的立即菜单，在“2. 起始直径”和“3. 终止直径”文本框中分别输入轴的直径 30，移动鼠标，则跟随着光标将出现一个长度动态变化的轴，键盘输入轴的长度 12，按回车键。继续修改其他段直径，输入长度值回车，右击结束命令，即可完成圆盘的外轮廓绘制。如图 7-39 所示。

② 在常用选项卡中，单击绘图生成栏中圆菜单下的圆心_半径按钮，输入圆心坐标（—35，0），输入半径 30，回车后完成 R30mm 圆的绘制。单击修改生成栏中的裁剪按钮，单击裁剪中间的多余线。如图 7-40 所示。

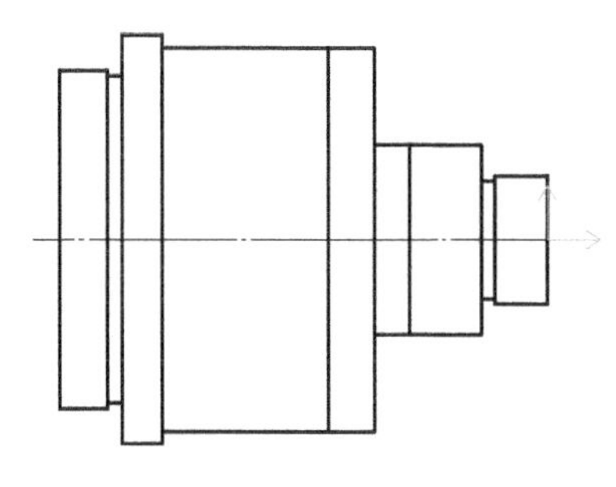

图 7-39　绘制外形轮廓

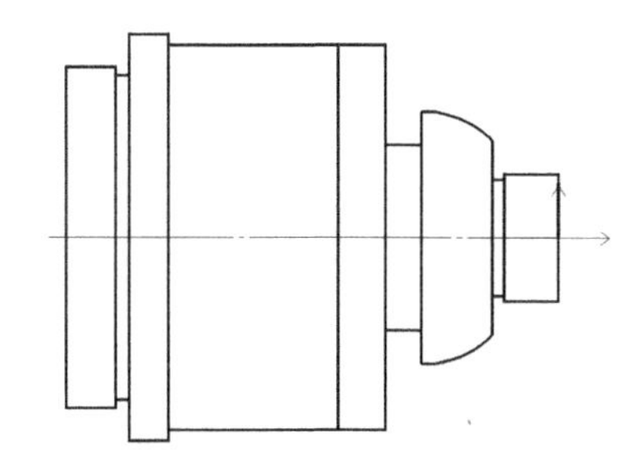

图 7-40　绘制 R30mm 圆弧

③ 在常用选项卡中，单击修改生成栏中的等距线按钮，在立即菜单中输入等距距离 30，单击中心线，单击向上箭头，完成等距线绘制。单击绘图生成栏中圆菜单下的圆心_半径按钮，用鼠标捕捉交点作为圆心，输入半径 15，回车后完成 R15mm 圆的绘制。单击绘图生成栏中圆菜单下的两点_半径按钮，按空格键选择切点捕捉方式，捕捉左右两个切点，输入半径 4，回车后完成 R4mm 圆的绘制，如图 7-41 所示。

④ 在常用选项卡中，单击修改生成栏中的裁剪按钮，单击裁剪中间的多余线。如图 7-42 所示。

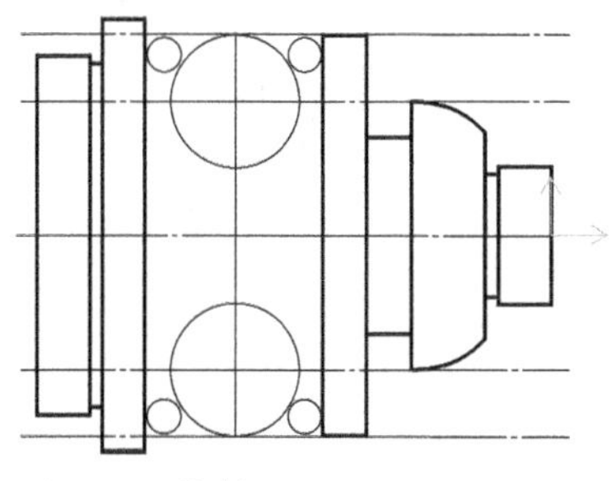

图 7-41　绘制 R15mm 和 R4mm 圆

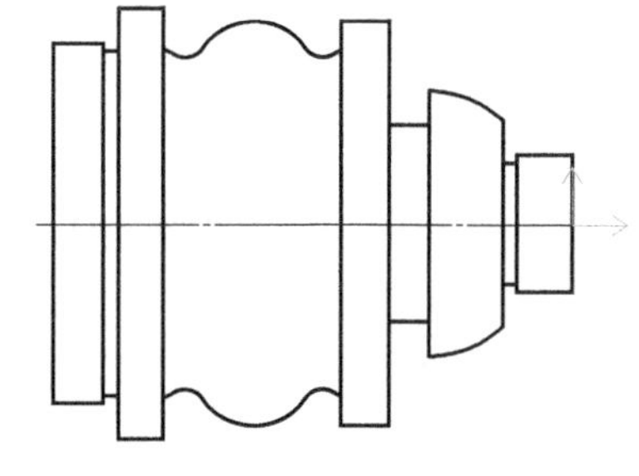

图 7-42　裁剪多余线

⑤ 在常用选项卡中，单击修改生成栏中的倒角按钮，在下面的立即菜单中，选择长度、裁剪，输入倒角距离 1、角度 45，拾取要倒角的第一条边线，拾取第二条边线，倒角完成，如图 7-43 所示。

⑥ 在常用选项卡中，单击绘图生成栏中的孔/轴按钮，用鼠标捕捉坐标零点为插入点，这时出现新的立即菜单，在“2. 起始直径”和“3. 终止直径”文本框中分别输入轴的直径 20，移动鼠标，则跟随着光标将出现一个长度动态变化的轴，键盘输入轴的长度 20，按回车键。继续修改其他段直径，输入长度值回车，右击结束命令，即可完成内轮廓线绘

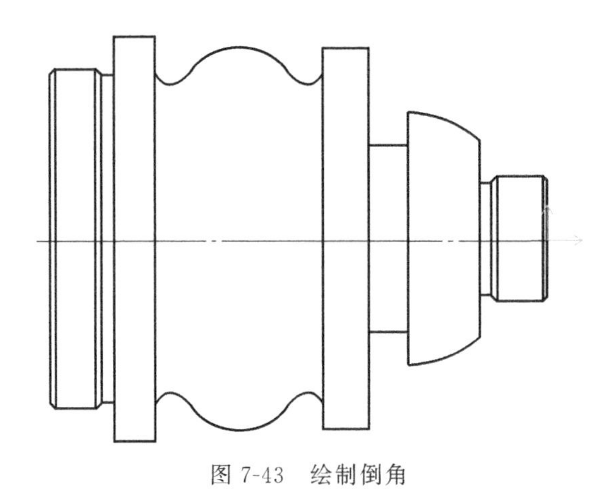

图 7-43　绘制倒角

制。如图 7-44 所示。

⑦ 在常用选项卡中，单击绘图生成栏中的直线按钮，在立即菜单中，选择两点线、连续、非正交方式，捕捉左边斜线起点，输入下一点坐标（@40<160），回车完成斜线绘制。如图 7-44 所示。

⑧ 在常用选项卡中，单击修改生成栏中的裁剪按钮，单击裁剪中间的多余线。单击绘图生成栏中的剖面线按钮，单击拾取上边环内一点，单击拾取下边环内一点，单击右键结束，完成剖面线填充，如图 7-45 所示。

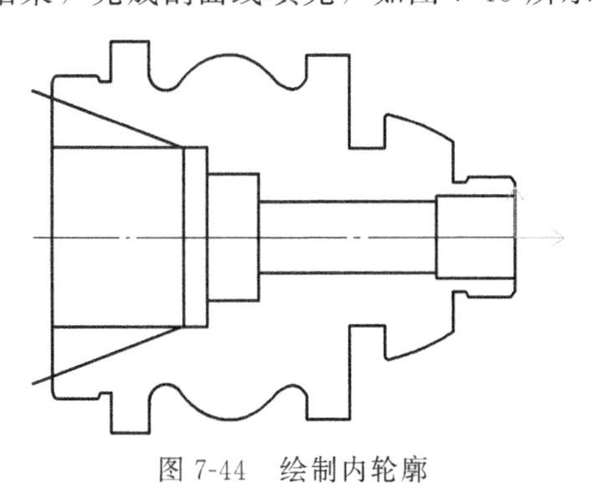

图 7-44　绘制内轮廓

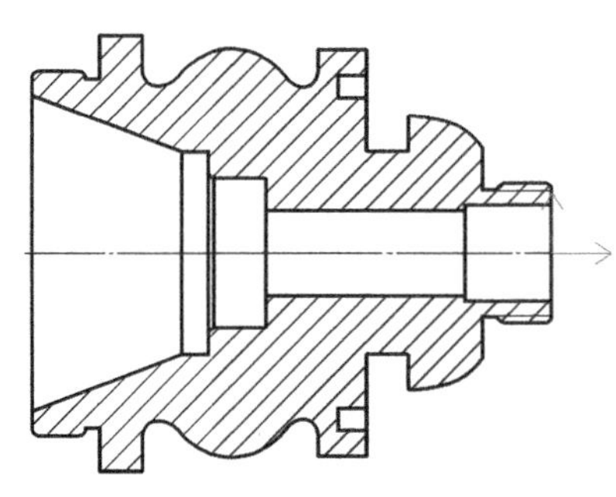

图 7-45　绘制剖面线

二、本体座零件的加工（部分加工过程省略）

1. 右端轮廓加工

① 在常用选项卡中，单击绘图生成栏中的直线按钮，在立即菜单中，选择两点线、连续、正交方式，捕捉左上角点，向上绘制 2mm，向右绘制 45mm 到 *A* 点，完成毛坯轮廓线绘制，如图 7-46 所示。

② 在数控车选项卡中，单击二轴加工生成栏中的车削粗加工按钮，弹出车削粗加工对话框，如图 7-47 所示。设置加工参数：加工表面类型选择外轮廓，加工方式选择行切，加工角度 180，切削行距设为 0.6，主偏干涉角 3，副偏干涉角设为 55，刀尖半径补偿选择编程时考虑半径补偿。

③ 选择 93°外圆车刀，刀尖半径设为 0.4，主偏角 93，副偏角 55，刀具偏置方向为左

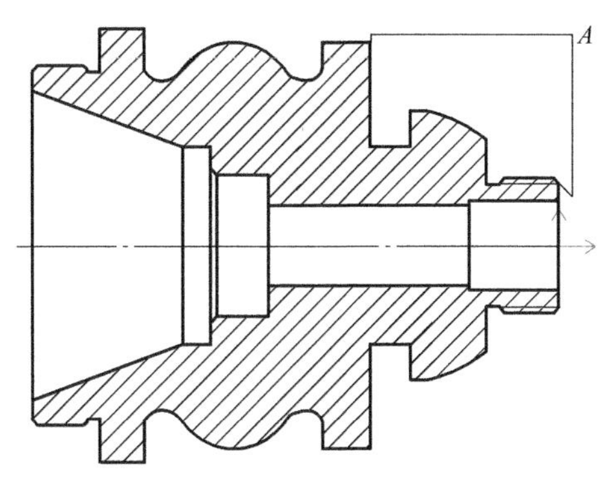

图 7-46　绘制毛坯轮廓

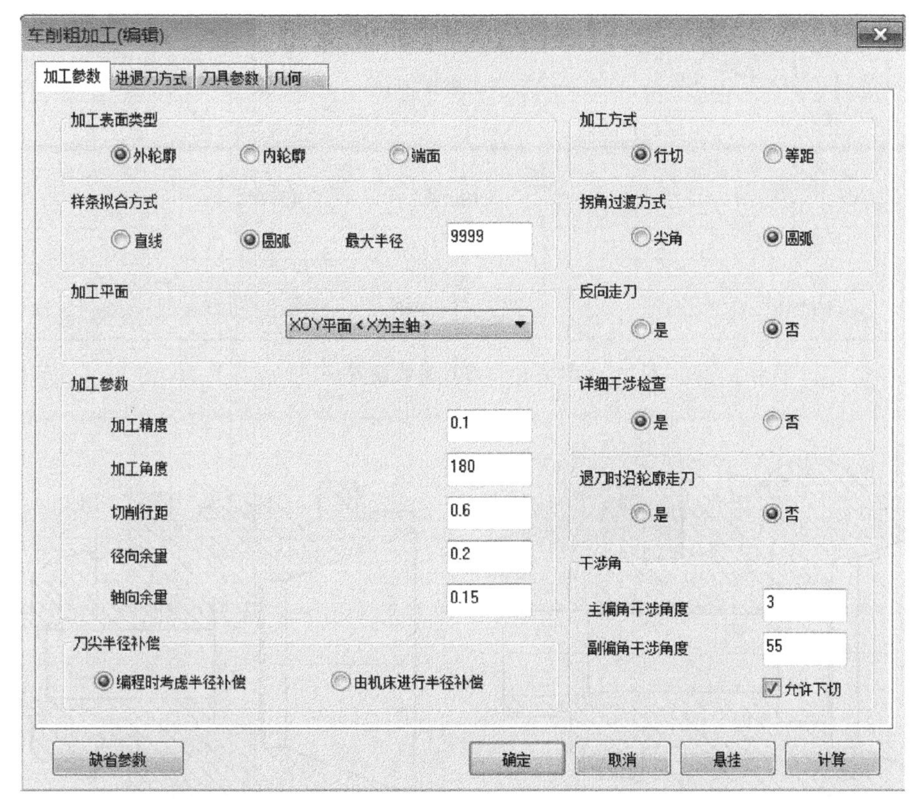

图 7-47　车削粗加工参数对话框

偏，对刀点为刀尖尖点，刀片类型为普通刀片。如图 7-48 所示。

④ 单击“确定”退出对话框，采用单个拾取方式，拾取被加工轮廓，单击右键，拾取毛坯轮廓，毛坯轮廓拾取完后，单击右键，拾取进退刀点 A，生成零件外轮廓加工轨迹，如图 7-49 所示。

2. 外轮廓切槽加工

① 在常用选项卡中，单击绘图生成栏中的直线按钮，在立即菜单中，选择两点线、连续、正交方式，捕捉槽的右上角点，向上绘制 15.1mm 到 A 点，使 A 点高度和槽的左边高度一样，完成加工轮廓线绘制，如图 7-50 所示。

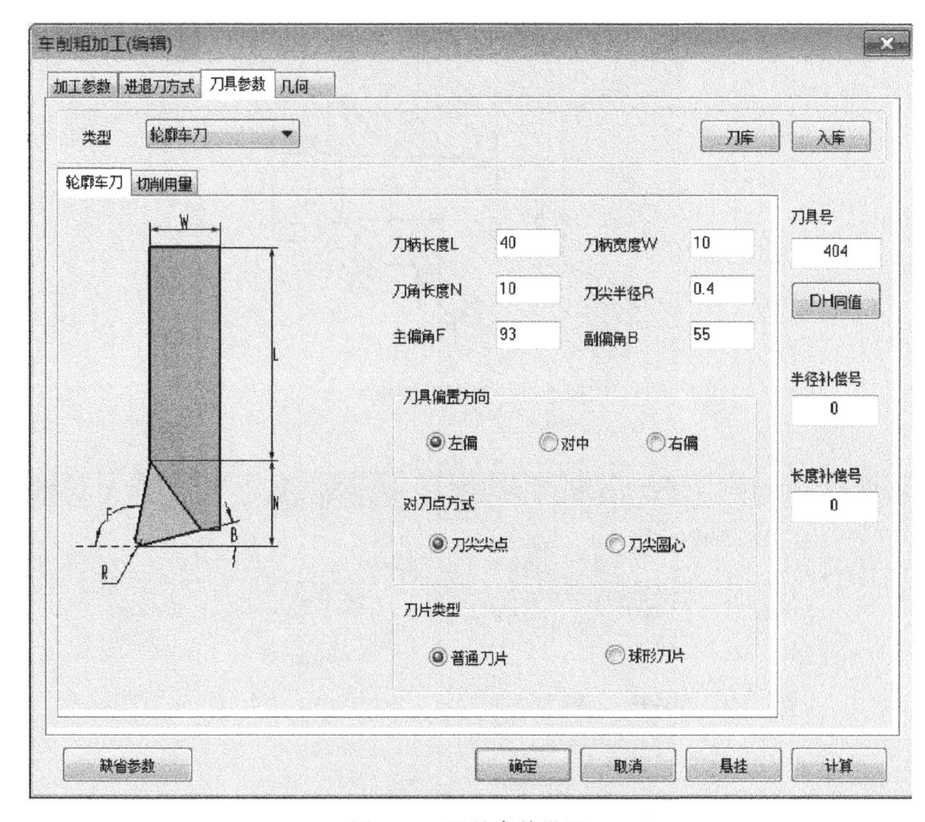

图 7-48 刀具参数设置

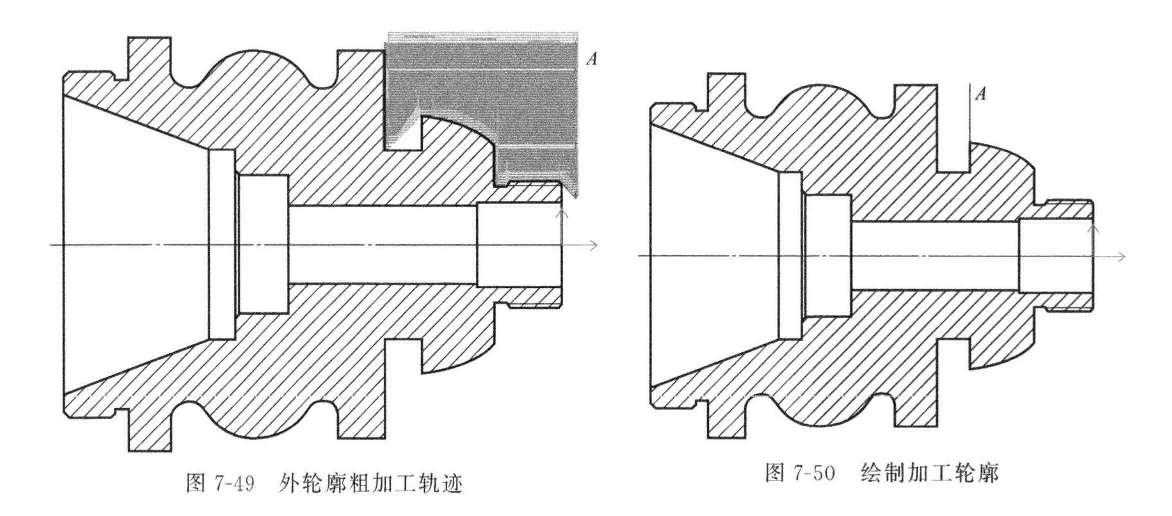

图 7-49 外轮廓粗加工轨迹

图 7-50 绘制加工轮廓

② 在数控车选项卡中，单击二轴加工生成栏中的车削槽加工按钮，弹出车削槽加工对话框，如图 7-51 所示。粗加工参数设置：切槽表面类型选择外轮廓，加工方向选择纵深，加工余量 0.2，切深行距设为 0.6，退刀距离 1，刀尖半径补偿选择编程时考虑刀具半径补偿。

③ 选择宽度 4mm 的切槽车刀，刀尖半径设为 0.3，刀具位置 3.5，编程刀位前刀尖，如图 7-52 所示。

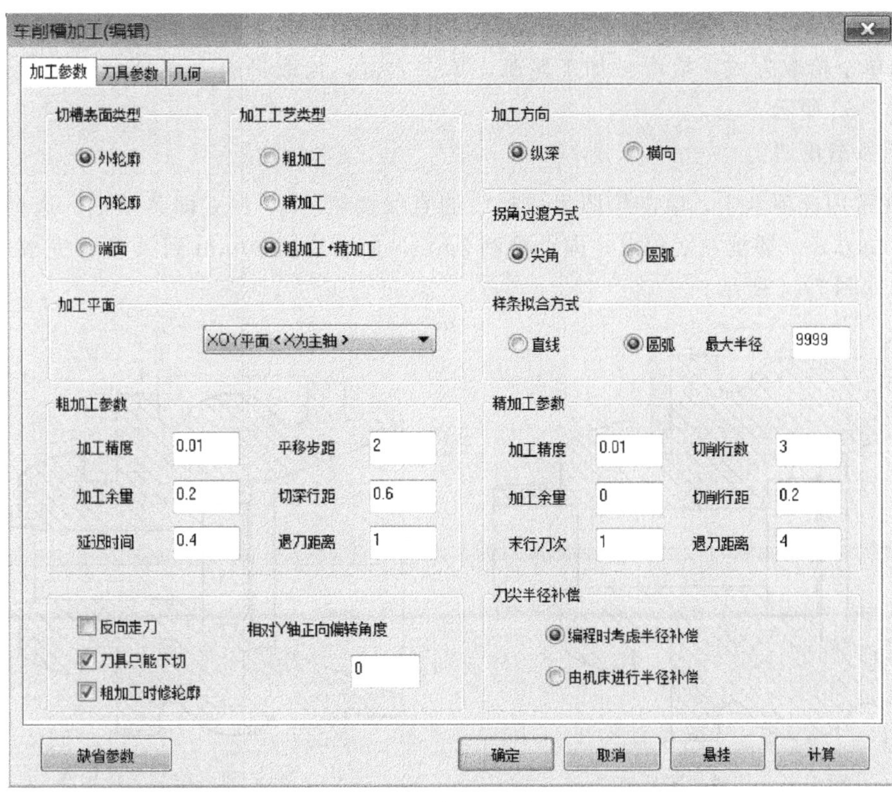

图 7-51　切槽加工参数设置

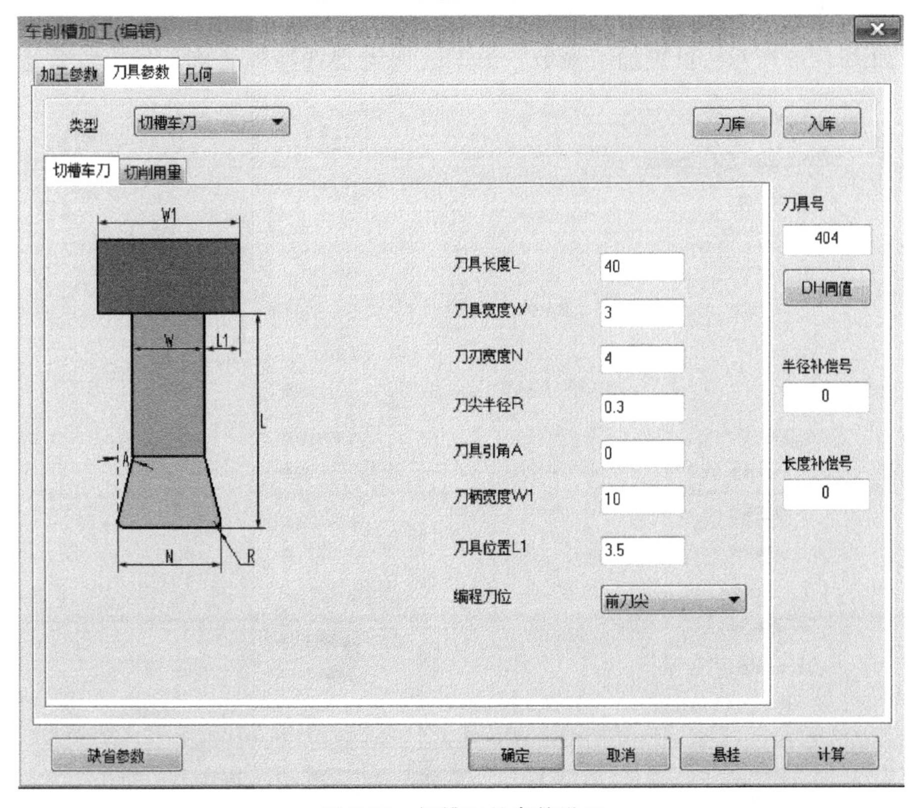

图 7-52　切槽刀具参数设置

④ 切削用量设置：进刀量 25mm/min，主轴转速 600r/min，单击“确定”退出对话框，采用单个拾取方式，拾取被加工轮廓，单击右键，拾取进退刀点 A，生成切槽加工轨迹，如图 7-53 所示。

3. 圆弧槽粗加工

① 在常用选项卡中，单击绘图生成栏中的直线按钮，在立即菜单中，选择两点线、连续、正交方式，捕捉左上角点，向上绘制 2mm，向右绘制 40mm 到 A 点，完成毛坯轮廓线绘制，如图 7-54 所示。

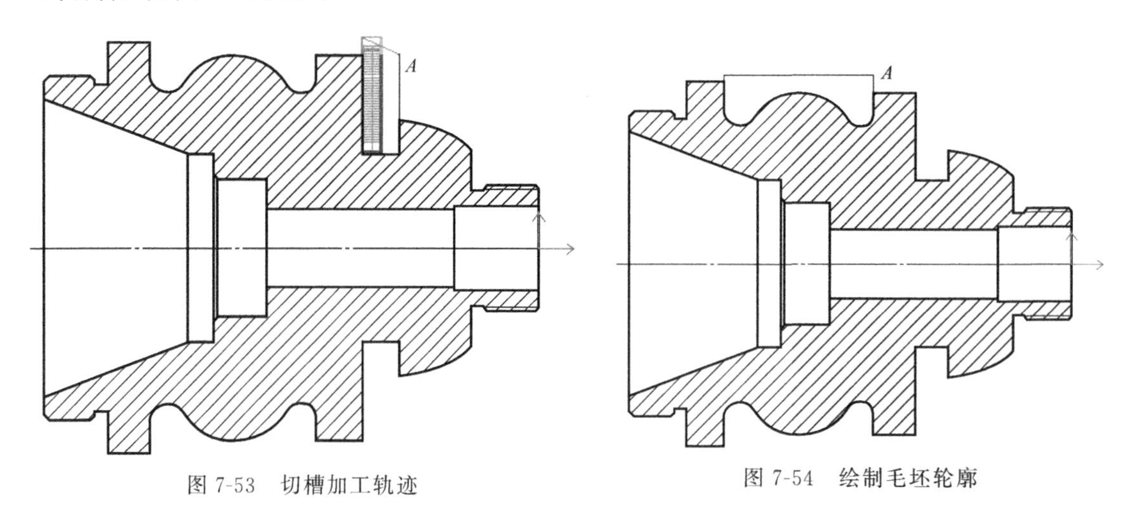

图 7-53 切槽加工轨迹　　图 7-54 绘制毛坯轮廓

② 在数控车选项卡中，单击二轴加工生成栏中的车削粗加工按钮，弹出车削粗加工对话框，如图 7-55 所示。设置加工参数：加工表面类型选择外轮廓，加工方式选择行切，

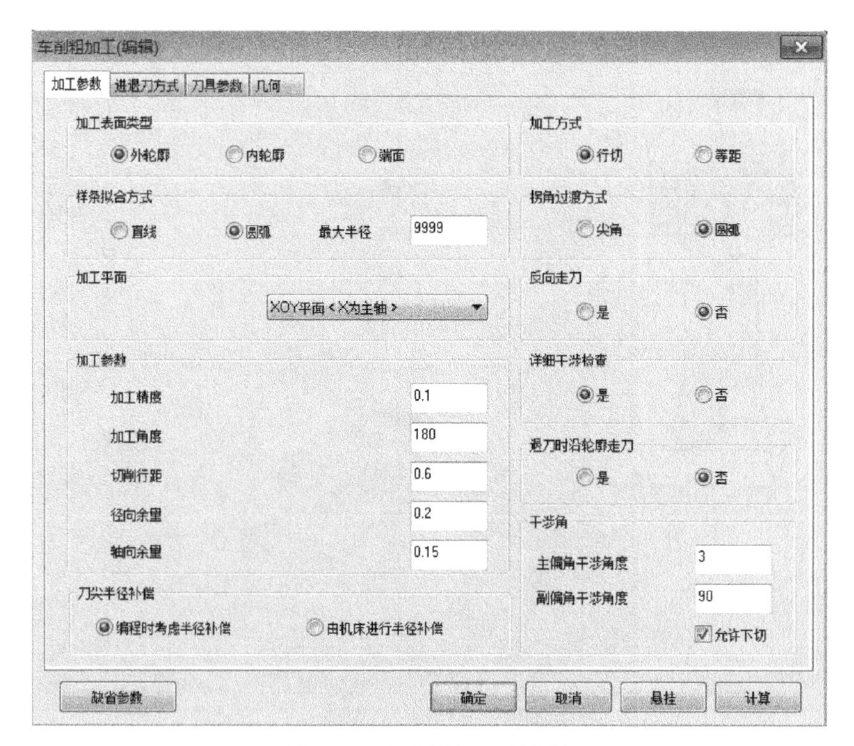

图 7-55 车削粗加工对话框

加工角度180，切削行距设为0.6，主偏干涉角3，副偏干涉角设为90，刀尖半径补偿选择编程时考虑半径补偿。

③ 选择35°尖刀，刀尖半径设为0.3，副偏角90，刀具偏置方向为对中，对刀点为刀尖尖点，刀片类型为球形刀片。如图7-56所示。

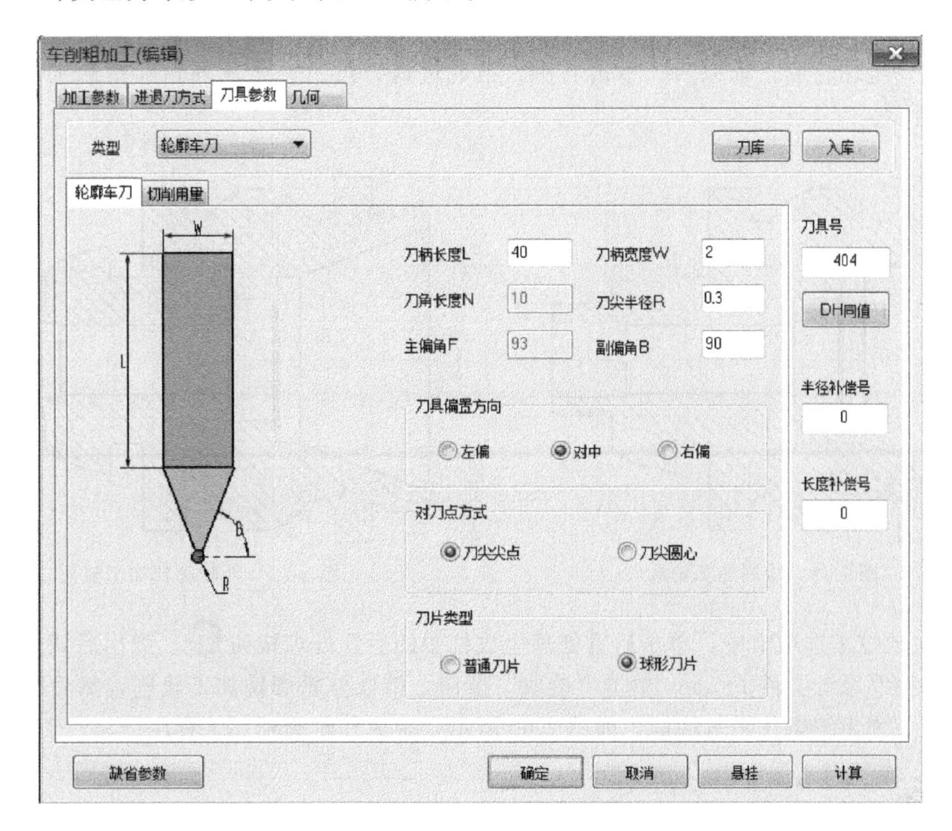

图7-56　刀具参数设置

操作技巧及注意事项：

刀具选择要考虑机床功能和零件形状等情况，35°尖刀主要用于外轮廓仿形加工。

④ 单击“确定”退出对话框，采用单个拾取方式，拾取被加工轮廓，单击右键，拾取毛坯轮廓，毛坯轮廓拾取完后，单击右键，拾取进退刀点A，生成切槽外轮廓加工轨迹，如图7-57所示。

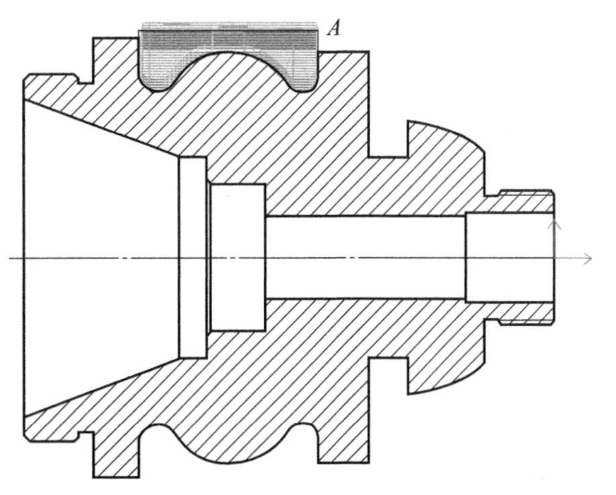

图7-57　切槽外轮廓加工轨迹

4. 圆弧槽精加工

① 将圆弧槽右边线延长到A点，完成加工轮廓线绘制。如图7-58所示。

② 在数控车选项卡中，单击二轴加工生成栏中的车削精加工按钮，弹出车削精加工对话框。设置加工参数：加工表面类型选择外轮廓，加工方式选择

行切，切削行距设为0.3，径向余量0，轴向余量0，主偏角干涉角3，副偏角干涉角设为90，刀尖半径补偿选择编程时考虑半径补偿。

③ 选择90°外圆车刀，刀尖半径设为3，副偏角90，刀具偏置方向为对中，对刀点为刀尖尖点，刀片类型为球形刀片。

④ 单击“确定”退出对话框，采用单个拾取方式，拾取被加工轮廓，单击右键，拾取毛坯轮廓，毛坯轮廓拾取完后，单击右键，拾取进退刀点 A，生成外轮廓精加工轨迹，如图7-59所示。

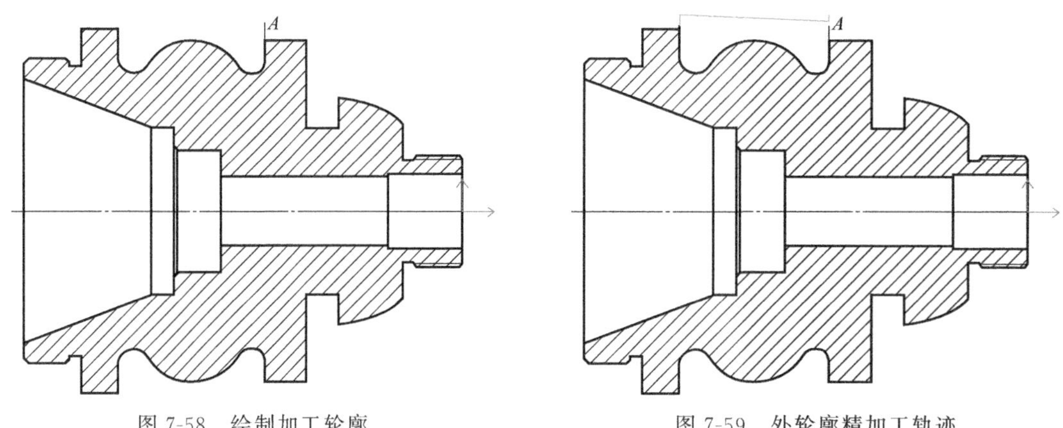

图7-58 绘制加工轮廓　　　　图7-59 外轮廓精加工轨迹

⑤ 在数控车选项卡中，单击后置处理生成栏中的后置处理按钮G，弹出后置处理对话框，选择控制系统文件Fanuc，单击“拾取”按钮，拾取外轮廓精加工轨迹，然后单击“后置”按钮，弹出编辑代码对话框，如图7-60所示，生成外轮廓精加工程序。

```
%
O1200
N12 G00 G97 S1000 T0303
N14 M03
N16 M08
N18 X100. Z-53.
N20 X103.824 Z-53.512
N22 G99 G01 X99.824 F100
N24 X99.4 Z-53.3
N26 X89.4 F2000
N28 X79.894
N30 G02 X79.507 Z-53.305 I0. K-3.7
N32 X75.903 Z-60.116 I0.194 K-3.695
N34 G03 Z-85.884 I-8.251 K-12.884
N36 G02 X79.894 Z-92.7 I1.995 K-3.116
N38 G01 X95.4
N40 X99.4
N42 X98.976 Z-92.488 F200
N44 X103.824
N46 G00
N48 X100. Z-53.
N50 M09
N52 M30
%
```

图7-60 外轮廓精加工程序

5. 端面槽粗精加工

① 在常用选项卡中，单击绘图生成栏中的直线按钮，在立即菜单中，选择两点线、连续、正交方式，捕捉槽的右上角点，向右绘制3mm到 A 点，完成加工轮廓线绘制，如图

7-61 所示。

② 在数控车选项卡中，单击二轴加工生成栏中的车削槽加工按钮，弹出车削槽加工对话框，如图 7-62 所示。加工参数设置：切槽表面类型选择端面，加工工艺类型为粗加工+精加工，加工方向选择纵深，加工余量 0.2，切深行距设为 0.6，退刀距离 4，刀尖半径补偿选择编程时考虑半径补偿。

③ 选择宽度 4mm 的切槽车刀，刀尖半径设为 0.3，刀具位置 3.5，编程刀位前刀尖，如图 7-63 所示。

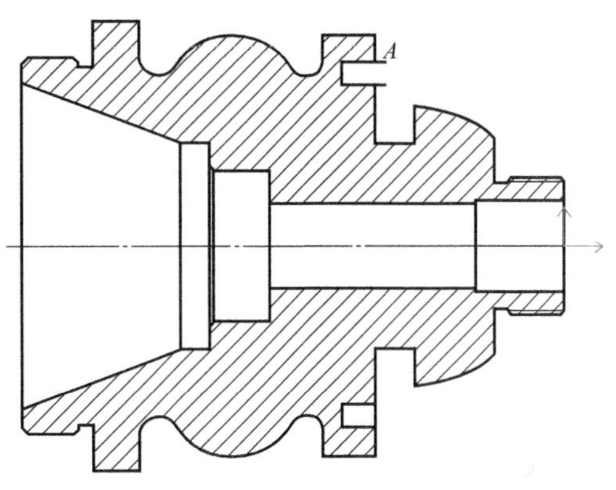

图 7-61　绘制加工轮廓

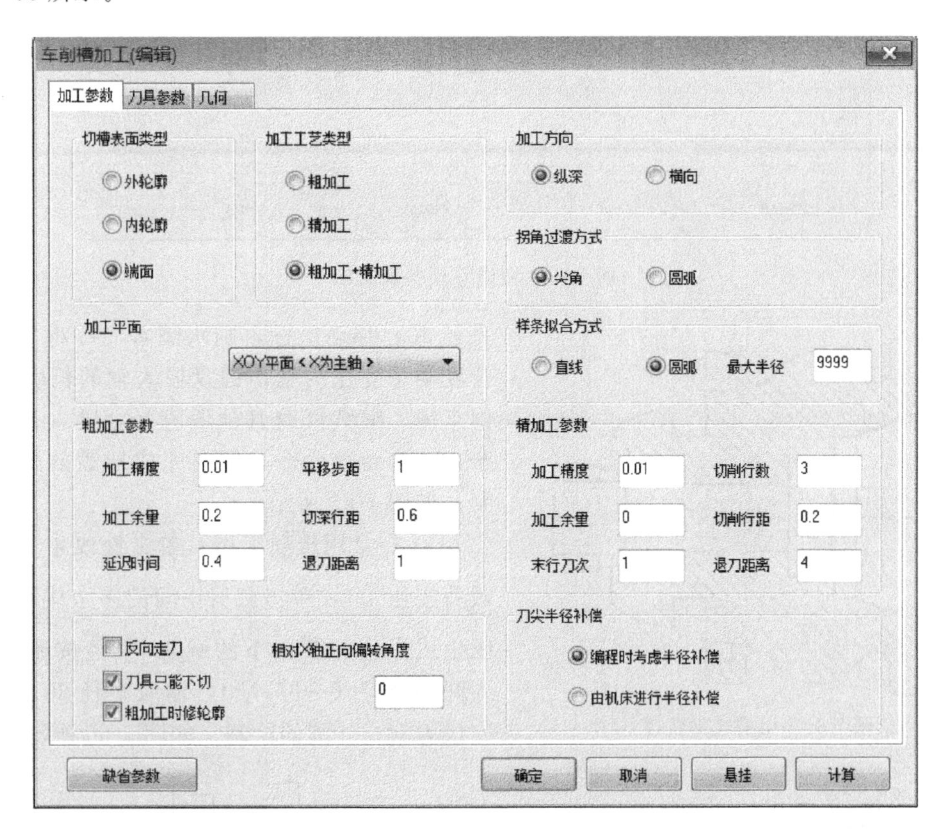

图 7-62　切槽加工参数设置

④ 切削用量设置：进刀量 60mm/min，主轴转速 800r/min，单击“确定”退出对话框，采用单个拾取方式，拾取被加工轮廓，单击右键，拾取进退刀点 A，生成切槽加工轨迹，如图 7-64 所示。

三、绘制球盖轮廓

① 在常用选项卡中，单击绘图生成栏中的孔/轴按钮，用鼠标捕捉坐标零点为插入点，这时出现新的立即菜单，在“2. 起始直径”和“3. 终止直径”文本框中分别输入轴的

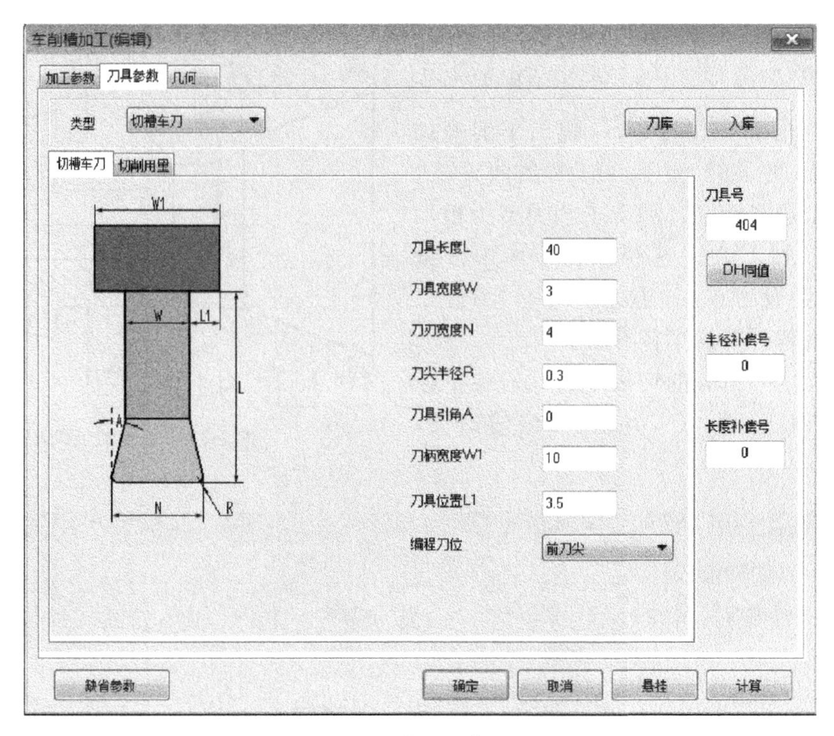

图 7-63 切槽刀具参数设置

直径 30，移动鼠标，则跟随着光标将出现一个长度动态变化的轴，键盘输入轴的长度 12，按回车键。继续修改其他段直径，输入长度值回车，右击结束命令，即可完成球盖的外轮廓绘制。如图 7-65 所示。

② 在常用选项卡中，单击修改生成栏中的裁剪按钮，单击裁剪中间的多余线。单击绘图生成栏中圆菜单下的圆心_半径按钮，输入圆心坐标（－67，0），输入半径 30，回车后完成 $R30$mm 圆的绘制。如图 7-66 所示。

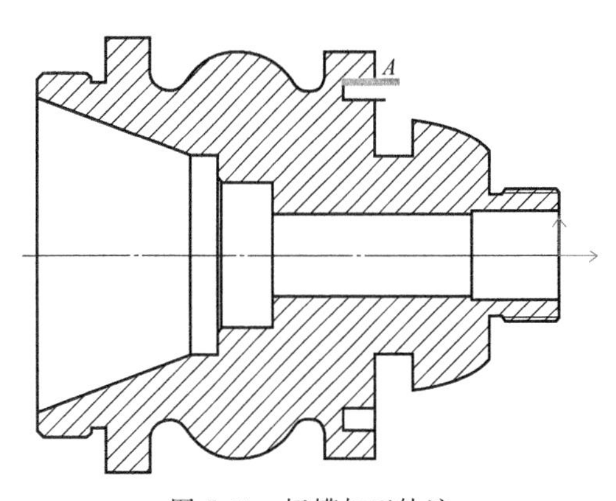

图 7-64 切槽加工轨迹

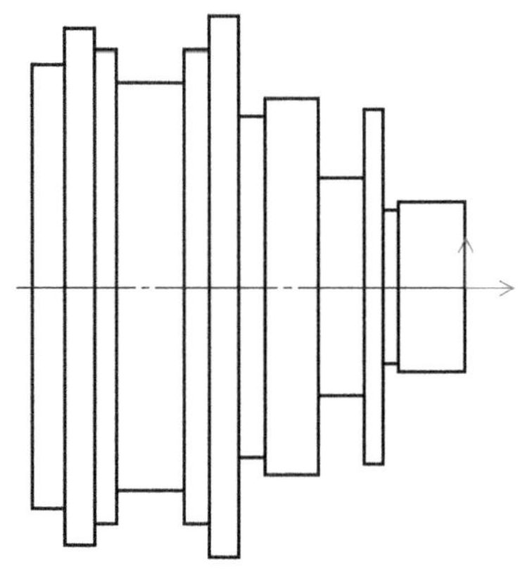

图 7-65 绘制外轮廓

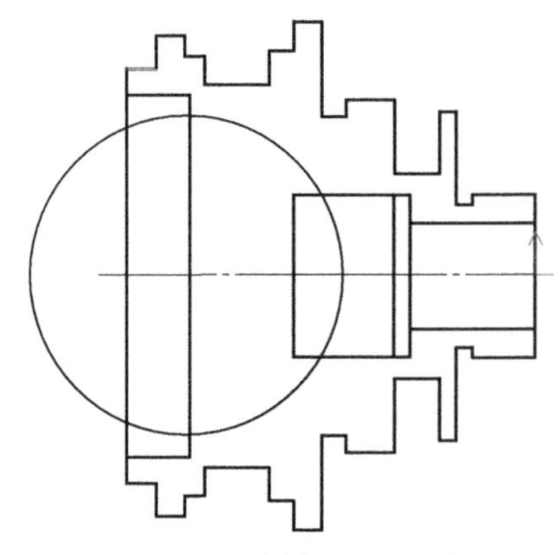

图 7-66 绘制 $R30$mm 圆

③ 在常用选项卡中，单击修改生成栏中的裁剪按钮，单击裁剪中间的多余线。如图7-67所示。

④ 绘制完右边的R8mm小圆孔后，单击绘图生成栏中的剖面线按钮，单击拾取上边环内一点，单击拾取下边环内一点，单击右键结束，完成剖面线填充，如图7-68所示。

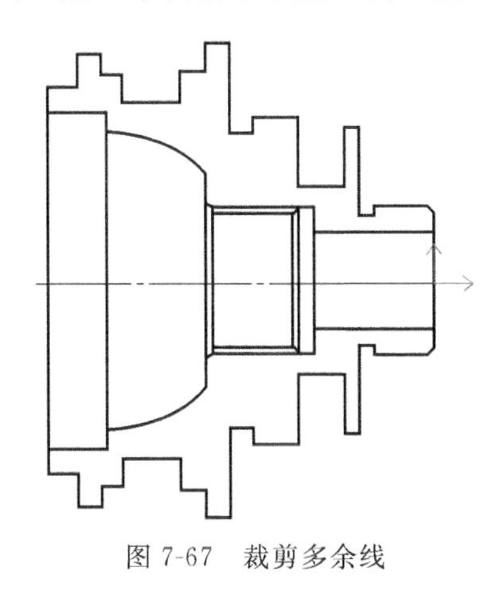

图7-67　裁剪多余线

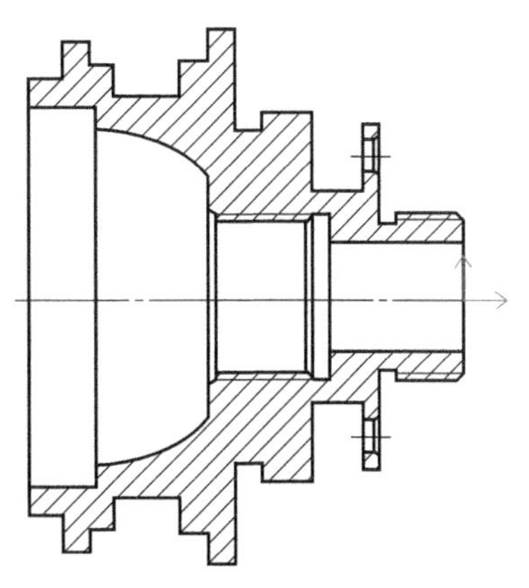

图7-68　剖面线填充

四、球盖零件的加工

由于加工内容多，下面只选择讲述了一部分加工内容，其他省略。

1. 球盖右侧切槽加工

① 在常用选项卡中，单击绘图生成栏中的直线按钮，在立即菜单中，选择两点线、连续、正交方式，捕捉槽的右上角点，向上绘制4.5mm到A点，使A点高度和槽的左边高度一样，完成加工轮廓线绘制，如图7-69所示。

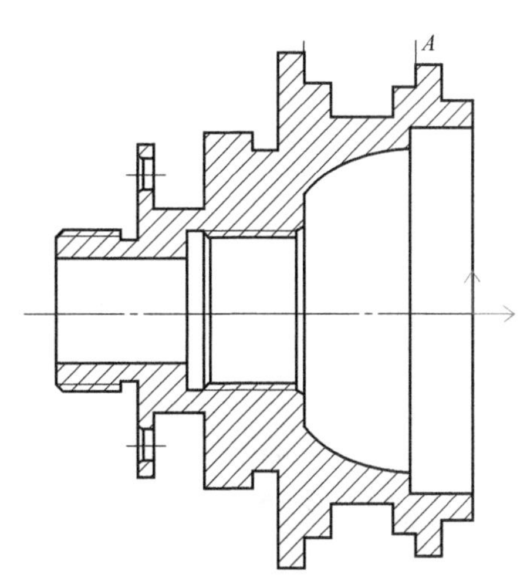

图7-69　绘制加工轮廓

② 在数控车选项卡中，单击二轴加工生成栏中的车削槽加工按钮，弹出车削槽加工对话框，设置加工参数：切槽表面类型选择外轮廓，加工方向选择纵深，加工余量0.2，切深行距设为0.6，退刀距离4，刀尖半径补偿选择编程时考虑半径补偿。

③ 选择宽度4mm的切槽刀，刀尖半径设为0.2，刀具位置3.5，编程刀位前刀尖。切削用量设置：进刀量60mm/min，主轴转速800r/min，单击"确定"退出对话框，采用单个拾取方式，拾取被加工轮廓，单击右键，拾取进退刀点A，生成切槽加工轨迹，如图7-70所示。

2. 球盖右侧内轮廓加工

① 在常用选项卡中，单击修改生成栏中的等距线按钮，在立即菜单中输入等距距离10，单击中心线，单击向上箭头，完成等距线绘制。单击绘图生成栏中的直线按钮，在

立即菜单中，选择两点线、连续、正交方式，捕捉右角点，向右绘制 3mm 水平线，向下绘制 23mm 竖直线，完成毛坯轮廓绘制，结果如图 7-71 所示。

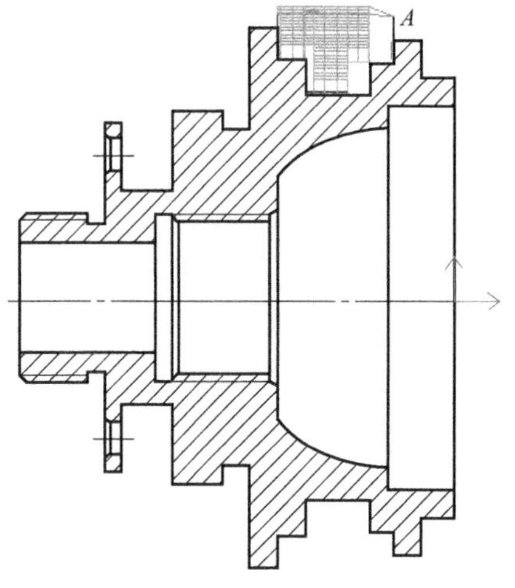

图 7-70 切槽粗加工轨迹

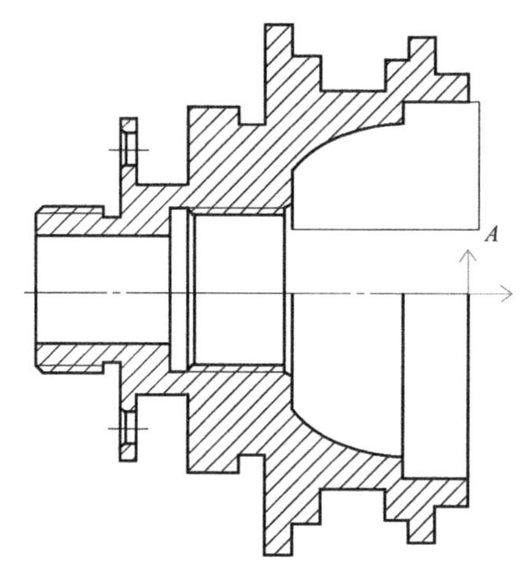

图 7-71 绘制加工轮廓和毛坯轮廓

② 在数控车选项卡中，单击二轴加工生成栏中的车削粗加工按钮，弹出车削粗加工对话框，如图 7-72 所示。加工参数设置：加工表面类型选择内轮廓，加工方式选择行切，加工角度 180，切削行距设为 0.6，主偏干涉角 20，副偏干涉角设为 45，刀尖半径补偿选择编程时考虑半径补偿，拐角过渡方式设为圆弧过渡。

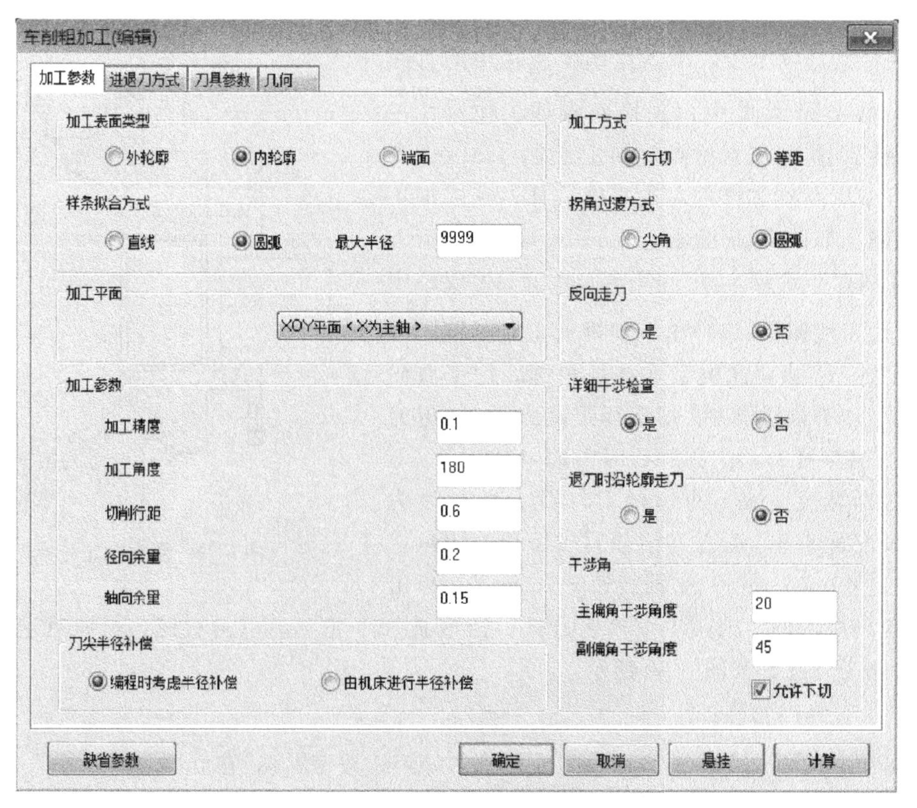

图 7-72 内轮廓加工参数设置

③ 选择45°内轮廓车刀，刀尖半径设为0.3，主偏角100，副偏角45，刀具偏置方向为左偏，对刀点为刀尖尖点，刀片类型为普通刀片。如图7-73所示。

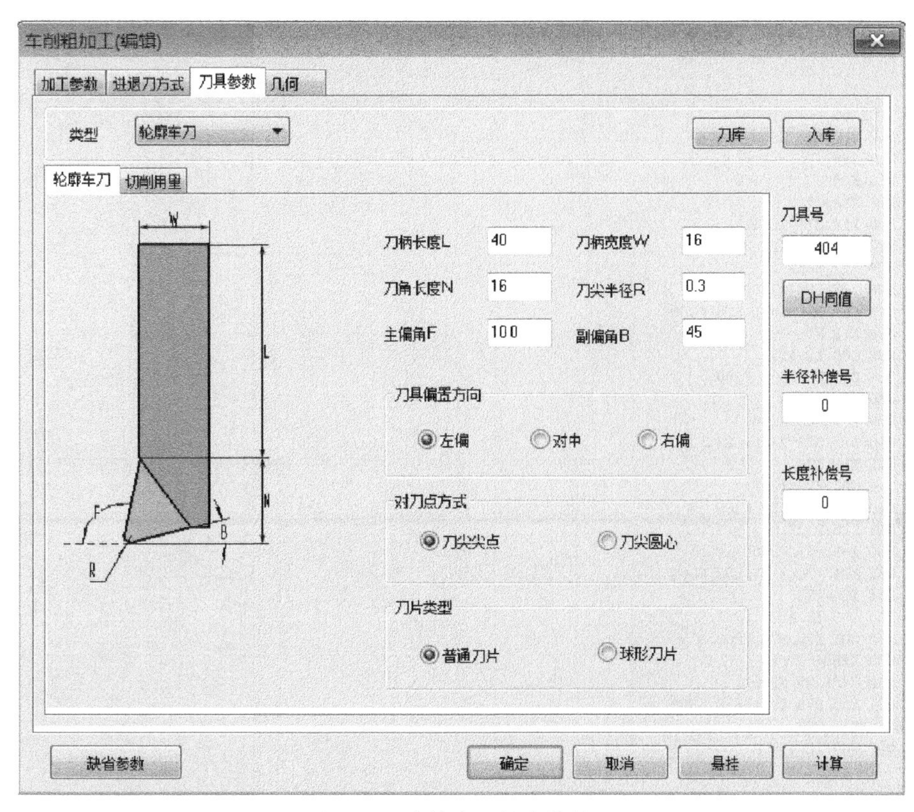

图7-73　内轮廓刀具参数设置

④ 单击“确定”退出对话框，采用单个拾取方式，拾取被加工轮廓，单击右键，拾取毛坯轮廓，毛坯轮廓拾取完后，单击右键，拾取进退刀点A，生成零件内轮廓加工轨迹，如图7-74所示。

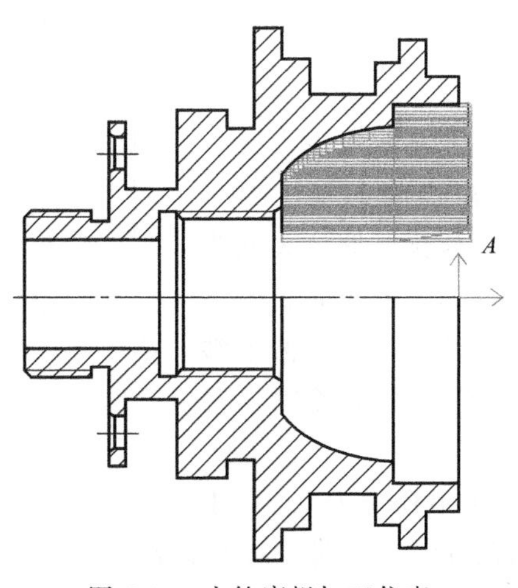

图7-74　内轮廓粗加工仿真

⑤ 在数控车选项卡中，单击后置处理生成栏中的后置处理按钮 G，弹出后置处理对话框，选择控制系统文件 Fanuc，单击“拾取”按钮，拾取内轮廓粗加工轨迹，然后单击“后置”按钮，弹出编辑代码对话框，如图 7-75 所示，生成内轮廓粗加工程序。

```
% 01200
N12 G00 G97 S600 T0404
N14 M03
N16 M08
N18 X22. Z2.
N20 X18.376 Z2.412
N22 G99 G01 X22.376 F200
N24 X22.8 Z2.2
N26 Z-31.85 F2000
N28 X22.376 Z-31.638 F300
N30 X18.376
N32 G00 Z2.412
N34 G01 X23.576 F200
N36 X24. Z2.2
N38 Z-31.85 F2000
N40 X23.576 Z-31.638 F300
N42 X19.576
N44 G00 Z2.412
N46 G01 X24.776 F200
N48 X25.2 Z2.2
N50 Z-31.85 F2000
N52 X24.776 Z-31.638 F300
N54 X20.776
N56 G00 Z2.412
N58 G01 X25.976 F200
N60 X26.4 Z2.2
N62 Z-31.85 F2000
N64 X25.976 Z-31.638 F300
N66 X21.976
N68 G00 Z2.412
```

图 7-75 内轮廓粗加工程序

3. 球盖右侧外轮廓加工

① 在常用选项卡中，单击绘图生成栏中的直线按钮，在立即菜单中，选择两点线、连续、正交方式，捕捉左上角点，向上绘制 2mm，向右绘制 9mm 到 *B* 点，完成毛坯轮廓线绘制，如图 7-76 所示。

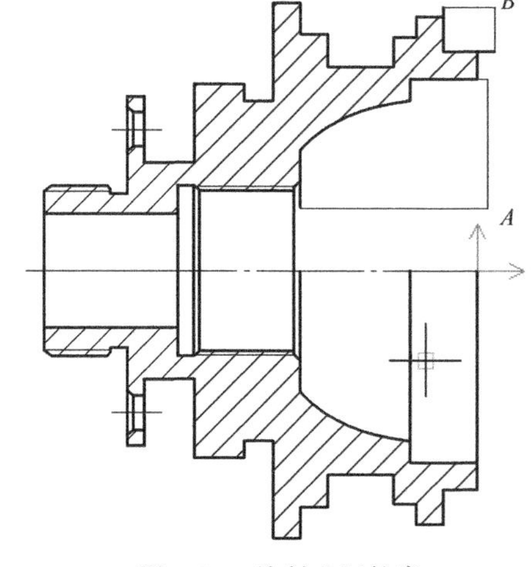

图 7-76 绘制毛坯轮廓

② 在数控车选项卡中，单击二轴加工生成栏中的车削粗加工按钮，弹出车削粗加工对话框，如图 7-77 所示。设置加工参数：加工表面类型选择外轮廓，加工方式选择行切，加工角度 180，切削行距设为 1，主偏干涉角 3，副偏干涉角设为 10，刀尖半径补偿选择编程时考虑半径补偿。

③ 选择 93°外圆车刀，刀尖半径设为 0.3，主偏角 93，副偏角 10，刀具偏置方向为左偏，对刀点为刀尖尖点，刀片类型为普通刀片。如图 7-78 所示。

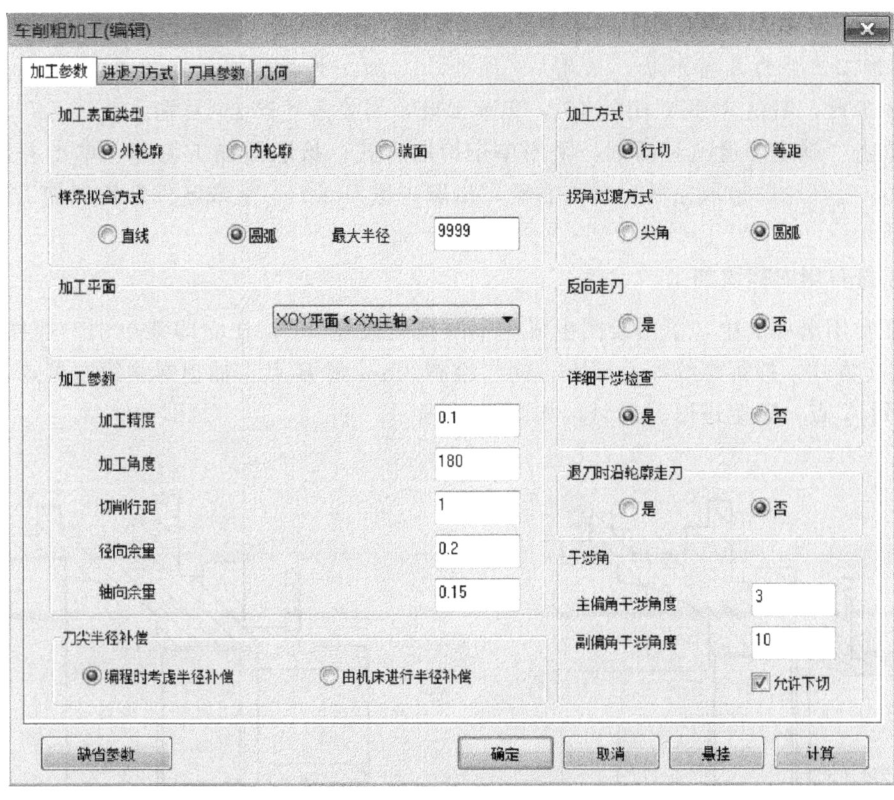

图 7-77 车削粗加工对话框

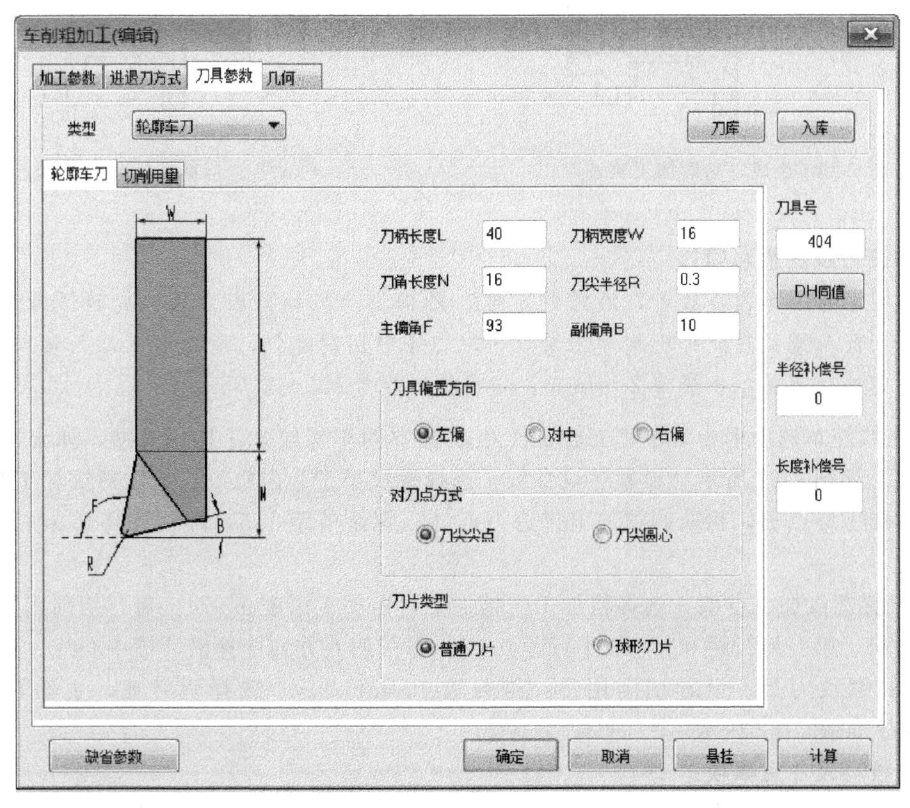

图 7-78 刀具参数设置

操作技巧及注意事项：

考虑加工工件的几何形状，采用93°外圆车刀加工外圆，当加工台阶时，主偏角应取93°，精加工时，副偏角可取10°～15°，粗加工时，副偏角可取10°左右。

④ 单击“确定”退出对话框，采用单个拾取方式，拾取被加工轮廓，单击右键，拾取毛坯轮廓，毛坯轮廓拾取完后，单击右键，拾取进退刀点 B，生成零件外轮廓加工轨迹，如图 7-79 所示。

4. 球盖右侧内螺纹加工

① 在常用选项卡中，单击绘图生成栏中的直线按钮，在立即菜单中，选择两点线、连续、正交方式，捕捉螺纹线左端点，向左绘制 2mm 到 B 点，捕捉螺纹线右端点，向右绘制 3mm 到 A 点，确定进退刀点 A。如图 7-80 所示。

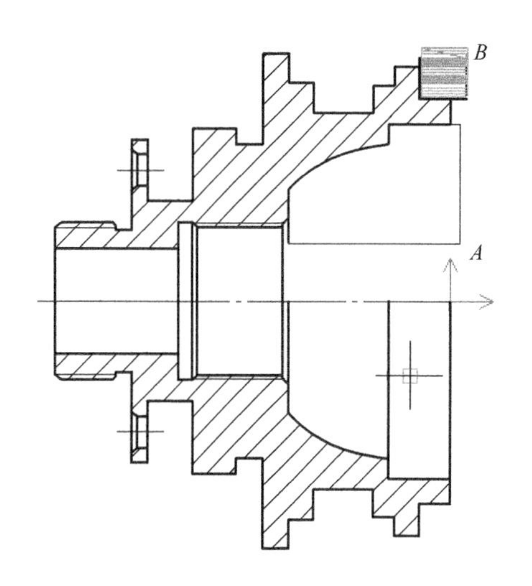

图 7-79 生成外轮廓加工轨迹

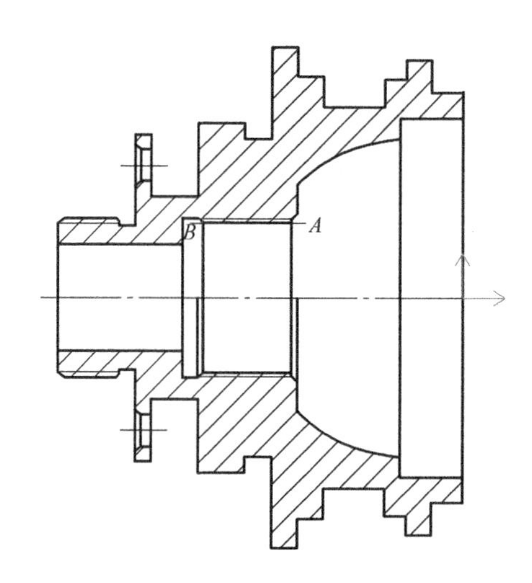

图 7-80 绘制内螺纹加工线

操作技巧及注意事项：

在数控车床上车内螺纹时，沿螺距方向的 Z 向进给应和车床主轴的旋转保持严格的速比关系，因此应避免在进给机构加速或减速的过程中切削螺纹，所以要设切入量和切出量，车削螺纹时的切入量，一般为 2～5mm，切出量一般为 0.5～2.5mm。

② 在数控车选项卡中，单击二轴加工生成栏中的车螺纹加工按钮，弹出车螺纹加工对话框。如图 7-81 所示。设置螺纹参数：选择螺纹类型为内螺纹，拾取螺纹加工起点 A，拾取螺纹加工终点 B，拾取螺纹加工进退刀点 A，螺纹节距 1.5，螺纹牙高 0.974，螺纹头数 1。

③ 设置螺纹加工参数：选择粗加工＋精加工，粗加工深度 0.974，每行切削用量选择恒定切削面积，第一刀行距 0.4，最小行距 0.08，每行切入方式选择沿牙槽中心线。选择刀具角度 60°的螺纹刀具。设置切削用量：进刀量 1.5mm/rev，选择恒转速，主轴转速设为 520r/min。如图 7-82 所示。

操作技巧及注意事项：

粗加工＋精加工方式，根据指定粗加工深度完成粗加工后，再采用精加工方式加工。

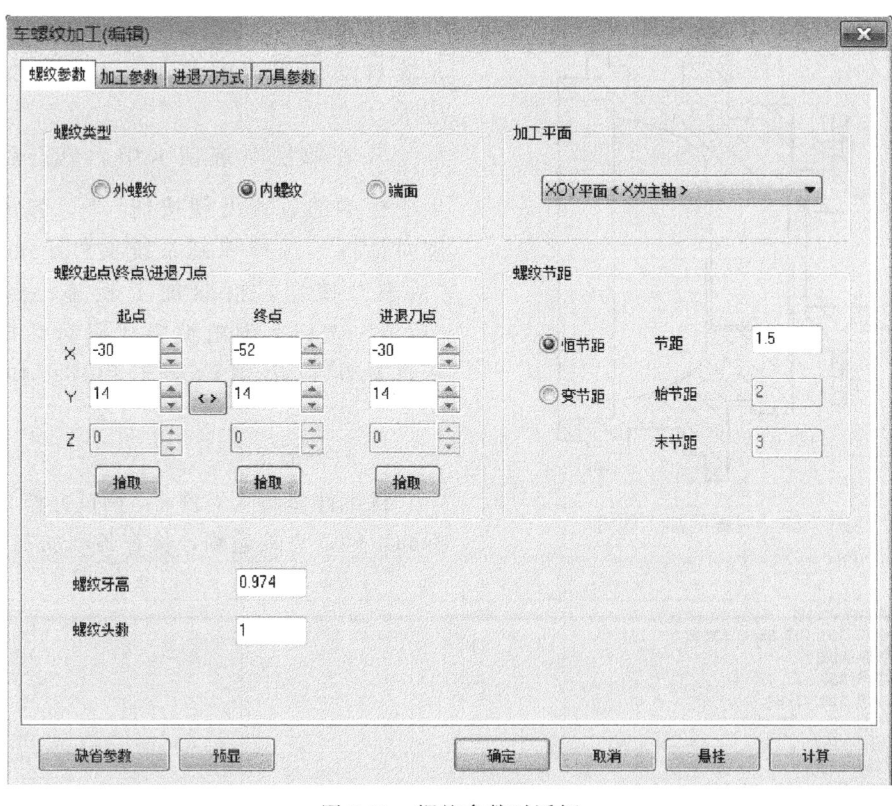

图 7-81　螺纹参数对话框

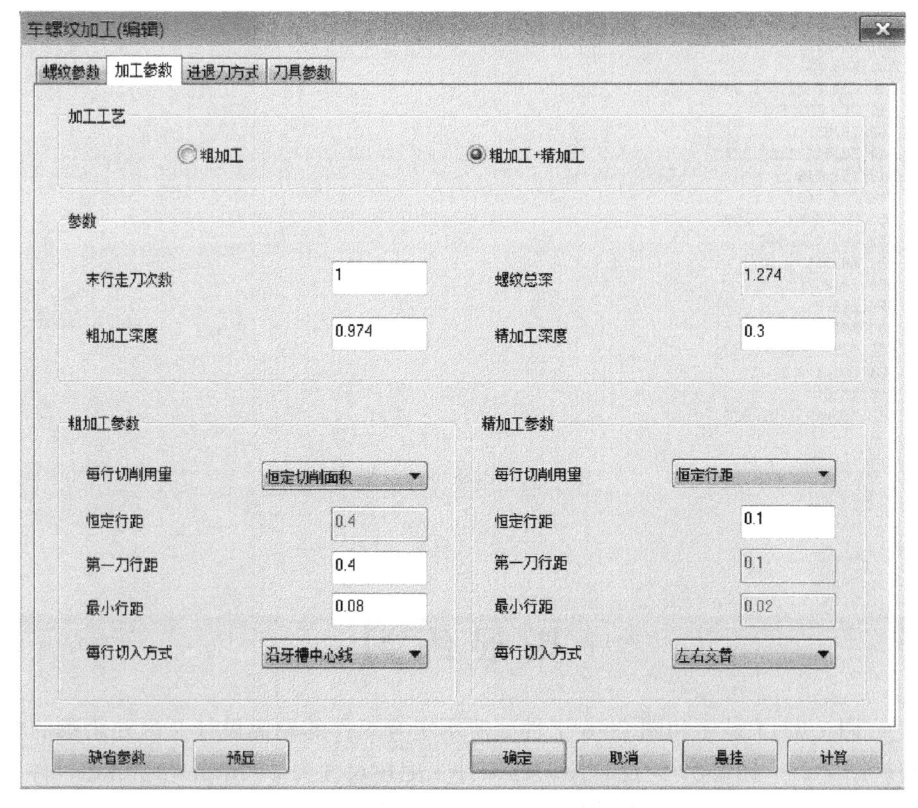

图 7-82　内螺纹加工参数对话框

④ 单击“确定”退出车螺纹加工对话框，系统自动生成内螺纹加工轨迹，如图 7-83 所示。

⑤ 在数控车选项卡中，单击后置处理生成栏中的后置处理按钮 G，弹出后置处理对话框，选择控制系统文件 Fanuc，单击“拾取”按钮，拾取加工轨迹，然后单击“后置”按钮，弹出编辑代码对话框，系统会自动生成内螺纹加工程序。如图 7-84 所示。

5. 配合加工

将工件 2 旋入工件 1，调试并修正工件 2，拆卸工件，去除毛刺，检查各项加工精度。

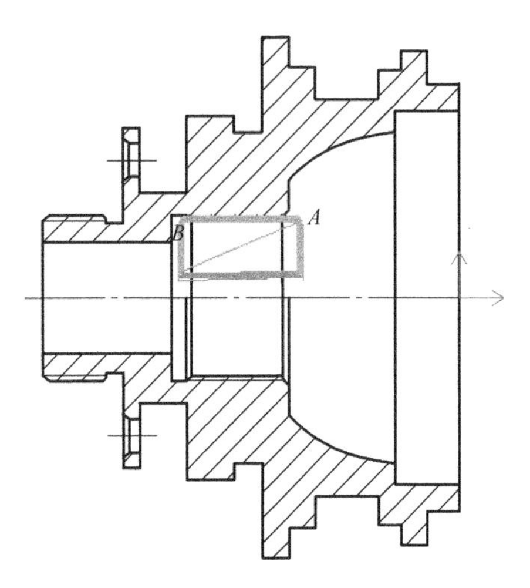

图 7-83 内螺纹加工轨迹

```
%
N12 G00 G97 S600 T0505
N14 M03
N16 M08
N18 X28. Z-30.
N20 X8. Z-29.827
N22 X28.
N24 X28.2
N26 G32 Z-52. F1.500
N28 G00 X28.
N30 X8.
N32 X8.331 Z-29.827
N34 X28.331
N36 X28.531
N38 G32 Z-52. F1.500
N40 G00 X28.331
N42 X8.331
N44 X8.546 Z-29.827
N46 X28.546
N48 X28.746
N50 G32 Z-52. F1.500
N52 G00 X28.546
N54 X8.546
N56 X8.8 Z-29.827
N58 X28.8
N60 X29.
N62 G32 Z-52. F1.500
N64 G00 X28.8
N66 X8.8
N68 X8.989 Z-29.827
```

图 7-84 内螺纹加工程序

拓展练习

1. 完成图 7-85 工件 1 和图 7-86 工件 2 所示组合工件的轮廓设计及内外轮廓的粗精加工程序编制。图 7-87～图 7-89 为配合图，已知件 1 毛坯尺寸为 ϕ50mm×120mm，件 2 毛坯尺寸为 ϕ55mm×90mm，材料为 45 钢。

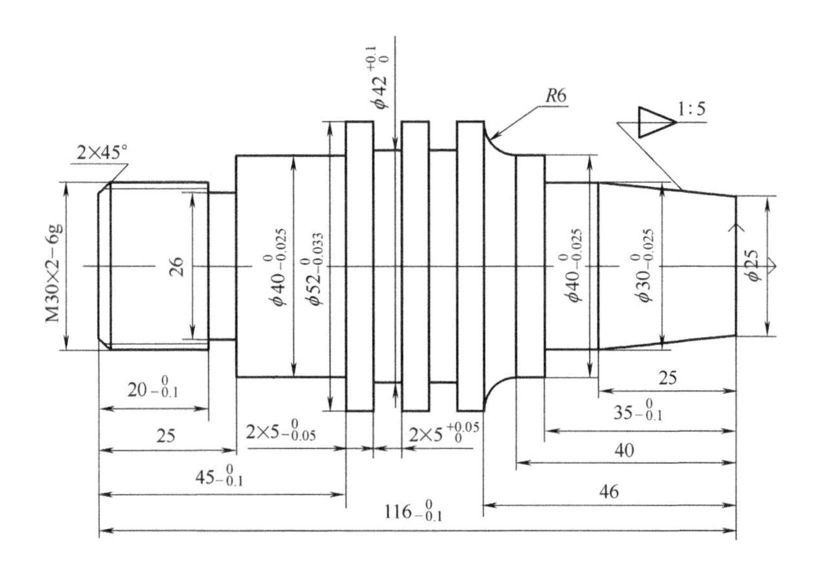

图 7-85　工件 1

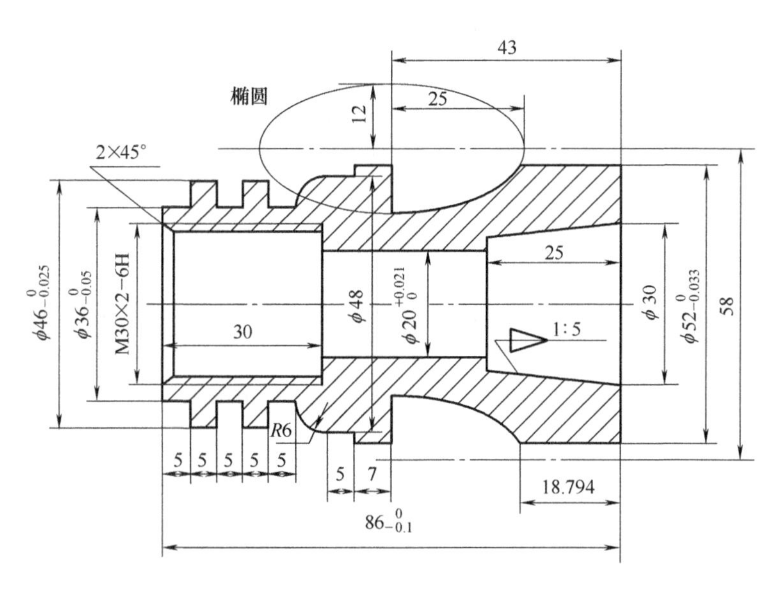

图 7-86　工件 2

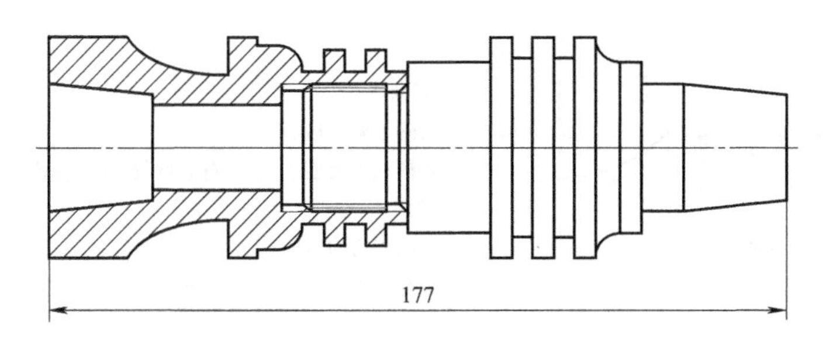

图 7-87　配合 1

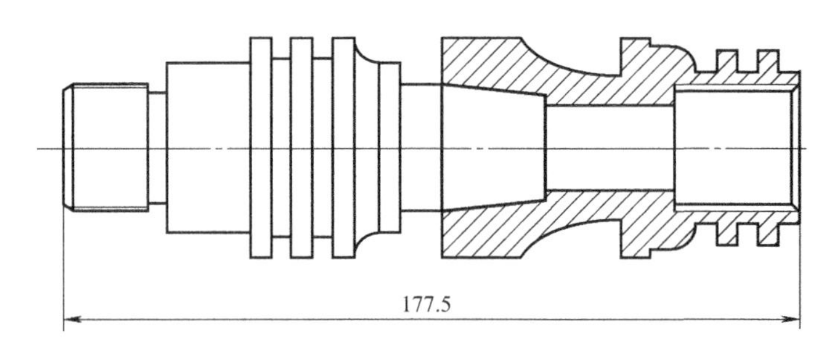

图 7-88 配合 2

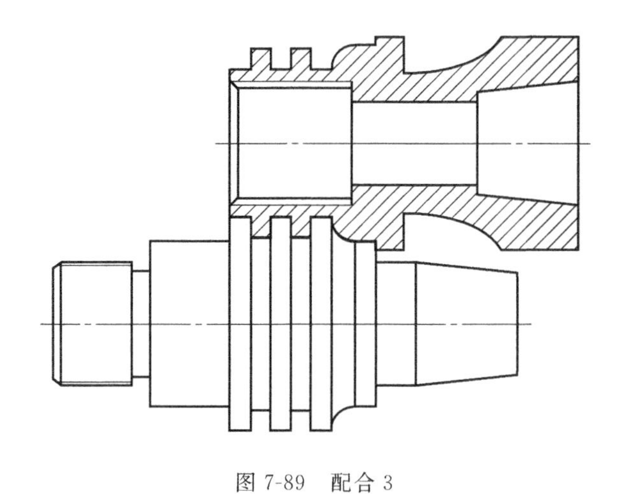

图 7-89 配合 3

2. 完成图 7-90 工件 1、图 7-91 工件 2 和图 7-92 工件 3 所示组合工件的轮廓设计及内外轮廓的粗精加工程序编制。图 7-93 为配合图，已知工件 1 毛坯尺寸为 ϕ60mm×55mm，工件 2 毛坯尺寸为 ϕ70mm×65mm，工件 3 毛坯尺寸为 ϕ80mm×65mm，材料为 45 钢。

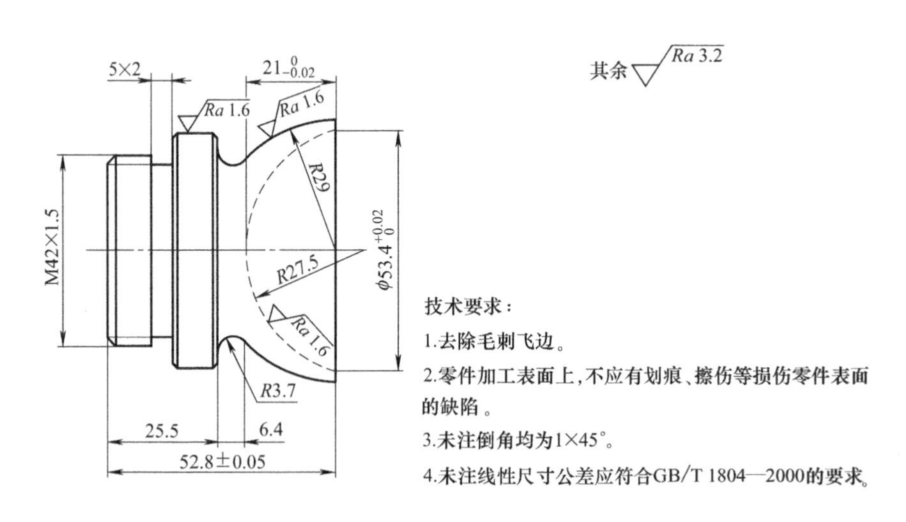

图 7-90 工件 1

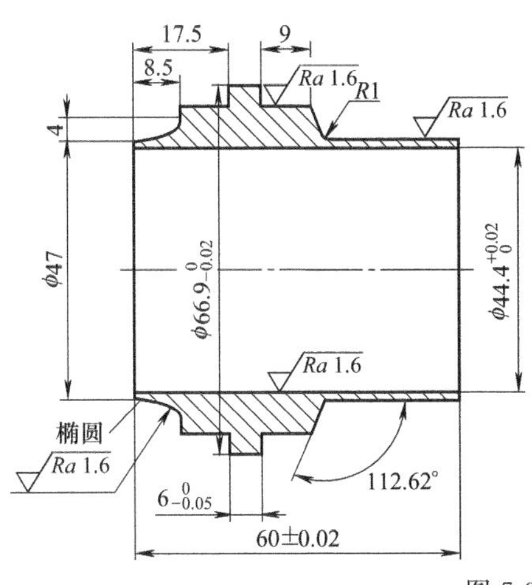

其余 Ra 3.2

技术要求：

1.去除毛刺飞边。

2.球表面上，不应有划痕、擦伤等损伤零件表面的缺陷。

3.所有锐角倒钝。

4.未注线性尺寸公差应符合GB/T 1804—2000的要求。

图 7-91　工件 2

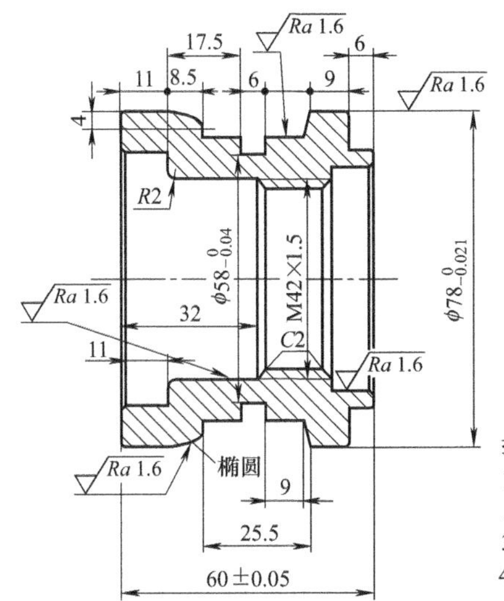

其余 Ra 3.2

技术要求：

1.去除毛刺飞边。

2.球表面上，不应有划痕、擦伤等损伤零件表面的缺陷。

3.未注圆角$R1$，未注倒角$C1$。

4.未注线性尺寸公差应符合GB/T 1804—2000的要求。

图 7-92　工件 3

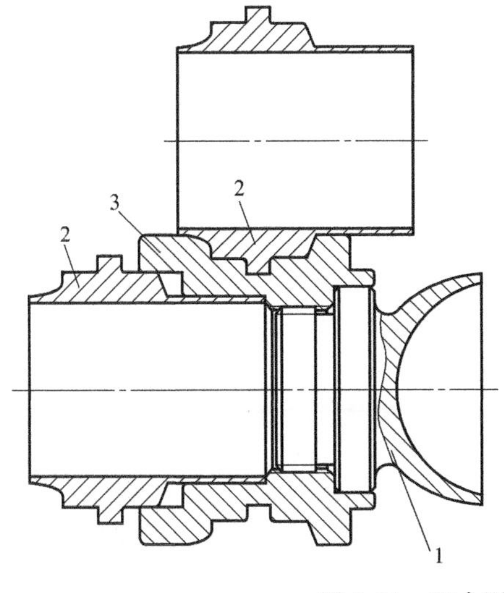

技术要求：

1.圆弧过渡光滑。

2.装配间隙不得超出0.05。

3.件2与件3接触面积达到60%。

图 7-93　配合图

参考文献

[1] 郑书华. 数控铣削编程与操作训练 [M]. 北京：高等教育出版社，2005.
[2] 赵国增. 机械 CAD/CAM [M]. 北京：机械工业出版社，2005.
[3] 史翠兰. CAD/CAM 技术及其应用 [M]. 北京：机械工业出版社，2003.
[4] 郭建平. 数控车床编程与技能训练 [M]. 北京：北京邮电大学出版社，2014.
[5] 刘玉春. CAXA 制造工程师 2013 项目案例教程 [M]. 北京：化学工业出版社，2013.
[6] 刘玉春. 数控编程技术项目教程 [M]. 北京：机械工业出版社，2016.
[7] 姬彦巧. CAXA 制造工程师 2015 与数控车 [M]. 北京：化学工业出版社，2017.
[8] 刘玉春. CAXA 数控车 2015 项目案例教程 [M]. 北京：化学工业出版社，2018.